21 世纪高等院校电气工程与自动化规划教材

21 century institutions of higher learning materials of Electrical Engineering and Automation Planning

Basis of Electrical Circuit Analysis

电路分析基础

李丽敏　张玉峰　主编

徐志如　蒋野　副主编

U0280115

人民邮电出版社

北　京

图书在版编目（CIP）数据

电路分析基础 / 李丽敏，张玉峰主编. -- 北京：
人民邮电出版社，2014.10（2020.1重印）
21世纪高等院校电气工程与自动化规划教材
ISBN 978-7-115-37155-3

Ⅰ．①电… Ⅱ．①李… ②张… Ⅲ．①电路分析一高
等学校一教材 Ⅳ．①TM133

中国版本图书馆CIP数据核字(2014)第238912号

内 容 提 要

本书根据教育部 2004 年修订的《电路分析基础课程教学基本要求》，结合电类课程教学改革形势和实际需要编写而成。全书共分为 15 章，主要内容包括电路模型和电路定律、电阻电路的等效变换、电阻电路的一般分析、电路定理、动态电路、相量法、正弦稳态电路的分析、三相电路、含有耦合电感的电路、非正弦周期电流电路、拉普拉斯变换、网络函数、电路方程的矩阵形式、二端口网络、非线性电路简介，另有附录，内容包含磁路、仿真软件 Multisim12 在电路分析中的应用。书中每章都有应用实例，以加强与后续课程及实际工程的联系，同时还配有精选的例题、思考与练习题、自测题和习题，每章后附有小结。为适应多媒体教学的需要，方便教师施教和读者学习，全部内容、例题和课后习题都配有 PPT 课件，提供详细的解题步骤和图解说明。

本书结构新颖，内容全面，通俗易懂，便于教学，重点突出，注重实用。本书可供高等学校、职业院校、成人教育等电气、电子类和其他相近专业的师生使用，也可作为研究生入学考试的复习用书，还可以供有关专业工程技术人员阅读参考。

◆ 主　　编　李丽敏　张玉峰
　　副主编　徐志如　蒋　野
　　责任编辑　张孟玮
　　执行编辑　税梦玲
　　责任印制　彭志环

◆ 人民邮电出版社出版发行　　北京市丰台区成寿寺路 11 号
　　邮编　100164　电子邮件　315@ptpress.com.cn
　　网址　http://www.ptpress.com.cn
　　固安县铭成印刷有限公司印刷

◆ 开本：787×1092　1/16
　　印张：23.5　　　　　　　2014 年 10 月第 1 版
　　字数：529 千字　　　　　2020 年 1 月河北第 6 次印刷

定价：52.00 元

读者服务热线：(010)81055256　印装质量热线：(010)81055316
反盗版热线：(010)81055315

　　近几年，高校开始进行大类招生，学生在一二年级不分专业，按学科大类统一学习规定的基础平台课程。很多高校已将"电路分析基础""模拟电子技术基础"和"数字电子技术基础"这3门课程列为基础教学平台课程，以加强通识教育，实行宽口径知识培养。为了更好地满足大类招生对课程教学内容的需求，结合目前课程教学改革的标准和要求，以及科学技术的新发展，编者在多年课程教学改革和实践探索的基础上，总结经验，针对学生学习中经常遇到的困难，尝试采用教、学、做一体化形式编写本书。

　　本书在编写时立足于"结构新颖，整体贯通，深入浅出，化难为易，好学易懂，重点突出，便于自学，利于教学"。与同类教材相比，本书更加注重电路基本概念的讲解，解题技能的训练，注重培养学生的电路分析、工程设计与实践能力。本书既能满足教学基本要求又有加深拓宽，对强电专业和弱电专业都适用，具有如下特色：

　　（1）联系当前科学技术发展新成果，关注本学科发展前沿动态

　　电路分析基础是高等学校工科电类专业的第一门专业基础课程，也是研究生入学考试课程之一。对电类各门学科的认识都是从这里开始的，能否打好基础，对以后的学习至关重要。现代一切新的科学技术无不与电有着密切的联系，说它是打开科学宝库的钥匙也不过分。为此，本书在绪论中介绍了电磁理论及相关科学技术的发展简史、课程的前沿内容和最新动态、课程中的热点问题和最新思维方法的应用情况，目的是激发学生热爱科学技术和自立自强的爱国主义精神，激发他们在电气、电子和计算机工程方面的兴趣。

　　（2）与时俱进优化教学内容，体现科学性，突出实践性和应用性

　　为深化教学内容改革，本书融入了新知识、新理论和新技术。每章以内容提要和本章目标开头，使学生能在学习前明确目标；每章结尾部分有把主要知识点进行梳理的本章小结和整合应用的工程实例佐证。各章小结提纲挈领，对重要的知识点进行归纳比较，以便学生掌握内容的核心；"应用实例"部分描述了教材中的知识在实际中的应用，包含有设备图片或必要的电路原理图，目的是向学生演示怎样将所学到的公式和理论应用到实际，使学生了解到学与用的关系，以解决理论知识与实践应用脱节、学校教育与社会需求脱节等问题。

　　（3）采用"教、学、练、思"相结合的原则，培养学生思、学、用

　　编者力求反映应用型本科课程和教学内容体系改革方向，反映当前教学的新内容，突出基础理论知识的应用和实践技能的培养。鼓励学生积极思考，培养学生分析问题和解决问题的能力，才能使学生适应科技飞速发展的社会要求。本书每小节后都有思考与练习题，有利于学生对重点难点等核心问题的掌握。每章精选各类选择题、判断题和填空题作为自测题，这些题目

可以进一步测试对目标的掌握情况；另外还有难易度适中的习题和有些难度的提高题，这种题不必要求人人会做，是给学有余力和要考研的学生提供的。每章都含有多个例题，以例题的形式解释书中提出的概念，目的是说明特殊概念的应用、训练解题方法、解题技巧和使用不同方法验证结果。力争每一部分知识都让学生知道来龙去脉，也为后继学习做好铺垫。

（4）反映最新的技术与教学趋势，建设立体化教材，提供全方位的教学解决方案

本课程的特点是电路图较多，传统的黑板加粉笔的教学方法难以提供较大的信息量，而且不可避免地要画大量电路图，既费时又费力。利用多媒体 PPT 教学，不仅可以大大减少教师的重复性劳动，且因其图文并茂、形象逼真、信息量大，可增强学生注意力，达到最佳学习效果。为了适应教学改革的需要，作者制作了电路多媒体课件，并引入电路教学。本书所有内容、例题和课后习题都配有 PPT 课件，都有详细的解题步骤和图解说明，经过三年的试用和完善，得到了师生的好评。

提供用 Authorwire 制作的 PPT，而且在 PPT 的改进过程中，特别考虑了电路分析方法上的推演和步骤，采取过程显示的方式顺序给出相应的内容。教师可根据课程内容和学生反应决定播放进度，以达到互动教学的目的。动感的、交互的多媒体课件精选教学内容，优化编排体系，既符合教学大纲要求，又形成了独特的风格。

（5）体现先进性，注重新技术的介绍和应用

电路理论教学多数是阐述理论和推导数学公式，既抽象又难以理解，学生容易陷入被动学习的境地，从而产生厌学情绪。Multisim 仿真软件逼真的人机交互界面，可使抽象、晦涩难懂的理论知识变得直观且易于理解。编者将仿真技术与多媒体应用相结合，在理论教学中直接嵌入仿真实验，将传统教室变为虚拟实验室，实现理论与实践教学一体化，大大调动了学生的学习积极性和主动性。仿真实验在教学模式的创新与实践中，对于帮助学生树立理论联系实际的工程观点，提高分析问题、动手能力和自主探究精神都起着非常重要的作用。为此，附录中增加了仿真软件 Multisim12 在电路分析中的应用的内容。仿真可以将电路性能可视化、验证计算结果、减少复杂电路的计算量、使用参数变量实现理想的解决方法等，对学生学习过程具有辅助作用，且解决了高等教育中学生实验实践设备成本高，资源匮乏等诸多困难。并且这种理论分析之后加以仿真实验的教学方法有利于学生掌握电路理论基础知识，让学生体验如何分析电路、设计电路，以提高学生的综合职业技能，为高等教育人才的培养提供质量保证。

本书由佳木斯大学李丽敏、张玉峰任主编，徐志如、蒋野任副主编，史庆军任主审。具体编写人员为：李丽敏（绪论和第 1 章），王全（第 2 章和第 14 章），黄金侠（第 3 章和第 4 章），张玲玉（第 5 章和第 15 章），徐志如（第 6 章和第 7 章），蒋野（第 8 章和附录 B），张玉峰（第 9 章和附录 A），李凤霞（第 10 章和第 11 章），赵智超（第 12 章和第 13 章）。全书由李丽敏、张玉峰统稿，且李丽敏制作了全部配套的电路多媒体教学课件 PPT。主审史庆军和学校其他教师及学生也为本书的编写提出了宝贵的建议，在此谨致以诚挚的谢意。

本书虽然在主观上力求精雕细镂、谨慎从事，但限于学识与经验，书中难免有疏漏和局限之处，恳请读者不吝赐教、批评指正，"嘤其鸣矣，求其友声"，以进一步提高本书的质量和水平。

编　者

2014 年 6 月

目 录

电磁理论及相关科学技术的发展简史

当今是电气化、信息化社会，现代化的生产、科研、国防和日常生活都离不开电。电是一种优越的能量形式和信息的载体，具有容易传输、容易变换和容易控制的特点。人们衣食住行的基本生活条件，家庭生活中使用的大、小家用电器，工农业生产中使用的各种自动控制生产线，科学研究中使用的各种精密实验仪器、测量系统、计算机网络、航天器（比如我国的嫦娥三号、神十飞天）、水下核潜艇的潜与浮的控制都离不开电的支撑。电不仅是现代化工农业生产和交通运输的主要动力来源，也是信息技术的重要基础。电的理论基础是电磁学和电子学，其发展蕴含着很多伟人不懈的努力，我们每天都在享用他们极富创意的心智所带来的成果。

一、电磁学发展简史

1600 年，英国物理学家吉尔伯特发表了一部巨著《论磁》，是物理学史上第一部系统阐述电与磁的科学专著，为电磁学的产生和发展创造了条件，因此他被誉为"电学之父"。

1746 年，美国科学家富兰克林开始研究电现象，进一步揭示了电的性质，并提出了电流这一术语。富兰克林制造出了世界上第一个避雷针。

1785 年，法国物理学家库仑得出了历史上最早的静电学定律——库仑定律。它标志着电磁学研究从定性进入了定量阶段，是电磁学史上的一座重要的里程碑。

1800 年，意大利物理学家伏特发明了第一块电池——铜锌电池，使电学从对静电的研究进入到对动电的研究，推动了电学的发展。

1820 年，丹麦物理学家奥斯特发现了电流的磁效应，在电与磁之间架起了一座桥梁，证明了电和磁能相互转化，这为电磁学的发展打下了基础。

1825 年，法国物理学家安培提出了著名的安培定律，为电动机的发明做了理论上的准备，奠定了电动力学的基础。

1826 年，德国科学家欧姆深入地研究了导线传送电流的能力，提出了著名的欧姆定律。

1831 年，英国物理学家法拉第首次发现电磁感应现象，把电与磁两种现象最后联结起来了。他的发现为建立电磁场的理论体系打下了基础，开创了电气化时代的新纪元，具有划时代的意义。

1832 年，美国科学家亨利发现了电的自感现象，还发明了继电器、无感绕组等。

1833 年，俄国物理学家楞次发现了楞次定律，说明电磁现象也遵循能量守恒定律。

1837 年，美国人莫尔斯用编码方式发明了有线电报，有线电报的发明具有划时代的革命意义。

1845 年，德国物理学家基尔霍夫提出了电路中的基本定律——基尔霍夫定律。基尔霍夫被称为"电路求解大师"。

1853 年，德国物理学家亥姆霍兹提出了电路中的等效发电机原理。至此，包括传输线在内的电路理论基本建立起来了。

1864 年，英国物理学家麦克斯韦建立了统一的电磁理论，预言了电磁波的存在，为电路理论奠定了坚定的基础。

1866 年，德国工程师西门子提出了发电机的工作原理，完成了第一台直流发电机，从此电气化时代开始了。

1876 年，美国科学家贝尔发明了电话，实现了通信技术的飞跃。

1879 年，美国发明家爱迪生经过几千次的实验发明了白炽灯，并创办了"爱迪生电力照明公司"。他还制成了当时世界上容量最大的发电机，并在纽约建立了第一座发电厂，开辟了第一个民用照明系统，开启了人类史上的"电力时代"。尽管他一生只在学校里读过三个月的书，却有电灯、电报、留声机、电影等 1000 多种发明成果，被誉为"发明大王"，为人类的文明和进步做出了巨大的贡献。当有人称爱迪生是个"天才"时，他却解释说："天才就是百分之一的灵感加上百分之九十九的汗水。"他经常通宵达旦地工作，被人笑作"工作虫"。他曾说过："我的人生哲学是工作，我要揭示大自然的奥秘，并以此为人类造福。"

1887 年，克罗地亚裔美国工程师特斯拉发明了交流电电力系统，并制造出世界上第一台交流发电机，创立了多相电力传输技术。他一生拥有 700 多项专利。在他的多项发明中，感应电动机与首个多相交流电源系统对交、直流电之争的尘埃落定产生了极大的影响，有利地促进了交流电的普及与应用。他提出的多相交流发电、输电和配电系统得到了极高的声誉并被业界所接受。他的其他发明包括高压设备（特斯拉线圈）及无线传输系统等。磁通密度的单位特斯拉，就是为了纪念他而以他的名字命名的。特斯拉对人类有着重大的贡献，他放弃了交流电的专利权收费供世人免费使用，否则他会是世界上最富有的人。他的梦想就是给世界提供用之不竭的能源。19 世纪末，交流电地位的确立，成为电力系统大发展的起点。

1894 年，意大利物理学家马可尼和俄国工程师波波夫分别发明了无线电。从此进入了无线电通信时代，开创了人类通信的新纪元。

二、电子技术发展简史

1895 年，荷兰物理学家洛伦兹提出了著名的洛伦兹力公式，他是经典电子论的创立者。随之而来的是电子技术的迅速发展，特别是在信息技术上的广泛应用。

1904 年，英国工程师弗莱明发明了电子二极管，标志着世界从此进入了电子时代。

1906 年，美国德福雷斯特制成电子三极管，具有放大与控制作用。1914 年，又用电子三极管构造了振荡电路。

1925 年，英国人贝尔德发明了电视。他的其他发明贡献包括发展光纤、无线电测向仪、红外线夜视镜及雷达。1936 年，黑白电视机问世。

1946 年，第一台电子管计算机在美国宾夕法尼亚大学制成，取名埃尼阿克（eniac），重 30 吨，占地 150 平方米，内部装有 18800 只电子管。

1947 年，美国贝尔实验室的肖克莱、巴丁和布拉顿三人发明了点接触型晶体管。晶体管的问世，是 20 世纪的一项重大发明，是微电子革命的先声，又为后来集成电路的降生吹响了号角。

1958 年，美国物理学家基尔比发明了集成电路，它将构成电子电路的电阻、电容、二极管、晶体管和导线等都制作在一块几平方毫米的半导体芯片上，从而使体积大大缩小。电子技术进入了集成电路时代，开创了电子技术历史的新纪元。目前的超大规模集成，在几平方毫米的芯片上有上百万个元器件，已经进入"微电子"时代。

1981 年，美国的比尔·盖茨正式推出了 IBM 个人电脑。由于它价廉、方便、可靠、小巧，大大加快了电子计算机的普及速度。目前计算机每秒运算速度已达 10 亿次。现在正在研究开发第五代计算机（人工智能计算机）和第六代计算机（生物计算机）。大体上每隔 5～8 年，运算速度提高 10 倍，体积缩小 10 倍，成本降低 10 倍。电子计算机广泛应用于生产、科研、国防、教育和医疗卫生等领域。以全球互联网络为标志的信息高速公路正在缩短人类交往的距离，以计算机技术、微电子技术和通信技术为特征的信息技术革命正方兴未艾，从而引起了工业、生物医疗、测量、通信、自动控制、空间技术、新材料技术、新能源技术、遥感技术和光纤技术等广泛领域的革命性发展。信息化与电气化相互融合、相互促进，正使人类全球化，并进入了一个新经济时代。

实践不断发展，认识不断深化，创新不断出现。从电子管到晶体管，从模拟电路到数字电路，从线性电路到非线性电路，从分立元件到集成电路，从小规模集成到大规模集成，从人工设计到自动设计等，不断地从低级向高级发展。目前，关于电路理论的研究更加深入，应用的领域更加广泛，发展的前景更加可观。

电路理论的发展历史和最新动态

电路理论起源于物理学中电磁学的一个分支，若从欧姆定律（1826 年）和基尔霍夫定律（1845 年）的发表算起，至今已走过了一百多年的发展历程，已发展成为一门体系完整、逻辑严密、具有强大生命力的学科领域。电力和电信工程的发展要求对信号的传输进行系统的研究，并按照给定的特性来设计各种电路，促进了电路理论的早期发展。第二次世界大战中雷达和近代控制技术的出现，对电路理论的发展起了推进作用。

20 世纪 30 年代开始，电路理论已形成为一门独立学科，以电阻、电容、电感及电源等理想电路元件作为电路的基本模型，近似地表征成千上万种实际电气装置，建立了各种元器件的电路模型。并随着电力、通信、控制三大系统的要求由时域分析发展到频域分析与电路设计。50 年代末，电路理论在学术体系上基本完善，这个阶段称为经典电路理论。

在 20 世纪 60 年代以后，电路理论又经历了一次重大的变革，这一变革的主要起源是新型电路元件的出现，集成电路、大规模集成电路、超大规模集成电路的飞跃进展，计算机技术的迅猛发展和广泛使用等，都给电路理论提出了新课题。第二次世界大战后，自动控制、信息科学、半导体电子学、微电子学、数字计算机、激光技术及核科学和航天技术等新兴尖端科学技术以惊人的速度突飞猛进，与它们密切相关的电路理论从 60 年代起不得不在内容和概念上进行不断的调整和革新，以适应科学技术"爆炸"的新时代，促使电路理论发展到近代电路理论。其主要特点之一是将图论引入电路理论之中，它为应用计算机进行电路分析和集成电路布线与板图设计等研究提供了有利的工具；特点之二是出现大量新的电路元件、有源器件，如使用低电压的 MOS 电路，摒弃电感元件的电路，进一步摒弃电阻的开关电容电路等，当前，有源电路的综合设计正在迅速发展之中；特点之三是在电路分析和设计中应用计算机后，使得对电路的优化设计和故障诊断成为可能，大大地提高了电子产品的质量并降低了成本。

在通信、控制、计算机、电力等众多科学技术领域，广泛使用各种类型的电路：线性的与非线性的、时变的与非时变的、模拟的与数字的等等。它们种类繁多、功能各异，人们可以通过各种电路来完成各种任务。如：供电电路用来传输电能；整流电路可以将交流电变成直流电；滤波电路可以"滤掉"附加在有用信号上的噪声，完成信息处理的任务；计算机的存储电路具有存储功能。这些纷繁复杂的各类电路都遵循着相同的规律。电路理论就是研究各种电路所共有的基本规律和基本分析方法的工程学科，包括电路分析和电路综合与设计两个分支。电路分析是根据已知的电路结构和元件参数，在电源或信号源（可统称为激励）作用下，分析计算电路的响应（即计算电压、电流和功率等），以讨论给定输入下电路的特性。电路综合与设计是电路分析的逆命题，即根据所提出的对电路性能的要求，确定给定输入和输出在满足电路技术指标的情况下，合适的电路结构和元件参数，使电路的性能符合设计要求。近年来，由于电子元件与设备的规模扩大，促进了电路的故障诊断理论的发展，因而故障诊断理论被人们视为继电路分析和电路综合与设计之后电路理论的一个新的分支。电路的故障诊断是指预报故障的发生及确定故障的位置、识别故障元件的参数等技术。电路综合与设计、电路的故障诊断都是以电路分析为基础的。

电路理论是电气工程和电子信息工程，其中包括电力、测量、通信、电信、自动化、生物医学等应用技术领域的主要理论基础，它的研究和发展直接影响着正在飞速发展着的以计算机技术、微电子技术和通信技术为特征的信息技术革命，关系到整个社会电气化、自动化、信息化程度，蕴藏着巨大的应用潜力和经济创造力。与世界上其他信息产业发达的国家相比，我国在技术开发、教育培训等方面都还存在着较大的差距。学习电路理论的最终目的是要具备设计、开发、研究各类电气工程系统的能力。在过去的一个半世纪，电气和电子工程师已经在开发系统、改变人们的生活方式和工作方式方面扮演了重要的角色。卫星通信、电话、计算机、电视、用于诊断的医学设备、流水作业的机器人及电力工具，已成为现代技术社会具有代表性的组成部分。对于有追求科学、有立志创新的理想和激情、热衷于应用科学和技术并有这方面才能的人来讲，这是一个令人兴奋且具有挑战性的领域。有志之士可投入到这场正在进行的技术革命中去，不断制造和精炼目前的系统，为满足不断变化的社会需求去开发新系统。目前电路理论与应用科学和技术的研究热点与前沿课题有：电路的故障诊断与自动检测、有源与开关电容电路、微电子电路设计与应用、非线性电路的分析综合、器件建模和新器件的创制、电路的数学综合、人工神经网络等。今后，电路理论将紧密地与系统理论相结合，并随着计算机技术发展而发展，成为现代科学技术基础理论中一门十分活跃、举足轻重而又有广阔前景的学科。

电路分析基础课程和学习方法

一、课程定位

电路分析基础课程是高等学校工科电类各专业的第一门专业基础课程，是所有强电专业和弱电专业的必修课，也是很多电专业研究生的入学考试科目之一。正如人们利用砖瓦建成高楼大厦一样，电路是构成各种电气系统的基础，具有其他任何电类课程不能替代的重要作用。它是由逻辑思维过渡到工程思维的桥梁课，对实现专业人才培养目标具有承上启下的关键作用。作为电路理论的基础和入门，课程的主要任务是电路分析，而且着重于经典方法。要注意与"高等数学""大学物理"、"线性代数"和"积分变换"等先修课程的衔接和配合，通过本课程的学习可以掌握电路的基本理论、基本分析方法和进行电路实验的基本技能，从而分析并了解典型电路的特性，为学习后续课程及今后从事工程技术工作奠定良好的基础。这门课程学习的好坏，对学生的业务素质起着决定性的作用。本课程对培养学生严肃认真的科学作风和理论联系实际的工程观点，以及科学的思维能力、归纳能力、分析计算能力、实验研究能力都有重要的作用。

二、学习方法

课堂教学是当前主要的教学方式，也是获得知识的最快和最有效的学习途径。因此，务必认真听课，积极思考，紧跟老师讲课思路，搞清基本概念，注意解题方法和技巧。电路"入门"难是学生普遍存在的问题，难就难在对基本概念似是而非、基本原理理解不透、基本分析计算方法掌握不牢、应用不足。抓住规律，牢固掌握基本概念、基本电路和基本分析方法是最重要的。概念是不变的，基本电路构成的原则是不变的，具体电路是多种多样的，是灵活的，但"万变不离其宗"。

要善于自主学习、善于思考问题，要能提出问题并积极思考，重在理解并持之以恒，培养逻辑思维能力。上大学，很重要的就是要学会"学习"，能学到的最长久最有用的东西是一门学科的思维。学会系统的思维方法，养成良好的科学作风，将会影响今后毕生的科技生涯。

要善于总结，掌握重点。对每章节的重点和难点要系统地梳理，运用所学的知识去理解各章节的内在联系，消除认识的矛盾，抓住重点、突破难点，认真总结与归纳所学过的知识。要理解问题是如何提出和引申的，又是怎样解决和应用的。这样才能深刻理解和熟练掌握电路理论知识，开拓思路，培养能力。

通过练习可以巩固和加深对所学理论的理解，并培养分析能力和运算能力。因此每节都有思考与练习，每章都布置适当数量的自测题和习题，必须做好规定的练习。解题前，要对所学内容基本掌握；解题时，要看懂题意，注意分析，用哪个理论和公式，以及解题步骤也都要搞清楚。习题做在本子上，要书写整洁，图要标绘清楚，答数要注明单位。解题时尽量一题多解，考虑几个解决方案并从中挑选一个方案。有的方法在解题时可能比其他方法少用方程式，有的方法在解题时只用代数方法而不需要微积分。如果能采用这些方法，就会提高效率并能够有效地减少计算量。当用某种解决方法陷入困难时，就要想换一种方法，这时可能会找出一条继续前进的道路。检验解答，问自己得到的解答是否有实际意义？答案的数量级合理吗？解答能否在物理上实现？还可以进一步用其他方法重新解答问题。这样做不仅检验了最初答案的正确性，而且还帮助开发直觉。在现实世界中，安全的临界设计总是要用几种独立的方法进行检验。养成检验答案的习惯，不论是学生还是工程师，都会获益匪浅。总之要根据不同种类的问题找到最有效的解决方法。解决一个难题最重要的不仅仅是它的解决方法，而是在寻求解决方法的过程中获得的力量。科学研究就是要观察其他人已经看到的现象，思考还无人思索的问题。

珍惜实验课的基本训练，通过实验验证和巩固所学理论，强化实验技能的训练，并培养良好的实验素质和严谨的科学作风。掌握常用实验仪器的功能及使用方法。通过实验，使学生学会常用仪器仪表，如电压表、电流表、万用表、功率表、直流稳压电源、电子毫伏表、通用示波器等的使用方法；能合理设计实验线路，正确操作和读取实验数据，初步分析判断并能排除一些简单的故障；会自拟记录表格，整理实验数据，绘制曲线和图表，对实验结果进行分析处理，写出合乎要求的实验报告。注意理论联系实际，理论与实践、验证与探索相结合，互相促进，全面提高。

通过各个学习环节，培养分析和解决问题的能力和创新精神。解决问题不是仅仅照着书本上的例题做练习题，而是要求使用已有的知识对提出的要求和论据能理解和领悟，并能提出自己的思路和解决问题的方案，这是一个创新过程。要注意对学习方法、抽象思维能力、分析计算能力、实验研究能力、归纳总结能力的培养和训练。

本课程的学习方法总结如下。

课前预习，课堂理解，课后练习，温故知新；

把握重点，突破难点，注重特点，融会贯通；

重视实践，勤思多练，善于归纳，勇于创新。

第 1 章　电路模型和电路定律

内容提要： 本章介绍电路模型、电路的基本物理量、电路元件和电路定律，以及电路模型的应用实例。电路元件的电压、电流关系（元件约束）及基尔霍夫定律（结构约束）是电路分析的两个重要依据。本章内容是全书的基础，学习时要深刻理解，熟练掌握。

本章目标： 熟练掌握电功率的计算；会应用基尔霍夫定律分析电路。

1.1　实际电路和电路模型

通过模型化的方法研究客观世界是人类认识自然的一个基本方法。为了能对模型进行定量分析和研究，通常是将实际条件理想化、具体事物抽象化、复杂系统简单化。建立起来的模型应能反映事物的基本特征，以便对实际事物本质的了解。研究电路问题也不例外地采用模型化的方法。

一、实际电路

实际电路是为完成某种应用目的，由若干电气器件和设备按一定方式连接而成的电流通路。在通常情况下，把电力、照明用的电能称为强电；与电力、照明相对而言，把传播信号，进行信息交换的电能称为弱电。电路的种类繁多，就电路的功能而言可概括分为以能量的传输、分配及转换为目的的电力系统和以信息的传递、处理和运算为目的的信号系统两大类。在技术上，电力系统侧重于讨论能量传送和转换的效率，信号系统更关注传递过程中的保真。分别各举一个实际电路如下。

手电筒实际电路是一种最简单的电力系统（强电电路），由电源（或信号源）、负载和中间环节三个基本部分组成，如图 1-1 所示，手电筒电路模型如图 1-2 所示。电池把化学能转换成电能供给灯泡，灯泡却把电能转换成光能作照明之用。

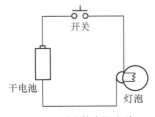

图 1-1　手电筒实际电路

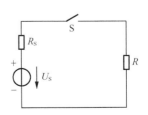

图 1-2　手电筒电路模型

电源（或信号源）：为电路提供能量或信号的设备，称为电源，能将化学能、机械能等非电能转换成电能或信号，如干电池、蓄电池、发电机、传声器等。

负载：凡是将电能转换成热能、光能、机械能等其他形式的能量的用电设备，称为负载，如灯泡、电热炉、扬声器和电动机等。

中间环节：是连接电源和负载的部分，起传输、变换、控制和量测电能或信号的作用，如导线（电缆）、变压器、开关、晶体管放大器和电表等。

在电路分析中，人们把推动电路工作的电源或信号源的电压或电流统称为激励，激励有时又称输入。把由外部激励或由内部储能在电路中产生的电压或电流统称为响应，响应有时又称输出。所谓电路分析，就是在已知电路的结构和元件的参数下，研究电路的激励和响应之间的关系。

晶体管放大电路是一种最简单的信号系统（弱电电路），如图 1-3（a）所示。晶体管放大器在直流电源（电池）的作用下，先由传声器（话筒）把语言或音乐（通常称为信息）转换为相应的电压和电流，这就是电信号，而后通过放大电路传递到扬声器，把电信号还原成语言或音乐。由于由话筒输出的电信号比较微弱，不足以推动扬声器发音，因此中间还要有控制、变换作用的中间环节，如晶体管、变压器等。信号的这种传递和放大，称为信号的传递与处理。图 1-3（b）、（c）、（d）分别是图 1-3（a）的电原理图、电路模型、拓扑结构图。

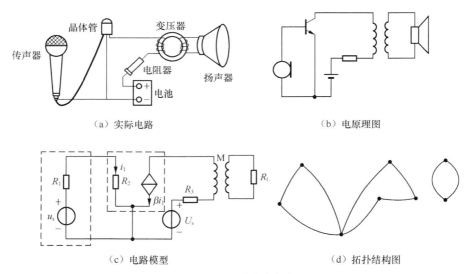

（a）实际电路　　　　　　　　　　　　　　　（b）电原理图

（c）电路模型　　　　　　　　　　　　　　　（d）拓扑结构图

图 1-3　晶体管放大电路

复杂的电路又常称为网络，确切地说是电网络，因为还有交通网络、供水网络、供热网络等。现在又广泛使用系统这一概念。系统是由相互联系、相互制约、相互作用的各个部分组成的具有一定整体功能和综合行为的统一体，可见电路也是一个系统。电力网又称为电力系统。不过系统的概念比电路要更加广泛，常须涉及更多方面的物理过程，甚至社会现象。

二、电路模型

为了便于对实际电路进行分析和描述，揭示电路的内在规律，需要对电路的电磁特性科学概括，一般要将实际电路元件用一些理想电路元件来替代。所谓理想电路元件是具有确定电磁性质的假想元件，是组成电路模型的最小单元，具有某种确定电磁性质并有精确的数学定义。从能量转换角度看，有电能的产生，电能的消耗，以及电场能量和磁场能量的储存。用来表征上述物理性质的理想电路元件（今后理想两字常略去）分别称为电压源 U_S、电流源 I_S、电阻元件 R、电容元件 C、电感元件 L。所谓电路模型，即在一定条件下考虑实际电路的主要电磁因素，忽略次要因素，转化为由理想电路元件构成的电路，并由符号连成的电路图。例如，在图 1-1 所示的手电筒实际电路中，由于干电池对外提供电能的同时，内部也有电能的消耗，所以用理想电压源 U_S 和理想电阻元件 R_S 的串联组合表示干电池；灯泡除了具有消耗电能的性质（电阻性）外，通电时还会产生磁场，具有电感性。但电感微弱，可忽略不计，灯泡用理想电阻元件 R 表示；连接干电池与灯泡的开关 S 和金属导线看成没有电阻的理想开关和导线，则可获得与之对应的电路模型如图 1-2 所示。电路模型只反映实际电路的作用及其相互连接方式，不反映实际电路的内部结构、几何形状及相互位置。可见电路模型就是实际电路的科学抽象。采用电路模型来分析电路，不仅计算过程大为简化，而且能更清晰地反映电路的物理实质。

为精确分析和设计电路，电路理论对实际电路进行了如下理想化处理。

（1）集总化的假设：如果实际电路的空间尺寸 d 远小于该电路电磁波信号的波长 λ，这种电路称为集总参数电路。音频放大电路和一般的电路器件均应视为集总参数电路，其特点是电路中任意两个端点间的电压和流入任一器件端钮的电流是完全确定的，与器件的几何尺寸和空间位置无关。用来模拟这种器件的理想元件，称为集总元件。本书只讨论集总参数电路，今后简称为电路。对于电压为 220kV 的高压输电线而言，线路的长度与交流电的波长相比，不能采用集总参数，而要采用分布参数来表征了。

（2）集总（理想）电路元件：电路元件的特性单一、工作参数"线性非时变"。本书主要分析线性、非时变的集总电路。电路的参数与电压、电流无关，不随时间变化，每个电路元件只存在一种特性。

（3）实际开关和连接导线是理想的：S 为理想开关，表示实际开关；连接导线为理想导线（无阻导体）。

（4）电流不存在"泄漏"或"存留"现象：相似于日常生活中的自来水管道系统，电路是严格地"封闭"的，其中电流按照设计的线路流动，不存在任何"泄漏"或"存留"。

（5）建模处理方法。具有相同的主要电磁性能的实际电路器件，在一定条件下可用同一模型表示。如电灯、电扇、电炉、电阻器等都是以消耗电能为主的设备，都用电阻 R 表示。同一实际器件在不同的应用条件下及对模型精确度有不同要求时，它的模型可以有不同的形式。例如，一个实际线圈在直流稳定状态下，可抽象成为一个电阻；在低频交流不计损耗时，等效成一个电感；低频交流考虑损耗，就要用电阻和电感的串联组合模拟；高频时，线圈绕线间的电容效应就不容忽视，还需考虑匝间和层间的分布电容，此时表征这个线圈的较精确的模型是电阻和电感串联后再与电容并联。

总之在一定的工作条件下，根据实际电路器件的主要物理功能，可按不同的精确度用电路元件及其组合来模拟。至于如何构成实际电路模型，即如何建模，不是本课程的主要内容。

思考与练习

1-1-1　实际电路由哪几部分组成？试述电路的功能。

1-1-2　理想电路元件与实际电路器件有何不同？常用的理想电路元件有哪些？

1-1-3 为什么要用电路模型的方法来表示电路？本书所说的"电路"指的是什么？

1-1-4 试画出实际线圈的电路模型。

1.2 电流、电压及其参考方向

电路的特性是由电流、电压和电功率等物理量来描述的。电路分析的基本任务是分析电路中的电流、电压和电功率的变化规律。在电路理论中，电流和电压是基本变量，通过它们可计算出电路中的其他物理量，如电功率、电能等。

一、电流及其参考方向

载流子（电子或空穴等）的定向移动形成电流。电流是单位时间内流过某导体横截面的电荷，是电荷移动的速率。用符号 i 表示，即

$$i = \frac{\mathrm{d}q}{\mathrm{d}t} \tag{1-1}$$

电流的大小和方向不随时间变化，即 $\frac{\mathrm{d}q}{\mathrm{d}t} =$ 常数，这种电流称为直流电流，用大写字母 I 表示。大小和方向随时间变化的电流称为交流电流，用小写字母 i 或 $i(t)$ 表示。

在国际单位制中，电流、电荷和时间的基础单位是安培（简称安，用 A 表示）、库仑（简称库，用 C 表示）和秒（用 s 表示）。电力系统中常用的电流大小为几百安至几千安，而电子电路中常用的电流大小为几毫安至几安，在实际应用中，电流有时也常用其辅助单位：千安（kA）、毫安（mA）和微安（μA）表示。它们的换算关系为

$$1\mathrm{kA} = 10^3\mathrm{A}, 1\mathrm{mA} = 10^{-3}\mathrm{A}, 1\mu\mathrm{A} = 10^{-6}\mathrm{A}$$

分析电路时，除了要计算电流的大小外，同时还要确定它的实际方向。电流的实际方向，在简单情况下是可以直接确定的，例如可以从电源给定的正负极性判断出电流的方向。但在复杂的电路中，往往难以凭直观判断元件的电流实际方向，还有在交流电路中，电流的方向还随时间交变，无法标出它的实际方向，可引入参考方向来解决此问题。

所谓参考方向是指在分析电路时先设定一个电流的方向作参考，并按规定标记出来。在设定参考方向后，电流就可以用一个代数量表示，即它不仅有数值，而且包含了正、负号。如图 1-4 所示，实线箭头代表参考方向，虚线箭头代表实际方向。如按参考方向分析计算电流为正值（ $i > 0$ ），表明电流的参考方向与实际方向相同，如图 1-4（a）所示；反之，若电流为负值（ $i < 0$ ），则表明电流的参考方向与实际方向相反，如图 1-4（b）所示，即只有参考方向选定之后，电流之值才有正负之分。

（a）电流实际方向与参考方向相同 （b）电流实际方向与参考方向相反

图 1-4 电流参考方向与实际方向

电流的参考方向标记方法有两种：一种是在电路中画一个实线箭头，并标出电流名称；另一种是用双下标表示，如 i_{ab} 表示电流由 a 流向 b。

二、电压及其参考方向

电路中，电场力将单位正电荷从某一点移到另一点所作的功定义为该两点之间的电压，也称电位差或电压降。用符号 u 表示，即

$$u = \frac{\mathrm{d}w}{\mathrm{d}q} \tag{1-2}$$

在电路计算中常用到电位的概念。电路中任一点的电位就是该点到参考点之间的电压。参考点的电位认为是零。在电力系统中，通常选定大地作参考点，将电力线的一端与一根打入地下的金属棒相连接，这种接地方法称为地球接地。在电子电路中，一般都把电源、信号输入和输出的公共端连接在一起，并与机壳相连，也称"地线"。用来嵌入部件的金属框架或在印制电路板中的大型导电区域都用作电参考点，称为机壳接地或电路接地。在电路图中用符号"⏚"表示接地，用符号"⏊"或"⊥"表示接机壳、接底板。

电路中电位参考点可任意选择，参考点一经选定，电路中各点的电位值就唯一确定。当选择不同的电位参考点时，电路中各点电位值将改变，但任意两点间电压保持不变，总是等于这两点间的电位之差。如 $u_{ab}=u_a-u_b$，如图 1-5 所示。

非电场力克服电场力把单位正电荷由负极经电源内部移到正极所做的功称为电源的电动势。电动势的大小取决于电源的本身，与外电路无关。通常规定电动势的实际方向是由电源的负极指向电源的正极，与电压方向相反。

在分析计算电路时应注意：参考点一旦选定之后，在电路分析计算过程中不得再更改。电压就是电路中两点电位之差，是产生电流的根本原因；电流通过电路元件时，必然产生能量转换；电动势只存在于电源内部，其大小反映了有源元件能量转换的本领。

在国际单位制中，电压的单位为伏特，简称伏（V）。在实际应用中，电压有时也常用其辅助单位：千伏（kV）、毫伏（mV）和微伏（μV）表示。它们的换算关系为

$$1\mathrm{kV} = 10^3\,\mathrm{V}, 1\mathrm{mV} = 10^{-3}\,\mathrm{V}, 1\mathrm{\mu V} = 10^{-6}\,\mathrm{V}$$

同电流一样，用 u 或 $u(t)$ 表示随时间变化的交流电压，用 U 表示恒定直流电压。

在分析电路时，电压也要设定参考方向。如图 1-6 所示，实线箭头代表参考方向，虚线箭头代表实际方向。按照所设定的参考方向分析电路，得出的电压为正值（$u>0$），表明电压的实际方向与参考方向一致，如图 1-6（a）所示；反之，若得出的电压为负值（$u<0$），则表明电压的实际方向与参考方向相反，如图 1-6（b）所示。

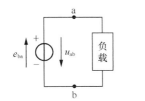

图 1-5 用电压和电动势表示
　　　　电源两端的电位差

  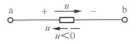

（a）电压实际方向与参考方向一致　　（b）电压实际方向与参考方向相反

图 1-6 电压的参考方向与实际方向

电路中电压的参考方向除了用箭头和双下标表示之外，还可以用极性"+"、"−"符号表示。例如 a、b 两点间的电压 u_{ab}，它的参考方向是由 a 指向 b；若 a 点标"+"，b 点标"−"，则参考方向也是由 a 指向 b。

当一个元件或一段电路上的电流、电压参考方向一致时，称它们为关联参考方向，如图 1-7（a）所示；否则称为非关联参考方向，如图 1-7（b）所示。在分析电路时，尤其是分析电阻、电感、电容等无源元件的电流、电压关系时，经常采用关联参考方向；在分析电压源、电流源等有源元件的电流、电压关系时，经常采用非关联参考方向。

【例 1-1】 电压电流参考方向如图 1-8 中所标注，问：对 A、B 两部分电路电压电流参考方向是否关联？

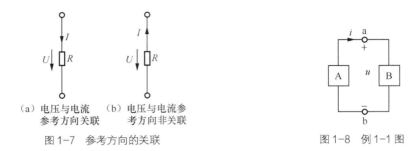

（a）电压与电流 （b）电压与电流参   图 1-8 例 1-1 图
 参考方向关联 考方向非关联

图 1-7 参考方向的关联

解 A：因为电流、电压参考方向相反，所以电压、电流参考方向非关联。
  B：因为电流、电压参考方向一致，所以电压、电流参考方向关联。

思考与练习

1-2-1 电压、电位、电动势有何异同？

1-2-2 在电路分析中，引入参考方向的目的是什么？应用参考方向时，会遇到"正、负，加、减，相同、相反"这几对词，你能说明它们的不同之处吗？

1-2-3 取不同的参考方向将会对实际方向有影响吗？

1-2-4 有人说"电路中两点之间的电压等于该两点间的电位差。因这两点的电位数值随参考点不同而改变，所以这两点间的电压数值亦随参考点的不同而改变"，试判断其正误，并给出理由。

1.3 电功率和电能

在电路分析和计算中，电功率和电能的计算是十分重要的。一方面电路工作时总会有电能与其他形式的能量进行交换，另一方面，电气设备和器件本身都要有功率的限制，在使用中需要注意其电流或者电压是否超过额定值。

一、电功率

单位时间内电场力所做的功，叫作电功率。用字母 p 表示，即

$$p = \frac{\mathrm{d}w}{\mathrm{d}t} = \frac{\mathrm{d}w}{\mathrm{d}q}\frac{\mathrm{d}q}{\mathrm{d}t} = ui \tag{1-3}$$

在国际单位制中，功率的单位为瓦［特］，简称瓦（W）。此外常用的单位还有千瓦（kW）、毫瓦（mW）等。它们的换算关系为 $1\mathrm{kW}=10^3\mathrm{W}$，$1\mathrm{mW}=10^{-3}\mathrm{W}$。

元件上的电功率有吸收（消耗）和发出（产生）两种可能，用功率计算值的正负相区别，以吸收（消耗）功率为正。我们在分析电路时，就列写功率计算公式作如下规定。

当 u、i 为关联参考方向时

$$p = ui \quad （直流功率 P = UI ）\tag{1-4a}$$

当 u、i 为非关联参考方向时

$$p = -ui \quad （直流功率 P = -UI ）\tag{1-4b}$$

在此规定下，将电流 i 和电压 u 数值的正负号如实代入公式，如果计算结果为 $p>0$ 时，表示元件吸收功率，该元件为负载；反之，$p<0$ 时，表示元件发出功率，该元件为电源。

按照能量守恒定律，对所有的电路来说，$\Sigma p=0$ 均成立，称为功率守衡。

【例 1-2】图 1-9 所示电路中，已知：$U_{S1}=15V$，$U_{S2}=5V$，$R=5\Omega$，试求电流 I 和各元件的功率，并验证功率守恒。

解　由图 1-9 中电流的参考方向，可得

$$I = \frac{U_{S1} - U_{S2}}{R} = \frac{15 - 5}{5} = 2A$$

电流为正值，说明电流参考方向与实际方向一致。

根据对功率计算的规定，可得

元件 U_{S1} 的功率 $P_{S1} = -U_{S1}I = -15 \times 2 = -30W$ （发出功率）。

元件 U_{S2} 的功率 $P_{S2} = U_{S2}I = 5 \times 2 = 10W$ （吸收功率）。

元件 R 的功率 $P_R = I^2 R = 2^2 \times 5 = 20W$ （吸收功率）。

$\because P_{吸收}+P_{发出}=10+20-30=0W$

$\therefore \Sigma P=0$　　功率守衡。

【例 1-3】一个典型的家用电器分布电路模型如图 1-10 所示，各元件可能是家中的电源、灯具、电视机、电吹风、冰箱等电气设备。求：（1）图 1-10 中各元件的功率，并说明各元件的性质；（2）试校核图中电路所得解答是否满足功率守衡。

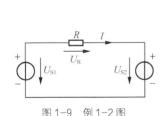

图 1-9　例 1-2 图　　　　　　　　图 1-10　例 1-3 图

解　元件 A：

$\because$ 电压、电流参考方向非关联，

$\therefore P_A = -5 \times 60 = -300W < 0$，发出功率。

元件 B、C、D、E：

$\because$ 电压、电流参考方向关联，

$\therefore P_B = 1 \times 60 = 60W > 0$，吸收功率；

$P_C = 2 \times 60 = 120W > 0$，吸收功率；

$P_D = 2 \times 40 = 80W > 0$，吸收功率；

$P_E = 2 \times 20 = 40W > 0$，吸收功率。

标号为 A 的元件发出功率，表示家中的电源，标号为 B、C、D、E 的元件吸收功率，表示灯具、电视机、电吹风、电冰箱等其他用电设备，它们是负载。

∵ $P_{吸收}+P_{发出}$=60+120+80+40−300=0W，上述计算满足 $\Sigma P=0$，

∴ 说明计算结果无误，电路所得的解答满足功率守衡。

注：对一完整的电路，$\Sigma P=P_{吸收}+P_{发出}$=0，即功率守恒。

二、电能

电路在一段时间内吸收或发出的能量称为电能。根据式（1-3），电路元件在 t_0 到 t 时间内消耗或提供的能量为

$$w(t) = \int_{t_0}^{t} p(\xi)\mathrm{d}\xi = \int_{t_0}^{t} u(\xi)i(\xi)\mathrm{d}\xi \qquad (1\text{-}5a)$$

直流时 $\qquad\qquad\qquad\qquad W = P(t-t_0) \qquad\qquad\qquad\qquad (1\text{-}5b)$

在国际单位制中，电能的单位是焦耳（J）。1J 等于 1W 的用电设备在 1s 内消耗的电能。通常电业部门用"度"作为单位测量用户消耗的电能。缴纳电费时，都是以能量而不是功率为计量基准的。电力公司所配给的能量值都很大。最实用的单位就是用千瓦·小时，俗称 1 度电，它等于功率为 1 千瓦的设备在 1 小时内所消耗的电能。即

$$1 \text{度}=1\text{kW}\cdot\text{h}=10^3\times3600=3.6\times10^6\text{J}$$

【例 1-4】 北京地区用电按每千瓦时（kW·h）收费 0.45 元计算。某教室照明用电平均电流为 10A，供电电压额定值为 220V，每天开灯 6 小时，每月按 30 天计算，求出每月用电量和费用是多少？

解 （1）用电量 $W=Pt$=10×220×6×30=396kW·h；

（2）费用 J=0.45×396=178.2 元

思考与练习

1-3-1 如何判别元件是电源还是负载？

1-3-2 电功率大的用电器，电功也一定大。这种说法正确吗？为什么？

1-3-3 有一白炽灯，额定电压 220V，额定功率 40W，每天工作 5 小时，一个月（按 30 天计），共消耗多少度电？

1-3-4 研究当端口的电压与电流取非关联参考方向时，功率计算的正负与端口吸收（或发出）能量的关系。

1.4 电阻元件

电阻、电感、电容都是理想的电路元件，它们均不发出电能，称为无源元件。本节主要分析线性电阻元件的特性。线性电感、电容元件将在第 5 章学习。独立电源（电压源、电流源）、受控电源都是理想的电源元件，称为有源元件。

一、电阻元件

电阻元件是从实际电阻器抽象出来的模型，是表征材料或器件对电流呈现阻力、损耗能量的理想电路元件。电阻器简称电阻。图 1-11 示出部分电阻器，如碳膜电阻器、金属膜电阻

器、绕线电阻器、电位器等。

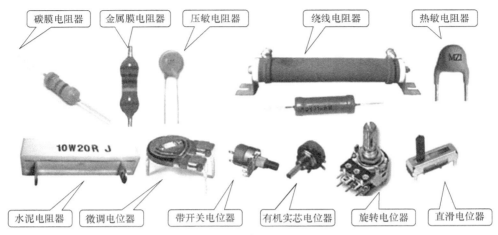

图 1-11 实际电阻器

电阻元件上电压和电流之间的关系为伏安特性。伏安特性是一条通过坐标原点的直线，称为线性电阻元件，其电阻值为一常数，与通过它的电流或作用于其两端电压的大小无关。如图 1-12 中的直线 a 所示。含有线性电阻元件的电路称为线性电阻电路。伏安特性是曲线的称为非线性电阻元件，其电阻值不是常数，与通过它的电流或作用其两端的电压的大小有关。如图 1-12 中曲线 b 所示。含非线性电阻元件的电路，称为非线性电阻电路。对于非线性电阻电路的分析将在第 15 章进行介绍。习惯上我们也常把电阻元件简称为电阻，所以"电阻"这个名词，既表示电路元件，又表示元件的参数。

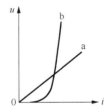

a—线性电阻　b—非线性电阻
图 1-12　电阻元件的伏安特性

线性电阻两端的电压和流过它的电流之间的关系服从欧姆定律，当 u 与 i 的参考方向为关联参考方向时，则瞬时值关系为

$$u(t) = Ri(t) , i(t) = Gu(t) \tag{1-6}$$

式中，R 为线性电阻元件的电阻值，G 为线性电阻元件的电导值，二者均为常量，其数值由元件本身决定，与其端电压和端电流无关。且

$$G = \frac{1}{R} \tag{1-7}$$

电阻用符号 R 表示，单位为欧［姆］（Ω）。工程上还常用千欧（kΩ）、兆欧（MΩ）做单位，它们之间的关系为

$$1\text{M}\Omega = 10^3 \text{k}\Omega = 10^6 \Omega$$

电导的单位是西门子（S）。

如果电压与电流取非关联参考方向，则

$$u(t) = -Ri(t) , i(t) = -Gu(t) \tag{1-8}$$

线性电阻元件的符号如图 1-13 所示。

线性电阻的电阻值由它的伏安特性曲线的斜率来确定，是一个常数。当电阻值 $R = 0$ 时，伏安特性曲线与 i 轴重合，此时不论电流 i 为何值，端电压 u 总为零，称其为"短路"。当电

阻值 $R = \infty$ 时，其伏安特性曲线与 u 轴重合。此时不论端电压 u 为何值，电流 i 总为零，称其为"开路"或"断路"。如图 1-14 所示。

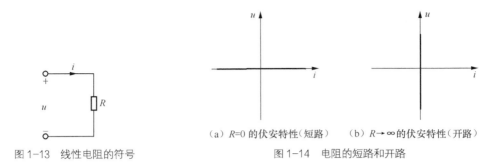

图 1-13　线性电阻的符号　　　　　　　　（a）$R=0$ 的伏安特性（短路）　（b）$R \rightarrow \infty$ 的伏安特性（开路）

图 1-14　电阻的短路和开路

二、电阻的功率和能量

电阻元件要消耗电能，是一个耗能元件。电阻吸收的功率为

$$p = ui = i^2 R = \frac{u^2}{R} \qquad (1\text{-}9)$$

电阻元件通常是正电阻，上述结果说明电阻元件在任何时刻总是消耗功率的。

一般地，电阻消耗或吸收的电能可由以下公式计算。

$$w(t) = \int_{t_0}^t p(\xi)\mathrm{d}\xi = \int_{t_0}^t u(\xi)i(\xi)\mathrm{d}\xi \qquad (1\text{-}10)$$

在直流电路中

$$P = UI = I^2 R = \frac{U^2}{R} \qquad (1\text{-}11)$$

$$W = UI(t - t_0) \qquad (1\text{-}12)$$

当电流通过电阻时，电能转变为热能使物体发热，电流的热效应用途很广，利用它可制成电炉、烤面包机、电熨斗和空间对流加热器等。但电流的热效应也有它不利的一面，通电的导线会由于电流的热效应而温度升高，温度过高会加速绝缘材料的老化变质（如橡皮硬化、绝缘纸烧焦等），从而引起漏电，严重时甚至会烧毁电气设备。因此各种电气设备为了安全运行，都有一定的电压、电流、功率限额，称为设备的额定值。在使用时，不能超过这些额定值，否则会损坏设备。如电灯泡、电烙铁等通常只给出其额定电压和额定功率（220V、40W）；固定电阻器除阻值外，只给出额定功率（如 1W、1/2W、1/4W、1/8W 等）。各种电气设备的额定值通常都标明在产品上，实际电阻器使用时不得超过其规定的额定值，以保证安全工作。

三、电阻器的标注方法

电阻器的标称电阻值和偏差一般都标在电阻体上，其标注方法有 4 种：直标法、文字符号法、数码法和色标法。

1. 直标法

直标法是将电阻器的标称值用阿拉伯数字和文字符号直接标记在电阻体上，其允许偏差则用百分数表示，未标偏差值的即为 ±20% 的允许偏差。其标志符号如表 1-1 所示。

表 1-1		标志电阻值单位的标志符号			
文字符号	R	k	M	G	T
单位及进位数	Ω（$10^0\Omega$）	$k\Omega$（$10^3\Omega$）	$M\Omega$（$10^6\Omega$）	$G\Omega$（$10^9\Omega$）	$T\Omega$（$10^{12}\Omega$）

2. 文字符号法

文字符号法是将电阻器的标称阻值用文字符号表示，并规定阻值的整数部分写在单位标志的前面，阻值的小数部分写在阻值单位标志符号的后面。允许偏差的标志符号如表 1-2 所示。大多数电阻器的允许偏差值在 J、K、M 三类。

表 1-2			电阻器允许误差的标志符号				
百分数	±0.1%	±0.5%	±1%	±2%	±5%	±10%	±20%	±30%
符号	B	D	F	G	J(I)	K(II)	M(III)	N

例如：6R2J 表示该电阻器标称值为 6.2Ω，允许偏差为±5%；3k6K 表示该电阻器标称值为 3.6kΩ，允许偏差为±10%；1M5 表示电阻器标称值为 1.5MΩ，允许偏差为±20%。

3. 数码法

在产品和电路图上用 3 位数字表示元件的标称值的方法称为数码表示法,常见于寻呼机、手机中的贴片电阻器上。在 3 位数码中，从左至右第一、第二位数表示电阻器标称值的第一、第二位有效数字，第三位表示 10 的倍幂即 10^n 的 n。或者用 R 表示（R 表示 0.）。

例如：标志为 222 的电阻器，其阻值为 2200Ω，即 2.2kΩ；标志是 105 的电阻器，其阻值为 1MΩ；标志为 104 的电阻器，其阻值为 100kΩ；标志为 R22 的电阻器，其阻值为 0.22Ω。

4. 色标法

色标法是用彩色的圆环或圆点表示电阻器的标称阻值和允许偏差，前者叫色环标志，后者叫色点标志。小功率碳膜电阻器和金属膜电阻器一般都用色环表示电阻值的大小。色环电阻器分四环电阻器和五环电阻器，每种颜色代表不同的数字。根据色环的颜色及排列来判断电阻器的大小。普通四环电阻器的标称中，前两位为有效数字，第三位是 10 的倍幂，即乘方数，最后一环必为金色或银色，表示色环电阻器的误差范围。当电阻为五环时，最后一环与前面四环距离较大。前三位为有效数字，第四位为乘方数，第五位为误差，如图 1-15 所示。

例如：色环颜色为红红黑金的电阻器，其标称阻值为 22Ω、允许偏差为±5%。

色环颜色为黄紫黑金棕的电阻器，其标称阻值为 47Ω、允许偏差为±1%。

【例 1-5】有一个 100Ω，1W 的碳膜电阻使用于直流电路，问在使用时电流、电压不得超过多大的数值？

解

$$P = \frac{U^2}{R}$$

$$U = \sqrt{PR} = \sqrt{1 \times 100} = 10\text{V}$$

$$I = \frac{U}{R} = \frac{10}{100} = 0.1\text{A}$$

数值的读取方法

颜色	第一段	第二段	第三段	乘数	误差	
黑色	0	0	0	1		
棕色	1	1	1	10	±1%	F
红色	2	2	2	10^2	±2%	G
橙色	3	3	3	10^3		
黄色	4	4	4	10^4		
绿色	5	5	5	10^5	±0.5%	D
蓝色	6	6	6	10^6	±0.25%	C
紫色	7	7	7	10^7	±0.10%	B
灰色	8	8	8	10^8	±0.05%	A
白色	9	9	9	10^9		
金色				10^{-1}	±5%	J
银色				10^{-2}	±10%	K
无					±20%	M

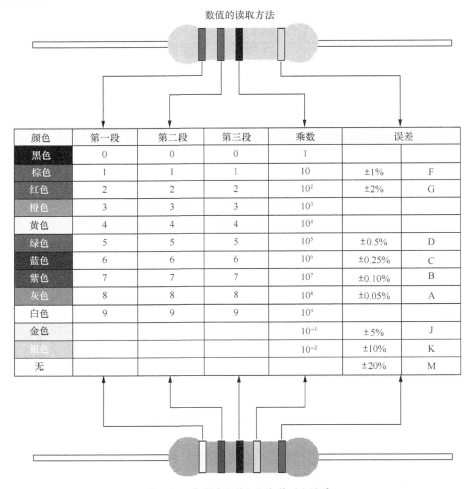

图 1-15　色环电阻值与颜色的对应关系

思考与练习

1-4-1　额定电压相同、额定功率不等的两盏白炽灯，能否串联使用？

1-4-2　有时欧姆定律可写成 $U=-IR$，说明此时电阻值是负的，对吗？

1-4-3　某元件的电压与电流的参考方向一致时，就能说明该元件是负载，这句话对吗？

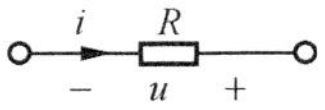

图 1-16　题 1-4-4 图

1-4-4　试写出图 1-16 所示电阻的 VCR 关系式（欧姆定律）和功率的表达式。

1.5　独立电源

在实际应用中，必须有电池、发电机、太阳能电池板、信号源等装置为电路提供电能或电信号，从而激活电路。这类装置叫做“电源”，又称“激励”。由于这类电源的主要特性基本不受相连电路的影响，因此称之为独立（电）源。本节讨论独立电源的理想模型，分为独立电压源和独立电流源两种类型，简称电压源和电流源。一些常用的独立电源如图 1-17 所示。

常用的干电池和可充电电池

蓄电池

发电机组

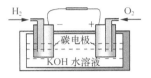
燃料电池（化学电源）

实验室使用的直流稳压电源

太阳能电池（光电池）

图1-17 独立电源

一、电压源

电压源是实际电源的一种电路模型，如电池、发电机等，由理想电压源 U_S 或 $u_s(t)$ 和内阻 R_S 串联组成，电压源的图形符号如图 1-18（a）所示。

电压源接负载的电路如图 1-18（b）所示，U 是电压源端接上负载后的电压，R_L 是负载电阻，I 是负载电流，可得

$$U = U_S - IR_S \tag{1-13}$$

式（1-13）对应的线称为电源外特性，如图 1-19 所示。由此可得：

（1）当电压源开路时，$I = 0$，$U = U_{OC} = U_S$，U_{OC} 称为开路电压；

（2）当电压源短路时，$U = 0$，$I = I_{SC} = \dfrac{U_S}{R_S}$，$I_{SC}$ 称为短路电流；

（3）当电压源有载时，$U < U_S$，其差值是内阻上的电压降 IR_S。

当负载电流增加时，输出电压 U 将下降。R_S 愈小，输出电压 U 随负载电流增加而降落得愈小，则外特性曲线愈平，电源带负载能力愈强。

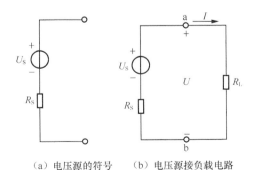

（a）电压源的符号　（b）电压源接负载电路

图1-18 电压源符号及接负载电路

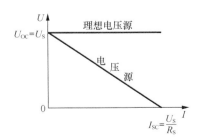

图1-19 电压源和理想电压源的外特性

当 $R_S=0$ 时，$U = U_S$，称为理想电压源或恒压源，其电路如图 1-20 所示。理想电压源的两端电压总能保持定值或一定的时间函数，与流过它的电流 i 无关。如果一个电源的内阻远

小于负载电阻，即 $R_S \ll R_L$，则内阻上的电压降 $IR_S \ll U$，于是 $U \approx U_S$，基本上恒定，可以看成理想电压源。

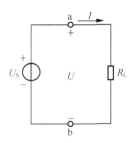

图 1-20　理想电压源接负载电路

二、电流源

在日常生活中，常常看到手表、计算器、热水器等采用太阳能电池作为电源。它与干电池不同，当受到太阳光照射时，将激发产生电流，该电流是与入射光强度成正比的，基本上不受外电路影响。因此像太阳能电池这类电源，在电路中可以用电流源模型来表示。它是由理想电流源 I_S 或 $i_S(t)$ 和 R_S 并联组成。电流源的图形符号如图 1-21（a）所示。

电流源接负载的电路如图 1-21（b）所示，I_S 是电流源发出的电流，U 是电流源接负载后的电压，R_L 是负载电阻值，I 是负载电流值，可得

$$I_S = \frac{U}{R_S} + I \qquad (1-14)$$

式（1-14）称电流源的外特性方程，对应的线称为电源外特性，如图 1-22 所示，可得：

（1）当电流源开路时，$I = 0$，$U = U_{OC}$；

（2）当电流源短路时，$U = 0$，$I = I_{SC}$，内阻 R_S 愈大，则直线愈陡；

（3）当电流源有载工作时，负载电阻增加时，负载分得的电流减少，输出电压将随之增大。R_S 愈大，外特性曲线愈陡，带负载能力愈强。

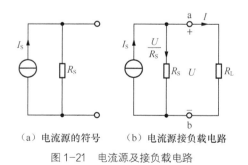

（a）电流源的符号　（b）电流源接负载电路

图 1-21　电流源及接负载电路

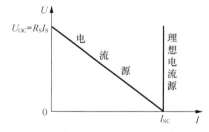

图 1-22　电流源和理想电流源的外特性

由式（1-14）可知，当 $R_S = \infty$ 时，电流 I 恒等于 I_S，而其两端的电压是任意的，由负载电阻 R_L 的大小确定，称为理想电流源或恒流源，其电路如图 1-23 所示。实际电流源的内电阻越大，内部分流越小，其特性就越接近理想电流源。晶体管稳流电源及光电池等器件在工作时可近似地看作理想电流源。理想电流源的电流与加在它两端的电压无关，它两端电压的数值则取决于外接电路。

【例 1-6】 计算图 1-24 中各电源的功率。

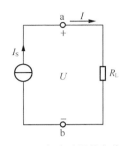

图 1-23　理想电流源接负载电路

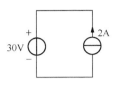

图 1-24　例 1-6 图

解　流过电压源的电流由与它相连接的电流源决定，I=2A。电压源的电压、电流为关联参考方向，其功率为

$$P_{U_S} = 30 \times 2 = 60\text{W} > 0 \text{（恒压源吸收功率）}$$

电流源的端电压由与之相连接的电压源决定，U=30V。电流源的电压、电流为非关联参考方向，其功率

$$P_{I_S} = -30 \times 2 = -60\text{W} < 0 \text{（恒流源发出功率）}$$

思考与练习

1-5-1　实际电源中，哪些是电压源？哪些是电流源？

1-5-2　电压源的特性并不理想，存在内阻。试分析：当电压源短路时，电压与电流如何变化？开路时，电压与电流如何变化？伴随电压源输出电流的上升，其两端电压变化趋势如何？

1-5-3　电流源的特性并不理想，存在漏电导。试分析：当电流源短路时，电压与电流如何变化？开路时，电压与电流如何变化？伴随电流源输出电压的上升，电流源的输出电流变化趋势如何？

1-5-4　有人说"理想电压源可看成是内阻为零的电源，理想电流源可看成是内阻为无穷大的电源"。这种说法对吗？为什么？

1.6　受控电源

电源可分为独立电源和非独立电源（也叫受控电源）两种。受控（电）源是从电子器件中抽象出来的一种模型。有些电子器件具有输出端电压或电流受输入端电压或电流控制的特性。例如，晶体管的集电极电流受基极电流的控制，场效应管的漏极电流受栅极电压的控制。它们虽不能独立地为电路提供能量，但在其他信号控制下仍然可以提供一定的电压或电流。这类元件可以用受控源模型来模拟，如图 1-25 所示。

晶体管　　　耦合电感　　　场效应管

图 1-25　受控源

根据控制量是电压或电流，受控源可分为受控电压源或受控电流源，理想受控源可分为图 1-26 所示的 4 种类型。为了区别独立源，受控源用菱形图形表示。

　　受控源有两对端钮。一对为输入端（控制端），用以输入电压或电流控制量，另一对端钮为输出端（受控端），输出受控电压或受控电流。理想受控源的输入端和输出端都是理想的。在输入端，电压控制时输入端为开路（$I_1=0$），电流控制时输入端为短路（$U_1=0$）。这样，理想受控源的输入功率损耗为零。在输出端，理想受控源分为受控电压源（$R_S=0$，输出电压恒定）或受控电流源（$R_S=\infty$，输出电流恒定）。

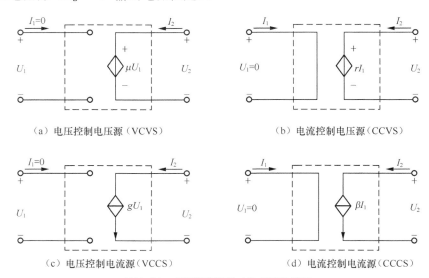

（a）电压控制电压源（VCVS）　　　　　　　（b）电流控制电压源（CCVS）

（c）电压控制电流源（VCCS）　　　　　　　（d）电流控制电流源（CCCS）

图 1-26　理想受控源的 4 种类型及符号

　　图中，μ、g、r 和 β 统称为控制系数。其中，μ、β 无量纲，μ 称为电压放大系数，β 称为电流放大系数；g 具有电导的量纲，称为转移电导；r 具有电阻的量纲，称为转移电阻。当这些控制系数为常数时，被控制量与控制量成正比，这种受控源称为线性受控源，否则称为非线性受控源，本书只讨论线性情况。

　　受控源实际上是有源器件的电路模型，如晶体管、场效应管、运算放大器等。图 1-27（a）所示的晶体管，即可用图 1-27（b）所示的 CCCS 受控源来表征，其输出特性反映了集电极电流 i_c 受基极电流 i_b 的控制：$i_c=\beta i_b$，其中 β 是电流放大系数。图中 r_{be} 为晶体管的输入电阻。

　　（1）独立源与受控源都可以对外电路做功。独立源的输出量是独立的，独立源在电路中起"激励"作用，在电路中产生电压、电流；受控源的输出量是不独立的，受控源电压（或电流）由控制量决定，在电路中不能作为"激励"。

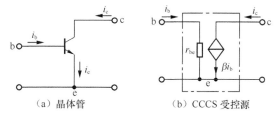

（a）晶体管　　　　（b）CCCS 受控源

图 1-27　晶体管微变等效电路

　　（2）在含有受控源的电路分析中，可以把受控源作为独立源来处理，但必须注意其电压或者电流是取决于控制量的。特别要注意：不能随意把控制量的支路消除掉，因为受控源依附于控制量而存在。当控制量为零时，受控源输出也为零。

　　（3）受控源为四端元件。一般在含受控源的电路中，并不明确标出两个端口，但其输出量与控制量必须明确标出。需要指出的是，在实际电路中，控制量和受控源并不一定放在一起。

　　【例 1-7】图 1-28 中 $i_S=2A$，VCCS 的控制系数 $g=2S$，求 u。

解 由欧姆定律得：$u_1=5i_S=10\text{V}$

$$i=gu_1=2\times10=20\text{A}$$

$$u=2i=2\times20=40\text{V}$$

【例1-8】 指出图1-29所示电路受控源类型。

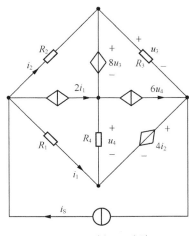

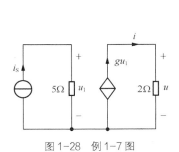

图1-28 例1-7图   图1-29 例1-8电路

解 判断电路中受控源的类型时，应看它的符号形式，而不应以它的控制量作为判断依据。

$8u_3$：电压控制电压源（VCVS）

$4i_2$：电流控制电压源（CCVS）

$2i_1$：电流控制电流源（CCCS）

$6u_4$：电压控制电流源（VCCS）

思考与练习

1-6-1 哪类元件可以用受控源模型来模拟？

1-6-2 试阐述独立源与受控源的异同。

1-6-3 受控源CCVS的被控制量是电压还是电流？

1-6-4 如何理解受控源不是"激励"？

1.7 基尔霍夫定律

电路是由电路元件构成的，整个电路的表现如何既要看每个元件的特性，还要看元件的连接方式。这就决定了电路中各支路电流、电压要受到两种基本规律的约束，即：

（1）电路元件性质的约束（元件约束），也称电路元件的伏安关系（VCR），它仅与元件性质有关，与元件在电路中的连接方式无关；

（2）电路连接方式的约束（结构约束），这种约束关系则与构成电路的元件性质无关。基尔霍夫定律是概括这种约束关系的基本定律。

在研究基尔霍夫定律之前，先以图1-30为例介绍几个有关的常用电路术语。

支路：在电路中，一般可以把一个二端元件当成一条支路，为了处理方便，通常把电压源和电阻的串联组合或电流源和电阻的并联组合作为一条支路（复合支路）处理。每条支路流过一个电流，称为支路电流。

节点：一般认为支路间的连接点即为节点。为简便起见，也可以定义 3 条和 3 条以上的支路连接点为节点。图 1-30 中有 a 和 b 两个节点。

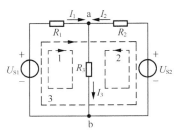

图 1-30 电路结构

回路：由支路构成的闭合路径称为回路。图 1-30 所示的电路中有 1、2、3 三个回路。

网孔：内部不含支路的回路称为网孔。图 1-30 所示的电路中有 1、2 两个网孔。网孔一定是回路，而回路不一定是网孔。

网络：网络就是电路，但一般把较复杂的电路称为网络。

一、基尔霍夫电流定律（KCL）

基尔霍夫电流定律（Kirchoff's Current Law，KCL）：在集总电路中，任何时刻，对任一节点，所有流出节点的支路电流的代数和恒等于零。该定律是电荷守恒的体现。

对任一节点，有

$$\sum_{k=1}^{n} i_k = 0 \qquad (1-15)$$

如果选定电流流出节点为正，流入节点为负，对图 1-30 的 a 节点，有

$$-I_1 - I_2 + I_3 = 0$$

将上式变换得

$$I_1 + I_2 = I_3$$

所以 KCL 也可描述为：在集总参数电路中，对于任意一个节点来说，任何时刻流入该节点电流之和均等于流出的电流之和，即

$$\sum i_{流入} = \sum i_{流出} \qquad (1-16)$$

基尔霍夫电流定律是电路中连接到任一节点的各支路电流必须遵守的约束，而与各支路上的元件性质无关。这一定律对于任何电路都普遍适用。KCL 实际上是电流连续性原理在电路节点上的体现，也是电荷守恒定律在电路中的体现。

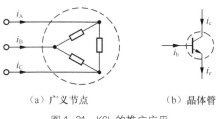

（a）广义节点　　　（b）晶体管

图 1-31　KCL 的推广应用

基尔霍夫电流定律不仅适用于节点，也适用于任一闭合面。这种闭合面有时也称为广义节点（扩大了的大节点）。

图 1-31（a）所示的广义节点用 KCL 可得

$$i_A + i_B + i_C = 0$$

再比如图 1-30（b）所示的晶体管，同样有

$$i_e = i_b + i_c$$

二、基尔霍夫电压定律（KVL）

基尔霍夫电压定律（Kirchoff's Voltage Law，KVL）：在集总电路中的任一回路，任何时刻，沿着该回路的所有支路电压降的代数和为零。

对任一回路，有

$$\sum_{k=1}^{n} u_k = 0 \tag{1-17}$$

KVL 与元件的性质无关。取和时，需要任意指定一个回路的绕行方向，凡支路电压的参考方向与回路的绕行方向一致者，该电压前面取"+"，支路电压与回路的绕行方向相反者，前面取"–"。KVL 是电路的各回路必须满足的电压约束关系，与回路中各支路的性质无关，是能量守恒的体现。

图 1-30 所示的闭合回路中，沿回路 3 顺序绕行一周，则有

$$-U_{S1} + U_1 - U_2 + U_{S2} = 0$$

由于 $U_1=R_1I_1$ 和 $U_2=R_2I_2$，代入上式有

$$-U_{S1} + R_1I_1 - R_2I_2 + U_{S2} = 0$$

或

$$R_1I_1 - R_2I_2 = U_{S1} - U_{S2}$$

这时，基尔霍夫电压定律可表述为：对于电路中任一回路，在任一时刻，沿着一定的循行方向（顺时针方向或逆时针方向）绕行一周，电阻元件上电压降之和恒等于电源电压升之和。其表达式为

$$\sum RI = \sum U_S \tag{1-18}$$

注意应用 KVL 时，首先要标出电路各部分的电流、电压的参考方向。列电压方程时，一般约定电阻的电流参考方向和电压参考方向一致。

【例 1-9】在图 1-32 中 $I_1=3\mathrm{mA}$，$I_2=1\mathrm{mA}$。试确定电路元件 3 中的电流 I_3 和其两端电压 U_{ab}，并说明它是电源还是负载。

解　根据 KCL，对于节点 a 有

$$I_1 - I_2 + I_3 = 0$$

代入数值得

$$(3-1)\times 10^{-3} + I_3 = 0$$

$$I_3 = -2\mathrm{mA}$$

根据 KVL 和图 1-32 右侧网孔所示绕行方向，可列写回路的电压平衡方程式为

$$-U_{ab} - 20\times 10^3 I_2 + 80 = 0$$

代入 $I_2=1\mathrm{mA}$ 数值，得

$$U_{ab} = 60\mathrm{V}$$

显然，元件 3 两端电压和流过它的电流实际方向相反，是发出功率的元件，即是电源。

注意：KVL 不仅适用于闭合电路，也可推广到开口电路。图 1-33 中，有

$$U = 2I + 4$$

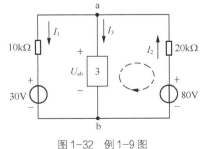

图 1-32　例 1-9 图

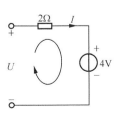

图 1-33　开口电路

【例1-10】 求图1-34所示开路电压 U。

解 由于开路，开路电流为0。

受控源的控制量为

$$I_2 = \frac{10}{5+5} = 1A$$

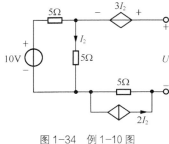

图1-34 例1-10图

KVL不仅适用于闭合电路，也可推广到开口电路。

$$U = 3I_2 + 5I_2 - 5 \times 2I_2 = -2I_2 = -2V$$

思考与练习

1-7-1 根据自己的理解说明什么是支路、回路和节点？

1-7-2 列写KCL、KVL方程式前，不在图上标出电压、电流和绕行参考方向行吗？

1-7-3 试从物理原理上解释基尔霍夫电流定律和基尔霍夫电压定律。

1-7-4 基尔霍夫两定律与电路元件是否有关？分别适用于什么类型电路？它们的推广应用如何理解和掌握？

1.8 应用实例

随着科学的发展，以及家用电器的普及，现代生活中已离不开电。人们离不开对仪器设备和家电产品的使用。在工作和生活中用电安全是非常重要的。接连不断发生的触电事故，给国家、个人都带来了不可挽回的损失。在现代社会里，遭受电击和灼伤的可能也总是会出现，所以常常需要特别小心操作。人体本身就是一个导电体，人体触及带电体时，有电流通过人体，这就是触电。电流对人体的危险性跟电流的大小，通电时间的长短等因素有关。人体损伤的直接因素是电流而不是电压。当电压加到人身体上的任意两点时，人就为电流的通过提供了流通路径，而电流会产生电击。根据欧姆定律知道，通过人体的电流大小决定于外加电压和人体的电阻。家庭电路的电压是220V，动力电路的电压是380V，只有不高于36V的电压才是安全的。触电事故是由于过大的电流通过人体而引起的，且通过人体的电流越大，通电的时间越长，对人体的伤害就越大。人类身体具有的电阻是由以下几个因素决定的：身体的质量、皮肤湿润度和身体与电压的接触点等。电路模型来源于工程实际，下面以防用电设备漏电而采取的接地保护措施的电路模型为例来进行说明。

在正常情况下，电气设备的外壳是不带电的，但因绝缘损坏而漏电时，设备金属外壳就会带电。站在地面上的人体触及金属壳体，人体就成了电源与地之间的负载，造成致命的危险。如果人体触及就会触电，轻则"麻电"，重则死亡。设备外壳接地是最常用的安全措施。用符号"⏚"表示"接地"。由于外壳接地，即使电源与外壳发生短路，大部分短路电流会通过外壳地线回流到地，流过人体的电流很小。此时回流电流很大，可使线路中的保险丝熔断而迅速切断设备电源，保障人身安全。图1-35（a）和图1-35（b）所示分别为设备外壳接地示意图和对应的等效电路模型。其中 R_S 表示电源内电阻值，R_E 和 R_P 分别表示外壳接地电阻和人体电阻值。由于 R_E 比 R_P 小得多，所以大部分电流经外壳地线流向大地。显然，接地电阻越小，流过人体的电流也就越小。还有其他一些防电击保护措施，这里不再一一列举。

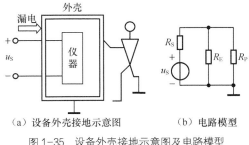

（a）设备外壳接地示意图　　　　　（b）电路模型

图 1-35　设备外壳接地示意图及电路模型

本章小结

一、实际电路和电路模型

实际电路→电路模型→电路方程→电路响应

二、电路中的基本物理量

在电路中常用到电压、电流、电功率、电能等物理量。在分析电路时，只有首先标定电压、电流的参考方向，才能对电路进行计算，算得的电压、电流的正、负号才有意义。

物理量 名称	描 述 对 象	公　式	注 意 事 项
电流 i	标记方法有两种： 一是画一个实线箭头； 二是用双下标，如 i_{ab}	$i = \dfrac{dq}{dt}$	$i > 0$，表明电流的参考方向与实际方向相同； $i < 0$，表明电流的参考方向与实际方向相反
电压 u	标记方法有三种： 一是画一个实线箭头； 二是用双下标，如 u_{ab}； 三是用极性"+"、"−"	$u_{ab} = \dfrac{dw}{dq}$ $= u_a - u_b$	$u > 0$，表明电压的参考方向与实际方向相同； $u < 0$，表明电压的参考方向与实际方向相反
电功率 p	$\Sigma P=0$ 均成立， 称为功率守恒	关联：$p = ui$ 非关联：$p = -ui$	在此规定下，将电流 i 和电压 u 数值的正负号如实代入公式，如果计算结果为 $p>0$ 时，表示元件吸收功率，该元件为负载；反之，$p<0$ 时，表示元件发出功率，该元件为电源
电能 w	1 度=1kW·h $=10^3 \times 3600$ $=3.6 \times 10^6 J$	$w(t) = \displaystyle\int_{t_0}^{t} p(\xi)d\xi$ $= \displaystyle\int_{t_0}^{t} u(\xi)i(\xi)d\xi$	正电荷从电路元件的电压"+"极，经元件移到电压的"−"极，是电场力对电荷做功的结果，这时元件吸收能量。相反地，正电荷从电路元件的电压"−"极经元件移到电压"+"极，元件向外释放能量

三、电路中的基本元件

元件 名称	描述对象	体现形式	说明事项
电阻 （电导）	$R = \dfrac{1}{G} = \dfrac{u}{i}$	$u=Ri(i=Gu)$	线性电阻（电导）：u、i 参考方向关联；若非关联公式中冠以负号

续表

元件名称	描述对象	体现形式	说明事项
独立电源	独立电源包括电压源 u_S 和电流源 i_S，是有源元件，能独立地给电路提供能量		
受控电源	受控电源也是一种电源，其电压或电流受电路中其他支路的电压或电流的控制		（1）独立源与受控源都可以对外电路做功。独立源的输出量是独立的，独立源在电路中起"激励"作用，在电路中产生电压、电流；受控源的输出量是不独立的，受控源电压（或电流）由控制量决定 （2）把受控源作为独立源来处理，必须注意其电压或者电流是取决于控制量的，不能随意把控制量的支路消除掉，因为受控源依附于控制量而存在。当控制量为零时，受控源输出也为零

四、两类约束：欧姆定律（VCR）和基尔霍夫定律（KCL、KVL）

电路中各支路电流、电压要受到两种基本规律的约束，即：

（1）电路元件性质的约束（元件约束），也称电路元件的伏安关系（VCR）；

（2）电路连接方式的约束（结构约束），基尔霍夫定律是概括这种约束关系的基本定律。

定律名称	描述对象	定律形式	应用条件
VCR	电阻（电导）	$u=Ri(i=Gu)$	线性电阻（电导）：u、i 参考方向关联；若非关联公式中冠以负号
KCL	节点	$\sum i(t)=0$	任何集总参数电路（含线性、非线性、时变、非时变电路）
KVL	回路	$\sum u(t)=0$	（同 KCL）

自测题

一、选择题

1．电流与电压为关联参考方向是指（　　　）。

（A）电流参考方向与电压降参考方向一致　　（B）电流参考方向与电压升参考方向一致

（C）电流实际方向与电压升实际方向一致　　（D）电流实际方向与电压降实际方向一致

2．电阻 R 上 u、i 参考方向不一致，令 $u=-10V$，消耗功率为 0.5W，则电阻的值 R 为（　　）。

（A）200Ω　　　　　　（B）−200Ω　　　　　　（C）±200Ω　　　　　　（D）无法确定

3．当流过理想电压源的电流增加时，其端电压将（　　）。

（A）增加　　　　　　（B）减少　　　　　　（C）不变　　　　　　（D）无法确定

4．当理想电流源的端电压增加时，其电流将（　　）。

（A）增加　　　　　　（B）减少　　　　　　（C）不变　　　　　　（D）无法确定

5．KCL、KVL 不适用于（　　）。

（A）时变电路　　　　（B）非线性电路　　　（C）分布参数电路　　（D）集总参数电路

二、判断题

1．电压、电流的参考方向可任意指定，指定的参考方向不同，不影响问题最后的结论。

（　　）

2．某元件是电源还是负载，可以以其功率 P 的正负值来判断，P 为正值，元件吸收功率；P 为负值，则发出功率。（　　）

3．电压、电位和电动势定义式形式相同，所以它们的单位一样。（　　）

4．电流由元件的低电位端流向高电位端的参考方向称为关联参考方向。（　　）

5．电压和电流计算结果得负值，说明它们的参考方向假设反了。（　　）

6．电功率大的用电器，电能也一定大。（　　）

7．电路分析中一个电流得负值，说明它小于零。（　　）

8．受控源在电路分析中的作用，和独立源完全相同。（　　）

9．网孔都是回路，而回路则不一定是网孔。（　　）

10．应用基尔霍夫定律列写方程式时，可以不参照参考方向。（　　）

三、填空题

1．若电流的计算值为负，则说明其实际方向与（　　）相反。

2．若 A、B、C 三点的电位分别为 3V、2V、−2V，则电压 U_{AB} 为（　　），U_{CA} 为（　　）。

3．衡量电源力作功本领的物理量称为（　　），它只存在于（　　）内部，其参考方向规定由（　　）电位指向（　　）电位，与（　　）的参考方向相反。

4．（　　）定律体现了线性电路元件上电压、电流的约束关系，与电路的连接方式无关；（　　）定律则是反映了电路的整体规律，其中（　　）定律体现了电路中任意节点上汇集的所有（　　）的约束关系；（　　）定律体现了电路中任意回路上所有（　　）的约束关系，具有普遍性。

5．独立电压源的电压可以独立存在，不受外电路控制；而受控电压源的电压不能独立存在，而受（　　）的控制。

习题

1-1　各元件中的电压电流参考方向如图 1-36 所示，试确定它们的实际方向。

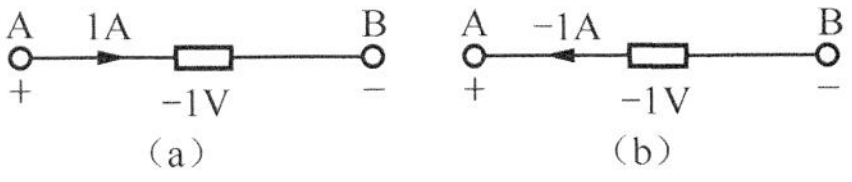

图 1-36　习题 1-1 图

1-2 在图 1-37 中，方框表示电路元件，计算各元件的功率，并指出功率的性质。

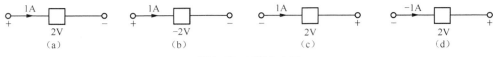

图 1-37 习题 1-2 图

1-3 已知图 1-38 中，$U_1=1V$，$U_2=-3V$，$U_3=8V$，$U_4=-4V$，$U_5=7V$，$U_6=-3V$，$I_1=2A$，$I_2=1A$，$I_3=-1A$，试求图示电路中各方框所代表的元件吸收或产生的功率。

1-4 写出图 1-39 所示各电路的约束方程。

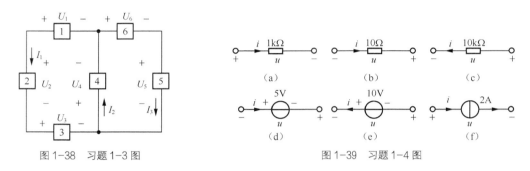

图 1-38 习题 1-3 图   图 1-39 习题 1-4 图

1-5 求图 1-40 所示电路中的电压 u，并求各电阻吸收的功率和各电源的功率。

图 1-40 习题 1-5 图   图 1-41 习题 1-6 图

1-6 在图 1-41 所示电路中，试分别计算各元件的功率。

1-7 一个"510kΩ、0.5W"的电阻，使用时最多能允许多大的电流通过？能允许加的最大电压又是多少？

1-8 已知图 1-42 中，$i_2=2A$，$i_4=-1A$，$i_5=6A$，试求 i_3。

1-9 求图 1-43 所示电路中的电流 I_2。

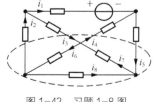

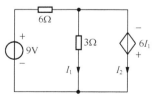

图 1-42 习题 1-8 图   图 1-43 习题 1-9 图

1-10 求图 1-44 中受控源的功率。

1-11 电路如图 1-45 所示，试求 I。

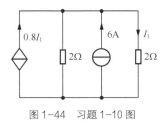

图 1-44　习题 1-10 图

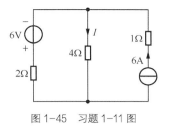

图 1-45　习题 1-11 图

1-12　图 1-46 所示电路中，已知 $I_1=3A$，$I_2=-2A$，求 I_3 和 U_{ab}。

1-13　图 1-47 所示电路中，分别求当开关 S 断开和闭合时 F 点的电位。

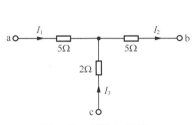

图 1-46　习题 1-12 图

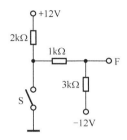

图 1-47　习题 1-13 图

1-14　电路如图 1-48 所示，求 A、B 两点间的电压 U_{AB}。

1-15　电路如图 1-49 所示，已知 $u_{S1}=3V$、$u_{S2}=2V$、$u_{S3}=5V$、$R_1=1\Omega$、$R_2=4\Omega$，求各支路电流 i_1、i_2、i_3。

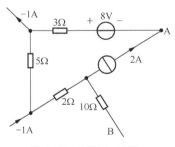

图 1-48　习题 1-14 图

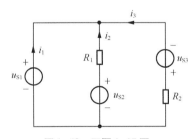

图 1-49　习题 1-15 图

第2章 电阻电路的等效变换

内容提要： 等效变换是分析电路的一种重要方法，其主要思想是用简单的电路等效替代复杂的电路。本章介绍线性电阻电路的等效变换，内容包括：电阻的串联、并联和 Y-△ 变换，电源的等效变换，含受控源一端口网络的等效。

本章目标： 熟练掌握电阻、电源不同连接方式下的等效变换方法及输入电阻的计算。

2.1 电路的等效变换

由线性无源元件、线性受控源和独立电源组成的电路，称为线性电路。如果构成的无源元件均为线性电阻，则称为线性电阻性电路（简称电阻电路）。当电路中的独立电源都是直流时，这类电路简称为直流电路。

工程实际中，常常碰到只需研究某一支路的电压、电流或功率的问题。对所研究的支路来说，电路的其余部分可等效变换为较简单的电路，使分析和计算简化。等效变换是求局部响应的有效方法。

对外部只具有两个端钮的电路，如果两个端子流入流出电流相同，称为一端口网络，或称为二端网络，如图 2-1 所示。等效电路的含义为两个内部结构完全不同的二端网络，如果它们端钮上有完全相同的电压和电流，伏安关系（VCR）相同，则它们是等效的，如图 2-2 所示。

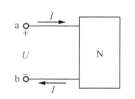

图 2-1　一端口（二端）网络

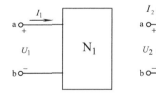

图 2-2　两个一端口网络等效

对电路进行分析和计算时，有时可以把电路中某一部分简化，即用一个较为简单的电路替代原电路。现举一个简单二端网络实例来说明。图 2-3（a）所示电路，在 1、1' 端口右侧虚线框中由几个电阻构成的电路 N_1 可以用 N_2 的一个电阻 R_{eq} 替代，如图 2-3（b）所示。对外电路而言，互为等效的电路可以相互替换，这就是电路的等效变换。

注意：等效是对外电路而言的，内部则不一定等效。也就是说当电路中某一部分用其等效电路替代后,未被替代部分的电压和电流均应保持不变。

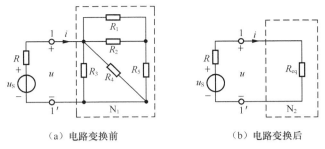

(a) 电路变换前 　　　　　　　(b) 电路变换后

图 2-3 等效变换示意图

需要明确以下几点。

(1) 电路等效变换的条件是相互等效的两个电路的端钮具有相同的电压、电流关系 (VCR)。

(2) 电路等效的对象是未变化的外电路中的电压、电流和功率。

(3) 电路进行等效变换的目的是使电路的分析计算更加简单。

思考与练习

2-1-1　等效变换的概念是什么?"电路等效就是相等"这句话对吗?为什么?

2-1-2　电路等效变换的目的是什么?

2-1-3　"等效是对外电路而言的"这句话如何理解?

2-1-4　理解电路等效变换的基本原则。

2.2　电阻的等效变换

一、电阻的串联

电路中,多个电阻首尾依次相连构成电阻的串联。圣诞节期间圣诞树上忽亮忽灭的彩灯就是串联连接,如图 2-4 所示。串联的灯泡中有一个灯泡装有双金属片的自动开关。当双金属片发热断开时,灯泡全部熄灭;冷却后双金属片重新接通电路,所有的灯泡又变亮。假定所有的灯泡都是一样的,通过插座接通电源电压 U_0,则串联灯泡两端的电压为 U_0/n。

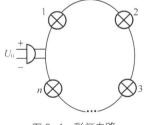

图 2-4　彩灯电路

图 2-5 (a) 所示的电路,在电源作用下流过各电阻的电流为同一电流。

各元件电流 i 相同,根据 KVL 可写出其外特性方程为

$$u=(R_1+R_2+\cdots+R_k+\cdots+R_n)i=R_{eq}i$$

N_1 和 N_2[见图 2.5 (b)]外特性相同,则称 N_1 和 N_2 等效,因此 N_1 的串联等效电阻为

$$R_{eq}=R_1+R_2+\cdots+R_n = \frac{u}{i} = \sum_{k=1}^{n} R_k \tag{2-1}$$

由式 (2-1) 可知,串联等效电阻 R_{eq} 值大于任一个串联电阻值。

电阻串联时,第 k 个电阻上的电压为

$$u_k = R_k i = \frac{R_k}{R_{eq}} u \quad (k = 1, 2, \cdots, n) \tag{2-2}$$

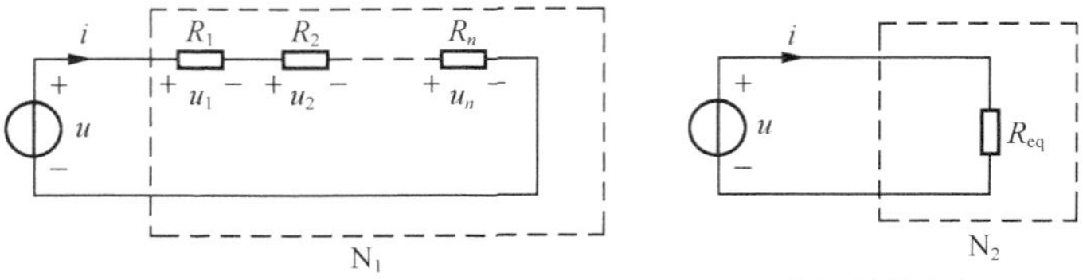

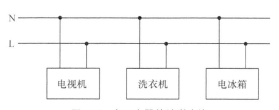

（a）电阻的串联　　　　　　　（b）等效电路

图 2-5　电阻的串联及其等效电路

式（2-2）称为分压公式。它表明串联电路中各电阻上电压的大小与其电阻值的大小成正比，阻值越大者分得的电压越大。串联电阻的分压原理应用十分广泛，如电子电路中常用电位器实现可调串联分压电路，串联电阻分压还可以用来扩大电压表的量程。

电路吸收的总功率为

$$p=(R_1+R_2+\cdots+R_n)i^2=p_1+p_2+\cdots+p_n=R_{eq}i^2 \tag{2-3}$$

$$p_1:p_2:\cdots:p_n=R_1:R_2:\cdots:R_n \tag{2-4}$$

由式（2-3）、式（2-4）可知，电阻串联电路消耗的总功率等于各电阻消耗功率的总和，阻值越大者分得的功率越大。

二、电阻的并联

如果多个电阻联接在两个公共节点之间，称为电阻的并联。并联连接的应用实例很多，图 2-6 所示的家用电器都是采用并联连接方式，即其中某一家用电器不工作时，不影响其他家用电器的工作。n 个电阻的并联如图 2-7（a）所示。

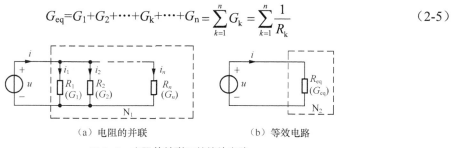

图 2-6　家用电器的并联连接

根据 KCL 可得

$$i=i_1+i_2+\cdots+i_n=u/R_1+u/R_2+\cdots+u/R_n=u(1/R_1+1/R_2+\cdots+1/R_n)=uG_{eq}$$

若 N_1 和只有一个电阻（或电导）的 N_2 电路等效［见图 2-7（b）］，则它的等效电导为

$$G_{eq}=G_1+G_2+\cdots+G_k+\cdots+G_n = \sum_{k=1}^{n} G_k = \sum_{k=1}^{n} \frac{1}{R_k} \tag{2-5}$$

（a）电阻的并联　　　　　　　（b）等效电路

图 2-7　电阻的并联及其等效电路

电阻并联连接时，电阻有分流作用，第 k 个电阻通过的电流为

$$i_k = \frac{G_k}{G_{eq}} i \tag{2-6}$$

式（2-6）是一个分流公式，它表明 n 个电阻并联后总电流在每个电阻中的分配比例。电导值小（或电阻值大）的电阻分得电流小，反之分得电流大。

当两个电阻并联如图 2-8 所示时，其等效电阻 R_{eq} 为

$$R_{eq} = \frac{1}{\dfrac{1}{R_1} + \dfrac{1}{R_2}} = \frac{R_1 R_2}{R_1 + R_2}$$

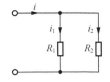

图 2-8　两个电阻并联电路

两个电阻的电流分别为

$$i_1 = \frac{R_2}{R_1 + R_2} i \qquad i_2 = \frac{R_1}{R_1 + R_2} i$$

电路吸收的总功率为

$$p = (G_1 + G_2 + \cdots + G_n)u^2 == p_1 + p_2 + \cdots + p_n = G_{eq} u^2 \qquad （2-7）$$

$$p_1 : p_2 : \cdots : p_n = G_1 : G_2 : \cdots : G_n \qquad （2-8）$$

由式（2-7）、式（2-8）可知，电阻并联电路消耗的总功率等于各电阻消耗功率的总和。阻值越大（电导越小），分得的功率越小。

【**例 2-1**】电路如图 2-9 所示，求等效电阻 R_{ab} 和 R_{cd}。

解　对端口等效，注意电路结构，应用串、并联等效逐一化简，也可列出算式计算。

$$R_{ab} = \frac{(5+5) \times 15}{5+5+15} + 6 = 12\Omega$$

$$R_{cd} = \frac{(15+5) \times 5}{15+5+5} = 4\Omega$$

【**例 2-2**】电路如图 2-10 所示，求各支路电流。

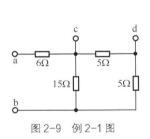

图 2-9　例 2-1 图

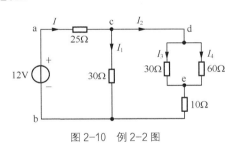

图 2-10　例 2-2 图

解　先求 ab 两端等效电阻 R_{ab}，然后求总电流 I，再用分流公式，求其他支路电流。

$$R_{de} = \frac{30 \times 60}{30 + 60} = 20 \ \Omega \qquad （30\Omega 与 60\Omega 并联）$$

$$R_{db} = 20 + 10 = 30 \ \Omega \qquad （10\Omega 与 R_{de} 串联）$$

$$R_{cb} = \frac{30}{2} = 15 \ \Omega \qquad （30\Omega 与 R_{db} 并联）$$

$$R_{ab} = 15 + 25 = 40 \ \Omega \qquad （25\Omega 与 R_{cb} 串联）$$

根据欧姆定律得

$$I = \frac{12}{R_{ab}} = \frac{12}{40} = 0.3 \ \text{A}$$

根据分流公式得

$$I_2 = \frac{30}{30 + R_{\text{db}}} I = \frac{30}{30 + 30} \times 0.3 = 0.15\text{A}$$

$$I_1 = 0.15\text{ A}$$

$$I_3 = \frac{60}{30 + 60} I_2 = 0.10\text{ A}$$

$$I_4 = \frac{30}{90} I_2 = 0.05\text{ A}$$

三、电阻的 Y-△ 等效变换

电阻的 Y 形连接与△形连接既非串联也非并联。在图 2-11（a）中，电阻 R_1、R_2、R_3 为 Y 形（或称 T 形、星形）连接，三个电阻都有一端接在一个公共点上，另一端接在 3 个端子上。在图 2-11（b）中，电阻 R_{12}、R_{23}、R_{31} 为△形（或称 Π 形，三角形）连接，3 个电阻分别接在 3 个端子的每两个之间构成一个回路。Y-△等效变换的原则是：任意两个端钮之间具有相同的端口伏安关系，也即要求任意两个端钮之间的等效电阻都是相同的。

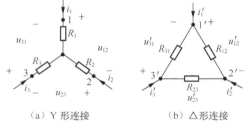

（a）Y 形连接　　　（b）△形连接

图 2-11　电阻 Y 与△形连接

当满足上述条件后，在两种接法中，对应的任意两端间的等效电阻也必然相等。在图 2-11 中，1、2 端的等效电阻（3 端开路）为

$$R_1 + R_2 = \frac{(R_{31} + R_{23}) \cdot R_{12}}{R_{12} + R_{23} + R_{31}} \tag{2-9}$$

同理可得

$$R_2 + R_3 = \frac{(R_{12} + R_{31}) \cdot R_{23}}{R_{12} + R_{23} + R_{31}} \tag{2-10}$$

$$R_1 + R_3 = \frac{(R_{12} + R_{23}) \cdot R_{31}}{R_{12} + R_{23} + R_{31}} \tag{2-11}$$

将式（2-9）、式（2-10）、式（2-11）分别两个相加，减去另一式再除以 2，可得

$$\begin{cases} R_1 = \dfrac{R_{12} \cdot R_{31}}{R_{12} + R_{23} + R_{31}} \\[2mm] R_2 = \dfrac{R_{12} \cdot R_{23}}{R_{12} + R_{23} + R_{31}} \\[2mm] R_3 = \dfrac{R_{23} \cdot R_{31}}{R_{12} + R_{23} + R_{31}} \end{cases} \tag{2-12}$$

记忆公式：△→Y 时

$$Y形电阻 = \frac{\Delta形相邻电阻之积}{\Delta形电阻之和}$$

式（2-12）两两相乘后相加，再除以其中一式，即可得到 Y 形连接变换为△形连接等效电阻的公式。

$$\begin{cases} R_{12} = \dfrac{R_1R_2+R_2R_3+R_3R_1}{R_3} = R_1 + R_2 + \dfrac{R_1R_2}{R_3} \\[2mm] R_{23} = \dfrac{R_1R_2+R_2R_3+R_3R_1}{R_1} = R_2 + R_3 + \dfrac{R_2R_3}{R_1} \\[2mm] R_{31} = \dfrac{R_1R_2+R_2R_3+R_3R_1}{R_2} = R_1 + R_3 + \dfrac{R_3R_1}{R_2} \end{cases} \tag{2-13}$$

如果采用电导代替电阻，式（2-13）分别又可以写为

$$\begin{cases} G_{12} = \dfrac{G_1G_2}{G_1+G_2+G_3} \\[2mm] G_{23} = \dfrac{G_2G_3}{G_1+G_2+G_3} \\[2mm] G_{31} = \dfrac{G_3G_1}{G_1+G_2+G_3} \end{cases} \tag{2-14}$$

式（2-13）和式（2-14）是等价的。

记忆公式：Y→△时

$$\triangle 形电导 = \frac{Y形相邻电导之积}{Y形电导之和}$$

当 $R_1=R_2=R_3=R_Y$，$R_{12}=R_{23}=R_{31}=R_\triangle$时，有

$$R_\triangle = 3R_Y \text{ 或 } R_Y = \frac{1}{3}R_\triangle$$

【例 2-3】电路如图 2-12（a）所示，已知输入电压 $U_S=32\text{V}$，求电压 U_0。

解　先将图 2-12（a）所示电路中虚框内 1Ω，1Ω，2Ω 三个星形连接的电阻等效变换为 R_1，R_2，R_3 3 个三角形连接的电阻，如图 2-12（b）所示，其中

$$R_1 = 1 + 1 + \frac{1 \times 1}{2} = \frac{5}{2}\Omega$$

$$R_2 = 1 + 2 + \frac{1 \times 2}{1} = 5\Omega$$

$$R_3 = 1 + 2 + \frac{1 \times 2}{1} = 5\Omega$$

$$R = \frac{\dfrac{5}{2} \times \left(\dfrac{5}{2} + \dfrac{5 \times 15}{5+15}\right)}{\dfrac{5}{2} + \dfrac{5}{2} + \dfrac{5 \times 15}{5+15}} = \frac{25}{14}\Omega$$

将图 2-12（b）虚框内的电阻串、并联后，简化为 $\dfrac{25}{14}\Omega$ 的等效电阻，如图 2-12（c）所示，则

$$U_0 = \frac{32}{1 + \dfrac{\dfrac{25}{14} \times 1}{\dfrac{25}{14} + 1}} \times \frac{\dfrac{25}{14}}{\dfrac{25}{14} + 1} \times 1 = 12.5\text{V}$$

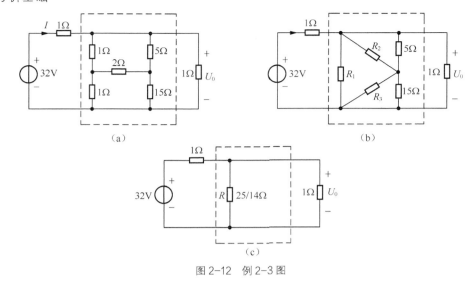

（a）　　　　　　　　　　　　　　　（b）

（c）

图2-12　例2-3图

【**例2-4**】求图2-13所示电阻电路的等效电阻R_{ab}。

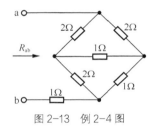

图2-13　例2-4图

解　方法1：将电路上面的△形连接部分等效为Y形连接，如图2-14所示。

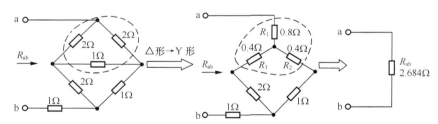

图2-14　△形连接部分等效为Y形连接

其中：

$$R_1 = \frac{2 \times 2}{2 + 2 + 1} = 0.8\Omega$$

$$R_2 = \frac{2 \times 1}{2 + 2 + 1} = 0.4\Omega$$

$$R_3 = \frac{2 \times 1}{2 + 2 + 1} = 0.4\Omega$$

$$\therefore R_{ab} = 0.8 + \frac{(0.4 + 2) \times (0.4 + 1)}{0.4 + 2 + 0.4 + 1} + 1 = 2.684\Omega$$

方法 2：也可以将原电路图中 1Ω、2Ω 和 1Ω 3 个 Y 形连接的电阻变换成△形连接，如图 2-15 所示。

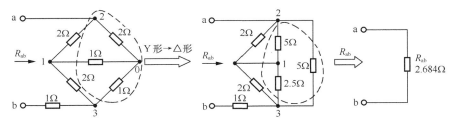

图 2-15 Y 形连接部分等效为△形连接

其中：

$$R_{12} = \frac{1 \times 2 + 1 \times 2 + 1 \times 1}{1} = 5\Omega$$

$$R_{23} = \frac{1 \times 2 + 1 \times 2 + 1 \times 1}{1} = 5\Omega$$

$$R_{31} = \frac{1 \times 2 + 1 \times 2 + 1 \times 1}{2} = 2.5\Omega$$

$$\frac{2 \times 5}{2 + 5} + \frac{2 \times 2.5}{2 + 2.5} = \frac{160}{63}\Omega$$

$$\frac{\frac{160}{63} \times 5}{\frac{160}{63} + 5} = \frac{32}{19}\Omega$$

$$R_{ab} = 1 + \frac{32}{19} = 2.684\Omega$$

两种方法求出的结果完全相等。

思考与练习

2-2-1　当白炽灯或电炉子的电阻丝烧断后，再将其接起来，白炽灯会比原来更亮，电炉子会比原来热得更快。这是为什么？

2-2-2　判别电路的串并联关系的基本方法是什么？

2-2-3　两个电导 G_1 和 G_2 串联的等效电导 G 为多大？

2-2-4　额定电压为 110V 的两只白炽灯可否串联到 220V 电源上使用？什么条件下可以这样使用？

2.3　独立源的等效变换

一、电压源的串联和并联

图 2-16（a）所示 n 个电压源串联，根据 KVL 可得

$$u_S = u_{S1} + u_{S2} + \dots + u_{Sn} = \sum_{k=1}^{n} u_{Sk} \tag{2-15}$$

即 n 个电压源串联，可以用一个电压源等效替代。如果 u_{Sk} 的参考方向与 u_S 的参考方向一致时，式中的 u_{Sk} 前面取"+"号，不一致时取"-"号。对应的等效电路如图 2-16（b）所示。

只有电压值相等的电压源之间才允许同极性并联，否则违背了 KVL。

图 2-17（a）所示为任一元件或支路与电压源 u_S 并联，无论这个元件是一个电流源还是一个电阻，它都等效成这个电压源，如图 2-17（b）所示。因为元件与电压源并联后的电压仍为电压源的电压，元件存不存在，对外电路均无影响，元件可视为多余元件。

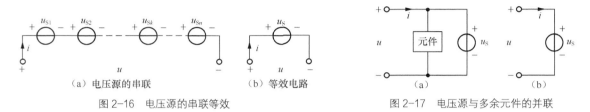

（a）电压源的串联　　　（b）等效电路

图 2-16　电压源的串联等效

（a）　　　　（b）

图 2-17　电压源与多余元件的并联

二、电流源的串联和并联

图 2-18（a）所示 n 个电流源并联，根据 KCL 可得

$$i_S = i_{S1} + i_{S2} + ... + i_{Sn} = \sum_{k=1}^{n} i_{Sk} \tag{2-16}$$

即 n 个电流源并联，可以用一个电流源等效替代。如果 i_{Sk} 的参考方向与 i_S 的参考方向一致时，式中的 i_{Sk} 前面取"+"号，不一致时取"-"号。对应的等效电路如图 2-18（b）所示。

只有电流值相等且方向一致的电流源才允许串联，否则违背了 KCL。

图 2-19（a）所示为任一元件或支路与电流源 i_S 串联，无论这个元件是一个电压源还是一个电阻，它都等效成这个电流源，如图 2-19（b）所示。因为元件与电流源串联后的电流仍为电流源的电流，元件存不存在，对外电路均无影响，元件可视为多余元件。

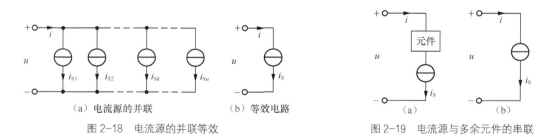

（a）电流源的并联　　　（b）等效电路

图 2-18　电流源的并联等效

（a）　　　　（b）

图 2-19　电流源与多余元件的串联

三、实际电源的两种模型及其等效变换

一个实际电源在其内阻不容忽略时，可用电压源与电阻串联组合（实际电压源模型）或电流源与电阻并联组合（实际电流源模型）来表征，如图 2-20 所示。

当实际电源为实际电压源模型时，电压源与电阻串联组合的外特性方程为

$$u = u_s - iR \tag{2-17}$$

当实际电源为实际电流源模型时，电流源与电阻（电导）并联组合的外特性方程为

$$i = i_\mathrm{S} - \frac{u}{R} \quad 或 \quad i = i_\mathrm{S} - Gu \qquad (2\text{-}18)$$

这样，实际电源就有两种不同结构的电路模型。用两种模型来表示同一个实际电源，这两种模型应互为等效电路，即外特性方程应相等。比较式（2-17）和式（2-18），得

$$\begin{cases} u_\mathrm{S} = i_\mathrm{S}R \\ R = \dfrac{1}{G} \end{cases} \qquad (2\text{-}19)$$

式（2-19）即为两种电源模型等效变换的条件。i_S 的方向应从 u_S 的负极指向正极。

实际上，任意一个电压源 u_S 和电阻 R 串联的电路

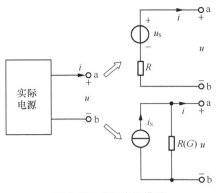

图 2-20 实际电源模型

都可以用一个电流为 $\dfrac{u_\mathrm{S}}{R}$ 的电流源与一个电阻 R 并联组合的电路替代，反之也成立。值得指出的是：理想电压源（$R=0$）和理想电流源（$R=\infty$）不能相互转换。

两种电源模型的等效变换，是指实际电源 ab 端子以外电路在变换前后，电流、电压及电功率不变，而对 ab 端子以内的电路不等效。若 ab 端开路，两种电源电路对外均不发出功率；对内电路来说，电压源与电阻串联的组合支路中的电压源的功率为零，电流源与电阻并联的组合支路中的电流源发出功率却为 $i_\mathrm{S}^2 R$，显然两种电源模型的内电路不等效。

【**例 2-5**】电路如图 2-21（a）所示，求电流 i。

解 利用电源等效变换，将图 2-21（a）中的 10V 和 2Ω 串联支路等效变换为图 2-21（b）所示的 5A 和 2Ω 并联支路，再将 5A 和 3A 电流源并联简化为图 2-21（c）所示的 2A 电流源，再将 2Ω 电阻与 4A 电流源并联支路、2Ω 电阻与 2A 电流源并联支路分别等效为电压源串电阻的组合支路，如图 2-21（d）所示，最后由图 2-21（d）得到电流 i 为

$$i = \frac{4-8}{2+2+4} = -0.5\ \mathrm{A}$$

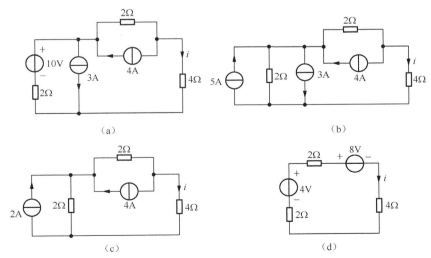

图 2-21 例 2-5 图

思考与练习

2-3-1 实际电源有哪两种电路模型，两种电路模型等效变换的条件是什么？

2-3-2 实际电源的两种电路模型在进行等效变换时需注意哪些问题？等效是对内电路等效还是对外电路等效？

2-3-3 理想电压源和理想电流源之间能否相互转换？

2-3-4 将电压源的电压极性变为下正、上负，相应的等效电流源将如何变动?可以得出什么结论？

2.4 含受控源一端口网络的等效

一、受控源的串、并联及等效变换

受控源和独立源虽有本质不同，但是在电路进行简化时，可以把受控源按独立源处理。前面介绍的独立源处理方法对受控源也适用。

例如若干个受控电压源串联可用一个受控电压源等效，若干个受控电流源并联可以用一个受控电流源等效。图 2-22（a）所示电路是 n 个电压控制电压源串联，可以等效变化为一个电压控制电压源，如图 2-22（b）所示，其等效电压控制电压源等于各个电压控制电压源的电压之和。

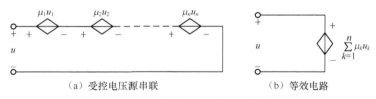

（a）受控电压源串联　　　　　　　　（b）等效电路

图 2-22　受控电压源串联及等效电路

图 2-23 电路表示 n 个电流控制电流源并联及其等效的一个电流控制电流源。

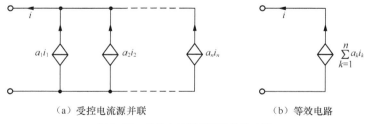

（a）受控电流源并联　　　　　　　　（b）等效电路

图 2-23　受控电流源并联及等效电路

受控电压源与电阻串联的组合支路和受控电流源与电阻并联的组合支路，可以相互等效变换，方法与独立源变换方法相同。但要注意，控制量所在的支路不要变换，否则，只会对求解带来更大的麻烦和困难。

【**例 2-6**】图 2-24（a）是一个含受控源的一端口电路，求其最简等效电路。

解　按上述的方法，先分别将两个有伴受控电流源等效变换为两个有伴受控电压源，如

图 2-24（b）所示电路，其等效受控电压源的值分别为 $5i \times 1 = 5i$，$10i \times 1 = 10i$，两个等效电阻分别为 1Ω。再将两个串联受控电压源的电压相加，即 $5i - 10i = -5i$，两个 1Ω 的电阻串联得到 2Ω，其等效电路如图 2-24（c）所示。最后简化图 2-24（c）电路得到图 2-24（d）所示等效电路。

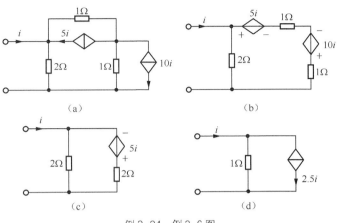

（a）　　　　　　　　　　　　（b）

（c）　　　　　　　　　　　　（d）

例 2-24　例 2-6 图

二、输入电阻

一个内部不含独立电源的一端口网络对外可以等效为一个电阻，其阻值为端口电压与端口电流之比。

对于仅含电阻的一端口网络，可以利用前面所讲的电阻的串、并联及 Y-△ 等效变换的方法来求它的等效电阻。若一端口网络还含有受控源，但无独立源时，不能直接用电阻的等效变换方法来计算其等效电阻，所以只能采用计算输入电阻的方法获得。

通常，输入电阻的计算（或测量）采用外加电源的方法。在图 2-25（a）所示一端口的 ab 处，施加一电压为 u 的电压源（或电流为 i 的电流源），求出（或测得）端口的电流 i（或电压 u），然后计算 u 和 i 的比值，即可得输入电阻，如图 2-25（b）所示。

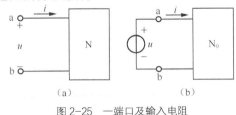

（a）　　　　　　（b）

图 2-25　一端口及输入电阻

一端口处的电压和电流成正比，将其定义为一端口的输入电阻，用 R_{in} 表示，即

$$R_{in} = \frac{u}{i} \tag{2-20}$$

式中 u 和 i 是一端口的端口电压和电流，二者为关联参考方向。

由无源电阻电路的等效变换分析可知，无源电阻一端口可用一个等效电阻 R_{eq} 来表示。由于等效电阻两端电压 u、电流 i 的关系，与一端口两端的电压 u、电流 i 的关系相同，故等效电阻值 R_{eq} 等于输入电阻值 R_{in}，所以等效电阻可以通过计算一端口的输入电阻 R_{in} 来获得。

【例 2-7】 求图 2-26 的一端口电路的输入电阻 R_{in}，并求其等效电路。

解　先将图 2-26（a）的 ab 端外加一电压为 u 的电压源，再对 ab 右端电路进行简化得到图 2-26（b），由图 2-26（b）可得到

$$u = (i - 2.5i) \times 1 = -1.5i$$

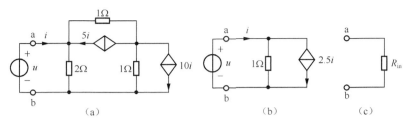

图 2-26 例 2-7 图

因此，该一端口输入电阻为

$$R_{in} = \frac{u}{i} = -1.5\Omega$$

由此例可知，由于受控源的原因，含受控源电阻电路的输入电阻也可能是负值，也可能为零。

思考与练习

2-4-1 在只含有电阻和受控源的一端口网络的等效分析时，为什么要用外加电压源或外加电流源的方法？

2-4-2 当一端口网络的端口电流或端口电压作为受控源的控制量时，一定要用外加电压源或外加电流源的方法吗？

2-4-3 等效电阻和输入电阻有何异同？

2-4-4 含有受控源的一端口网络的输入电阻的值可以为正，也可以为负或者为零吗？

2.5 应用实例

通常采用电阻器作为将电能转换为热能或其他形式能量的电气装置的模型，这些装置包括导线、灯泡、电热器、电炉、电烤箱，以及扩音器等。本节介绍与本章概念密切相关的实际生活中的应用问题——照明系统。

诸如室内灯光或圣诞树灯泡等照明系统通常由 n 个并联或串联的灯泡组成，如图 2-27 所示。

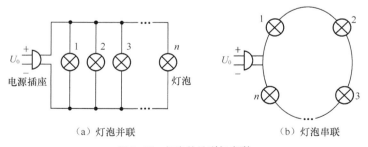

（a）灯泡并联　　　　　（b）灯泡串联

图 2-27 灯泡的并联与串联

图 2-27 中各灯泡可建模为电阻。假定所有的灯泡都是一样的，并且 U_0 为电源电压，那么并联灯泡两端的电压为 U_0，串联灯泡两端的电压为 U_0/n。串联连接容易实现，但实际上很少使用，其原因有二。第一，它的可靠性差，只要一只灯泡坏了，其他灯泡全都不亮；第二，

维修困难，当一只灯泡出现问题时，必须逐个检查所有灯泡才能找到出问题的那一只。

【例2-8】 3 只灯泡如图 2-28（a）那样与一个 9V 电池相接，试计算：（1）流过每只灯泡的电流；（2）每只灯泡的电阻；（3）电池提供的总电流。

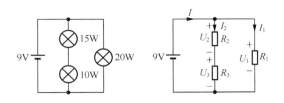

（a）由 3 只灯泡构成的照明系统　（b）电阻电路等效模型统

图 2-28　例 2-8 图

解　（1）电池提供的总功率等于各灯泡吸收的总功率，即

$$P=15+10+20=45\text{W}$$

因为 $P=UI$，所以电池提供的总电流为

$$I = \frac{P}{U} = \frac{45}{9} = 5\text{A}$$

（2）可以将灯泡建模为电阻，其等效电路如图 2-28（b）所示。由于 R_1（20W 的灯泡支路）与 R_2 和 R_3 的串联支路均与电池并联，所以

$$U_1=U_2+U_3=9\text{V}$$

流过 R_1 的电流为

$$I_1 = \frac{P_1}{U_1} = \frac{20}{9} = 2.22\text{A}$$

由 KCL 可知流过 R_2 和 R_3 串联支路的电流为

$$I_2=I-I_1=5-2.22=2.78\text{A}$$

（3）由于 $P=I^2R$，所以

$$R_1 = \frac{P_1}{I_1^2} = \frac{20}{2.22^2} = 4.05\Omega$$

$$R_2 = \frac{P_2}{I_2^2} = \frac{15}{2.78^2} = 1.95\Omega$$

$$R_3 = \frac{P_3}{I_2^2} = \frac{10}{2.78^2} = 1.29\Omega$$

本章小结

一、电路的等效变换
电路的等效变换前后对外伏安特性一致。对外等效，对内不等效。
二、电阻的等效变换
电阻的串联、并联

	电阻的串联	电阻的并联	两个电阻的并联
等效电阻或等效电导	等效电阻：$R_{\text{eq}} = \sum_{k=1}^{n} R_k$	等效电导：$G_{\text{eq}} = \sum_{k=1}^{n} G_k$ 等效电阻：$R_{\text{eq}} = 1/G_{\text{eq}}$	等效电阻：$R_{\text{eq}} = \dfrac{R_1 \cdot R_2}{R_1 + R_2}$

续表

	电阻的串联	电阻的并联	两个电阻的并联
分压公式 或分流公式	分压公式: $u_k = u \cdot \dfrac{R_k}{R_{eq}}$	分流公式: $i_k = i \cdot \dfrac{G_k}{G_{eq}}$	分流公式: $i_1 = \dfrac{R_2}{R_1 + R_2} i$ $i_2 = \dfrac{R_1}{R_1 + R_2} i$

电阻的 Y↔△

	Y→△	△→Y
转换公式	Δ形电阻 = $\dfrac{\text{Y形电阻两两乘积之和}}{\text{Y形不相邻电阻}}$	Y形电阻 = $\dfrac{\Delta\text{形相邻电阻的乘积}}{\Delta\text{形电阻之和}}$
等效电阻	$R_{12} = R_1 + R_2 + \dfrac{R_1 \cdot R_2}{R_3}$ $R_{23} = R_2 + R_3 + \dfrac{R_2 \cdot R_3}{R_1}$ $R_{31} = R_3 + R_1 + \dfrac{R_3 \cdot R_1}{R_2}$	$R_1 = \dfrac{R_{31} \cdot R_{12}}{R_{12} + R_{23} + R_{31}}$ $R_2 = \dfrac{R_{12} \cdot R_{23}}{R_{12} + R_{23} + R_{31}}$ $R_3 = \dfrac{R_{23} \cdot R_{31}}{R_{12} + R_{23} + R_{31}}$
特例	当 $R_1 = R_2 = R_3 = R_Y$, $R_{12} = R_{23} = R_{31} = R_\Delta$时, 则 $R_Y = \dfrac{1}{3} R_\Delta$, $R_\Delta = 3 R_Y$	

三、独立源的等效变换

独立源的串联、并联等效变换

连接情况	对外等效结果	说　　明
n 个电压源串联	对外可等效成一个电压源,其电压为 $u_S = \sum\limits_{k=1}^{n} u_{Sk}$	当 u_{Sk} 与 u_S 的参考方向相同时,前面取"+"号,反之取"−"号
n 个电压源并联	只有电压相等极性一致的电压源才允许并联,否则违反 KVL	其等效电路为任一电压源
n 个电流源并联	对外可等效成一个电流源,其电流为: $i_S = \sum\limits_{k=1}^{n} i_{Sk}$	当 i_{Sk} 与 i_S 的参考方向相同时,前面取"+"号,反之取"−"号
n 个电流源串联	只有电流相等极性一致的电流源才允许串联,否则违反 KCL	其等效电路为任一电流源
电压源 u_S 与其他非理想电压源支路并联	对外可等效成一个电压源 u_S	与电压源 u_S 并联可以是电阻、电流源或复杂的支路
电流源 i_S 与其他非理想电流源支路串联	对外可等效成一个电流源 i_S	与电流源 i_S 串联可以是电阻、电压源或复杂的支路

实际电源的两种模型及相互转换

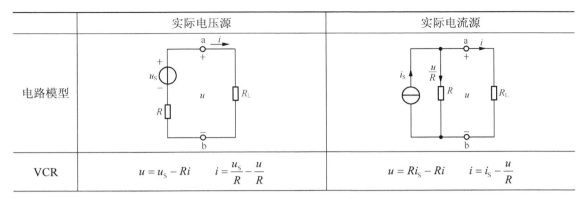

	实际电压源	实际电流源
电路模型		
VCR	$u = u_S - Ri$　　$i = \dfrac{u_S}{R} - \dfrac{u}{R}$	$u = Ri_S - Ri$　　$i = i_S - \dfrac{u}{R}$

其中：$u_S = Ri_S$　　$i_S = \dfrac{u_S}{R}$

无独立源一端口网络输入电阻的求法

条　件	方　法	说　明
无受控源	串并联及 Y-△ 变换方法	无受控源网络也可用外加电源法，但用串并联更简单
含受控源	外加电源法：$R_{in} = \dfrac{u}{i}$ 方法：在端口处加 u（或 i），求其端口的 i（或 u）	

自测题

一、选择题

1. 两个电阻，当它们串联时，功率比为 4:9；若它们并联，则它们的功率比为（　　）。

（A）4:9　　　　　（B）9:4　　　　　（C）2:3　　　　　（D）3:2

2. 对称的电阻星形连接在等效成对称的三角形连接时，每边的电阻是原来的（　　）。

（A）2 倍　　　　　（B）1/2　　　　　（C）3 倍　　　　　（D）1/3

3. 内阻为 R_0 的电压源等效变换为电流源时内阻为（　　）。

（A）R_0　　　　　（B）$2R_0$　　　　　（C）$3R_0$　　　　　（D）$1/2R_0$

4. 两个电阻串联，$R_1:R_2=1:2$，总电压为 60V，则 U_1 的大小为（　　）。

（A）10V　　　　　（B）20V　　　　　（C）30V　　　　　（D）40V

5. 当电流源开路时，该电流源内部（　　）。

（A）有电流，有功率损耗　　　　　　　　（B）无电流，无功率损耗

（C）有电流，无功率损耗　　　　　　　　（D）无法确定

二、判断题

1. 当电路中某一部分用等效电路替代后，未被替代部分的电压和电流均应保持不变。（　　）

2. 阻值不同的几个电阻相并联，阻值小的电阻消耗功率大。　　　　　　　　（　　）

3. 理想电压源和理想电流源可以等效互换。　　　　　　　　　　　　　　　（　　）

4．两个电路等效，即它们无论其内部还是外部都相同。　　　　　　　　　　（　　）

5．电路等效变换时，如果一条支路的电流为零，可按短路处理。　　　　　　（　　）

三、填空题

1．用等效变换的方法求解电路时，（　　）和（　　）保持不变的部分仅限于等效电路以外，这就是"对外等效"的概念。

2．电阻串联电路中，阻值较大的电阻上的分压较（　　），功率较（　　）。

3．电阻均为 9Ω 的 Δ 形电阻网络，若等效为 Y 形网络，各电阻的阻值应为（　　）Ω。

4．实际电压源模型"20V、1Ω"等效为电流源模型时，其电流源 I_S=（　　）A，内阻 R=（　　）Ω。

5．如果受控源所在电路没有独立源存在时，它仅仅是一个（　　）元件，而当它的控制量不为零时，它相当于一个（　　）。在含有受控源的电路分析中，特别要注意：不能随意把（　　）的支路消除掉。

习题

2-1　图 2-29 所示的是一个常用的简单分压器电路。电阻分压器的固定端 a、b 接到直流电压源上。固定端 b 与活动端 c 接到负载上。利用分压器上滑动触头 c 的滑动可在负载电阻上输出 $0\sim U$ 的可变电压。已知直流理想电压源电压 U=18V，滑动触头 c 的位置使 R_1=600Ω，R_2=400Ω。

（1）求输出电压 U_2；

（2）若用内阻为 1200Ω 的电压表去测量此电压，求电压表的读数；

（3）若用内阻为 3600Ω 的电压表再测量此电压，求这时电压表的读数。

2-2　求图 2-30 所示电路中电流 I。

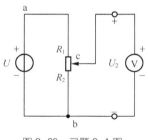

图 2-29　习题 2-1 图

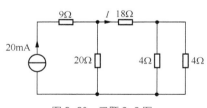

图 2-30　习题 2-2 图

2-3　求图 2-31 中所示电路中的输入电阻 R_{ab}。

2-4　求图 2-32 所示电路中，从端口看进去的等效电导 G。

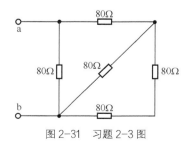

图 2-31　习题 2-3 图

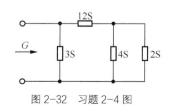

图 2-32　习题 2-4 图

2-5 求图 2-33 所示电路 ab 端的等效电阻 R_{ab}。

2-6 电路如图 2-34 所示，求电压 U_1。

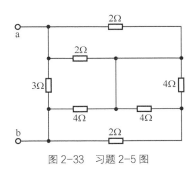

图 2-33 习题 2-5 图

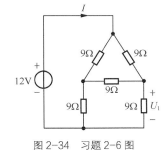

图 2-34 习题 2-6 图

2-7 求图 2-35 所示电路的等效电阻 R_{ab}。

2-8 电路如图 2-36 所示，求电流 I。

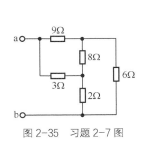

图 2-35 习题 2-7 图

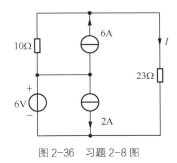

图 2-36 习题 2-8 图

2-9 将图 2-37 所示的各电路化成一个等效的电压源或者是电流源的模型。

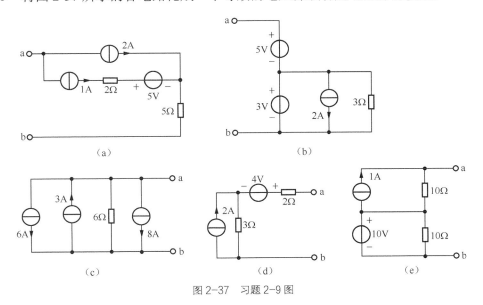

图 2-37 习题 2-9 图

2-10 在图 2-38 所示电路中，求：

（1）图 2-38（a）中电流 i；

（2）图 2-38（b）中电压 u；

（3）图 2-38（c）中 R 上消耗的功率 p_R。

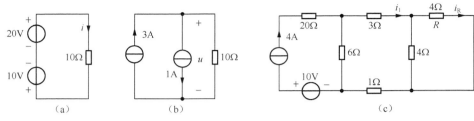

图 2-38 习题 2-10 图

2-11   求图 2-39 所示电路中 a 和 b 间的输入电阻 R_{ab}。

2-12   求图 2-40 所示电路的输入电阻。

图 2-39 习题 2-11 图

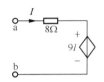

图 2-40 习题 2-12 图

2-13   电路如图 2-41 所示。（1）若 $R=4\Omega$，求 U_1 及 I；（2）若 $U_1=4V$，求 R。

2-14   电路如图 2-42 所示，求 I。

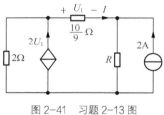

图 2-41 习题 2-13 图

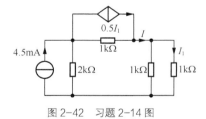

图 2-42 习题 2-14 图

2-15   电路如图 2-43 所示，求输入电阻。

2-16   试求图 2-44 所示电路的输入电阻。

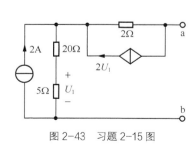

图 2-43 习题 2-15 图

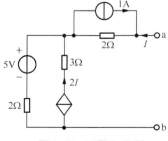

图 2-44 习题 2-16 图

第 **3** 章　电阻电路的一般分析

内容提要：本章系统地讨论了电阻电路的一般分析方法，但所得的结论并不局限于电阻电路。内容包括：网络图论的基本概念、2*b* 法和支路法、网孔电流法、回路电流法和节点电压法。
本章目标：重点掌握回路电流法（网孔电流法）、节点电压法分析计算电路。

3.1　电路的拓扑图及电路方程的独立性

一、网络图论的初步知识

1. 引言

等效变换是一种重要的电路分析方法，但只对具有一定结构形式的简单电路行之有效。对于较复杂的电路一般不采用化简的方法，必须有一些更普遍、更一般的分析手段。系统化求解电路响应的一般方法将在本章介绍。这种方法不要求改变电路的结构，而是选择一组合适的电路变量（电流或电压），根据 KCL 和 KVL 及元件的电压和电流关系（VCR）建立该组变量的独立的电路方程，通过求解电路方程，从而得到我们所要求的响应。当电路比较复杂时（复杂的电路也叫网络），列写电路方程和求解电路方程都要花费大量时间。现在，可以利用各种计算机程序来分析电路，只要将电路元件连接关系和参数的有关数据告诉计算机，计算机就能够自动建立电路方程，并求解得到所需要的各种计算结果，可以为人们节省大量时间。利用计算机建立电路方程的系统化方法的原理将在第 13 章中介绍。

2. 网络图论的基本概念

网络图论与矩阵论、计算方法等构成电路的计算机辅助分析的基础。其中网络图论主要讨论电路分析中的拓扑规律性，从而便于电路方程的列写。

图论是拓扑学的一个分支，是富有趣味和应用极为广泛的一门学科。图论的概念由瑞士数学家欧拉最早提出，欧拉在 1736 年发表的论文《依据几何位置的解题方法》中应用图的方法讨论了哥尼斯堡七桥难题。19 世纪～20 世纪，图论主要研究一些游戏问题和古老的难题，如哈密顿图及四色问题。1847 年，基尔霍夫首先用图论来分析电网络，如今在电工领域，图论被用于网络分析和综合、通信网络与开关网络的设计、集成电路布局及故障诊断、计算机结构设计及编译技术等。下面介绍网络图论中的几个术语。

（1）电路的图：对任一网络，不考虑元件的特性，而把各元件都抽象地用线段来代替，称为支路，把它画成直线或曲线都无关紧要。支路和支路之间的交点称为节点，用小圆圈表示。这种节点和支路的组合称为拓扑图（简称为图），电路的图用 G 表示。

图 3-1（a）是一个具有 6 个电阻、1 个电压源、1 个电流源的电路。抛开元件的性质，认为每个二端元件是一条支路，则图 3-1（b）就是该电路的图，它共有 8 条支路，5 个节点。为了处理方便，通常把电压源和电阻的串联组合或电流源和电阻的并联组合作为一条支路（复合支路）处理，则该电路的图画为图 3-1（c），它共有 6 条支路，4 个节点。如果指定电路图中各支路电流的参考方向（支路电压与支路电流通常取关联参考方向）并用箭头予以标注，则所得的图称为有向图，未赋予支路方向的图称为无向图。图 3-1（d）是有向图，其余的是无向图。

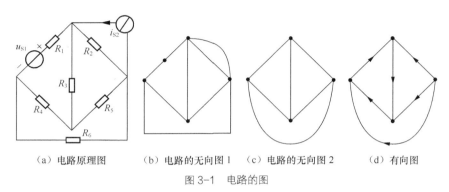

（a）电路原理图　　　（b）电路的无向图1　　（c）电路的无向图2　　（d）有向图

图 3-1　电路的图

（2）路径、闭合路径及回路：从图 G 的一个节点出发沿着一些支路连续移动到达另一节点所经过的支路构成路径。起始节点与终止节点重合的路径为闭合路径。若闭合路径所经过的节点均相异，则该闭合路径构成图 G 的一个回路。

（3）连通图、子图：任意两个节点之间至少存在一条支路的图称连通图（非连通图至少存在两个分离部分）。若图 G_1 中所有支路和节点都是图 G 中的支路和节点，则称 G_1 是 G 的子图。图 3-2（b）、（c）都是图 3-2（a）的子图。

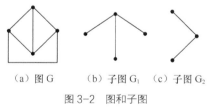

（a）图 G　　（b）子图 G_1　　（c）子图 G_2

图 3-2　图和子图

（4）树、树支、连支：包含了图 G 的全部节点但不包含任何回路的连通子图称为树。图 3-3（a）的树是图 3-3（b），图 3-3（c）和图 3-3（d）不是树，因为图 3-3（c）是不连通的，而图 3-3（d）包含了回路。

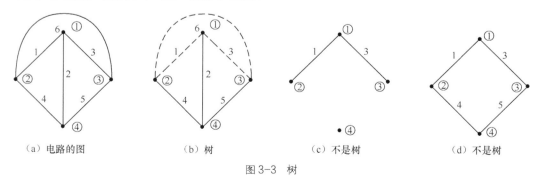

（a）电路的图　　　　　（b）树　　　　　　（c）不是树　　　　　（d）不是树

图 3-3　树

构成树的支路叫树支（用实线表示），其余的支路叫连支（用虚线表示）。在图 3-3（b）所示的树中，2、4、5 为树支，1、3、6 为连支。树支的数目是一定的，对具有 b 条支路，n

个节点的图，树支数是 $n-1$，则连支数为 $b-(n-1)$。对应一个图有很多的树，可以证明一个图有 n^{n-2} 个树。

（5）基本回路：对于图 G 的任意一个树，加入一个连支（用虚线表示）后，就会形成一个回路，此回路除所加连支外均由树支组成，这种回路称为基本回路或者叫单连支回路，是独立回路。例如图 3-3（b）所示的树，其基本回路为 $l_1(1, 2, 4)$，$l_2(2, 3, 5)$，$l_3(4, 5, 6)$。每一个基本回路仅含一个连支，有多少个连支就有多少基本回路，基本回路数为连支数，即为 $b-(n-1)$。由全部连支回路形成的基本回路构成基本回路组。显然，基本回路组是独立回路组。选择不同的树就可得到不同的基本回路组。

（6）平面图、非平面图：如果一个图画在平面上，能使各支路除节点外不再交叉，称为平面图，否则称为非平面图，如图 3-4 所示。图 3-5（a）似乎有相交的边，但改画为图 3-5（b）后仍可不相交而属平面图。对于平面电路，限定的区域内没有支路的回路叫网孔，它是独立的回路，平面图的基本回路数等于它的全部网孔数。

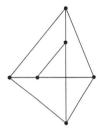

图 3-4 非平面图

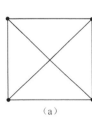

（a）   （b）

图 3-5 平面图

二、KCL、KVL 的独立方程数

电路方程的列写关键是要保证其独立性。下面利用图 G 来讨论 KCL 和 KVL 方程的独立性。

1. KCL 的独立方程数目

一个电路的电路方程可以根据 KCL、KVL 及电路元件的 VCR 建立，对每一个节点可建立一个节点的 KCL 方程，对每一个回路可建立一个回路的 KVL 方程。

图 3-6 所示为一个电路的有向图，它的节点和支路已加以编号，并给出了各支路的电流方向（电压和电流取关联参考方向）。依次对①～④各节点运用 KCL 得

$$\begin{cases} \text{节点①：} -i_1 + i_4 - i_6 = 0 \\ \text{节点②：} i_1 - i_2 + i_3 = 0 \\ \text{节点③：} i_2 + i_5 + i_6 = 0 \\ \text{节点④：} -i_3 - i_4 - i_5 = 0 \end{cases}$$

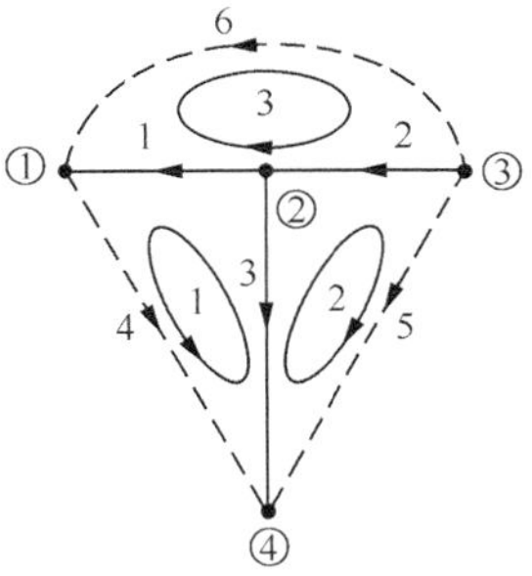

注意：①+②+③=−④。

图 3-6 电路的图

由于节点④的方程可由其余的 3 个方程推导出来，因此独立的线性无关的方程数目只有 3 个。任选一个节点作为参考节点，其他节点称为独立节点。对独立节点所列的 KCL 方程是相互独立的。

由此推广得出如下结论：对一个具有 b 条支路、n 个节点的电路，其独立 KCL 方程为

（$n-1$）个。

2. KVL 的独立方程数目

前面讲过，独立回路可以选取网孔或基本回路。对独立回路所列的 KVL 方程也是相互独立的。网孔是平面图中的自然孔，孔内区域中不再含有任何支路和节点。对于图 3-6 所示的电路，选定图示的 3 个网孔为独立回路，列写 KVL 方程为

$$\begin{cases} 网孔1: & u_1 - u_3 + u_4 = 0 \\ 网孔2: & -u_2 - u_3 + u_5 = 0 \\ 网孔3: & u_1 + u_2 - u_6 = 0 \end{cases}$$

这是一组相互独立的方程。可以证明：对于一个具有 b 条支路、n 个节点的电路，其独立 KVL 方程为（$b-n+1$）个。一个电路的 KVL 独立方程数就是它的独立回路数。

思考与练习

3-1-1 简要证明：对于一个具有 b 条支路、n 个节点的电路，树支数为 $b_t = n-1$，连支数为 $b_l = b-(n-1)$。

3-1-2 有人说："一个连通图的树包含该连通图的全部节点和全部支路。"你同意吗？为什么？

3-1-3 有人说："一个电路的 KCL 独立方程数等于它的独立节点数。"你同意吗？为什么？

3-1-4 有人说："一个电路的 KVL 独立方程数等于它的独立回路数。"你同意吗？为什么？

3.2 $2b$ 法和支路法

一、$2b$ 法

对于具有 b 个支路、n 个节点的电路，可以选取 b 个支路电压和 b 个支路电流为电路变量，总计有 $2b$ 个未知变量。可以列出线性无关的方程数目如下。

$$\left.\begin{array}{l} \text{KCL独立方程（}n-1\text{个）} \\ \text{KVL独立方程（}b-n+1\text{个）} \\ \text{支路VCR方程（}b\text{个）} \end{array}\right\} \text{共}b\text{个} \right\} \text{共}2b\text{个独立方程}$$

由于方程的个数与变量的数目正好相等，因此这 $2b$ 个未知变量正常情况下可以完成电路的全面系统分析。这种原始的方法简称 $2b$ 法。$2b$ 法方程列写方便、直观，但方程数较多，求解繁杂。为了减少求解的方程数，可以采用支路电流法和支路电压法（又称为 $1b$ 法）。

二、支路电流法

支路电流法是以各支路电流为未知量列写电路方程的方法。现以图 3-7 所示电路为例，介绍支路电流法。本电路有 2 个节点，3 条支路，各支路的方向和编号均已标于图中。

选 b 为参考节点，对独立节点 a 列 KCL 方程有

$$-I_1 - I_2 + I_3 = 0 \qquad (3-1)$$

选定图 3-7 所示的 2 个网孔为独立回路，列写 KVL 方程为

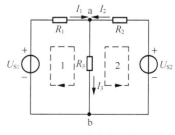

图 3-7 支路电流法

$$\begin{cases} U_1+U_3=0 & \text{(3-2)} \\ U_2+U_3=0 & \text{(3-3)} \end{cases}$$

利用元件的 VCR 将各支路电压用支路电流表示，有

$$\begin{cases} U_1=-U_{S1}+R_1I_1 & \text{(3-4)} \\ U_2=-U_{S2}+R_2I_2 & \text{(3-5)} \\ U_3=R_3I_3 & \text{(3-6)} \end{cases}$$

将式（3-4）～式（3-6）代入式（3-2）、式（3-3），整理得

$$\begin{cases} R_1I_1+R_3I_3=U_{S1} & \text{(3-7)} \\ R_2I_2+R_3I_3=U_{S2} & \text{(3-8)} \end{cases}$$

式（3-1）和式（3-7）、式（3-8）就是以支路电流为变量的支路电流方程。式（3-7）、式（3-8）常可以根据 KVL 结合元件的 VCR 直接列出。

支路电流法是为了减少求解的方程数，可以利用元件的 VCR 将各支路电压以支路电流表示，然后代入 KVL 方程，这样，就得到以 b 个支路电流为未知量的 b 个 KCL 和 KVL 方程。方程数从 $2b$ 减少至 b。

利用支路电流法分析电路的一般步骤如下。

（1）选取各支路电流的参考方向（通常支路电压与支路电流取关联参考方向）。

（2）按 KCL 列出（$n-1$）个独立节点的 KCL 方程。

（3）选取（$b-n+1$）个独立回路，指定回路的绕行方向，列出 KVL 方程。

（4）求解各支路电流，进而求出其他所需求的量。

下面通过例 3-1 介绍该分析方法的具体求解过程。

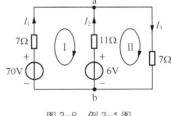

【例 3-1】求图 3-8 中各支路电流及各电压源的功率。

解 （1）选定各支路电流的参考方向如图 3-8 所示。

（2）节点数 2 个，独立节点数：$n-1=2-1=1$ 个，故只能列一个 KCL 方程，即

$$-I_1-I_2+I_3=0 \qquad ①$$

图 3-8 例 3-1 图

（3）独立回路数：$l=b-(n-1)=3-1=2$，以支路电流为变量按顺时针绕行方向列出网孔的 KVL 方程为

$$\begin{cases} \text{网孔 I：} 7I_1-11I_2=70-6=64 & ② \\ \text{网孔 II：} 11I_2+7I_3=6 & ③ \end{cases}$$

（4）解以上联立方程式①，②，③，解出各支路电流为

$$I_1=6\text{A}, \quad I_2=-2\text{A}, \quad I_3=I_1+I_2=6-2=4\text{A};$$

$P_{70\text{V}}=-70I_1=-70\times6=-420\text{W}$（发出功率），$P_{6\text{V}}=-6I_2=-6\times(-2)=12\text{W}$（吸收功率）。

通过例 3-1 可知：回路中全部电阻电压降的代数和，等于该回路中全部电压源电位升的代数和。据此可直接列出以支路电流为变量的 KVL 方程。

三、支路电压法

如果将支路电流用支路电压表示，然后代入 KCL 方程，连同支路电压的 KVL 方程，可得到以支路电压为变量的 b 个方程。这就是支路电压法。

支路电流法和支路电压法只是 $2b$ 法的变形，只是在解题方法上有所规范和改进，全面系

统分析电阻电路所列写的方程数目实质上一点也没有减少。优点是方程列写方便、直观，但方程数较多，宜于在支路数不多的情况下使用。一个电路包含的支路数目越多，求取各支路电流或电压所需的电路方程数目就越多，解方程组的难度就越大。因此支路法宜于利用计算机求解。人工计算时，不宜采用，要减少方程数目，进而简化电路分析工作还需寻求新的方法。

思考与练习

3-2-1 $2b$ 法求解电路有哪些优点和缺点？

3-2-2 阐述支路电流法与 $2b$ 法的区别与联系。

3-2-3 阐述支路电压法与 $2b$ 法的区别与联系。

3-2-4 为什么说支路电流是不独立的？

3.3 网孔电流法

一、基本的网孔电流法

支路电流法是以支路电流作为变量建立电路方程的方法。当电路支路数较多时，求解很繁琐。图 3-9 所示电路的支路数 $b=3$，网孔数 $m=2$。平面电路的网孔是一组独立回路，以沿网孔连续流动的假想的网孔电流为未知量，用网孔电流表示支路电流会减少方程个数。以图 3-9 所示电路为例，推导两个网孔的网孔电流公式。

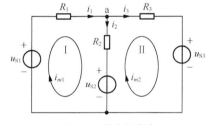

图 3-9 网孔电流法

选定各支路电流和网孔电流的参考方向如图 3-9 所示。支路电流可由网孔电流求出：$i_1=i_{m1}$、$i_3=i_{m2}$、$i_2=i_1-i_3=i_{m1}-i_{m2}$。网孔电流的流向是在独立回路中闭合的，对每个相关节点均流进一次，流出一次，所以 KCL 自动满足。所以，如果以网孔电流为变量列方程来求解电路，只需对独立网孔列写 KVL 方程。假设各元件上的电压降方向与网孔电流的流向一致时取正，反之取负，那么两个网孔的 KVL 方程分别为

$$\begin{cases} 网孔 \text{I}：R_1i_1+R_2i_2+u_{S2}-u_{S1}=0 & (3\text{-}9) \\ 网孔 \text{II}：-R_2i_2+R_3i_3+u_{S3}-u_{S2}=0 & (3\text{-}10) \end{cases}$$

各支路电流可用网孔电流表示，代入式（3-9）、式（3-10）整理得网孔电流方程为

$$\begin{cases} 网孔 \text{I}：(R_1+R_2)i_{m1}-R_2i_{m2}=u_{S1}-u_{S2} & (3\text{-}11) \\ 网孔 \text{II}：-R_2i_{m1}+(R_2+R_3)i_{m2}=u_{S2}-u_{S3} & (3\text{-}12) \end{cases}$$

方程标准形式为

$$\begin{cases} R_{11}i_{m1}+R_{12}i_{m2}=u_{S11} & (3\text{-}13) \\ R_{21}i_{m1}+R_{22}i_{m2}=u_{S22} & (3\text{-}14) \end{cases}$$

式（3-13）和式（3-14）中有相同下标的电阻 R_{11} 和 R_{22} 是网孔 I 和 II 的自电阻，分别为对应的网孔电阻之和，恒为正。有不同下标的电阻 R_{12} 和 R_{21} 是网孔 I 和 II 的互电阻，即两网孔公共支路上的电阻。显然，若两个网孔间没有公共电阻，则相应的互电阻为零。当两个网孔电流流过公共支路方向相同时，互电阻取正号，否则为负号。

方程右方的 u_{S11} 和 u_{S22} 分别为网孔 Ⅰ 和 Ⅱ 中电压源的代数和。当电压源电压方向与该网孔电流方向一致时，取负号，反之取正号。

假设以沿网孔连续流动的网孔电流为未知量，对（$b-n+1$）个网孔建立独立的 KVL 方程的分析方法叫网孔电流法。它仅适用于平面电路。电路中所有支路电流都可以用网孔电流表示。网孔电流自动满足 KCL，而且相互独立。

用观察法列出的网孔电流方程的一般形式为

$$\begin{cases} R_{11}i_{m1}+R_{12}i_{m2}+R_{13}i_{m3}+\cdots+R_{1m}i_{mm}=u_{S11} \\ R_{21}i_{m1}+R_{22}i_{m2}+R_{23}i_{m3}+\cdots+R_{2m}i_{mm}=u_{S22} \\ \cdots\cdots \\ R_{m1}i_{m1}+R_{m2}i_{m2}+R_{m3}i_{m3}+\cdots+R_{mm}i_{mm}=u_{Smm} \end{cases} \quad (3\text{-}15)$$

因此可得到从网络直接列写网孔电流方程的通式为

自电阻×本网孔电流+Σ互电阻×相邻网孔电流=本网孔所含电压源电位升之和

利用网孔电流法分析电路的一般步骤如下。

（1）确定各网孔电流，并以其参考方向作为网孔的绕行方向。

（2）按 KVL 列写 $b-(n-1)$ 个网孔的 KVL 方程。

（3）联立求解得到各网孔电流。

（4）在所得网孔电流基础上，按分析要求再求取其他待求电路变量。

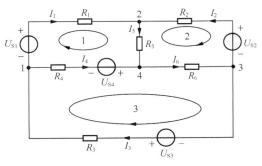

图 3-10 例 3-2 图

【例 3-2】 用网孔电流法列写图 3-10 所示电路的电路方程。

解 （1）指定网孔电流的参考方向，并以此作为列写 KVL 方程的回路绕行方向。

（2）网孔电流方程的一般形式为

$$\begin{cases} R_{11}I_{m1} + R_{12}I_{m2} + R_{13}I_{m3} = U_{S11} \\ R_{21}I_{m1} + R_{22}I_{m2} + R_{23}I_{m3} = U_{S22} \\ R_{31}I_{m1} + R_{32}I_{m2} + R_{33}I_{m3} = U_{S33} \end{cases}$$

（3）由网孔电流方程的一般形式，得

$$\begin{cases} (R_1 + R_5 + R_4)I_{m1} - R_5I_{m2} - R_4I_{m3} = U_{S1} - U_{S4} \\ -R_5I_{m1} + (R_2 + R_5 + R_6)I_{m2} - R_6I_{m3} = -U_{S2} \\ -R_4I_{m1} - R_6I_{m2} + (R_3 + R_4 + R_6)I_{m3} = U_{S3} + U_{S4} \end{cases}$$

二、特殊的网孔电流法

1. 含理想电流源支路时的分析方法

电路中含有理想电流源（也叫无伴电流源）的处理方法有以下两种：

（1）理想电流源位于网孔外沿，则电流源提供的电流即为一个网孔电流，可少列一个方程。

（2）理想电流源位于公共支路，以电流源两端电压为变量，同时补充一个网孔电流与电流源电流间的约束关系的方程。

【**例 3-3**】用网孔电流法求图 3-11 中的各网孔电流和电压 U。

解 （1）选取网孔电流绕行方向，虚设公共支路上电流源电压 U。

（2）利用直接观察法列方程，其中位于网孔外沿理想电流源支路的网孔电流为已知量 $I_2=-2A$。

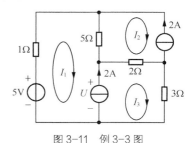

图 3-11　例 3-3 图

$$\begin{cases} (1+5)I_1 - 5I_2 = 5 - U \\ I_2 = -2 \\ -2I_2 + 5I_3 = U \\ I_3 - I_1 = 2 \end{cases}$$

（3）解方程得

$$\begin{cases} I_1 = -1.73A \\ I_2 = -2A \\ I_3 = 0.27A \\ U = 5.35V \end{cases}$$

2. 含受控源支路时的分析方法

当电路中存在受控源时，可以将受控源按独立源一样处理，然后将受控源的控制量用网孔电流表示出来，最后移项整理并求解。

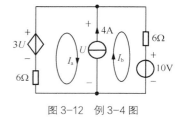

图 3-12　例 3-4 图

【**例 3-4**】用网孔电流法求图 3-12 所示电路的电压 U。

解 把受控电压源当作独立电压源处理，由于电路中含有受控电压源和理想电流源，所以需要再增加辅助方程。两个网孔的 KVL 方程分别为

$$\begin{cases} 6I_a + U = 3U \\ -U + 6I_b = -10 \\ \text{增加方程：} I_b - I_a = 4 \end{cases}$$

$$\text{解得：} U = -34V$$

思考与练习

3-3-1　哪些电路适于用网孔电流法？为什么说网孔电流是相互独立的？

3-3-2　电路中含有理想电流源或者受控源时，用网孔电流法分析电路时如何处理？

3-3-3　对于含有受控源的电路，其互电阻是否还相等？

3-3-4　为什么说网孔电流方程实质上是 KVL 的体现？

3.4　回路电流法

回路电流法是以基本回路电流（即相应基本回路的连支电流）作为求解变量，沿基本回路建立 KVL 方程的一种分析方法。回路电流法不仅适用于平面电路，非平面电路同样适用。因而其应用范围较网孔电流法广泛。

回路电流是在一个回路中连续流动的、大小和参考方向不变的假想环流。该假想环流在流过回路独有的支路时等于支路电流。而当该环流流经的支路为多个回路共有时，可认为该

环流自行其道，不受其他回路电流的影响。回路电流是假想环流。支路电流是相应回路电流的代数和。

可以证明：对于一个具有 b 条支路、n 个节点的电路，只有 $b-(n-1)$ 个回路的回路电流是独立的，其余回路电流和全部支路电流都是这 $b-(n-1)$ 个回路电流的线性组合。独立回路电流对应的回路叫独立回路。

但新的难题又出现了：如何找到这 $b-(n-1)$ 个独立回路？

对于复杂电路涉及的大规模电路系统，选取独立回路和独立回路电流时需要借助网络拓扑和网络图论的知识，也就是需要选择一棵"合适的树"。

由于基本回路中只有一条连支，所以基本回路电流也就是连支电流，基本回路电流的参考方向取与连支电流一致的参考方向。基本回路电流是一组独立的求解变量，它们自动满足基尔霍夫电流定律（KCL），故只要通过 KVL 建立电路的独立方程即可。

设电路的图有 n 个节点，b 条支路，则回路电流法中基本回路电流的数目 l 应与连支数相等，即 $b-(n-1)$。由于回路电流法是建立在树的基础上的一种分析方法，而树的选取方法有很多种，但为了使解题方便、简单，应选择一棵"合适的树"，即树应尽可能这样选。

（1）把电压源支路选为树支。

（2）把受控源的电压控制量选为树支。

（3）把电流源选取为连支。

（4）把受控源的电流控制量选为连支。

下面通过例题对回路电流法加以介绍。

【例 3-5】电路如图 3-13（a）所示，用回路电流法求 i_1 和 u。

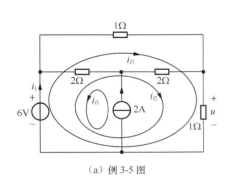
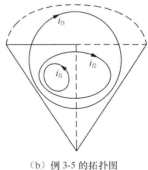
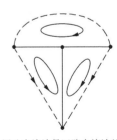

（a）例 3-5 图   （b）例 3-5 的拓扑图   （c）网孔电流法是回路电流法的特例

图 3-13 例 3-5 图

解 图 3-13（b）是图 3-13（a）的拓扑图。沿基本回路建立 KVL 方程得

$$\begin{cases} i_{l1} = 2\text{A} \\ -2i_{l1} + (1+2+2)i_{l2} + i_{l3} = 6 \\ i_{l2} + (1+1)i_{l3} = 6 \\ u = (i_{l2} + i_{l3}) \times 1 \\ i_1 = -i_{l1} + i_{l2} + i_{l3} \end{cases}$$

解得
$$\begin{cases} i_1 = \dfrac{16}{9}\text{A} \\ u = \dfrac{34}{9}\text{V} \end{cases}$$

按图 3-13（c）所示的方式选树，则所选的基本回路电流正好是网孔电流，回路电流方程正好是网孔电流方程，所以网孔电流法可以说是回路电流法的一个特例。

【例 3-6】图 3-14 所示的电路中，已知 $R_1=10\Omega$，$R_2=5\Omega$，$R_3=1\Omega$，$R_5=1\Omega$，$R_6=5\Omega$，$U_{S2}=20\text{V}$，$U_{S3}=4\text{V}$，$U_{S5}=1\text{V}$，$I_{S4}=5\text{A}$，试用回路电流法求 I_3 及受控源的功率。

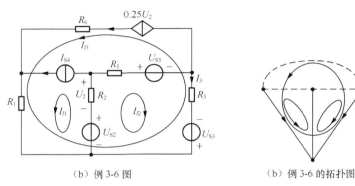

（b）例 3-6 图　　　　　　　　　　（b）例 3-6 的拓扑图

图 3-14　例 3-6 图

解　3 个独立回路如图 3-14 所示，其回路电流方程为
$$\begin{cases} I_{l1}=I_{S4}=5\text{A} \\ R_2 I_{l1}+(R_2+R_5+R_3)I_{l2}-R_3 I_{l3}=U_{S2}+U_{S3}-U_{S5} \\ I_{l3}=0.25U_2 \\ U_2=-R_2(I_{l1}+I_{l2}) \end{cases}$$

代入已知条件，整理得
$$\begin{cases} I_{l1}=5 \\ 6.25I_{l1}+8.25I_{l2}=23 \\ I_{l3}=-1.25(I_{l1}+I_{l2}) \end{cases}$$

解方程得
$$I_{l1}=5\text{A}, \quad I_{l2}=-1\text{A}, \quad I_{l3}=-5\text{A}$$

则
$$I_3=I_{l2}-I_{l3}=-1-(-5)=4\text{A}$$

受控源的功率为
$$\begin{aligned} P &= 0.25U_2[I_3 R_3-U_{S3}-R_1(I_{l1}+I_{l3})-R_6 I_{l3}] \\ &=-0.25R_2(I_{l1}+I_{l2})[I_3 R_3-U_{S3}-R_1(I_{l1}+I_{l3})-R_6 I_{l3}] \\ &=-0.25\times5\times(5-1)\times[4\times1-4-10\times(5-5)-5\times(-5)] \\ &=-125\text{W} \end{aligned}$$

当一个电路的电流源较多时，在选择了一个合适的"树"的情况下，采用回路电流法求解电路，可以使求解变量大为减少。因此回路电流法最适合电流源多的电路分析。

思考与练习

3-4-1 哪些电路适于用回路电流法？

3-4-2 如何选择树？

3-4-3 电路中含有电流源或者受控源时，用回路电流法分析电路时如何处理？

3-4-4 与支路电流法相比，回路电流法为什么可以省去（$n-1$）个方程？

3.5 节点电压法

一、基本的节点电压法

当电路的支路数较多，而节点数较少时，采用节点电压法分析电路最为简便。节点电压法是以独立节点的节点电压作为独立变量，根据 KCL 列出关于节点电压的电路方程进行求解的方法，也是建立在支路电流法分析基础上的一种较为简单的分析方法。以图 3-15 所示电路为例，推导两个节点、多条支路的节点电压公式。

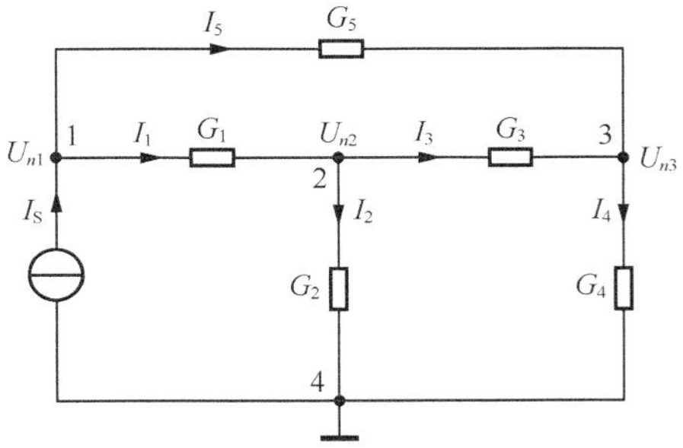

在一个含 b 条支路、n 个节点的电路中，任选一个节点作为参考节点，其他节点（称为独立节点）与参考节点之间的电压称为节点电压。可见共有（$n-1$）个节点电压，并且一般规定各节点电压的极性以参考节点为"$-$"，非参考节点（称为独立节点）为"$+$"。

在图 3-15 所示电路中选择节点 4 为参考节点，则其余 3 个节点电压分别为 U_{n1}、U_{n2}、U_{n3}。依次对①～③各独立节点列写 KCL 方程得

图 3-15 节点电压法

$$\begin{cases} 节点1： I_1+I_5-I_S=0 \\ 节点2：-I_1+I_2+I_3=0 \\ 节点3：-I_3+I_4-I_5=0 \end{cases}$$

由元件的 VCR，把支路电流用节点电压表示，代入 KCL 方程得

$$\begin{cases} 节点1： G_1(U_{n1}-U_{n2})+G_5(U_{n1}-U_{n3})-I_S=0 \\ 节点2：-G_1(U_{n1}-U_{n2})+G_2U_{n2}+G_3(U_{n2}-U_{n3})=0 \\ 节点3：-G_3(U_{n2}-U_{n3})+G_4U_{n3}-G_5(U_{n1}-U_{n3})=0 \end{cases}$$

整理成标准形式为

$$\begin{cases} 节点1： (G_1+G_5)U_{n1}-G_1U_{n2}-G_5U_{n3}=I_S \\ 节点2：-G_1U_{n1}+(G_1+G_2+G_3)U_{n2}-G_3U_{n3}=0 \\ 节点3：-G_5U_{n1}-G_3U_{n2}+(G_3+G_4+G_5)U_{n3}=0 \end{cases}$$

具有 3 个独立节点的电路的节点电压方程的一般形式为

$$\begin{cases} G_{11}U_{n1}+G_{12}U_{n2}+G_{13}U_{n3}=I_{S11} \\ G_{21}U_{n1}+G_{22}U_{n2}+G_{23}U_{n3}=I_{S22} \\ G_{31}U_{n1}+G_{32}U_{n2}+G_{33}U_{n3}=I_{S33} \end{cases}$$

式中，$G_{ij}(i=j)$ 称为自电导，为连接到第 i 个节点各支路电导之和，值恒正。$G_{ij}(i \neq j)$ 称为互电导，为连接于节点 i 与 j 之间支路上的电导之和，值恒为负。I_{sii} 为流入第 i 个节点的各支路电流源（或由电压源和电阻串联等效变换形成的电流源）的代数和，当电流源流入节点时，前面取"+"号，流出节点时，前面取"−"号。

具有 n 个节点的节点电压方程的一般形式为

$$\begin{cases} G_{11}\,u_{n1} + G_{12}u_{n2} + \cdots + G_{1(n-1)}u_{n(n-1)} = i_{S11} \\ G_{21}\,u_{n1} + G_{22}u_{n2} + \cdots + G_{2(n-1)}u_{n(n-1)} = i_{S22} \\ \cdots\cdots \\ G_{(n-1)1}u_{n1} + G_{(n-1)2}u_{n2} + \cdots + G_{(n-1)(n-1)}u_{n(n-1)} = i_{S(n-1)(n-1)} \end{cases} \tag{3-16}$$

因此可得到从网络直接列写节点电压方程的通式为

自电导×本节点电压+∑互电导×相邻节点电压=流入本节点电流源电流代数和

对支路多，但节点却只有两个的电路，采用节点电压法分析电路最为简便，只需要列一个方程就可以了。即对于图 3-16 所示由电压源和电阻组成的具有一个独立节点的电路，其节点电压通式为

$$u_{n1} = \frac{\sum G_k u_{sk}}{\sum G_k}$$

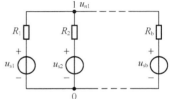

图 3-16 一个独立节点的节点电压法

上式常被称为弥尔曼定理。

根据节点电压方程的一般形式直接写出电路的节点电压方程。其步骤归纳如下：

（1）指定电路中某一节点为参考节点，标出各独立节点电位。

（2）按照节点电压方程的一般形式，根据实际电路直接列出各节点电压方程。

（3）列写第 k 个节点电压方程时，与 k 节点相连接的支路上电阻元件的电导之和（自电导）一律取"+"号；与 k 节点相关联支路的电阻元件的电导（互电导）一律取"−"号。流入 k 节点的电流源的电流取"+"号；流出的则取"−"号。

（4）解出各节点电压，然后进一步求出其他各待求量。节点电压总是自动满足 KVL。而且相互独立，电路中所有支路电压都可以用节点电压表示。

节点电压法适用于结构复杂、非平面电路、独立回路选择麻烦，以及节点少、回路多的电路的分析求解。对于 n 个节点、b 条支路的电路，节点电压法仅需 $(n-1)$ 个独立方程，比支路电流法少 $b-(n-1)$ 个方程。

【例 3-7】图 3-17 所示电路中，已知 $R_1=1/2\Omega$，$R_2=1/3\Omega$，$R_3=1/4\Omega$，$R_4=1/5\Omega$，$R_5=1/6\Omega$，$u_{S1}=1V$，$u_{S2}=2V$，$u_{S3}=3V$，$i_{S3}=3A$，$u_{S5}=5V$。试用节点电压法求各支路电流。

解 以底部公共节点为参考点，则该电路的节点电压方程为

$$\begin{cases} \left(\dfrac{1}{R_1} + \dfrac{1}{R_2} + \dfrac{1}{R_3} \right)u_{n1} - \dfrac{1}{R_3}u_{n2} = \dfrac{u_{S1}}{R_1} - \dfrac{u_{S2}}{R_2} + i_{S3} + \dfrac{u_{S3}}{R_3} \\ -\dfrac{1}{R_3}u_{n1} + \left(\dfrac{1}{R_3} + \dfrac{1}{R_4} + \dfrac{1}{R_5} \right)u_{n2} = -i_{S3} - \dfrac{u_{S3}}{R_3} - \dfrac{u_{S5}}{R_5} \end{cases}$$

代入已知条件得

$$\begin{cases} 9u_{n1} - 4u_{n2} = 11 \\ -4u_{n1} + 15u_{n2} = -45 \end{cases}$$

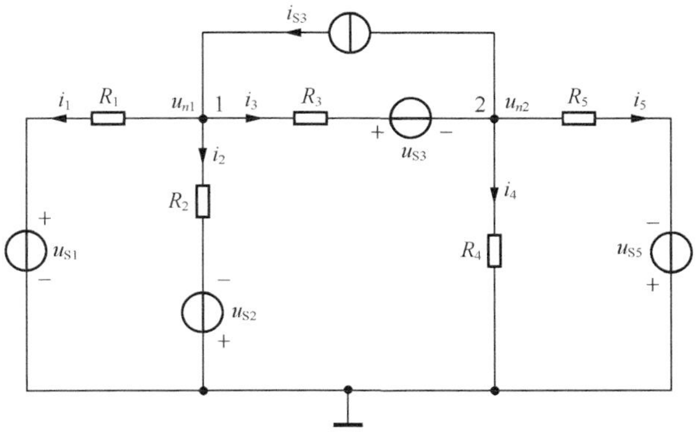

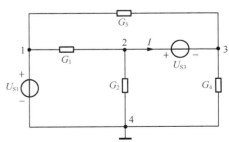

图 3-17 例 3-7 图

解之得

$$u_{n1} = -0.1261\text{V}, \quad u_{n2} = -3.0336\text{V}$$

各支路的电流为

$$i_1 = \frac{u_{n1} - u_{S1}}{R_1} = 2 \times (-0.1261 - 1) = -2.2522\text{A}$$

$$i_2 = \frac{u_{n1} + u_{S2}}{R_2} = 3 \times (-0.1261 + 2) = 5.6127\text{A}$$

$$i_3 = \frac{u_{n1} - u_{n2} - u_{S3}}{R_3} = 4 \times (-0.1261 + 3.0336 - 3) = -0.37\text{A}$$

$$i_4 = \frac{u_{n2}}{R_4} = 5 \times (-3.0336) = -15.168\text{A}$$

$$i_5 = \frac{u_{n2} + u_{S5}}{R_5} = 6 \times (-3.0336 + 5) = 11.7984\text{A}$$

二、特殊的节点电压法

1. 含理想电压源支路时的分析方法

电路中含有理想电压源（也叫无伴电压源）的处理方法如下。

（1）适当选取参考点：置理想电压源于节点与参考点之间，在这种情况下，理想电压源的电压即为节点电压，因此，可以少列方程。如图 3-18 所示，取电压源负极性端为参考点，令 $U_{n4} = 0$，则 $U_{n1} = U_{S1}$。

（2）虚设电压源电流为 I，利用直接观察法形成方程。若不能将电压源置于节点与参考节点之间时，在列方程时必须要考虑电压源的输出电流，即要设电压源的输出电流为一未知电流，由于多了未知量，因此要多列方程。在每引入一个这样的变量

图 3-18 含理想电压源的节点电压法

的同时增加一个节点电压与电压源电压之间的约束关系，多列的方程来源于 KVL。如：

$$\begin{cases} -G_1 U_{n1} + (G_1 + G_2)U_{n2} + I = 0 \\ -G_5 U_{n1} - I + (G_4 + G_5)U_{n3} = 0 \end{cases}$$

（3）添加约束方程：$U_{n2} - U_{n3} = U_{S3}$。

（4）求解。

2. 含受控源支路时的分析方法

对含受控源的电路暂时把受控源看作独立源处理，再设法把受控源的控制量用节点电压表示，如图 3-19 所示。

（1）选取参考节点。

（2）先将受控源作独立源处理，利用直接观察法列方程。

$$\begin{cases} \left(\dfrac{1}{R_1} + \dfrac{1}{R_2} + \dfrac{1}{R_3 + R_4} \right)U_{n1} - \dfrac{1}{R_3 + R_4} U_{n2} = \dfrac{U_s}{R_1} \\ -\dfrac{1}{R_3 + R_4}U_{n1} + \left(\dfrac{1}{R_3 + R_4} + \dfrac{1}{R_5} \right)U_{n2} = gU \end{cases}$$

（3）再将控制量用未知量表示：$U = \dfrac{U_{n1} - U_{n2}}{R_3 + R_4} R_3$。

（4）整理求解。

$$\begin{cases} \left(\dfrac{1}{R_1} + \dfrac{1}{R_2} + \dfrac{1}{R_3 + R_4} \right)U_{n1} - \dfrac{1}{R_3 + R_4} U_{n2} = \dfrac{U_s}{R_1} \\ -\left(\dfrac{gR_3 + 1}{R_3 + R_4} \right)U_{n1} + \left(\dfrac{gR_3 + 1}{R_3 + R_4} + \dfrac{1}{R_5} \right)U_{n2} = 0 \end{cases} \qquad （注意：G_{12} \neq G_{21}）$$

【**例 3-8**】用节点电压法求图 3-20 所示的 i_1 和 i_2。

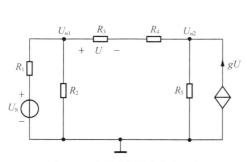

图 3-19　含受控源的节点电压法

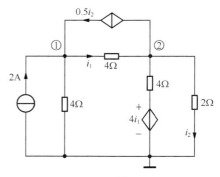

图 3-20　例 3-8 图

解　对节点①、节点②分别建立 KCL 方程，则

$$\begin{cases} \left(\dfrac{1}{4} + \dfrac{1}{4} \right)u_{n1} - \dfrac{1}{4}u_{n2} = 2 + 0.5i_2 \\ -\dfrac{1}{4}u_{n1} + \left(\dfrac{1}{4} + \dfrac{1}{4} + \dfrac{1}{2} \right)u_{n2} = -0.5i_2 + \dfrac{4i_1}{4} \end{cases}$$

由于电路中含有两个受控源，所以还需要增加两个关于受控源的控制量与节点电压的关系式。
根据电路知

$$
\begin{cases}
i_1 = \dfrac{u_{n1} - u_{n2}}{4} \\[2mm]
i_2 = \dfrac{u_{n2}}{2}
\end{cases}
$$

解得

$$
\begin{cases}
i_1 = 1\text{A} \\
i_2 = 1\text{A}
\end{cases}
$$

3. 含电流源串联电阻支路时的分析方法

在用节点电压法列方程时，与电流源串联的电阻不出现在自电导或互电导中。

【**例 3-9**】电路如下图 3-21（a）所示，用节点电压法列方程。

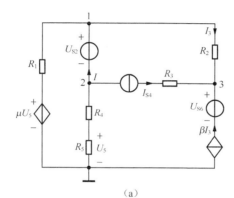

（a）

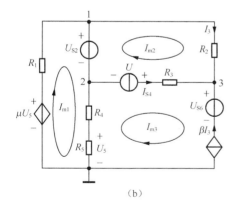

（b）

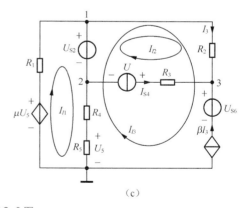

（c）

图 3-21　例 3-9 图

解　节点电压方程：

$$
\begin{cases}
\left(\dfrac{1}{R_1} + \dfrac{1}{R_2}\right)U_{n1} - \dfrac{1}{R_2}U_{n3} - I = \dfrac{\mu U_5}{R_1} \\[3mm]
\dfrac{1}{R_4 + R_5}U_{n2} + I = -I_{S4} \\[3mm]
-\dfrac{1}{R_2}U_{n1} + \dfrac{1}{R_2}U_{n3} = I_{S4} + \beta I_3
\end{cases}
$$

约束方程：$U_{n1} - U_{n2} = U_{S2}$

补充方程：$I_3 = \dfrac{U_{n1} - U_{n3}}{R_2}$

$$U_5 = \dfrac{R_5}{R_4 + R_5} U_{n2}$$

上述电路也可以列写网孔电流方程和回路电流方程分别如图 3-21（b）、（c）所示，分析如下。

网孔电流方程为

$$\begin{cases} (R_1 + R_4 + R_5)I_{m1} - (R_4 + R_5)I_{m3} = -U_{S2} + \mu U_5 \\ (R_2 + R_3)I_{m2} - R_3 I_{m3} + U = U_{S2} \\ I_{m3} = -\beta I_3 \end{cases}$$

约束方程：$I_{m3} - I_{m2} = I_{S4}$

补充方程：$U_5 = R_5(I_{m1} - I_{m3})$

$$I_3 = I_{m2}$$

回路电流方程为

$$\begin{cases} (R_1 + R_4 + R_5)I_{l1} - (R_4 + R_5)I_{l3} = -U_{S2} + \mu U_5 \\ I_{l2} = -I_{S4} \\ I_{l3} = -\beta I_3 \\ \text{补充方程：} U_5 = R_5(I_{l1} - I_{l3}) \\ \phantom{\text{补充方程：}} I_3 = I_{l2} + I_{l3} \end{cases}$$

就电路方程数目而言，支路电流法需要 b 个电路方程，网孔电流法或回路电流法需要 $b-(n-1)$ 个电路方程，节点电压法需要 $(n-1)$ 个电路方程，因此手工分析中对这些分析方法的选用，需要首先比较 b、$b-(n-1)$、$(n-1)$ 三数大小，然后再选取数值最小的那种分析方法进行分析。

思考与练习

3-5-1 哪些电路适于用节点电压法？

3-5-2 电路中含有理想电压源或者受控源时，用节点电压法分析电路时如何处理？

3-5-3 电路中含有电流源串联电阻时，用节点电压法分析电路时如何处理？

3-5-4 支路电流法、网孔电流法、回路电流法、节点电压法的异同是什么？

3.6 应用实例

许多人都使用过电子产品，并且具有一定的使用个人计算机的经验。这些电子产品及计算机中集成电路的基本元件是大家熟知的有源三端器件——晶体管。工程技术人员必须掌握晶体管的相关知识和使用方法才能开始进行电路设计。本节通过讨论晶体管电路，目的在于对晶体管有足够的了解，从而能够应用本章介绍的方法分析晶体管电路。

晶体管的原理结构如图 3-22 所示。由图可见，无论是 NPN 型还是 PNP 型的三极管，它们均包含 3 个区：发射区、基区和集电区，并相应地引出三个电极：发射极（e）、基极（b）和集电极（c）。同时，在 3 个区的两两交界处，形成两个 PN 结，分别称为发射结和集电结。

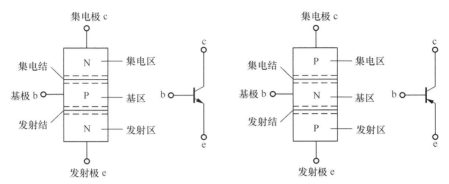

图 3-22 晶体管的结构示意图和符号

图 3-23（a）所示的晶体三极管，即可用图 3-23（b）所示的 CCCS 受控源来表征，其输出特性反映了集电极电流 I_C 与基极电流 I_B 的关系，即 $I_C = \beta I_B$，其中 β 为电流放大系数。

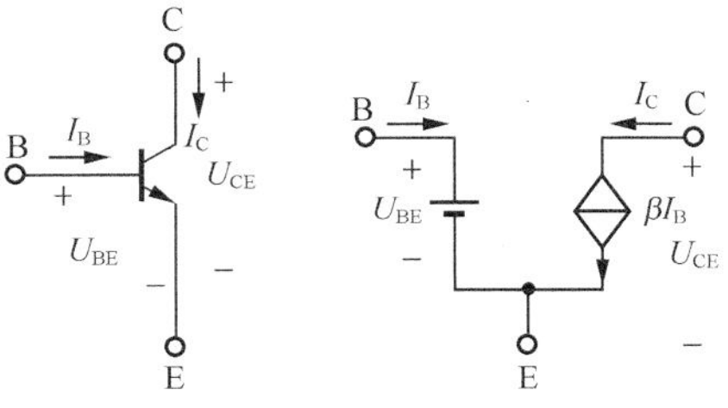

晶体管可以用作放大器，既提供电流增益又提供电压增益，这类放大器可为诸如扬声器和控制电机等提供足够大的功率。

【例 3-10】 试求图 3-24（a）所示晶体管电路中的 U_o。假定晶体管工作在放大模式，并且 $\beta = 150$、$U_{BE} = 0.7V$。

（a）NPN 晶体管　　（b）直流等效模型

图 3-23 NPN 晶体管及其直流等效模型

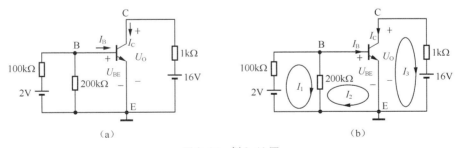

（a）　　　　　　　　　　　　（b）

图 3-24 例 3-10 图

解 对于图 3-24（b）中的第 1 个网孔有：$(100+200)\times10^3 I_1 - 200\times10^3 I_2 = 2$

对于网孔 2 有：$-200\times10^3 I_1 + 200\times10^3 I_2 = -U_{BE} = -0.7V$

对于网孔 3 有：$1\times10^3 I_3 = U_0 - 16$

约束方程：$I_3 = -I_C = -\beta I_B = -150 I_2$

联立上述方程，解得：$U_0 = 14.575V$

实际上，对晶体管电路的研究推动着对受控源的研究。通过上面的例题应该注意到，由于晶体管各极之间存在电位差，所以不能直接利用节点电压法来分析晶体管电路。只有用晶体管的等效模型取代晶体管之后，才能求解电路参数。

本章小结

一、支路电流法

支路电流法是分析电路的基本方法之一，它是基尔霍夫定律应用的体现。对于具有 n 个节点、b 个支路的电路，用 KCL 列写（$n-1$）个独立节点方程，用 KVL 列写 $b-(n-1)$个独立回路方程，网孔个数就是独立方程 KVL 的个数。

二、网孔电流法

网孔电流法的基本思想是：以网孔电流为独立的变量建立独立的 KVL 方程的分析方法。网孔电流法是回路电流法的特例，仅适用于平面电路。

三、回路电流法

回路电流法是以回路电流（即相应基本回路的连支电流）作为求解变量，建立 KVL 方程的一种分析方法。基本回路电流的参考方向取与连支电流一致的参考方向。通过选择一个树确定 $b-n+1$ 个基本回路。树应尽可能这样选：把电压源、受控电压源或电压控制量所在支路选为树支，把电流源、受控电流源或电流控制量所在支路选取为连支。分析步骤同网孔电流法，应用更广，非平面电路同样适用。

四、节点电压法

节点电压法是以节点电压为未知量列写电路方程分析电路的方法，对支路多节点少的电路最为简便。节点电压方程可以用观察法直接列写。

常用方法的比较如下。

（1）网孔电流法、回路电流法的方程个数都是 $b-(n-1)$，节点电压法的方程个数为（$n-1$）。

（2）一般来说如果电路的独立节点少于网孔数，用节点电压法联立方程数就少。

（3）如果电路中已知电压源，用回路电流法、网孔电流法比较方便。如果电路中已知电流源，则节点电压法更为方便。目前计算机辅助网络分析广泛应用这种方法。

（4）网孔电流法仅适用于平面电路，回路电流法和节点电压法没有此限制。

自测题

一、选择题

1．对于具有 b 条支路，n 个节点的连通电路来说，可以列出独立的 KCL 方程的最大数目是（　　）。

（A）$b-1$　　　　　（B）$n-1$　　　　　（C）$b-n+1$　　　　　（D）$b-n-1$

2．对于具有 b 条支路，n 个节点的连通电路来说，可以列出独立的 KVL 方程的最大数目是（　　）。

（A）$b-1$　　　　　（B）$n-1$　　　　　（C）$b-n+1$　　　　　（D）$b-n-1$

3．必须设立电路参考点后才能求解电路的方法是（　　）。

（A）支路电流法　　　（B）回路电流法　　　（C）节点电压法　　　（D）网孔电流法

4．若一个电路对应的拓扑图，节点数为 4，支路数为 8，则其独立回路为（　　）。

（A）7　　　　　（B）3　　　　　（C）5　　　　　（D）8

5．已知某电路的图如图 3-25 所示，则该电路的独立 KCL 方程个数是（　　）个。

（A）3　　　　　　　（B）4　　　　　　　（C）5　　　　　　　（D）6

二、判断题

1．电路中含有受控源时，节点电压方程的系数矩阵对称。（　　）

2．在使用节点电压法对电路做分析时，与电流源串联的电阻不计入自电导或互电导。　　　　　　　　　　　　　　　（　　）

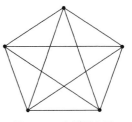

图 3-25　自测题 5 图

3．连通图 G 的一个树是 G 的一个连通子图，它包含 G 的所有节点但不包含回路。　　　　　　　　　　　　　　　　　（　　）

4．在节点电压法中，节点电压方程中自电导总为负，互电导总有为正。　　　　　　　　　　　　　　　　　　　　　（　　）

5．弥尔曼定理可适用于任意节点电路的求解。　　　（　　）

三、填空题

1．一个具有 6 条支路 3 个节点的电路，可以列出独立的 KCL 方程（　　）个，可以列出独立的 KVL 方程（　　）个。

2．一个具有 6 条支路 3 个节点的电路，可以列出（　　）个网孔电流方程。

3．一个具有 6 条支路 3 个节点的电路，可以列出（　　）个节点电压方程。

4．电路中的"树"，包含连通图 G 的全部节点部分支路，"树"连通且不包含（　　）。

5．电路中不含（　　）时，节点电压方程的系数矩阵对称。

习题

3-1　指出图 3-26 中的节点数和支路数，并画出 6 种树。

3-2　在图 3-27 中，分别选择支路（1，2，3，6）和支路（5，6，7，8）为树，问独立回路各有多少？求其基本回路数。

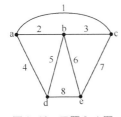

图 3-26　习题 3-1 图

图 3-27　习题 3-2 图

3-3　图 3-28 中以{4，6，7}为树，求其基本回路。

3-4　在图 3-29 所示电路中，可写出独立的 KCL、KVL 方程数分别为多少？

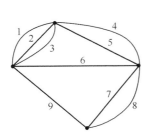

图 3-28　习题 3-3 图

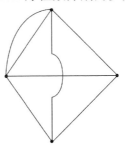

图 3-29　习题 3-4 图

3-5 用支路电流法写出图 3-30 所示电路的方程式。

3-6 用支路电流法写出图 3-31 所示电路的方程式。

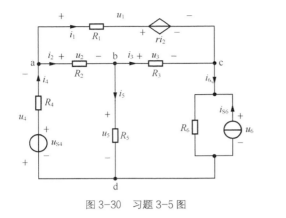

图 3-30 习题 3-5 图

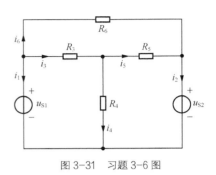

图 3-31 习题 3-6 图

3-7 电路如图 3-32 所示。用网孔电流法求流过 6Ω 电阻的电流 i。

3-8 试求图 3-33 所示电路的网孔电流。

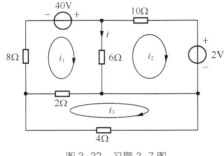

图 3-32 习题 3-7 图

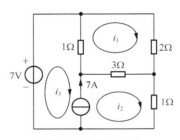

图 3-33 习题 3-8 图

3-9 图 3-34 所示电路中，已知 $R_1 = 15Ω$，$R_2 = 1.5Ω$，$R_3 = 1Ω$，$u_{S1} = 15V$，$u_{S2} = 4.5V$，$u_{S3} = 9V$，用网孔电流法求电压 u_{ab} 及各电源的功率。

3-10 电路如图 3-35 所示，试用网孔电流法求各支路电流。

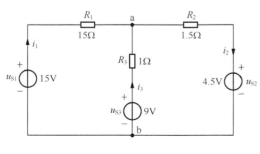

图 3-34 习题 3-9 图

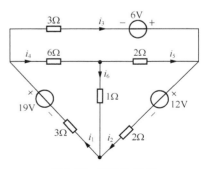

图 3-35 习题 3-10 图

3-11 电路如图 3-36 所示。求网孔电流 i_1 和 i_2。

3-12 试用网孔电流法求图 3-37 所示电路中的电压 u_{ab}。

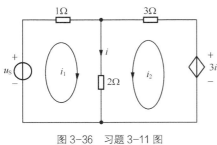

图 3-36 习题 3-11 图

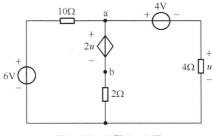

图 3-37 习题 3-12 图

3-13 电路如图 3-38 所示。（1）求网孔电流 I_1 和 I_2；（2）分别求独立源和受控源的功率。

3-14 电路如图 3-39 所示，用回路电流法求电流 i_a 和电压 u_b。

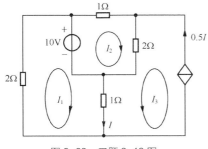

图 3-38 习题 3-13 图

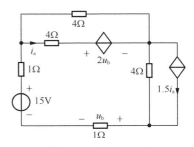

图 3-39 习题 3-14 图

3-15 试用回路电流法求图 3-40 所示电路的电压 u。

3-16 电路如图 3-41 所示，用回路电流法求 i_1 和 u。

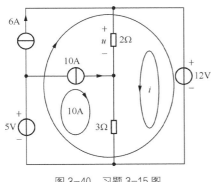

图 3-40 习题 3-15 图

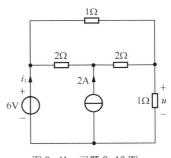

图 3-41 习题 3-16 图

3-17 对图 3-42 所示电路，用节点电压法求 u 与 i。

3-18 对图 3-43 所示电路，用节点电压法求 i_1。

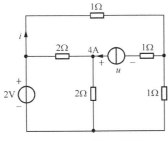

图 3-42 习题 3-17 图

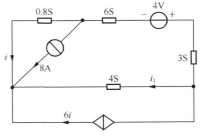

图 3-43 习题 3-18 图

3-19　电路如图 3-44 所示，用节点电压法求电流源端电压 u 和电流 i。

3-20　写出图 3-45 所示电路的节点电压方程，并求电压 U。

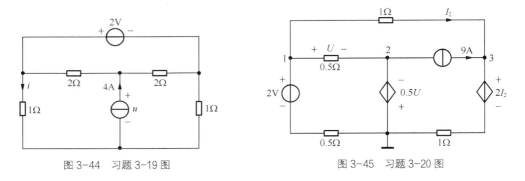

图 3-44　习题 3-19 图　　　　　　图 3-45　习题 3-20 图

3-21　电路如图 3-46 所示，试用节点电压法求电路中的 I_1、I_0 和 U_0。

3-22　用节点电压法求图 3-47 所示电路中的 U_1 和 U。

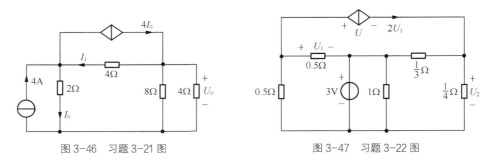

图 3-46　习题 3-21 图　　　　　　图 3-47　习题 3-22 图

3-23　电路如图 3-48 所示，用节点电压法求电流 I_2 和 I_3 及各电源的功率。

3-24　电路如图 3-49 所示。求节点①与节点②之间的电压 u_{12}。

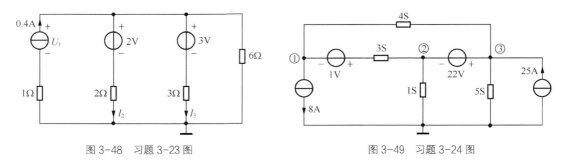

图 3-48　习题 3-23 图　　　　　　图 3-49　习题 3-24 图

第 **4** 章　**电路定理**

内容提要：本章介绍一些重要的电路定理，其中有叠加定理、替代定理、戴维宁定理和诺顿定理、特勒根定理、互易定理、对偶原理，并介绍它们在实际工程中的应用实例。

本章目标：熟练应用叠加定理、戴维宁定理和诺顿定理分析求解具体电路。

4.1　叠加定理

由独立源和线性元件组成的电路叫线性电路。线性电路的激励和响应之间满足可加性和比例性质，通过叠加定理和齐性定理体现出来。

一、叠加定理

叠加定理是体现线性电路本质的最重要的定理，陈述如下：

在线性电路中，任一电压或电流都是电路中各个独立源单独作用时，在该处产生的电压或电流的代数叠加。

下面以图 4-1 所示电路求支路电压 U_2 为例来证明叠加定理的内容。

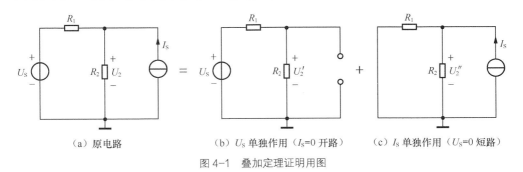

（a）原电路　　　　　　（b）U_S 单独作用（I_S=0 开路）　　　　（c）I_S 单独作用（U_S=0 短路）

图 4-1　叠加定理证明用图

图 4-1（a）所示电路中有两个独立源 U_S 和 I_S。仅有一个独立节点，由弥尔曼定理有

$$U_2 = \frac{\dfrac{U_S}{R_1} + I_S}{\dfrac{1}{R_1} + \dfrac{1}{R_2}} = \frac{R_2}{R_1 + R_2} U_S + \frac{R_1 R_2}{R_1 + R_2} I_S$$

电压源 U_S 单独作用时，电流源置零（令 $I_S=0$），此时电流源不起作用，相当于开路。对应的电路如图 4-1（b）所示。由图 4-1（b）可得

$$U_2' = \frac{R_2}{R_1 + R_2} U_S$$

电流源 I_S 单独作用时，电压源置零（令 $U_S=0$），此时电压源不起作用，相当于短路。对应的电路如图 4-1（c）所示。由图 4-1（c）可得

$$U_2'' = \frac{R_1 R_2}{R_1 + R_2} I_S$$

可以看出 $U_2 = U_2' + U_2''$

即 U_2 等于各独立源单独作用时在该支路产生的电压的叠加。由于线性电路中各个支路电压和支路电流都是线性关系，由此可得出电路中各个支路电压和支路电流都是电路中各个独立源单独作用时产生的支路电压和支路电流的叠加。

使用叠加定理时应注意以下几点：

（1）叠加定理只适用于线性电路，不适用于非线性电路。

（2）叠加时只将独立源单独作用，其他不作用的独立源都应等于零，即电压源短路，电流源开路。电路的结构和参数不变。

（3）叠加定理不适用于计算功率，即电路的功率不等于由各分电路计算的功率之和，功率应根据原电路来计算。以电阻为例：

$$P_1 = R_1 I_1^2 = R_1(I_1' + I_1'')^2 \neq R_1 I_1'^2 + R_1 I_1''^2$$

（4）电压、电流是代数量的叠加，若分电路计算的响应与原电路这一响应的参考方向一致取正号，反之取负号。

（5）电路中的受控源不要单独作用，应保留在各分电路中，受控源的数值随每一分电路中控制量数值的变化而变化。

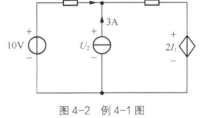

图 4-2　例 4-1 图

【例 4-1】电路如图 4-2 所示，用叠加定理求电流 I_1 和电压 U_2。

解　10V 电压源单独作用时，电路如图 4-3（a）所示。

对于图 4-3（a），列 KVL 方程有：$(2+1)I_1' + 2I_1' = 10V$

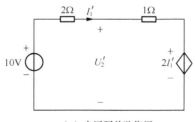

（a）电压源单独作用　　　　　　　　　（b）电流源单独作用

图 4-3　例 4-1 图的分析

解得：$I_1' = 2A$

$$U_2' = I_1' + 2I_1' = 6V$$

3A 电流源单独作用时，电路如图 4-3（b）所示。

根据弥尔曼定理有

$$(\frac{1}{2}+1)U_2'' = 3 + \frac{2I_1''}{1}$$

又有

$$U_2'' = -2I_1''$$

解得

$$I_1'' = -0.6\text{A}, U_2'' = 1.2\text{V}$$

所以，根据叠加定理

$$I_1 = I_1' + I_1'' = 2 - 0.6 = 1.4\text{A}$$
$$U_2 = U_2' + U_2'' = 6 + 1.2 = 7.2\text{V}$$

【**例 4-2**】 图 4-4 所示电路中，N 为有源线性网络。当 $U_S = 40\text{V}$，$I_S = 0$ 时，$I = 40\text{A}$；当 $U_S = 20\text{V}$，$I_S = 2\text{A}$ 时，$I = 0$；当 $U_S = 10\text{V}$，$I_S = -5\text{A}$ 时，$I = 10\text{A}$。当 $U_S = -40\text{V}$，$I_S = 20\text{A}$ 时，求 I。

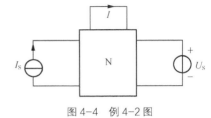

图 4-4 例 4-2 图

解 设 N 内部独立源作用时产生的 I 的分量为 I'，由叠加定理得：$I = K_1 I_S + K_2 U_S + I'$ 将题给的条件代入，得

$$\begin{cases} 40 = 40K_2 + I' \\ 0 = 2K_1 + 20K_2 + I' \\ 10 = -5K_1 + 10K_2 + I' \end{cases}$$

解得

$$K_1 = -3.75，\quad K_2 = 1.625，\quad I' = -25\text{A}$$

即有

$$I = -3.75 I_S + 1.625 U_S - 25$$

当 $U_S = -40\text{V}$，$I_S = 20\text{A}$ 时，有

$$I = -3.75 \times 20 + 1.625 \times (-40) - 25 = -165\text{A}$$

推广到一般情况，如果有 n 个电压源、m 个电流源作用于线性电路，那么电路中某条支路的电流 i_l 可以表示为

$$i_l = K_{l1}u_{S1} + K_{l2}u_{S2} + ... + K_{ln}u_{Sn} + K_{l(n+1)}i_{S1} + K_{l(n+2)}i_{S2} + ... + K_{l(n+m)}i_{Sm} \tag{4-1}$$

其中系数 K_{li} 取决于电路的参数和结构，与激励源无关。若电路中的电阻均为线性且非时变，则系数 K_{li} 为常数。电路中的各支路电压同样具有式（4-1）相同形式的表达式。

二、齐性定理

在线性电路中，当所有激励（独立源）都同时增大或缩小 K 倍（K 为实常数）时，响应（电压或电流）也将同样增大或缩小 K 倍。当激励只有一个时，则响应与激励成正比。这就是线性电路的齐性定理，它不难从叠加定理推得。

由式（4-1）可以知道，叠加定理实际包含了线性电路的两个基本性质，即叠加性和齐次性。所谓叠加性是指具有多个独立源的线性电路，其任一条支路的电流或电压等于各个独立源单独作用时在该支路产生的电流或电压的代数和。而齐次性是指，当所有独立源都增大为原来的 K 倍时，各支路的电流或电压也同时增大为原来的 K 倍；如果只是其中一个独立源增大为原来的 K 倍，则只是由它产生的电流分量或电压分量增大为原来的 K 倍。

【例 4-3】 图 4-5 所示梯形电路，各个电阻均为 1Ω，电压源的电压为 10.5V，求各支路的电流。

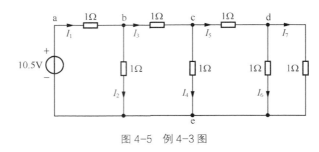

图 4-5 例 4-3 图

解 假设 $I_7'=1\mathrm{A}$，然后逐步用欧姆定律和基尔霍夫定律，向前推出各支路电压、电流分别为

$$I_7' = 1\mathrm{A} \quad U_7' = 1\mathrm{V} \quad U_6' = 1\mathrm{V} \quad I_6' = 1\mathrm{A}$$
$$I_5' = I_6' + I_7' = 2\mathrm{A} \quad U_5' = 2\mathrm{V} \quad U_4' = U_5' + U_6' = 3\mathrm{V} \quad I_4' = 3\mathrm{A}$$
$$I_3' = I_4' + I_5' = 5\mathrm{A} \quad U_3' = 5\mathrm{V} \quad U_2' = U_3' + U_4' = 8\mathrm{V} \quad I_2' = 8\mathrm{A}$$
$$I_1' = I_2' + I_3' = 13\mathrm{A} \quad U_1' = 13\mathrm{V} \quad U_S' = U_1' + U_2' = 21\mathrm{V}$$

但实际上 $U_S = 10.5\mathrm{V}$。根据齐性定理，各支路电流应将上面的数值乘以 $\dfrac{10.5}{21} = 0.5$，实际各支路电流如表 4-1 所示。

表 4-1 利用齐性定理得到例 4-3 假设值与实际值

电流电压值	I_7（A）	I_6（A）	I_5（A）	I_4（A）	I_3（A）	I_2（A）	I_1（A）	U_S（V）
假设值	1	1	2	3	5	8	13	21
实际值	0.5	0.5	1	1.5	2.5	4	6.5	10.5

注：本题的计算采用"倒退法"，即先从梯形电路最远离电源的一端开始，对电压或电流设一便于计算的值，倒退算至激励处，最后再按齐性定理予以修正。

思考与练习

4-1-1 叠加定理适用于什么样的电路？

4-1-2 使用叠加定理时电路中的受控源是否和独立源同样处理？

4-1-3 是否能用叠加定理计算功率？为什么？

4-1-4 使用叠加定理时应该注意哪些问题？

4.2 替代定理

替代定理又被称为置换定理，其内容叙述如下：一个具有唯一解的电路，如其第 k 条支

路的端电压 u_k 或电流 i_k 已知，则不管该支路原来是什么元件，总可以用以下 3 个元件中任一个元件替代，替代前后电路各处电流和电压不变。

（1）电阻值为 $R = \dfrac{U_k}{I_k}$ 的电阻元件。

（2）电压值为 u_k 且方向与原支路电压方向一致的理想电压源。

（3）电流值为 i_k 且方向与原支路电流方向一致的理想电流源。

由于替代前后电路各处的 KCL 和 KVL 方程保持不变，故替代前后电路各处的电流和电压不变。替代定理的实质来源于解的唯一性定理。以各支路电流或电压为未知量所列出的方程是一个代数方程组，这个代数方程组只要存在唯一解，则将其中一个未知量用其解去替代，不会影响其余未知量的数值。还需要特别指出的是，使用替代定理时，并不要求电路一定是线性电路。

替代定理如图 4-6（a）、（b）、（c）所示。

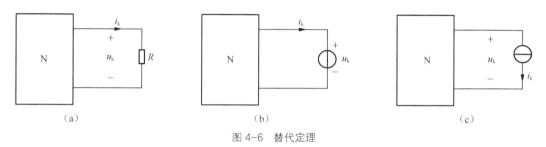

图 4-6　替代定理

【**例 4-4**】　图 4-7（a）所示电路 N 内含有电源，当改变电阻 R_L 的值时，电路中各处的电压和电流将随之变化。已知 $i = 1\,\text{A}$ 时，$u = 10\,\text{V}$；$i = 2\,\text{A}$，$u = 30\,\text{V}$，求当 $i = 3\,\text{A}$ 时，u 的值。

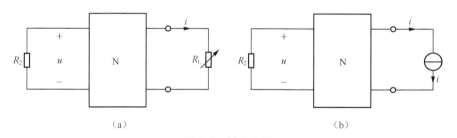

图 4-7　例 4-4 图

解　依题意，R_L 中的电流值为已知，根据替代定理，可将电阻 R_L 支路用电流为 i 的电流源替代，如图 4-7（b）所示。再根据叠加定理，电阻 R_2 支路两端的电压 u 是由电流源 i 和 N 中电源共同作用产生的，响应 u 为二者的线性组合，可用方程表示，设方程为 $u = ai + b$。

式中 b 表示 N 内电源单独作用时，在电阻 R_2 两端产生的电压；ai 表示电流源 i 单独作用时在电阻 R_2 两端产生的电压。由已知条件，可列写方程

$$\begin{cases} 10 = a \times 1 + b \\ 30 = a \times 2 + b \end{cases}$$

解得 $a = 20$，$b = -10$
于是有 $u = 20i - 10$
所以当 $i = 3A$ 时，$u = 20 \times 3 - 10 = 50V$

思考与练习

4-2-1 含有受控源的支路是否可以应用替代定理？

4-2-2 替代定理有几种情况，分别是什么？

4-2-3 有人说："在具有唯一解的线性电路中，某一支路的电压为 u，电流为 i，则该支路可以用电压为 u 的理想电压源或电流为 i 的理想电流源替代。"这种说法正确吗？

4-2-4 有人说："理想电压源和理想电流源之间不能互换，但对某一确定的电路，若已知理想电压源的电流为 2A，则该理想电压源可以替代为 2A 的理想电流源，这种替代不改变原电路的工作状态。"你认为对吗？

4.3 戴维宁定理和诺顿定理

工程实际中，常常碰到只需研究某一支路的电压、电流或功率的问题。对所研究的支路来说，电路的其余部分就成为一个有源二端网络，可等效变换为较简单的含源支路（电压源与电阻串联或电流源与电阻并联支路），使分析和计算简化。戴维宁定理和诺顿定理正是给出了等效含源支路及其计算方法，也叫一端口的等效发电机原理。

在线性电路中，待求电路以外的部分电路若含有独立源，称为有源二端网络，用字母 N 表示，不含有独立源的称为无源二端网络，用字母 N_0 表示。戴维宁定理和诺顿定理的含义可以用图 4-8 表示。下面介绍这两个定理的具体概念和应用。

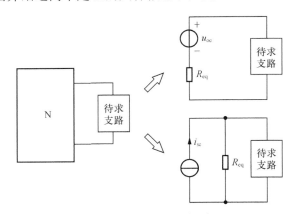

图 4-8 戴维宁定理和诺顿定理

一、戴维宁定理和诺顿定理

对于任一有源线性二端网络，就其两个端钮而言，都可以用一条最简单支路对外部等效。

（1）以一条实际电压源支路对外部等效，其中电压源的电压等于该含源线性二端网络端钮处开路时的开路电压 u_{oc}，其串联电阻等于线性有源二端网络除源（全部独立电源置零）后两个端子间的等效电阻 R_{eq}，这就是戴维宁定理。可用图 4-9 说明。

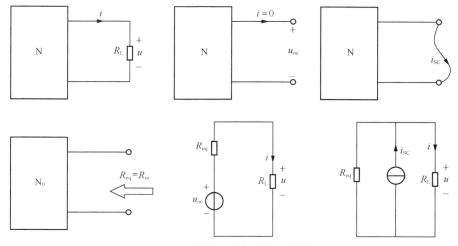

图 4-9 戴维宁定理和诺顿定理分析

（2）以一条实际电流源支路对外部等效，其中电流源的电流值等于该含源线性二端网络端钮处短接时的短路电流 i_{sc}，其并联电阻 R_{eq}（或等效电导 G_{eq}）的确定同上述方法 1，此即诺顿定理。

二、定理的证明

戴维宁定理可以应用替代定理和叠加定理证明。假设一个与外电路连接的含源一端口 N，其端口的电压为 u，电流为 i。根据替代定理，将外接电路用一个电流等于 i 的电流源替代，将不改变一端口内部工作状态，如图 4-10（a）所示。

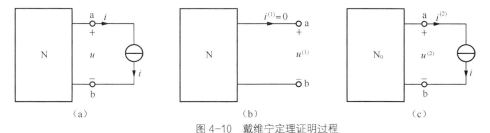

（a）   （b）   （c）

图 4-10 戴维宁定理证明过程

再根据叠加定理，图 4-10（a）的端口电压 u 等于图 4-10（b）所示的一端口 N 内部独立源单独作用时所产生的电压 $u^{(1)}$ 与图 4-10(c)所示电路中电流源单独作用时产生的电压 $u^{(2)}$ 之和，即

$$u = u^{(1)} + u^{(2)} \tag{4-2}$$

由图 4-10（b)可见，$i^{(1)} = 0$，$u^{(1)}$ 就是含源一端口 a、b 开路时的开路电压 u_{oc}；在图 4-10 (c) 中，全部的独立源置零后，无源一端口 N_0 的输入电阻值 R_{in} 也就是它的等效电阻值 R_{eq}，此时，$u^{(2)} = -R_{eq}i$，根据叠加定理，得端口 a、b 间的电压为

$$u = u_{oc} - R_{eq}i \tag{4-3}$$

诺顿等效电路可由戴维宁等效电路经电源等效变换得到。诺顿等效电路可采用与戴维宁定理类似的方法证明。证明过程从略。

三、定理的应用

应用戴维宁定理的关键是求含源单口网络的戴维宁等效电路参数 u_{oc} 和 R_{eq}。

求开路电压 u_{oc} 可运用前面介绍的各种电路分析方法来计算得到。求等效电阻 R_{eq} 有下面 3 种常用的方法：

（1）对简单电路（不含受控源的）可以先将独立源置零后，直接应用电阻的串、并联及 Y-△ 变换关系计算等效电阻。

（2）含受控源的一端口网络将一端口内全部独立源置零后，在无源一端口的端口处施加一电压源（或电流源），求出此端口处的电流（或电压）。在两者为关联参考方向时，电压与电流的比值为输入电阻，即等于等效电阻 R_{eq}。

（3）开路短路法：分别求出含源一端口处的开路电压 u_{oc} 和短路电流 i_{sc}，等效电阻 $R_{eq} = \dfrac{u_{oc}}{i_{sc}}$。注意，短路电流 i_{sc} 可由诺顿定理求得。u_{oc} 与 i_{sc} 对一端口网络而言，为非关联参考方向。

对于任一含源线性二端网络，就其两个端钮而言，都可以用一条最简单支路对外部等效。一般情况下，诺顿等效电路和戴维宁等效电路只是形式上不同而已，诺顿等效电路和戴维宁

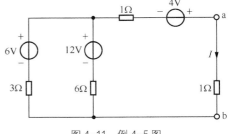

图 4-11 例 4-5 图

等效电路之间可以通过等效变换相互求得。但以下两种情况二者不能相互转换，第一是求戴维宁等效电路时，等效电阻 R_{eq} 等于零，等效电路是一个理想电压源，该网络只有戴维宁等效电路，而无诺顿等效电路；第二是求诺顿等效电路时，等效电阻 R_{eq} 等于无穷大。等效电路是一个理想电流源。该网络只有诺顿等效电路而无戴维宁等效电路。

【**例 4-5**】 电路如图 4-11 所示，用戴维宁定理和诺顿定理求图示电路的电流 I。

解 （1）求戴维宁等效电路

a. 求开路电压 U_{oc}，电路如图 4-12（a）所示，可得

$$(3+6)I_1 + 12 - 6 = 0$$

$$I_1 = -\frac{2}{3}\text{A}$$

$$U_{oc} = 4 + 12 + 6I_1 = 12\text{V}$$

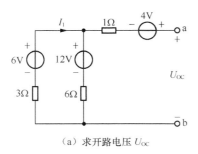

（a）求开路电压 U_{oc}

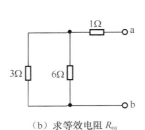

（b）求等效电阻 R_{eq}

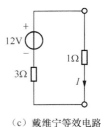

（c）戴维宁等效电路

图 4-12 例 4-5 题戴维宁等效电路

b. 求等效电阻 R_{eq}。

求戴维宁等效电阻如图 4-12（b）所示（电压源短路、电流源开路）。

$$R_{eq} = \frac{3 \times 6}{3+6} + 1 = 3\Omega$$

得戴维宁等效电路如图 4-12（c）所示。

$$(3+1)I = 12$$
$$I = 3A$$

（2）求诺顿等效电路

① 求短路电流 I_{sc}。

采用节点电压法，参考节点如图 4-13（a)所示。

$$\left(\frac{1}{3} + \frac{1}{6} + \frac{1}{1}\right)U = \frac{6}{3} + \frac{12}{6} - \frac{4}{1}$$
$$U = 0$$
$$I_{sc} = U + 4 = 4A$$

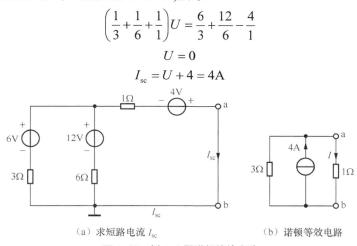

（a）求短路电流 I_{sc}　　　　（b）诺顿等效电路

图 4-13 例 4-5 题诺顿等效电路

② 求等效电阻 R_{eq}。

等效电阻 R_{eq} 的求法同前，这里省略。

诺顿等效电路如图 4-13（b）所示。

$$I = \frac{3}{1+3} \times 4 = 3A$$

当电路中含有受控源时，戴维宁定理与诺顿定理同样适用。开路电压 u_{oc} 的求法同前；等效电阻 R_{eq} 的求法只能用外加电源法或开路短路法。

【**例 4-6**】 用戴维宁定理求电压 U，电路如图 4-14 所示。

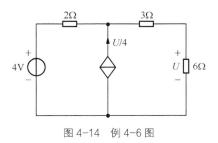

图 4-14 例 4-6 图

解 （1）求开路电压 U_{oc} 的电路如图 4-15（a）所示

$$U_{OC} = 2 \times \frac{U_{OC}}{4} + 4$$

所以　　　　　　　　　　$U_{OC} = 8V$

求等效电阻 R_{eq}，如图 4-15（b）所示。

则　　　　　　　$U = 3I + 2\left(I + \frac{U}{4}\right)$

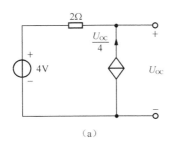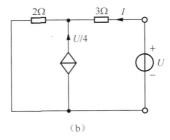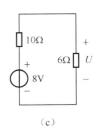

（a）　　　　　　　　　　　（b）　　　　　　　　　　　（c）

图 4-15　例 4-6 题外加电源法求解

即

$$\frac{U}{2} = 5I$$

所以

$$R_{\text{eq}} = \frac{U}{I} = 10\Omega$$

戴维宁等效电路如图 4-15（c）所示。

$$U = \frac{6}{10+6} \times 8 = 3\text{V}$$

（2）用开路短路法求解电路

短路电流，如图 4-16（a）所示。

$$I_{\text{sc}} = \frac{4}{2+3} = 0.8\text{A} , \quad R_{\text{eq}} = \frac{U_{\text{OC}}}{I_{\text{sc}}} = 10\Omega$$

（a）　　　　　　　　　　　　　　　　（b）

图 4-16　例 4-6 开路短路法求解

诺顿等效电路如图 4-16（b）所示。由图 4-16（b）所示电路得

$$U = \frac{10}{10+6} \times 0.8 \times 6 = 3\text{V}$$

应用戴维宁或诺顿定理求解电路时，应将具有耦合关系的支路同时放在网络 N 中，但有时所求的戴维宁等效电路却使耦合支路分开了（下面的例题即是如此），如不进行控制量转移，则 a、b 左端等效为戴维宁电路之后，控制量 u_1 不再存在，受控源无法控制。考虑到求解戴维宁或诺顿等效电路时，其端口处的电压或电流始终存在，所以在分析求解这一类电路时，应该首先将控制量转化为端口处的电压或电流的表达式，然后再求它的戴维宁或诺顿等效电路。

【例 4-7】　用戴维宁定理求图 4-17（a）所示电路的电压 u。

解　先将控制量 u_1 用端口电压 u 表示为

$$u = 4 \times 2u_1 + u_1 + 12$$

$$u_1 = \frac{1}{9}(u-12)$$

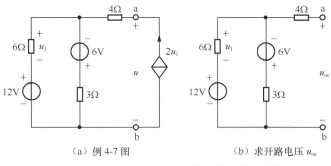
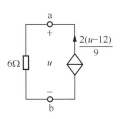

（a）例 4-7 图 　　　　　　（b）求开路电压 u_{oc} 　　　　　　（c）戴维宁等效电路

图 4-17 　例 4-7 解

由图 4-17（b），求开路电压 u_{oc} 和等效电阻 R_{eq} 为

$$u_{oc} = -6 + 3 \times \frac{12+6}{6+3} = 0$$

$$R_{eq} = 4 + \frac{3 \times 6}{3+6} = 6\Omega$$

戴维宁等效电路如图 4-17（c）所示。

$$u = 6 \times \frac{2(u-12)}{9}$$

由此得 　　　　　　　　　　　　　　　$u=48\text{V}$

思考与练习

4-3-1 戴维宁定理和诺顿定理的概念和应用条件是什么？

4-3-2 试述戴维宁定理的求解步骤。如何把一个有源二端网络化为一个无源二端网络？在此过程中，有源二端网络内部的电压源和电流源应如何处理？

4-3-3 运用外加电源法和开路短路法求戴维宁等效电阻时，对原网络内部电源的处理是否相同？为什么？

4-3-4 一个实际电源就可以看成是一个含源一端口网络，反之亦然。因此它们的等效电路形式是相同的。对吗？

4.4 最大功率传输定理

工程实际中，大部分电子设备的供电电源，无论是直流稳压电源，还是不同波形的交流信号源，都是引出端与设备相连接。对电源来说，用电设备是电源的负载；对负载来说，电源是一个有源二端网络。当负载变化时，电源传输给负载的功率也发生变化。那么，当电源与负载之间满足什么关系时，负载能够从电源获得最大的功率，其最大功率又是多少？这一问题往往决定着电子设备能否工作在最佳状态，这就是最大功率传输定理要回答的内容。

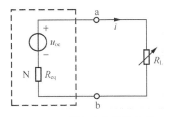

图 4-18 　最大功率传输定理

将线性含源一端口 N 用戴维宁等效电路替代，电路如图 4-18 所示。设负载电阻值为 R_L，当 R_L 在 $0 \sim \infty$ 区间变化时，将总会有一个 R_L 值使其获得功率最大。要确定 R_L 值，先计算 R_L 的功率，其功率为

$$p = i^2 R_L = \left(\frac{u_{oc}}{R_{eq} + R_L} \right)^2 R_L \tag{4-4}$$

要使 p 最大，应使 $\dfrac{\mathrm{d}p}{\mathrm{d}R_L} = 0$，由此可求 p 为最大值时的 R_L 值，对式（4-4）求导，即得

$$\frac{\mathrm{d}p}{\mathrm{d}R_L} = u^2_{oc} \left[\frac{\left(R_{eq} + R_L\right)^2 - 2(R_{eq} + R_L)R_L}{\left(R_{eq} + R_L\right)^4} \right]$$

$$\frac{\mathrm{d}p}{\mathrm{d}R_L} = \frac{u^2_{oc}(R_{eq} - R_L)}{(R_{eq} + R_L)^3} \tag{4-5}$$

令式（4-5）等于零。由此可得

$$R_L = R_{eq} \tag{4-6}$$

由于

$$\frac{\mathrm{d}^2 p}{\mathrm{d}R_L^2} = -\frac{u^2_{oc}}{8R_{eq}^3} < 0$$

故式（4-6）即为 p 的最大值的条件。因此，由线性一端口传递给可变负载电阻 R_L 的功率最大的条件是负载电阻 R_L 与戴维宁（或诺顿）等效电路的等效电阻 R_{eq} 相等，即为最大功率传递定理。满足 $R_L = R_{eq}$ 时，称 R_L 与一端口等效电阻 R_{eq} 匹配。此时，负载电阻获得的最大功率为

$$p_{Lmax} = \frac{u^2_{oc}}{4R_{eq}} \tag{4-7}$$

如果由诺顿等效电路，则有

$$p_{Lmax} = \frac{i^2_{sc} R_{eq}}{4} \tag{4-8}$$

最大功率传递定理是指在负载可变，而 R_{eq} 不变的情况下得到的。如果 R_{eq} 可变，而 R_L 不变，则只有在 $R_{eq} = 0$ 时，R_L 才获得最大功率。负载电阻吸收的功率和电源 U_{oc} 的效率随负载电阻变化的曲线如图 4-19 所示。

【例 4-8】 电路如图 4-20 所示，求：（1）R_L 获得最大功率时的 R_L 值；（2）计算 R_L 获得的最大功率 p_{Lmax}；（3）当 R_L 获得最大功率时，求电压源产生的电功率传递给 R_L 的百分比。

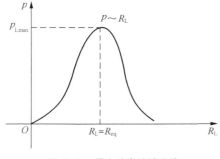

图 4-19　最大功率传输曲线

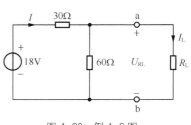

图 4-20　例 4-8 图

解 （1）求 ab 左端戴维宁等效电路

$$U_{oc} = \frac{18}{30+60} \times 60 = 12V$$

$$R_{eq} = \frac{30 \times 60}{30+60} = 20\Omega$$

因此，当 $R_L = 20\Omega$ 时，其获得功率最大。

（2） R_L 获得最大功率为

$$p_{Lmax} = \frac{U_{oc}^2}{4R_{eq}} = \frac{12^2}{4 \times 20} = 1.8W$$

（3）当 $R_L = 20\Omega$ 时，其两端的电压为

$$U_{RL} = \frac{U_{oc}}{R_{eq} + R_L} \times R_L = \frac{12}{2 \times 20} \times 20 = 6V$$

流过电压源的电流 I 为

$$I = \frac{18-6}{30} = 0.4A$$

电压源发出电功率为

$$p_{u_S} = -18 \times 0.4 = -7.2（发出）$$

负载所获得最大功率的百分比为

$$\eta = \frac{p_{Lmax}}{p_{u_S}} = \frac{1.8}{7.2}\% = 25\%$$

电源传递给负载的电功率为 25%，这个百分数称为传递效率。

通过此例题分析，可知含源一端口内电源传递给负载的电功率百分比，即效率一般小于 50%，原因是含源一端口与其等效电路对外电路而言是等效的，而对内电路来说并不等效。另外，只要在 R_{eq} 实实在在地作为一个电压源的内阻情况下，负载获得最大功率时，电源传递给负载的效率为 50%。这时电源内阻和负载电阻消耗电功率相等。

思考与练习

4-4-1 获得最大功率的前提条件是什么？

4-4-2 有人说，根据最大功率传输定理，当负载电阻值等于有源网络的等效内阻时，得到最大功率。因此，此时有源网络的传输效率应为 50%，对吗？

4-4-3 "实际电压源接上可调负载电阻 R_L 时，只有当 R_L 等于其内阻时，R_L 才能获得最大功率，此时电源产生的功率也最大。"这种说法正确吗？为什么？

4-4-4 有一个 40Ω 的负载要想从一个内阻为 20Ω 的电源获得最大功率，采用再用一个 40Ω 的电阻与该负载并联的方法是否可以？

4.5 特勒根定理

特勒根定理是电路理论中对集总电路普遍适用的基本定理，就这个意义上，它与基尔霍夫定律等价。特勒根定理有两种形式：

特勒根定理 1：对一个具有 n 个节点 b 条支路的电路，若支路电流和支路电压分别用（i_1、i_2，…，i_b）和（u_1，u_2，…，u_b）表示，且各支路电压和支路电流为关联参考方向，则对任

何时间 t，有

$$\sum_{k=1}^{b} u_k i_k = 0 \qquad (4-9)$$

下面通过图 4-21 所示的电路图来验证定理。设图 4-21 为一个有向图，其各支路电压和电流分别为 u_1，u_2，u_3，u_4，u_5，u_6 和 i_1，i_2，i_3，i_4，i_5，i_6，并以节点④为参考点，其余 3 个节点电压为 u_{n1}，u_{n2} 和 u_{n3}。支路电压用节点电压表示为

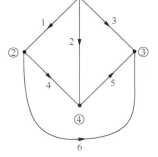

$$u_1 = u_{n1} - u_{n2}$$
$$u_2 = u_{n1}$$
$$u_3 = u_{n1} - u_{n3}$$
$$u_4 = u_{n2} \qquad (4-10)$$
$$u_5 = -u_{n3}$$
$$u_6 = u_{n2} - u_{n3}$$

图 4-21 特勒根定理验证

该电路在任何时刻 t，各支路吸收电功率的代数和为

$$\sum_{k=1}^{6} u_k i_k = u_1 i_1 + u_2 i_2 + u_3 i_3 + u_4 i_4 + u_5 i_5 + u_6 i_6 \qquad (4-11)$$

将式（4-10）代入式（4-11）中，经整理可导出节点电压和支路电流的关系式为

$$\sum_{k=1}^{6} u_k i_k = u_{n1}(i_1 + i_2 + i_3) + u_{n2}(-i_1 + i_4 + i_6) + u_{n3}(-i_3 - i_5 - i_6) \qquad (4-12)$$

根据 KCL，对节点①、②、③列写方程，又有

$$\begin{cases} i_1 + i_2 + i_3 = 0 \\ -i_1 + i_4 + i_6 = 0 \\ -i_3 - i_5 - i_6 = 0 \end{cases} \qquad (4-13)$$

将式（4-13）代入式（4-12）中，得

$$\sum_{k=1}^{6} u_k i_k = 0$$

上述验证方法可推广到任何具有 n 个节点和 b 条支路的电路，即有

$$\sum_{k=1}^{b} u_k i_k = 0$$

在任意网络 N 中，在任意瞬时 t，各个支路吸收功率的代数和恒等于零。也就是说，该定理实质上是功率守恒的具体体现。

特勒根定理 2：设有两个由不同性质的二端元件组成的电路 N 和 $\hat{N}$，均有 b 条支路 n 个节点，且具有相同的有向图。假设各支路电压和支路电流取关联参考方向，并分别为 $(i_1, i_2, \cdots, i_b)$，$(u_1, u_2, \cdots, u_b)$，$(\hat{i}_1, \hat{i}_2, \cdots, \hat{i}_b)$，$(\hat{u}_1, \hat{u}_2, \cdots, \hat{u}_b)$，则在任何时刻 t，有

$$\sum_{k=1}^{b} u_k \hat{i}_k = 0 \qquad (4-14)$$

或

$$\sum_{k=1}^{b} \hat{u}_k i_k = 0 \qquad (4-15)$$

这个和式中的每一项，都仅仅是一个数学量，没有实际物理意义，只有几何拓扑意义，定义它为"拟功率"定理。

该定理实质上是拟功率守恒的具体体现。定理只与电路的电压和电流有关，而与元件的性质无关。可按验证定理 1 的方法进行证明，请读者自行完成。

【例 4-9】　在图 4-22 所示（a）、（b）两个电路中，N_R 为线性无源电阻网络，求 $\hat{i}_1$。

解　应用特勒根定理 2，可得

$$\begin{cases} u_1\hat{i}_1 + u_2\hat{i}_2 + \sum_{k=3}^{b} u_k\hat{i}_k = 0 \\ \hat{u}_1 i_1 + \hat{u}_2 i_2 + \sum_{k=3}^{b} \hat{u}_k i_k = 0 \end{cases}$$

$$u_k = R_k i_k, \quad \hat{u}_k = R_k \hat{i}_k$$

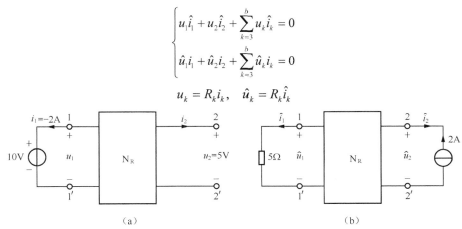

图 4-22　例 4-9 图

$$\sum_{k=3}^{b} u_k\hat{i}_k = \sum_{k=3}^{b} R_k i_k \hat{i}_k$$

$$\sum_{k=3}^{b} \hat{u}_k i_k = \sum_{k=3}^{b} R_k \hat{i}_k i_k$$

$$\sum_{k=3}^{b} u_k\hat{i}_k = \sum_{k=3}^{b} \hat{u}_k i_k$$

故

$$u_1\hat{i}_1 + u_2\hat{i}_2 = \hat{u}_1 i_1 + \hat{u}_2 i_2$$

代入已知条件得

$$10\hat{i}_1 + 5\times(-2) = 5\hat{i}_1 \times(-2) + \hat{u}_2 \times 0$$

求出

$$\hat{i}_1 = 0.5\text{A}$$

由该例可见，若网络 N 为线性电阻无源网络时，仅需对其端口的两条外支路直接使用特勒根定理即可。在使用定理的过程中，一定要注意对应支路的电压、电流的参考方向要关联。

思考与练习

4-5-1　特勒根定理有几种形式，分别是什么？

4-5-2　特勒根定理的适用条件是什么？

4-5-3　特勒根定理的物理意义是什么？

4-5-4　特勒根定理 2 为什么叫拟功率定理？

4.6 互易定理

互易性是线性电路的一个重要性质。对一个线性无源（既不含独立源又不含受控源）电阻电路，互易定理的内容可概述为：在单一激励（独立源）的情况下，当激励与其在另一支路的响应（电压或电流）互换位置时，同一激励所产生的响应并不改变。互易定理是对电路的这种性质所进行的概括，它广泛地应用于网络的灵敏度分析和测量技术等方面。

定理 1：在图 4-23 (a)与图 4-23 (b) 所示电路中，N 为仅由电阻组成的线性电阻电路，有

$$\frac{i_2}{u_{S1}} = \frac{i_1}{u_{S2}}$$

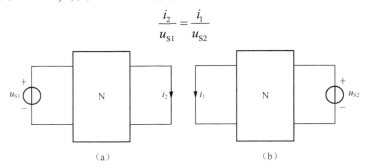

图 4-23　互易定理的第一种形式

证明　使用特勒根定理 2，有

$$u_1\hat{i}_1 + u_2\hat{i}_2 = \hat{u}_1 i_1 + \hat{u}_2 i_2$$
$$u_{S1}\hat{i}_1 + 0 \times \hat{i}_2 = 0 \times i_1 + u_{S2} i_2$$
$$u_{S1}\hat{i}_1 = u_{S2} i_2$$

所以

$$\frac{i_2}{u_{S1}} = \frac{\hat{i}_1}{u_{S2}}，\quad 即 \frac{i_2}{u_{S1}} = \frac{i_1}{u_{S2}}$$

当 $u_{S1}=u_{S2}$ 时，则 $i_2=i_1$。证毕。

互易定理 1 表明：对于不含受控源的单一激励的线性电阻电路，互易激励（电压源）与响应（电流）的位置，其响应与激励的比值仍然保持不变。当激励 $u_{S1}=u_{S2}$ 时，则 $i_2=i_1$。

定理 2：在图 4-24（a）与（b）所示电路中，N 为仅由电阻组成的线性电阻电路，有

$$\frac{u_2}{i_{S1}} = \frac{u_1}{i_{S2}}$$

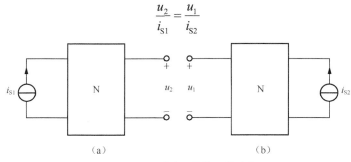

图 4-24　互易定理的第二种形式

互易定理 2 表明：对于不含受控源的单一激励的线性电阻电路，互易激励（电流源）与响应（电压）的位置，其响应与激励的比值仍然保持不变。当激励 $i_{S1}=i_{S2}$ 时，则 $u_2=u_1$。

定理3：在图4-25（a）与（b）所示电路中，N为仅由电阻组成的线性电阻电路，有

$$\frac{u_2}{u_{S1}} = \frac{i_1}{i_{S2}}$$

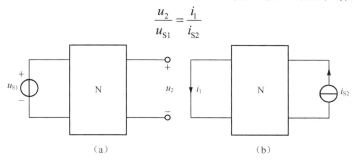

图4-25　互易定理的第三种形式

互易定理3表明：对于不含受控源的单一激励的线性电阻电路，互易激励与响应的位置，且把原电压激励改换为电流激励，把原电压响应改换为电流响应，则互易位置前后响应与激励的比值仍然保持不变。如果在数值上 $u_{S1}=i_{S2}$ 时，则 $u_2=i_1$。

【**例4-10**】　电路如图4-26（a）所示，求电流 I。

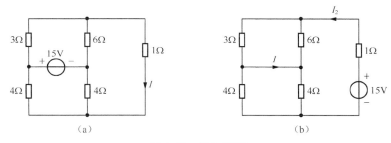

图4-26　例4-10图

解　根据互易定理，将激励源和响应互换位置，电路如图4-26（b）所示，求其电流 I_2，即可得 I。在图4-26（b）中

$$I_2 = \frac{15}{\dfrac{3 \times 6}{3+6}+2+1} = \frac{15}{5} = 3\text{A}$$

$$I = -\frac{3}{3+6}I_2 + \frac{1}{2}I_2 = 0.5\text{A}$$

$$I = 0.5\text{A}$$

思考与练习

4-6-1　互易定理有几种形式，分别是什么？

4-6-2　试分析具有受控源的电路是否能用互易定理？

4-6-3　使用互易定理时要注意什么？

4-6-4　"具有互易性的电路一定是线性电路，凡是线性电路一定具有互易性。"这种说法正确吗？为什么？

4.7　对偶原理

电路中某些元素之间的关系（或方程），用它们的对偶元素对应地置换后，所得的新关系

（或新方程）也一定成立，这个新关系（或新方程）与原有关系（或方程）互为对偶。对偶原理是电路分析中出现的大量相似性的归纳和总结，在电路理论及其他领域中有广泛的应用。在电路理论中，对偶的关系可能针对结构，可能针对变量，可能针对元件，可能针对方程，也可能针对拓扑连接方式和图论特性。

串联与并联：

$$i=\sum Gu \tag{4-16}$$

$$u=\sum Ri \tag{4-17}$$

为了便于说明对偶原理，下面先看几组关系式。

例：串联电路和并联电路的对偶。

对于 n 个电阻的串联电路，有

$$\begin{cases} 总电阻 \quad R = \sum_{k=1}^{n} R_k \\ 电流 \quad i = \dfrac{u}{R} \\ 分压公式 \quad u_k = \dfrac{R_k}{R}u \end{cases} \tag{4-18}$$

对于 n 个电阻的并联电路，有

$$\begin{cases} 总电导 \quad G = \sum_{k=1}^{n} G_k \\ 电压 \quad u = \dfrac{i}{G} \\ 分流公式 \quad i_k = \dfrac{G_k}{G}i \end{cases} \tag{4-19}$$

将串联电路中的电压 u 与并联电路中的电流 i 互换，电阻 R 与电导 G 互换，串联电路中的公式就成为并联电路中的公式。反之亦然。这些互换元素称为对偶元素。电压与电流、电阻 R 与电导 G 都是对偶元素，而串联与并联电路则称为对偶电路。

由对偶原理的内容，如果导出了电路某一个关系式和结论，就等于解决了与它对偶的另一个关系式和结论。电路如图 4-27 所示。

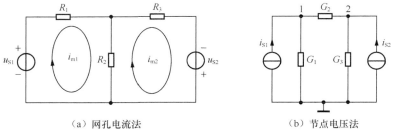

（a）网孔电流法　　　　　　　　（b）节点电压法

图 4-27　对偶电路示意图

$$\begin{cases} (R_1 + R_2)i_{m1} - R_2 i_{m2} = u_{S1} \\ -R_2 i_{m1} + (R_2 + R_3)i_{m2} = u_{S2} \end{cases} \qquad \begin{cases} (G_1 + G_2)u_{n1} - G_2 u_{n2} = i_{S1} \\ -G_2 u_{n1} + (G_2 + G_3)u_{n2} = i_{S2} \end{cases}$$

显然把电阻和电导、电压源和电流源、网孔电流和节点电压等对应元素互换，上述两个方程也可以彼此转换。可见电路、元件、变量、方程式都是对偶的。但是对偶不是等效，两者不能混淆，是两个不同的概念。应当注意的是对偶电路只限于平面电路。

综上所述，对偶就是两个不同的元件特性或两个不同的电路，却具有相同形式的数学表达式。其意义就在于对某电路得出的关系式和结论，其对偶电路也必然满足，起到了事半功倍的作用。

电路中对偶关系如表 4-2 所示。

表 4-2　　　　　　　　　　　　　电路中具体的对偶关系一览表

电路对偶参数	电路 1	电路 2
结构	网孔（1，2，…）	节点（a，b，…）
	串联	并联
	开路	短路
变量	电压	电流
	网孔电流	节点电压
元件	电阻	电导
	电感	电容
	电压源	电流源
	网孔自电阻	节点自电导
	网孔互电阻	节点互电导
方程	KVL	KCL
	欧姆定律 $U=RI$	$I=GU$

寻求对偶关系的意义在于有关一个网络的关系式或结论得出后，其对偶网络的关系式或结论可以同样得出，当然对于对偶的元件及其他对偶的参数，也可以用这样的方法直接得出。有关的具体情况不在课堂中讲述，希望同学们自学并进一步研究。

思考与练习

4-7-1　为什么学习对偶原理？

4-7-2　归纳和总结你所知道的对偶关系。

4.8　应用实例

随着计算机技术的迅猛发展，人类从事的许多工作，从工业生产的过程控制、生物工程到企业管理、办公自动化、家用电器等各行各业，几乎都要借助于数字计算机来完成。但是，计算机运算、加工处理的数字信号都是数字量，而计算机控制的对象又都是模拟量（连续变化的电压和电流），把数字信号转换为模拟信号称为数-模转换，简称 D/A（Digital to Analog）转换，实现 D/A 转换的电路称为 D/A 转换器。在计算机应用中，数字计算机控制工业生产自动化系统中常采用集成化的 R-2R 梯形电阻网络数-模转换器。

一、电路组成

图 4-28 所示电路由 T 形电阻网络、模拟电子开关和运算放大器组成。运算放大器接成反相比例运算电路，它的输出是模拟电压 U_0。S_0、S_1、S_2 和 S_3 为 4 个电子模拟开关，其状态分别受输入代码 D_0、D_1、D_2 和 D_3 这 4 个数字信号控制。数字代码来自数码寄存器，代码为 0 时开关接地，代码为 1 时开关接参考电压 U_R。数字量是由一位一位的数字构成，每个数位都

代表一定的权。例如 10000001，最高位的权是 2^7，所以此位上的代码 1 表示数值 1×128。因此，数字量 D 可以用每位的权乘以其代码值，然后各位相加。D/A 转换器的输入量是数字量 D，输出量为模拟量 U_E，要求输出量与输入量成正比，即 $U_E = D \times U_R$，其中 U_R 为参考电压或基准电压。T 形电阻网络用来把每位代码转换成相应的模拟量。

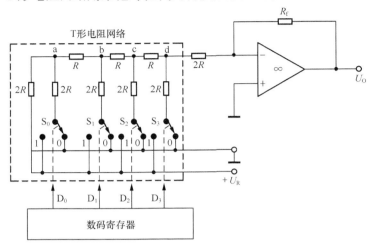

图 4-28　T 形电阻网络 4 位 D/A 转换器的原理图

二、工作原理

当 D_0 单独作用时，T 形电阻网络如图 4-29（a）所示。把 a 点左下部分等效成戴维宁电路，如图 4-29（b）所示；然后依次把 b 点、c 点、d 点的左下电路等效成戴维宁等效电源分别如图 4-29（c）、（d）、（e）所示。由于电压跟随器的输入电阻很大，远远大于 R，所以，D_0 单独作用时 d 点电位几乎就是戴维宁等效电路的开路电压 $\dfrac{D_0 U_R}{16}$，此时转换器的输出

$$U_E(0) = \frac{D_0 U_R}{16}$$

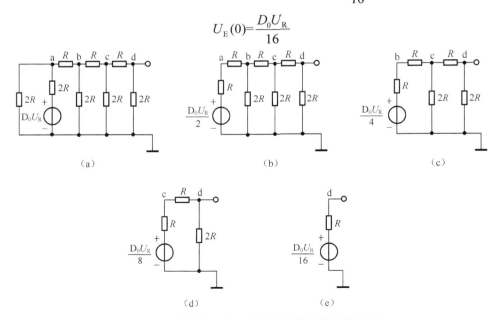

图 4-29　D_0 单独作用时 T 形电阻网络的戴维宁等效电路

当 D_1 单独作用时，T 形电阻网络如图 4-30（a）所示，其 d 点左下电路的戴维宁等效电路如图 4-30（b）所示。同理，D_2 单独作用时 d 点左下电路的戴维宁等效电路如图 4-30（c）所示；D_3 单独作用时 d 点左下电路的戴维宁等效电路如图 4-30（d）所示。故 D_1、D_2、D_3 单独作用时转换器的输出分别为

$$U_E(1)=\frac{D_0 U_R}{8}$$

$$U_E(2)=\frac{D_0 U_R}{4}$$

$$U_E(3)=\frac{D_0 U_R}{2}$$

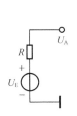

图 4-30 D_1，D_2，D_3 单独作用时 T 形电阻网络的戴维宁等效电路

应用叠加定理可得出 T 形电阻网络开路时的开路电压，即等效电源的电压为

$$U_E=\frac{U_R}{2}\cdot D_3+\frac{U_R}{2^2}\cdot D_2+\cdots+\frac{U_R}{2^3}\cdot D_1+\frac{U_R}{2^4}\cdot D_0$$

$$=\frac{U_R}{2^4}\ (D_3\times 2^3+D_2\times 2^2+D_1\times 2^1+D_0\times 2^0)$$

不难求得 T 形电阻网络的等效电阻为 R，因而戴维宁等效电路如图 4-31 所示。

T 形电阻网络与运算放大器连接的等效电路如图 4-32 所示。运算放大器输出的模拟电压为

$$U_0=-\frac{R_f U_R}{3R\cdot 2^4}(D_3\cdot 2^3+D_2\cdot 2^2+D_1\cdot 2^1+D_0\cdot 2^0)$$

当取 $R_f=3R$ 时，代入上式可得

$$U_0=-\frac{U_R}{2^4}(D_3\cdot 2^3+D_2\cdot 2^2+D_1\cdot 2^1+D_0\cdot 2^0)$$

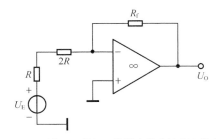

图 4-31 T 形电阻网络的等效电路　　　　　图 4-32 T 形电阻网络与运算放大器连接的等效电路

将上述结论推广到 n 位权电阻网络 D/A 转换器，输出电压的公式可写成

$$U_0=-\frac{U_R}{2^n}(D_{n-1}\cdot 2^{n-1}+D_{n-2}\cdot 2^{n-2}+\cdots+D_1\cdot 2^1+D_0\cdot 2^0)$$

D/A 转换器的输入量是数字量 D，输出量为模拟量 U_0，可见，输出的模拟量与输入的数字量成正比，从而实现了数字量向模拟量的转换。

本章小结

一、叠加定理

叠加定理是线性电路叠加特性的概括表征，它的重要性不仅在于可用叠加法分析电路本身，而且在于它为线性电路的定性分析和一些具体计算方法提供了理论依据。叠加定理作为分析方法用于求解电路的基本思想是"化整为零"，即将多个独立源作用的较复杂的电路分解为一个一个（或一组一组）独立源作用的较简单的电路，在各分解图中分别计算，最后代数和相加求出结果。若电路含有受控源，在做分解图时受控源不要单独作用。

二、替代定理（又称置换定理）

替代定理是集总参数电路中的一个重要定理，它本身就是一种常用的电路等效方法，常辅助其他分析电路法（包括方程法、等效法）来分析求解电路。在测试电路或实验设备中也经常应用。

三、戴维宁定理、诺顿定理

戴维宁定理、诺顿定理是等效法分析电路最常用的两个定理。解题过程可分为 3 个步骤：

（1）求开路电压或短路电流；

（2）求等效电阻；

（3）画出等效电源接上待求支路，由最简等效电路求得待求量。

四、最大功率传输定理

最大功率这类问题的求解使用戴维宁定理（或诺顿定理）并结合使用最大功率传输定理最为简便。

功率匹配条件： $$R_L = R_{eq}$$

最大功率公式：

$$p_{Lmax} = \frac{u_{oc}^2}{4R_{eq}}$$

$$\left(p_{Lmax} = \frac{1}{4} R_{eq} i_{sc}^2 \right)$$

五、特勒根定理、互易定理、对偶原理

特勒根定理、互易定理是电路中相辅相成的两类分析法。对偶原理是电路分析中出现的大量相似性的归纳和总结，在电路理论及其他领域中有广泛的应用。

自测题

一、选择题

1. 只适应于线性电路求解的方法是（　　　）。

（A）替代定理　　　（B）戴维宁定理　　　（C）叠加定理　　　（D）特勒根定理

2. 一太阳能电池板，测得它的开路电压为 800mV，短路电流为 40mA，若将该电池板与一阻值为 20Ω 的电阻器连成一闭合电路，则它的路端电压是（　　　）。

（A）0.20V　　　　（B）0.10V　　　　（C）0.40V　　　　（D）0.30V

3．戴维宁定理说明一个线性有源二端网络可等效为（　　）和等效电阻（　　）连接来表示。

（A)短路电流 I_{sc}　　　（B)开路电压 U_{oc}　　　（C)串联　　　　　　（D)并联

4．诺顿定理说明一个线性有源二端网络可等效为（　　）和等效电阻（　　）连接来表示。

（A）开路电压 U_{oc}　　　（B）短路电流 I_{sc}　　　（C）串联　　　　（D）并联

5．求线性有源二端网络等效电阻时：（1）无源网络的等效电阻法，应将电压源（　　）处理，将电流源（　　）处理；（2）外加电源法，应将电压源（　　）处理，电流源（　　）处理；（3）开路短路法，应将电压源（　　）处理，电流源（　　）处理。

（A）开路　　　　　（B）短路　　　　　（C）保留　　　　　（D）不能确定

二、判断题

1．运用外加电源法和开路短路法，求解戴维宁等效电路的等效电阻时，对原网络内部独立电源的处理方法是不同的。　　　　　　　　　　　　　　　　　　　（　　）

2．电路中的电压、电流、功率都可以用叠加定理来求解。　　　　　　　　（　　）

3．实用中的任何一个两孔插座对外都可视为一个有源二端网络。　　　　　（　　）

4．叠加定理只适合于直流电路的分析。　　　　　　　　　　　　　　　　（　　）

5．线性电路中的 i 或 u 可用叠加定理计算。由于功率与 i 或 u 的乘积成正比，因此功率也可用叠加定理计算。　　　　　　　　　　　　　　　　　　　　　　　（　　）

三、填空题

1．若某元件上 U、I 取关联参考方向，且用叠加定理求出 $I^{(1)}=-2A$，$U^{(1)}=10V$，$I^{(2)}=5A$，$U^{(2)}=2V$，则其消耗的功率为（　　）W。

2．在使用叠加定理时应注意：叠加定理仅适用于（　　）电路；在各分电路中，要把不作用的电源置零。不作用的电压源用（　　）代替，不作用的电流源用（　　）代替。（　　）不能单独作用；原电路中的（　　）不能使用叠加定理来计算。

3．诺顿定理指出：一个含有独立源、受控源和电阻的一端口，对外电路来说，可以用一个电流源和一个电导的并联组合进行等效变换，电流源的电流等于一端口的（　　）电流，电导等于该一端口全部（　　）置零后的输入电导。

4．某有源二端网络开路电压为12V，短路电流0.5A，则其等效电阻为（　　）欧姆。

5．含源二端网络的开路电压为16V，短路电流为8A，若外接 2Ω 的电阻，则该电阻上的电压为（　　）V。

习题

4-1　电路如图 4-33 所示，试用叠加定理求 I。

4-2　电路如图 4-34 所示，用叠加定理求 I。

4-3　电路如图 4-35 所示，用叠加定理求 i_1、i_2、i_3、u_2。

4-4　电路如图 4-36 所示，已知 $u_S=10V$，$i_S=4A$，用叠加定理求 i_1、i_2。

4-5　电路如图 4-37 所示，用叠加定理求电压 U。

4-6　电路如图 4-38 所示，用叠加定理求电压 u_{ab} 和电流 i_1。

4-7　电路如图 4-39 所示，用叠加定理求电流 i 和电压 u。

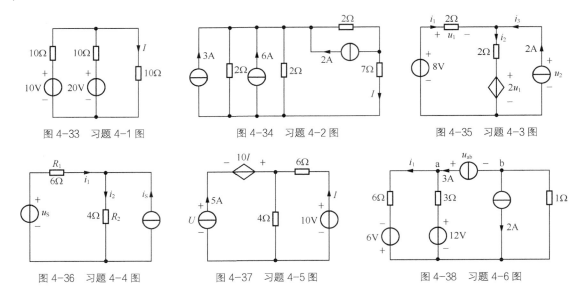

图 4-33　习题 4-1 图　　　　　图 4-34　习题 4-2 图　　　　　图 4-35　习题 4-3 图

图 4-36　习题 4-4 图　　　　　图 4-37　习题 4-5 图　　　　　图 4-38　习题 4-6 图

4-8　图 4-40 所示电路为一线性纯电阻网络 N_R，其内部结构不详。已知两激励源 u_S、i_S 是下列数值时的实验数据：当 $u_S=1V$，$i_S=1A$ 时，响应 $u_2=0$；当 $u_S=10V$，$i_S=0$ 时，$u_2=1V$。问当 $u_S=30V$，$i_S=10A$ 时，响应 u_2 为多少？

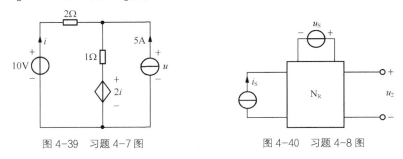

图 4-39　习题 4-7 图　　　　　　　图 4-40　习题 4-8 图

4-9　已知图 4-41 所示电路中 $U=1.5V$，试用替代定理求 U_1。

4-10　求图 4-42 所示电路的戴维宁等效电路。

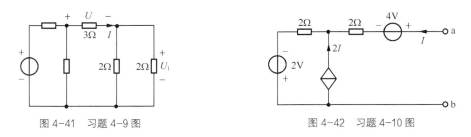

图 4-41　习题 4-9 图　　　　　　　图 4-42　习题 4-10 图

4-11　电路如图 4-43 所示，求戴维宁等效电路的 U_{OC}、R_{eq}。

4-12　求图 4-44 所示的戴维宁等效电路。

4-13　试用戴维宁定理计算图 4-45 所示电路中 R_4 所在支路电流 I；当 R_4 阻值减小，I 增大到原来的 3 倍，此时 R_4 阻值为多少？

4-14　电路如图 4-46 所示，求负载电阻 R_L 上消耗的功率 p_L。

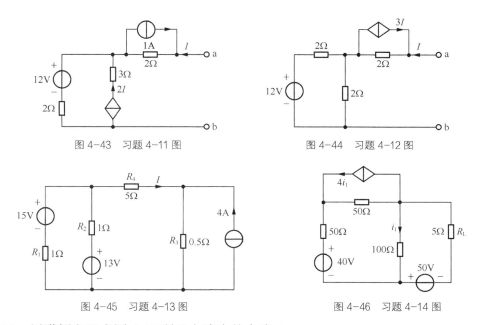

图 4-43　习题 4-11 图　　　　　　　　图 4-44　习题 4-12 图

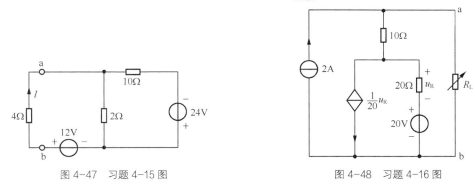

图 4-45　习题 4-13 图　　　　　　　　图 4-46　习题 4-14 图

4-15　用诺顿定理求图 4-47 所示电路中的电流 I。

4-16　电路如图 4-48 所示，含有一个电压控制的电流源，负载电阻 R_L 的值可任意改变，问 R_L 为何值时其上获得最大功率?并求出该最大功率 p_{Lmax}。

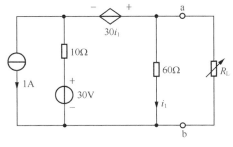

图 4-47　习题 4-15 图

图 4-48　习题 4-16 图

4-17　电路如图 4-49 所示，负载电阻 R_L 的值可任意改变，试问 R_L 为何值时其上获得最大功率，并求出该最大功率 p_{Lmax}。

4-18　电路如图 4-50 所示,负载 R_L 可调,问 R_L 取何值可获最大功率？最大功率是多少？

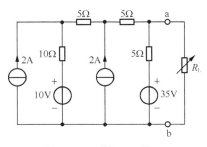

图 4-49　习题 4-17 图　　　　　　　　图 4-50　习题 4-18 图

4-19 某线性电路如图 4-51 所示，调节电阻 R 两次，电流 I 和电压 U 的数据为第一次：$I=5A$，$U=8V$；第二次：$I=7A$，$U=20V$，试做出网络 N 的等效电路。

4-20 有一线性无源电阻网络 N_R，从 N_R 中引出两对端子供联接电源和测试时使用。当输入端 1-1′接 2A 电流源时，测得输入端电压 $u_1=10V$，输出端 2-2′开路电压 $u_2=5V$，如图 4-50（a）所示。若把电流源接在输出端，同时在输入端跨接一个 5Ω 的电阻，如图 4-52（b）所示，求流过 5Ω 电阻的电流 i。

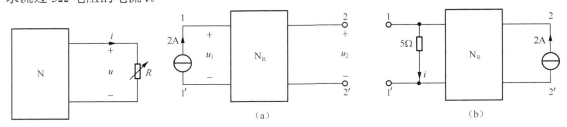

图 4-51 习题 4-19 图   图 4-52 习题 4-20 图

4-21 电路如图 4-53 所示，N_R 网络由线性电阻组成。已知 $R_2=2\Omega$，$U_1=6V$ 时，测得 $I_1=2A$，$U_2=2V$；$R_2=4\Omega$，$U_1=10V$ 时，测得 $I_1=3A$，求此时 U_2 的值。

4-22 在图 4-54（a）所示电路中，已知 $u_{S1}=1V$，$i_2=2A$，图 4-52（b）中 $u_{S2}=-2V$，求电流 i_1。

4-23 求图 4-55（a）所示电路中的电流 I，图 4-53（b）所示电路中的电压 U。

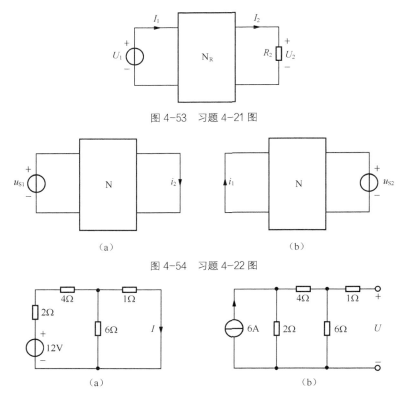

图 4-53 习题 4-21 图

图 4-54 习题 4-22 图

图 4-55 习题 4-23 图

第 **5** 章 **动态电路**

内容提要：本章首先介绍含有电容、电感两种储能元件的动态电路，然后分析 *RC* 和 *RL* 一阶线性电路的过渡过程，包括一阶电路的零输入响应、零状态响应、全响应、阶跃响应、冲激响应的概念和求法（经典法），最后介绍了微分电路与积分电路等工程应用实例。

本章目标：充分理解动态电路响应的特点，重点掌握一阶电路的三要素法。

5.1 动态元件

除电阻元件外，本章将介绍两个新的、重要的无源线性电路元件——电容元件与电感元件。

一、电容元件

电容器是一种能够在其电场中储存能量的无源器件。工程中，电容器经常被广泛用于电子学、通信、计算机及电力系统，例如收音机中的调谐电路，计算机系统的动态记忆元件都用到电容器。实际电容器如图 5-1 所示：

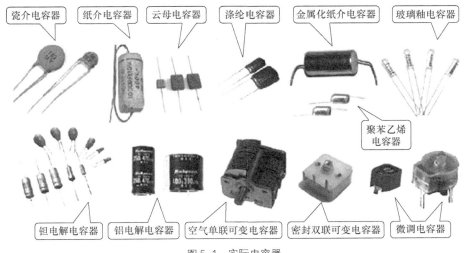

图 5-1 实际电容器

电容器虽然品种和规格很多，但就其构成原理来说，都是由被介质隔开的两块金属极板组成。在许多实际应用中，金属极板可以是铝箔，而介质可以是空气、陶瓷、绝缘纸、电解质或云母。电容器结构如图 5-2（a）所示。加上电源后，极板上分别聚集起等量异号的电荷，在介质中建立起电场，并储存有电场能量；电源移去后，电荷可以继续聚集在极板上，电场继续存在。所以电容器是一种能够储存电场能量的实际器件。此外，电容器上电压变化时，在介质中也往往引起一定的介质损耗，而且介质不可能完全绝缘，多少还有一些漏电流。质量优良的电容器的介质损耗和漏电流都很微弱，可以略去不计，可以认为是理想电容元件。它是实际电容器的理想化模型，其电路图形符号如图 5-2（b）所示。图中+q 和-q（q 是代数量）是该元件正极板和负极板上的电荷量。

任何时刻，电容元件极板上的电荷 q 都与电压 u 成正比。q~u 特性是过原点的直线，如图 5-3 所示，即为线性电容；否则为非线性电容（将在第 15 章介绍）。线性电容的电容量（简称电容）C 定义为

$$C = \frac{q}{u} \tag{5-1}$$

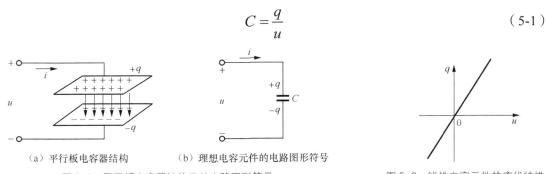

（a）平行板电容器结构 　　（b）理想电容元件的电路图形符号

图 5-2　平行板电容器结构及其电路图形符号　　　　　图 5-3　线性电容元件的库伏特性

C 为一个正实常数。电容的单位有法拉（F）、微法（μF）、纳法（nF）和皮法（pF），它们的关系为

$$1F = 10^6 \mu F = 10^9 nF = 10^{12} pF$$

当电容元件上的电荷量 q 或电压 u 发生变化时，则在电路中产生电流。如果电容上电压 u 与电流 i 取关联参考方向，如图 5-2（b）所示，则得到电容元件的电压电流关系（VCR）为

$$i = \frac{dq}{dt} = C \frac{du}{dt} \tag{5-2}$$

式（5-2）表明：任何时刻，线性电容元件的电流与该时刻电压的变化率成正比。当电压不随时间变化时，则电流为零，这时电容元件相当于开路。故电容元件有隔断直流（简称隔直）的作用。

电容电压、电流的另一表达式为

$$u(t) = \frac{1}{C} \int_{-\infty}^{t} i d\xi = \frac{1}{C} \int_{-\infty}^{t_0} i d\xi + \frac{1}{C} \int_{t_0}^{t} i d\xi = u(t_0) + \frac{1}{C} \int_{t_0}^{t} i d\xi \tag{5-3}$$

上式中把积分变量 t 用 ξ 表示，以区分积分上限 t。式（5-3）表明，t 时刻的电容电压值与该时刻以前通过电容电流的全过程有关，也就是说，电容元件是具有记忆功能的电路元件。与之相比，电阻元件的电压仅与该瞬间的电流值有关，是无记忆的元件。

式（5-3）也可写为

$$u(t) = u(0) + \frac{1}{C} \int_{0}^{t} i d\xi \tag{5-4}$$

其中 $u(0)$ 或 $u(t_0)$ 称为电容电压的初始值，它反映电容初始时刻的储能状况，也称为初始状态。

电容是一种储能元件，在关联参考方向下，电容吸收的功率为

$$p = ui = Cu\frac{\mathrm{d}u}{\mathrm{d}t} \tag{5-5}$$

当 $p>0$ 时，电容吸收能量（充电）；当 $p<0$ 时，电容释放能量（放电）。表明电容能在一段时间内吸收外部供给的能量转化为电场能量储存起来，在另一段时间内又把能量释放回电路，因此电容元件是储能元件，它本身不消耗能量。从$-\infty$到 t 时间内电容吸收的能量为

$$\begin{aligned} W_\mathrm{C} &= \int_{-\infty}^{t} u(\xi)i(\xi)\mathrm{d}\xi = \int_{-\infty}^{t} Cu(\xi)\frac{\mathrm{d}u(\xi)}{\mathrm{d}\xi}\mathrm{d}\xi \\ &= C\int_{u(-\infty)}^{u(t)} u(\xi)\mathrm{d}u(\xi) \\ &= \frac{1}{2}Cu^2(t) - \frac{1}{2}Cu^2(-\infty) \end{aligned} \tag{5-6}$$

一般认为 $u(-\infty)=0$，式（5-6）可以写为

$$W_\mathrm{C} = \frac{1}{2}Cu^2(t) \tag{5-7}$$

式（5-7）表明电容的储能只与当时的电压值有关，电容储存的能量一定大于或等于零。理想电容器不消耗能量。当在其电场中存储能量时，电容器可以从电路中吸收能量；当需要给电路传递能量时，它又会释放之前所存储的能量。若电容元件原先没有充电，那么它在充电时吸收并储存起来的能量一定会在放电完毕时全部释放，它并不消耗能量，所以电容元件是一种储能元件。同时，它也不会释放出多于它所吸收或储存的能量，因此它又是一种无源元件。

【**例 5-1**】 图 5-4（a）所示电路中的 $u_\mathrm{S}(t)$ 波形如图 5-4（b）所示，已知电容 $C=0.5\mathrm{F}$，求电流 i，功率 $p(t)$ 和储能 $W_\mathrm{C}(t)$，并绘出它们的波形。

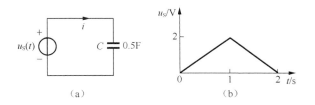

（a）　　　　　　　　　　（b）

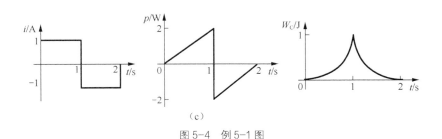

（c）

图 5-4　例 5-1 图

解

$$i(t) = C\frac{\mathrm{d}u_S}{\mathrm{d}t} = \begin{cases} 0 & t < 0 \\ 1 & 0 \leqslant t < 1\mathrm{s} \\ -1 & 1 \leqslant t < 2\mathrm{s} \\ 0 & t \geqslant 2s \end{cases}$$

$$p(t) = u(t)i(t) = \begin{cases} 0 & t \leqslant 0 \\ 2t & 0 \leqslant t \leqslant 1\mathrm{s} \\ 2t - 4 & 1 \leqslant t \leqslant 2\mathrm{s} \\ 0 & t \geqslant 2\mathrm{s} \end{cases}$$

$$W_C(t) = \frac{1}{2}Cu^2(t) = \begin{cases} 0 & t \leqslant 0 \\ t^2 & 0 \leqslant t \leqslant 1\mathrm{s} \\ (t-2)^2 & 1 \leqslant t \leqslant 2\mathrm{s} \\ 0 & t \geqslant 2\mathrm{s} \end{cases}$$

波形如图 5-4（c）所示。

二、电感元件

电感器是一种在其磁场中储存能量的无源器件，它在电子与电力系统中有许多应用。例如它可以用于供电电源、变压器、收音机、电视机、雷达及电动机中。实际电感器如图 5-5 所示。

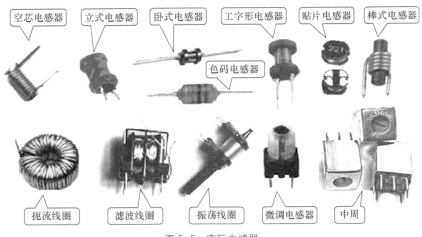

空芯电感器　立式电感器　卧式电感器　工字形电感器　贴片电感器　棒式电感器

色码电感器

扼流线圈　　滤波线圈　　振荡线圈　　微调电感器　　中周

图 5-5　实际电感器

通常把金属导线绕在一骨架上构成一实际电感线圈，结构如图 5-6（a）所示。当电流通过线圈时，将产生磁通。它是一种抵抗电流变化、储存磁能的部件。在忽略很小的导线电阻及线圈匝与匝之间的电容时，可看成是一个理想电感元件。电感元件是实际电感器的理想化模型，电路符号如图 5-6（b）所示。

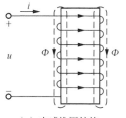
（a）电感线圈结构

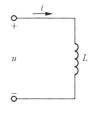
（b）电感元件的电路图形符号

图 5-6　电感线圈及其电路图形符号

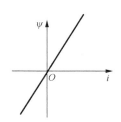

图 5-7　线性电感元件的韦安特性

由导线绕制而成的线圈能够产生比较集中的磁场，当线圈两端加上电压 u，便有电流 i 通过。根据右手螺旋定则，将产生磁通 Φ，它通过每匝线圈。如果线圈有 N 匝，则通过线圈的磁链 $\psi=N\Phi$。

磁通与磁链的单位均为韦伯（Wb）。如果磁链 ψ 与电流 i 的特性曲线（又称韦-安特性）是过原点的一条直线，如图 5-7 所示，则对应的电感元件称为线性电感；否则为非线性电感。以后主要讨论线性电感。

线性电感元件的元件特征为：任何时刻，通过电感元件的电流 i 与其磁链 ψ 成正比。

$$\psi=Li \tag{5-8}$$

L 称为线性电感线圈的电感或自感，为一个正实常数。

电感的单位是亨利（H），常用的单位还有毫亨（mH）和微亨（μH）。它们的关系为

$$1H=10^3mH = 10^6\mu H$$

磁链变化时，在电感的两端会产生感应电压。对于线性非时变电感元件，当线圈两端的电压 u 与电流 i 取关联参考方向时，根据楞次定律，得电感元件的电压电流关系（VCR）为

$$u = \frac{\mathrm{d}\psi}{\mathrm{d}t} = L\frac{\mathrm{d}i}{\mathrm{d}t} \tag{5-9}$$

式（5-9）表明：任何时刻，线性电感元件上的电压都与该时刻电流的变化率成正比。电流变化快，感应电压高；电流变化慢，感应电压低。当电流不随时间变化时，则感应电压为零，这时电感元件相当于短路。

电感电压、电流的另一表达式为

$$i(t) = \frac{1}{L}\int_{-\infty}^{t}u\mathrm{d}\xi = \frac{1}{L}\int_{-\infty}^{t_0}u\mathrm{d}\xi + \frac{1}{L}\int_{t_0}^{t}u\mathrm{d}\xi = i(t_0) + \frac{1}{L}\int_{t_0}^{t}u\mathrm{d}\xi \tag{5-10}$$

式（5-10）说明，某一时刻的电感电流值与该时刻以前电感上所加电压的全过程有关，即电感元件也是记忆元件。

在关联参考方向下，电感吸收的功率为

$$p = ui = Li\frac{\mathrm{d}i}{\mathrm{d}t} \tag{5-11}$$

当 $p>0$ 时，表明电感在吸收能量；而 $p<0$ 时，说明电感在释放能量。电感能在一段时间内吸收外部供给的能量转化为磁场能量储存起来，在另一段时间内又把能量释放回电路，因此电感是储能元件，它本身不消耗能量。从 $-\infty$ 到 t 时间内电感吸收的能量为

$$W_L = \int_{-\infty}^{t} u(\xi)i(\xi)\mathrm{d}\xi = \int_{-\infty}^{t} Li(\xi)\frac{\mathrm{d}i(\xi)}{\mathrm{d}\xi}\mathrm{d}\xi$$

$$= L\int_{i(-\infty)}^{i(t)} i(\xi)\mathrm{d}i(\xi) \qquad\qquad (5\text{-}12)$$

$$= \frac{1}{2}Li^2(t) - \frac{1}{2}Li^2(-\infty)$$

一般认为 $i(-\infty)=0$，式（5-12）可以写为

$$W_L = \frac{1}{2}Li^2(t) \qquad\qquad (5\text{-}13)$$

电感元件也是一种储能元件。式（5-13）表明电感的储能只与当时的电流值有关，电感储存的能量一定大于或等于零。同时，它也不会释放出多于它所吸收或储存的能量，因此它又是一种无源元件。

思考与练习

5-1-1　为什么电容有隔断直流通交流的作用？为什么电感具有通直流阻交流的作用？

5-1-2　如果一个电容元件中的电流为零，其储能是否也一定等于零？如果一个电感元件两端电压为零，其储能是否也一定等于零？为什么？

5-1-3　有人说，当电容元件两端有电压时，则其中必有电流通过；而电感元件两端电压为零时，电感中电流则必定为零。这种说法对吗？为什么？

5-1-4　电容元件两端加直流电压时可视作开路，是否此时电容 C 为无穷大？电感元件中通过直流电流时可视作短路，是否此时电感 L 为零？

5.2　动态电路的方程及其初始条件

含有动态元件电容和电感的电路称为动态电路。动态电路在一定的条件下处于一种稳定状态，但是还要进行各种操作，如接通或断开电源、改变电源或电路参数，甚至也可能发生开路、短路现象。这些会使电路的工作状态发生变化。此过程称为换路。换路后电路不能马上进入新的稳定状态，特别是电路中含有储能元件时，会产生电路的短暂的过渡过程。换路是引起过渡过程的外因，内因是电路中存在储能元件，储存的能量不能突变。

过渡过程又称暂态过程，主要是由于过程短暂，但在工程中颇为重要。一方面，在电子技术中常利用 RC 电路的过渡过程来实现振荡信号的产生、信号波形的变换或产生延时做成电子继电器等；另一方面，电路在过渡过程中也可能会出现过电压、过电流等特殊现象，会损坏电气设备，造成严重事故。因此，分析动态电路的过渡过程，目的在于掌握其规律以便工作中用其"利"，克其"弊"。

一、动态电路的方程

由于动态元件的伏安关系式是微分或积分关系，因此，描述动态电路的方程是微分方程或积分方程。图 5-8 所示为一个简单的 RC 电路，设在 $t=0$ 时开关 S 闭合，则可列出回路电压方程为

$$iR + u_C = u_S$$

由于 $i = C\dfrac{du_C}{dt}$，所以有

$$RC\frac{du_C}{dt} + u_C = u_S$$

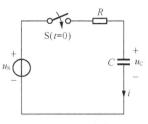

图 5-8 RC 电路

上式是一阶常系数非齐次线性方程，解此方程就可得到电容电压随时间变化的规律，故也称为时域分析法或经典法。这种只含一个储能元件（L 或 C）或者可简化为一个储能元件的电路所列出的方程是一阶方程，因此常称这类电路为一阶电路。该方程的全解由特解 u'_C 和通解 u''_C 两部分组成即

$$u_C(t) = u'_C + u''_C$$

特解 u'_C 是充电结束后电容电压 u_C 达到的新的稳态值，用 $u_C(\infty)$ 表示，也称稳态分量，即

$$u'_C = u_C(t)\big|_{t\to\infty} = u_C(\infty)$$

u''_C 为非齐次线性方程对应的齐次方程，即

$$RC\frac{du''_C}{dt} + u''_C = 0$$

的通解。其解的形式是 Ae^{pt}，其中 A 是待定系数，p 是齐次方程所对应的特征方程

$$RCp + 1 = 0$$

的特征根，即

$$p = -\frac{1}{RC} = \frac{1}{\tau}$$

上式中 $\tau = RC$，具有时间量纲，称为 RC 电路的时间常数。因此通解可写为

$$u''_C = Ae^{-\frac{t}{\tau}}$$

可见 u''_C 是按指数规律衰减的，它只出现在过渡过程中，通常称 u''_C 为暂态分量。

由此，稳态分量加暂态分量就得到方程的全解，即

$$u_C(t) = u_C(\infty) + Ae^{-\frac{t}{\tau}} \tag{5-14}$$

式中，常数 A 可由初始条件确定。设开关 S 闭合后的瞬间为 $t = 0_+$，此时电容的初始电压（即初始条件）为 $u_C(0_+)$，则在 $t = 0_+$ 时有

$$u_C(0_+) = u_C(\infty) + A$$

故

$$A = u_C(0_+) - u_C(\infty)$$

将 A 值代入式（5-14）中，就得到求解一阶 RC 电路过渡过程中电容电压的通式，即

$$u_C(t) = u_C(\infty) + \left[u_C(0_+) - u_C(\infty)\right]e^{-\frac{t}{\tau}} \tag{5-15}$$

对于一阶线性电路，电路中的电压和电流响应都可以写成下面的一般表达式。

$$f(t) = f(\infty) + \left[f(0_+) - f(\infty)\right]e^{-\frac{t}{\tau}} \tag{5-16}$$

式中，$f(t)$ 代表所求的电流或电压。由此可见，只要求出式（5-16）中的 3 个量值，就可以得到所求函数的全解，而不必列出微分方程。这 3 个量值就是：①稳态值 $f(\infty)$；②初始值 $f(0_+)$；③时间常数 τ。这就是分析一阶线性电路暂态过程的三要素法。三要素法是通过经典法推导得出的一个表示指数曲线的公式，它避开了解微分方程的麻烦，可以完全快速、准确地解决一阶电路问题。

含有两个动态元件的电路叫二阶电路，可以列写电压或电流的二阶微分方程来描述。电路中有多个动态元件，描述电路的方程是高阶微分方程。当电路比较复杂、相应的电路的微分方程的阶数较高时则显得繁琐，因此简化分析计算方法显得十分必要。采用拉普拉斯变换可将描述电路的常系数线性微分方程转化为代数方程求解，此种方法称为运算法，将在第 11 章中介绍。

二、动态电路的初始条件

用经典法求解一阶线性常微分方程时，必须利用初始条件来确定积分常数。初始条件又被称为初始值，是三要素法中的一个要素。

能量不能跃变是自然界的普遍规律。如果能量跃变（变化时不需要时间），则与其相应的功率将趋于无限大，即 $p = \mathrm{d}w/\mathrm{d}t = \infty$，这在实际中是不可能的。

由于换路瞬间电容和电感分别所储存的能量 $\dfrac{1}{2}Cu_C^2$ 和 $\dfrac{1}{2}Li_L^2$ 不能跃变，则电容电压 u_C 和电感电流 i_L 只能连续变化，而不能跃变。设 $t=0$ 为换路瞬间，而以 $t=0_-$ 表示换路前的终了瞬间，$t=0_+$ 表示换路后的初始瞬间。在 $t=0_-$ 到 $t=0_+$ 的换路瞬间，电容元件的电压和电感元件的电流不能跃变。这就是换路定则，如用公式表示，则为

$$\begin{cases} u_C(0_+) = u_C(0_-) \\ i_L(0_+) = i_L(0_-) \end{cases} \tag{5-17}$$

换路定则仅适用于换路瞬间。由于电容电压 u_C 和电感电流 i_L 换路后的初始值与它们换路前的储能状态密切相关，因此称 $u_C(0_+)$ 和 $i_L(0_+)$ 为独立初始值，根据换路定则可以由换路前的电路来确定。电路中其他电压和电流（如 i_C、u_L、u_R、i_R 等）的初始值称为非独立初始值，可按 0_+ 电路计算确定。确定电路的初始值是分析暂态电路的难点，具体步骤如下：

（1）画出 $t=0_-$ 时的稳态电路：电路中的电容看成开路，电感看成短路，求出电容上的电压 $u_C(0_-)$ 和电感上的电流 $i_L(0_-)$。

（2）画出 $t=0_+$ 时电路：按换路定则 $u_C(0_-) = u_C(0_+)$，$i_L(0_-) = i_L(0_+)$，电容元件可用电压值为 $u_C(0_+)$ 的理想电压源替代，电感元件可用电流值为 $i_L(0_+)$ 的理想电流源替代。如果 $u_C(0_+) = 0$，电容元件视为短路，如果 $i_L(0_+) = 0$，电感元件视为开路，其他元件不变。

（3）应用电路的基本定律和基本分析方法，在 0_+ 电路中计算其他各电压和电流的初始值。

下面举例加以说明。

【例 5-2】 在图 5-9（a）所示的电路中，已知 $R = 40\Omega$，$R_1 = R_2 = 10\Omega$，$U_S = 50\mathrm{V}$，$t=0$ 时开关闭合。求 $u_C(0_+)$、$i_L(0_+)$、$i(0_+)$、$u_L(0_+)$ 和 $i_C(0_+)$。

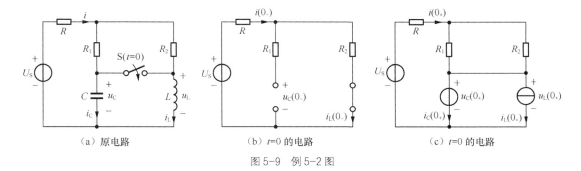

（a）原电路　　　　　　　　　（b）t=0 的电路　　　　　　　　（c）t=0 的电路

图 5-9　例 5-2 图

解　换路前 $t=0_-$（S 断开）时的电路如图 5-9（b）所示，换路前电路为稳定的直流电路，电容相当于开路，电感相当于短路，故有

$$u_C(0_-) = \frac{R_2}{R+R_2}U_S = \frac{10}{40+10}\times 50 = 10\text{V}$$

$$i_L(0_-) = \frac{U_S}{R+R_2} = \frac{50}{40+10} = 1\text{A}$$

根据换路定则，有

$$u_C(0_+) = u_C(0_-) = 10\text{V}\,,\quad i_L(0_+) = i_L(0_-) = 1\text{A}$$

换路后 $t=0_+$（S 闭合）时的电路如图 5-9（c）所示，可求出其余量的初始值。根据替代定理，把电容用电压为 $u_C(0_+)$ 的电压源等效代替，把电感用电流为 $i_L(0_+)$ 的电流源等效代替，进而

$$i(0_+) = \frac{U_S - u_C(0_+)}{R + \dfrac{R_1 R_2}{R_1 + R_2}} = \frac{50-10}{40+5} = \frac{8}{9}\text{A}$$

$$u_L(0_+) = u_C(0_+) = 10\text{V}$$

$$i_C(0_+) = i(0_+) - i_L(0_+) = -\frac{1}{9}\text{A}$$

【**例 5-3**】　图 5-10（a）所示的电路中，已知 $R=10\Omega$，$R_1=2\Omega$，$U_S=10\text{V}$，$C=0.5\text{F}$，$L=3\text{H}$，$t=0$ 时将开关打开。求 $u_C(0_+)$、$i_L(0_+)$、$i_C(0_+)$、$u_L(0_+)$。

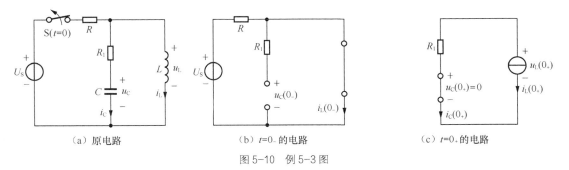

（a）原电路　　　　　　　　　（b）t=0_ 的电路　　　　　　　　（c）t=0_+ 的电路

图 5-10　例 5-3 图

解　换路前 $t=0_-$（S 闭合）时的电路如图 5-10（b）所示，电路为稳定的直流电路，电容相当于开路，电感相当于短路，故有

$$u_C(0_-) = 0$$

$$i_L(0_-) = \frac{U_S}{R} = 1A$$

$$i_C(0_-) = 0$$

$$u_L(0_-) = 0$$

根据换路定则

$$u_C(0_+) = u_C(0_-) = 0$$

$$i_L(0_+) = i_L(0_-) = 1A$$

换路后 $t=0_+$（S 打开）时的电路如图 5-10（c）所示，可求出其余量的初始值。换路后 u_C 和 i_L 都不会跃变。把电容用电压为 $u_C(0_+)$ 的电压源等效代替，把电感用电流为 $i_L(0_+)$ 的电流源等效代替。

注意：零初始条件下的电容在换路瞬间相当于短路，零初始条件下的电感在换路瞬间相当于开路，这与直流稳态时恰好相反。

由此等效电路得

$$i_C(0_+) = -i_L(0_+) = -1A$$

$$u_L(0_+) = -R_1 i_L(0_+) = -2V$$

从以上例题可以看出，非独立初始条件在换路瞬间一般都可能发生跃变，因此，不能把式（5-17）的关系式随意应用于 u_C 和 i_L 以外的电压和电流初始值的计算中。

思考与练习

5-2-1 何谓电路的过渡过程？产生过渡过程的原因和条件是什么？

5-2-2 什么叫换路定则？它的理论基础是什么？

5-2-3 什么叫一阶电路？分析一阶电路的简便方法是什么？

5-2-4 三要素公式中的三要素指什么？三要素法可以计算一阶电路中各处的电压和电流。这种说法对吗？

5.3 一阶线性电路响应

仅含一个储能元件或可等效为一个储能元件的线性电路，其暂态过程可由一阶微分方程描述，称为一阶线性电路。根据电路储能元件不同可把电路分为一阶 RC 电路和一阶 RL 电路两种电路来研究。在电路分析中，通常将电路在外部输入（常称为激励）或内部储能的作用下所产生的电压或电流称为响应。本节讨论换路后电路中电压或电流随时间变化的规律，三要素法公式就是时域响应表达式。

一、一阶 RC 电路的零输入响应

零输入响应是指无电源激励、输入信号为零，仅由储能元件的初始储能所产生的响应，其实质是电容元件放电的过程。

在图 5-11（a）所示的电路中，在换路前电路处于稳态，电源对电容元件完成充电，电容电压的初始值 $u_C(0_-) = U_S$。在 $t = 0$ 时，将开关 S 打开，换路后电路如图 5-11（b）

所示，电容开始对电阻放电。此放电过程即为 RC 电路的零输入响应。电容元件放电过程的初始值为： $u_C(0_+) = u_C(0_-) = U_S$，放电过程的稳态值为 $u_C(\infty)=0$，电路的时间常数 $\tau=RC$。

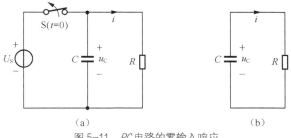

图 5-11　RC 电路的零输入响应

根据三要素公式 $u_C(t) = u_C(\infty) + \left[u_C(0_+) - u_C(\infty)\right]\mathrm{e}^{-\frac{t}{\tau}}$，

可求出在电源 U_S 的激励下的零输入响应为

$$u_C(t) = U_S\mathrm{e}^{-\frac{t}{RC}} \tag{5-18}$$

则其他响应为

$$i(t) = -C\frac{\mathrm{d}u_C(t)}{\mathrm{d}t} = -C\frac{\mathrm{d}}{\mathrm{d}t}(U_S\mathrm{e}^{-\frac{t}{RC}}) = \frac{U_S}{R}\mathrm{e}^{-\frac{t}{RC}} \tag{5-19}$$

$$u_R(t) = u_C(t) = U_S\mathrm{e}^{-\frac{t}{RC}} \tag{5-20}$$

以上各式表明：各响应按指数曲线变化，RC 值决定电路放电快慢，称为时间常数，用 τ 表示。单位为秒（s），与时间 t 的单位相同。图 5-12 所示为 u_C、u_R 和 i 随时间变化的曲线。图 5-13 所示为时间常数 τ 的几何意义，τ 即为曲线的次切距。

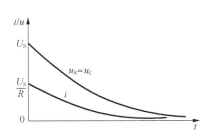

图 5-12　u_C、u_R 和 i 随时间变化的曲线

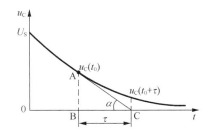

图 5-13　时间常数 τ 的几何意义

当 $t = \tau$ 时，$u_C(t) = U_S\mathrm{e}^{-1} = \dfrac{U_S}{2.718} = (36.8\%)U_S$

时间常数 τ 等于电压 $u_C(t)$ 衰减到初始值 U_S 的 36.8% 所需的时间。

工程上可用示波器观测 u_C 等曲线，利用作图法测出 $t = \tau$，$t = 2\tau$，$t = 3\tau$，$t = 4\tau$ 等时刻的电容电压值，见表 5-1。

表 5-1 电容上电压随时间而衰减

t	0	τ	2τ	3τ	4τ	5τ	...	∞
$u_C(t)$	U_S	$0.368 U_S$	$0.135 U_S$	$0.05 U_S$	$0.018 U_S$	$0.0067 U_S$	...	0

在理论上要经过无限长时间 u_C 才能衰减到零值,但换路后经过 $3\tau \sim 5\tau$ 时间,响应已衰减到初始值的 0.67%～5%,一般在工程上即认为过渡过程结束。

τ 越小,响应衰减的越快,过渡过程的时间越短。由 $\tau = RC$ 知,R、C 值越小,τ 越小。这在物理概念上是很容易理解的。当 U_S 一定时,C 越小,电容储存的初始能量就越少,同样条件下放电的时间也就越短;R 越小,放电电流越大,同样条件下能量消耗的越快。所以改变电路参数 R 或 C 即可控制过渡过程的快慢。在放电过程中,电容不断放出能量,电阻则不断地消耗能量,最后储存在电容中的电场能量全部被电阻吸收转换成热能,即

$$W_R = \int_0^\infty i^2(t)R\mathrm{d}t = \int_0^\infty (\frac{U_S}{R}\mathrm{e}^{-\frac{t}{RC}})^2 R\mathrm{d}t = \frac{U_S^2}{R}\int_0^\infty \mathrm{e}^{-\frac{2t}{RC}}\mathrm{d}t = \frac{1}{2}CU_S^2 = W_C$$

【例 5-4】 一组 80μF 的电容器从 3.5kV 的高压电网上切除,等效电路如图 5-11(a)所示。切除后,电容器经自身漏电电阻 R 放电,现测得 R=40MΩ,试求电容器电压下降到 1kV 所需的时间。

解 设 t=0 时电容器从电网上切除,故有

$$u_C(0_+) = u_C(0_-) = 3500\text{V}, \quad u_C(\infty) = 0, \quad \tau = RC$$

根据三要素公式

$$u_C(t) = u_C(\infty) + [u_C(0_+) - u_C(\infty)]\mathrm{e}^{-\frac{t}{\tau}}$$

$t \geq 0$ 时电容电压的表达式为

$$u_C = u_C(0_+)\mathrm{e}^{-\frac{t}{RC}} = 3500\mathrm{e}^{-\frac{t}{RC}}$$

设 $t = t_1$ 时电容电压下降到 1000V,则有

$$1000 = 3500\mathrm{e}^{-\frac{t_1}{40\times10^6\times80\times10^{-6}}} = 3500\mathrm{e}^{-\frac{t_1}{3200}}$$

解之得

$$t_1 = -3200\ln\frac{1}{3.5} \approx 4008\text{s} \approx 1.12\text{h}$$

由上面的计算结果可知,电容器与电网断开 1.12 小时后还保持高达 1000V 的电压,因此在检修具有大电容的电力设备之前,必须采取措施使设备充分地放电,以保证工作人员的人身安全。

二、一阶 RC 电路的零状态响应

零状态响应是指换路前储能元件未储有能量,电路在输入激励作用下产生的响应,其实质是电源给电容元件充电的过程。

在图 5-14 所示电路中,换路前电容元件没有储存能量,初始状态为零,$u_C(0_-) = 0$。在 t =0 时开关 S 闭合,RC 电路与直流电源 U_S 接通,对电容元件开始充电。由于电容 C 无初始

储能，$u_C(0_+) = u_C(0_-) = 0$。当电路达到稳态时，电容充电结束，$i(\infty) = 0, u_C(\infty) = U_S$。时间常数 $\tau = RC$。根据三要素公式 $u_C(t) = u_C(\infty) + [u_C(0_+) - u_C(\infty)]e^{-\frac{t}{\tau}}$，可求出在电源 U_S 激励作用下的零状态响应为

$$u_C(t) = u_C(\infty)(1 - e^{-\frac{t}{\tau}}) = U_S(1 - e^{-\frac{t}{RC}}) \tag{5-21}$$

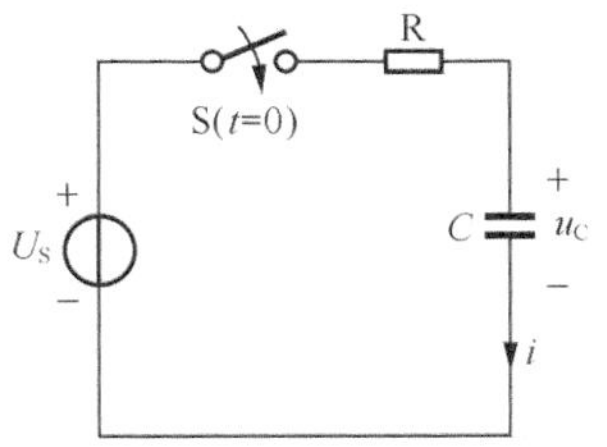

上式表明，电容充电时，电容电压按指数规律上升，最终达到稳态值 U_S，但上升速度与时间常数 τ 有关。

图 5-14　RC 电路的零状态响应

电容的充电电流 i 可以从 u_C 直接求得，而 u_R 可从 i 求得

$$\begin{cases} i(t) = C\dfrac{\mathrm{d}u_C}{\mathrm{d}t} = \dfrac{U_S}{R}e^{-\frac{t}{RC}} \\[3mm] u_R(t) = iR = U_S e^{-\frac{t}{RC}} \end{cases} \tag{5-22}$$

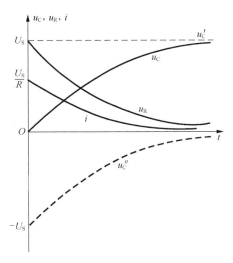

图 5-15　u_C、u_R 和 i 随时间变化的曲线

可见，开关 S 闭合的瞬间电信相当于短路，电阻电压最大为 U_S，充电电流最大为 U_S/R，稳态后电阻电压和电流均为零。u_C、u_R 和 i 的变化曲线如图 5-15 所示。

时间常数 τ 愈大，u_C 上升愈慢（充电过程愈长）。这是因为在电源电压 U_S 一定的情况下，电容 C 越大，则所需的电荷越多；电阻 R 愈大，充电电流越小，这都会使充电过程变长。改变 R 或 C，就可以改变电路的时间常数，也就可以改变电容充电的快慢。在同一电路中各项响应的 τ 是相同的。

电容电压 u_C 由零逐渐充电至 U_S，而充电电流在换路瞬间由零跃变到 $\dfrac{U_S}{R}$，$t > 0$ 后再逐渐衰减到零。在此过程中，电容不断充电，最终储存的电场能为

$$W_C = \frac{1}{2}CU_S^2$$

而电阻则不断地消耗能量

$$W_R = \int_0^\infty i^2(t)R\mathrm{d}t = \int_0^\infty (\frac{U_S}{R}e^{-\frac{t}{RC}})^2 R\mathrm{d}t = \frac{U_S^2}{R}\int_0^\infty e^{-\frac{2t}{RC}}\mathrm{d}t = \frac{1}{2}CU_S^2 = W_C$$

可见，不论电容 C 和电阻 R 的数值为多少，充电过程中电源提供的能量只有一半转变为电场能量储存在电容中，故其充电效率只有 50%。

三、一阶 RC 电路的全响应

非零初始状态的一阶电路在电源激励下的响应叫作全响应。全响应时电路中储能元件的初始储能不为零，响应由外加电源和初始条件共同作用而产生。显然，零输入响应和零状态响应都是全响应的特例。

现以 RC 串联电路接通直流电源的电路响应为例来介绍全响应的分析方法。图 5-14 所示电路

中，设开关动作前电容已充电至 U_0，即 $u_C(0_-) = U_0$，开关闭合后，$u_C(0_+) = u_C(0_-) = U_0, u_C(\infty) = U_S$，$\tau = RC$，则电路的全响应为

$$u_C(t) = U_S + (U_0 - U_S)e^{-\frac{t}{RC}} \qquad (5\text{-}23)$$

式（5-23）的第一项是电路的稳态解，第二项是电路的暂态解，因此一阶电路的全响应可以看成是稳态解和暂态解的叠加，即

全响应=强制分量（稳态解）+自由分量（暂态解）

如果把求得的电容电压改写成

$$u_C(t) = U_0 e^{-\frac{t}{RC}} + U_S(1 - e^{-\frac{t}{RC}})$$

则可以发现，上式第一项正是由初始值单独激励下的零输入响应，而第二项则是外加电源单独激励时的零状态响应，这正是线性电路叠加性质的体现。所以全响应又可表示为

全响应=零输入响应+零状态响应

【例 5-5】 图 5-16（a）所示电路中，已知：$t < 0$ 时原电路已稳定，$t = 0$ 时合上开关 S。求 $t \geq 0_+$ 时，$u_C(t)$ 和 $i(t)$。

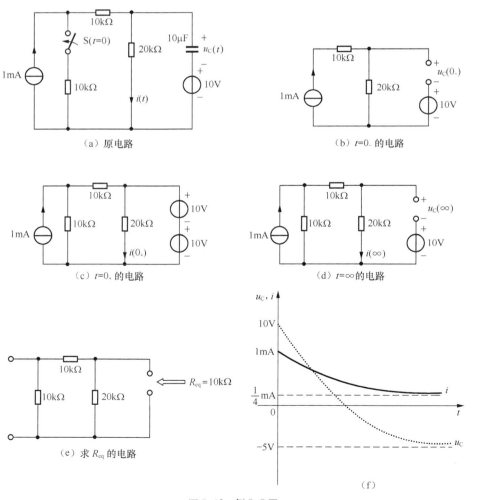

（a）原电路

（b）$t=0_-$ 的电路

（c）$t=0_+$ 的电路

（d）$t=\infty$ 的电路

（e）求 R_{eq} 的电路

（f）

图 5-16 例 5-5 图

解　（1）求初始值 $u_C(0_+)$，$i(0_+)$。

$t = 0_-$ 时，$u_C(0_-) = 20 \times 1 - 10 = 10\text{V}$

$\therefore u_C(0_+) = 10\text{V}$

$t = 0_+$ 时，$i(0_+) = \dfrac{20}{20} = 1\text{mA}$

（2）求稳态值 $u_C(\infty)$ 和 $i(\infty)$。

$t \to \infty$ 时，$i(\infty) = \dfrac{10}{30 + 10} \times 1 = \dfrac{1}{4}\text{mA}$

$u_C(\infty) = 20 \times \dfrac{1}{4} - 10 = -5\text{V}$

（3）求时间常数 τ。

其中 $\tau = RC$，电阻 R 是换路后，断开电容元件得到的有源二端网络，经除源后的等效电阻，如图 5-16（e）所示。

$\therefore \tau = 10 \times 10^3 \times 10 \times 10^{-6} = 0.1\text{s}$

$\therefore u_C(t) = -5 + (10 + 5)\text{e}^{-10t} = -5 + 15\text{e}^{-10t}\text{V} \quad (t \geqslant 0_+)$

$i(t) = \dfrac{1}{4} + \left(1 - \dfrac{1}{4}\right)\text{e}^{-10t} = \dfrac{1}{4} + \dfrac{3}{4}\text{e}^{-10t}\text{mA} \quad (t \geqslant 0_+)$

又：$i(t) = \dfrac{u_C + 10}{20} = \dfrac{1}{4} + \dfrac{3}{4}\text{e}^{-10t}\text{mA} \quad (t \geqslant 0_+)$，直接用此式求 $i(t)$ 可免去作 $t = 0_+$ 的等效电路。

u_C 和 i 随时间变化的曲线如图 5-16（f）所示。

四、RL 电路的响应

计算 RL 电路的响应可以参照 RC 电路响应的计算方法。例如全响应电路，在图 5-17 所示的电路中，电感换路前的电流 $i(0_-) = I_0$，根据基尔霍夫电压定律（KVL）同样列出 $t \geqslant 0$ 关于电感电流的微分方程，即

$$L\frac{\text{d}i}{\text{d}t} + Ri = U_S \tag{5-24}$$

RC 与 RL 是对偶的电路，根据对偶原理，有

$$i_L(t) = i_L(\infty) + \left[i_L(0_+) - i_L(\infty)\right]\text{e}^{-\frac{t}{\tau}} \tag{5-25}$$

则式（5-24）的通解为

$$i(t) = \frac{U_S}{R} + \left(I_0 - \frac{U_S}{R}\right)\text{e}^{-\frac{t}{\tau}} \tag{5-26}$$

其中时间常数 $\tau = L/R$。同样，电阻 R 是换路后，断开电感元件得到的有源二端网络、经除源后的等效电阻。下面举例说明如何进行 RL 电路过渡过程的分析。

【例 5-6】　图 5-18 所示电路中，$U_S = 30\text{V}$，$R = 4\Omega$，电压表内阻 $R_V = 5\text{k}\Omega$，$L = 0.4\text{H}$。求 $t > 0$ 时的电感电流 i_L 及电压表两端的电压 u_V。

解　开关打开前电路为直流稳态

$$i_L(0_-) = \frac{U_S}{R} = 7.5\text{A}$$

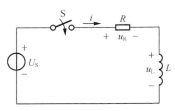

图 5-17 *RL* 电路全响应电路

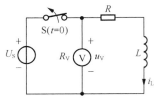

图 5-18 例 5-6 图

换路后根据换路定则，有

$$i_L(0_+) = i_L(0_-) = 7.5\text{A}$$

$$\tau = \frac{L}{R + R_V} \approx 8 \times 10^{-5}\text{s}$$

$$i_L(\infty) = 0$$

由式（5-25）可写出 $t > 0$ 时的电感电流 i_L 及电压表两端的电压 u_V 分别为

$$i_L = i_L(0_+)\text{e}^{-\frac{t}{\tau}} = 7.5\text{e}^{-1.25 \times 10^4 t}\text{A}$$

$$u_V = -R_V i_L = -3.75 \times 10^4 \text{e}^{-1.25 \times 10^4 t}\text{V}$$

由上式可得

$$\left| u_V(0_+) \right| = 3.75 \times 10^4\text{V}$$

可见，换路瞬间电压表和负载要承受很高的电压，有可能会损坏电压表。此外，在打开开关的瞬间，这样高的电压会在开关两端造成空气击穿，引起强烈的电弧。因此，在切断大电感负载时必须采取必要的措施，避免高电压的出现。

思考与练习

5-3-1　*RC* 充电电路中，电容器两端的电压按照什么规律变化？充电电流又按什么规律变化？*RC* 放电电路呢？

5-3-2　*RL* 一阶电路与 *RC* 一阶电路的时间常数相同吗？其中的 *R* 是指某一电阻吗？

5-3-3　时间常数 τ 对电路的过渡过程有什么影响？

5-3-4　$C = 20\mu\text{F}$、$u_C(0_-) = 0$ 的 *RC* 串联电路接到 $U_S = 36\text{V}$ 的直流电压源，若接通后 10s 时电容的电压为 32V，试求电阻 *R* 的阻值。

5.4　一阶电路的阶跃响应和冲激响应

电路的激励除了直流激励和正弦激励之外，常见的还有另外两种奇异函数，即阶跃函数和冲激函数。本节将讨论这两种函数的定义、性质及作用于动态电路时引起的响应。

一、一阶电路的阶跃响应

单位阶跃函数用 $\varepsilon(t)$ 表示，它定义为

$$\varepsilon(t) = \begin{cases} 0 & t \leqslant 0_- \\ 1 & t \geqslant 0_+ \end{cases} \qquad (5\text{-}27)$$

波形如图 5-19（a）所示。可见它在（0_-，0_+）时域内发生了跃变。若单位阶跃函数的阶跃点不在 $t = 0$ 处，而在 $t = t_0$ 处，如图 5-19（b）所示，则称它为延迟的单位阶跃函数，用 $\varepsilon(t - t_0)$ 表示为

$$\varepsilon(t - t_0) = \begin{cases} 0 & t \leqslant t_{0-} \\ 1 & t \geqslant t_{0+} \end{cases} \qquad (5\text{-}28)$$

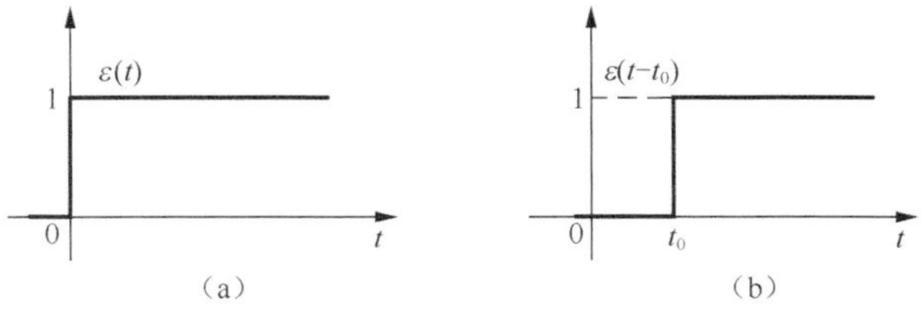

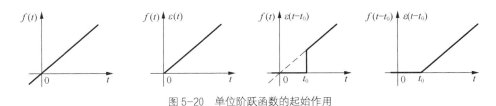

图 5-19 单位阶跃函数和延迟单位阶跃函数

阶跃函数可以作为开关的数学模型，所以有时也称为开关函数。如把电路在 $t = t_0$ 时刻与一个电流为 2A 的直流电流源接通，则此外施电流就可写作 $2\varepsilon(t - t_0)$ A。

单位阶跃函数还可用来"起始"任意一个函数 $f(t)$。例如对于线性函数 $f(t) = Kt$（K 为常数），$f(t)$，$f(t)\varepsilon(t)$，$f(t)\varepsilon(t - t_0)$，$f(t - t_0)\varepsilon(t - t_0)$ 分别具有不同的含义，如图 5-20 所示。

电路对于单位阶跃函数激励的零状态响应称为单位阶跃响应，记为 $s(t)$。若已知电路的 $s(t)$，则该电路在恒定激励 $u_S(t) = U_0\varepsilon(t)$ [或 $i_S(t) = I_0\varepsilon(t)$] 下的零状态响应即为 $U_0 s(t)$ [或 $I_0 s(t)$]。

实际应用中常利用阶跃函数和延迟阶跃函数对分段函数进行分解，再利用齐性定理和叠加原理进行求解。

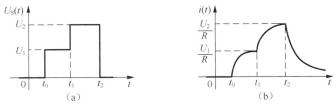

图 5-20 单位阶跃函数的起始作用

【**例 5-7**】 设 RL 串联电路由图 5-21（a）所示波形的电压源 $u_S(t)$ 激励，试求零状态响应 $i(t)$。

图 5-21 例 5-7 图

解 根据阶跃函数的定义，我们把输入电压表示成如下形式。

$$u_S(t) = U_1\varepsilon(t-t_0) + (U_2 - U_1)\varepsilon(t-t_1) - U_2\varepsilon(t-t_2)$$

电路的时间常数 $\tau = \dfrac{L}{R}$，$U_1\varepsilon(t-t_0)$ 单独作用于电路时产生的零状态响应 $i^{(1)}$ 为

$$i^{(1)} = \frac{U_1}{R}(1 - e^{-\frac{t-t_0}{\tau}})\varepsilon(t-t_0)$$

$(U_2 - U_1)\varepsilon(t-t_1)$ 单独作用于电路产生的零状态响应 $i^{(2)}$ 为

$$i^{(2)} = \frac{U_2 - U_1}{R}(1 - e^{-\frac{t-t_1}{\tau}})\varepsilon(t-t_1)$$

$-U_2\varepsilon(t-t_2)$ 单独作用于电路产生的零状态响应 $i^{(3)}$ 为

$$i^{(3)} = -\frac{U_2}{R}(1 - e^{-\frac{t-t_2}{\tau}})\varepsilon(t-t_2)$$

由叠加原理即可得到所要求的响应为

$$i = i^{(1)} + i^{(2)} + i^{(3)} = \frac{U_1}{R}(1 - e^{-\frac{t-t_0}{\tau}})\varepsilon(t-t_0) + \frac{U_2 - U_1}{R}(1 - e^{-\frac{t-t_1}{\tau}})\varepsilon(t-t_1) - \frac{U_2}{R}(1 - e^{-\frac{t-t_2}{\tau}})\varepsilon(t-t_2)$$

波形如图 5-21（b）所示。

二、一阶电路的冲激响应

冲激是具有无穷大的幅值而持续时间为零的信号。自然界中并不存在这种信号，但一些电路中的信号与这种定义非常接近，因此，冲激函数的数学模型非常有用。若电路分析中出现冲激函数（或者是因为开关操作产生的，或者是因为电路中有冲激电源），作用到电路中的冲激电源瞬时给系统输入有限的能量，与其相似的力学模型就是撞钟。当能量传输给钟后，钟的固有响应决定了所发生的音调（即声波的频率）和持续时间。

单位冲激函数用 $\delta(t)$ 表示，它定义为

$$\begin{cases} \delta(t) = 0 & \begin{cases} t \leq 0_- \\ t \geq 0_+ \end{cases} \\ \displaystyle\int_{-\infty}^{\infty} \delta(t)\,dt = 1 \end{cases} \qquad (5\text{-}29)$$

单位冲激函数可以看作是单位脉冲函数的极限情况。图 5-22（a）为一个单位矩形脉冲函数 $p(t)$ 的波形。它的高为 $1/\Delta$，宽为 Δ。当脉冲宽度 $\Delta \to 0$ 时，可以得到一个宽度趋于零，幅度趋于无限大，而面积始终保持为 1 的脉冲，这就是单位冲激函数 $\delta(t)$，记作

$$\delta(t) = \lim_{\Delta \to 0} p(t)$$

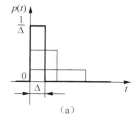 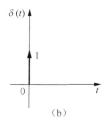 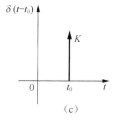

图 5-22 冲激函数

单位冲激函数的波形如图 5-22（b）所示，箭头旁注明"1"。图 5-22（c）表示强度为 K 的冲激函数。类似地，可以把发生在 $t = t_0$ 时刻的单位冲激函数写为 $\delta(t - t_0)$，用 $K\delta(t - t_0)$ 表示强度为 K、发生在 $t = t_0$ 时刻的冲激函数。

冲激函数具有如下性质。

（1）单位冲激函数 $\delta(t)$ 对时间的积分等于单位阶跃函数 $\varepsilon(t)$，即

$$\int_{-\infty}^{t} \delta(\xi)\mathrm{d}\xi = \varepsilon(t) \tag{5-30}$$

反之，单位阶跃函数 $\varepsilon(t)$ 对时间的一阶导数等于单位冲激函数 $\delta(t)$，即

$$\frac{\mathrm{d}\varepsilon(t)}{\mathrm{d}t} = \delta(t) \tag{5-31}$$

（2）单位冲激函数具有"筛分性质"。

对于任意一个在 $t = 0$ 和 $t = t_0$ 时连续的函数 $f(t)$，都有

$$\int_{-\infty}^{\infty} f(t)\delta(t)\mathrm{d}t = f(0) \tag{5-32}$$

$$\int_{-\infty}^{\infty} f(t)\delta(t - t_0)\mathrm{d}t = f(t_0) \tag{5-33}$$

可见冲激函数有把一个函数在某一时刻"筛"出来的本领，所以称单位冲激函数具有"筛分性质"。

当把一个单位冲激电流 $\delta_i(t)$（单位为安培）加到初始电压为零的电容 C 上时，电容电压 u_C 为

$$u_C = \frac{1}{C}\int_{0_-}^{0_+} \delta_i(t)\mathrm{d}t = \frac{1}{C}$$

可见

$$q(0_-) = Cu_C(0_-) = 0$$
$$q(0_+) = Cu_C(0_+) = 1$$

即单位冲激电流在 0_- 到 0_+ 的瞬时把 1 库仑的电荷转移到电容上，使得电容电压从零跃变为 $\frac{1}{C}$，即电容由原来的零初始状态 $u_C(0_-) = 0$ 转变到非零初始状态 $u_C(0_+) = \frac{1}{C}$。

同理，当把一个单位冲激电压 $\delta_u(t)$（单位为伏特）加到初始电流为零的电感 L 上时，电感电流 i_L 为

$$i_L = \frac{1}{L}\int_{0_-}^{0_+} \delta_u(t)\mathrm{d}t = \frac{1}{L}$$

有

$$\psi(0_-) = Li_L(0_-) = 0$$
$$\psi(0_+) = Li_L(0_+) = 1$$

即单位冲激电压在 0_- 到 0_+ 的瞬时在电感中建立了 $\frac{1}{L}$ 安培的电流，使电感由原来的零初始状态 $i_L(0_-) = 0$ 转变到非零初始状态 $i_L(0_+) = \frac{1}{L}$。

$t > 0_+$ 后，冲激函数为零，但 $u_C(0_+)$ 和 $i_L(0_+)$ 不为零，所以电路的响应相当于换路瞬间由冲激函数建立起来的非零初始状态引起的零输入响应。因此，一阶电路冲激响应的求解关键在于计算在冲激函数作用下的储能元件的初始值 $u_C(0_+)$ 或 $i_L(0_+)$ 。

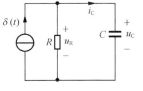

图 5-23　RC 电路的冲激响应

单位冲激响应是零状态网络对单位冲激信号的响应，记为 $h(t)$ 。下面就以图 5-23 所示电路为例讨论其响应。

根据 KCL 有

$$C\frac{du_C}{dt} + \frac{u_C}{R} = \delta(t)$$

而 $u_C(0_-) = 0$ 。

为了求 $u_C(0_+)$ 的值，我们对上式两边从 0_- 到 0_+ 求积分，得

$$\int_{0_-}^{0_+} C\frac{du_C}{dt}dt + \int_{0_-}^{0_+} \frac{u_C}{R}dt = \int_{0_-}^{0_+} \delta(t)dt$$

若 u_C 为冲激函数，则 du_C/dt 将为冲激函数的一阶导数，这样 KCL 方程式将不能成立，因此 u_C 只能是有限值，于是第二积分项为零，从而可得

$$C[u_C(0_+) - u_C(0_-)] = 1$$

故

$$u_C(0_+) = \frac{1}{C} + u_C(0_-) = \frac{1}{C}$$

于是便可得到 $t > 0_+$ 时电路的单位冲激响应为

$$u_C = u_C(0_+)e^{\frac{t}{RC}} = \frac{1}{C}e^{\frac{t}{RC}}$$

式中 $\tau = RC$ ，为给定电路的时间常数。

利用阶跃函数将该冲激响应写作

$$u_C = \frac{1}{C}e^{-\frac{t}{RC}}\varepsilon(t)$$

由此可进一步求出电容电流为

$$i_C = C\frac{du_C}{dt} = e^{-\frac{t}{RC}}\delta(t) - \frac{1}{RC}e^{-\frac{t}{RC}}\varepsilon(t) = \delta(t) - \frac{1}{RC}e^{-\frac{t}{RC}}\varepsilon(t)$$

图 5-24 画出了 u_C 和 i_C 的变化曲线。其中电容电流在 $t = 0$ 时有一个冲激电流，正是该电流使电容电压在此瞬间由零跃变到 $1/C$ 。

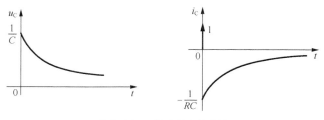

图 5-24　u_C 和 i_C 的变化曲线

由于单位阶跃函数 $\varepsilon(t)$ 和单位冲激函数 $\delta(t)$ 之间具有微分和积分的关系，可以证明，线性电路中单位阶跃响应 $s(t)$ 和单位冲激响应 $h(t)$ 之间也具有相似的关系。

$$h(t) = \frac{\mathrm{d}s(t)}{\mathrm{d}t} \qquad\qquad (5\text{-}34)$$

$$s(t) = \int_{-\infty}^{t} h(\xi)\mathrm{d}\xi \qquad\qquad (5\text{-}35)$$

有了以上关系，就可以先求出电路的单位阶跃响应，然后将其对时间求导，便可得到所求的单位冲激响应。

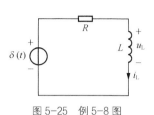

图 5-25　例 5-8 图

【例 5-8】　求图 5-25 所示电路的冲激响应 i_L。

解　方法一

$t < 0$ 时，由于 $\delta(t) = 0$，故 $i_L(0_-) = 0$。

$t = 0$ 时，由 KVL 有

$$L\frac{\mathrm{d}i_L}{\mathrm{d}t} + Ri_L = \delta(t)$$

对上式两边从 0_- 到 0_+ 求积分，得

$$\int_{0_-}^{0_+} L\frac{\mathrm{d}i_L}{\mathrm{d}t}\mathrm{d}t + \int_{0_-}^{0_+} Ri_L\mathrm{d}t = \int_{0_-}^{0_+} \delta(t)\mathrm{d}t$$

由于 i_L 为有限值，有

$$L[i_L(0_+) - i_L(0_-)] = 1$$

故

$$i_L(0_+) = \frac{1}{L} + i_L(0_-) = \frac{1}{L}$$

所求响应为

$$i_L = \frac{1}{L}\mathrm{e}^{-\frac{R}{L}t}\varepsilon(t)$$

方法二

先求 i_L 的单位阶跃响应，再利用单位阶跃响应与单位冲激响应之间的微分关系求解。当激励为单位阶跃函数时，因为

$$i_L(0_+) = i_L(0_-) = 0$$

$$i_L(\infty) = \frac{1}{R}$$

故 i_L 的单位阶跃响应为

$$s(t) = \frac{1}{R}(1 - \mathrm{e}^{-\frac{R}{L}t})\varepsilon(t)$$

再由 $h(t) = \frac{\mathrm{d}s(t)}{\mathrm{d}t}$，便可求得其单位冲激响应 i_L。

$$i_L = \frac{\mathrm{d}s(t)}{\mathrm{d}t} = \frac{1}{R}(1 - \mathrm{e}^{-\frac{R}{L}t})\delta(t) + \frac{1}{L}\mathrm{e}^{-\frac{R}{L}t}\varepsilon(t)$$

$$= \frac{1}{L}\mathrm{e}^{-\frac{R}{L}t}\varepsilon(t)$$

由以上分析可见，电路的输入为冲激函数时，电容电压和电感电流会发生跃变。这种情

况下，一般可先利用 KCL、KVL 及电荷守恒或磁链守恒求出电容电压或电感电流的跃变值，然后再进一步分析电路的动态过程。

思考与练习

5-4-1　单位阶跃函数 $\varepsilon(t-t_0)$ 的波形如何？$\varepsilon(t-t_0)=-\varepsilon(t_0-t)$ 对吗？

5-4-2　阶跃响应为什么在零状态条件下定义？

5-4-3　如何确定电路在冲激函数作用下的 $u_C(0_+)$ 和 $i_L(0_+)$？是否能用换路定则？

5-4-4　试求 RC 串联电路在单位冲激电压源作用下电容电压和电流的冲激响应。

5.5　应用实例

一、微分与积分电路

1．微分电路

RC 一阶电路在周期性矩形脉冲信号作用下的电路是常见的一种电路。利用 RC 电路充放电，当电路参数满足某些条件时，输出与输入关系会形成微分或积分关系。

微分电路如图 5-26（b）所示，RC 串联电路输入一个矩形脉冲电压，在电阻上输出电压。矩形脉冲电压的幅值为 U，脉冲宽度为 t_p，脉冲周期为 T，如图 5-26（a）所示。

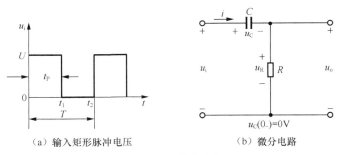

（a）输入矩形脉冲电压　　　　（b）微分电路

图 5-26　RC 微分电路

在 $t=0$ 至 t_1 这段时间内，电源对电容充电；t 在 $t_1 \sim t_2$ 时间内，电容通过电阻放电。RC 微分电路，必须满足以下两个条件。

（1）RC 充放电时间常数 τ 远小于矩形脉冲宽度 t_p。

（2）在电阻上输出电压。

由于电容两端的电压不能突变，且 $\tau \ll t_p$，则 $u_o \approx u_R = U$，则在到达 t_1 之前，电容充电过程很快结束，即电容两端电压很快为 U，而电阻两端电压很快下降到零；在 $t=t_1$ 时刻，电容通过电阻放电，同样，由于 τ 很小，在下一个脉冲电压到来之前，电容放电很快结束，输出电压为两个极性相反的尖顶脉冲电压，如图 5-27 所示。

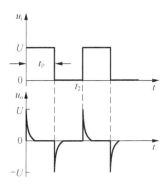

图 5-27　微分电路输入电压和输出电压的波形

因为
$$u_i = u_R + u_C \approx u_C$$

所以
$$u_o = Ri = RC\frac{du_C}{dt} \approx RC\frac{du_i}{dt}$$

输出电压 u_o 与输入电压 u_i 是微分关系，因此称这种电路为微分电路。

在电子技术中，常用微分电路把矩形波变换成尖脉冲作为触发器的触发信号，或用来触发可控硅（晶闸管），用途非常广泛。

2. 积分电路

积分电路与微分电路条件相反，如图 5-28 所示，RC 串联输入矩形脉冲电压，在电容上输出电压，积分电路的条件有以下几点。

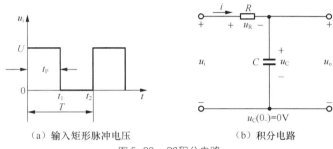

（a）输入矩形脉冲电压　　　　（b）积分电路

图 5-28　RC 积分电路

（1）时间常数 τ 远大于矩形脉冲宽度 t_p。

（2）取电容两端的电压为输出电压。

理论分析如下。

$$u_i = u_R + u_o$$

由于 τ 值较大，充电过程进行缓慢，$u_o = u_C \ll u_R$，于是有
$$u_i \approx u_R = iR$$

而
$$i = C\frac{du_o}{dt}$$

所以
$$u_o = \frac{1}{RC}\int u_i dt$$

输出电压 u_o 与输入电压 u_i 为积分关系，称为积分电路。在电子技术中常需要将矩形脉冲信号变为锯齿波信号，作扫描电压使用。

当输入矩形脉冲电压由零跳变到 U 时，电容器开始充电，由于时间常数 τ 很大，电容器两端电压 u_C 在 $0 \sim t_1$ 这段时间内缓慢增长；u_C 还未到达 U 时，矩形脉冲电压已由 U 跳变到 0，电容器通过电阻缓慢放电，u_C 逐渐下降，在输出端得到一个近似锯齿波的电压，如图 5-29 所示。

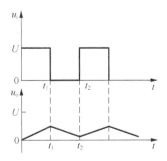

图 5-29　积分电路输出电压和输入电压的波形关系

二、汽车点火电路

电感阻止其电流快速变化的特性可用于电弧或火花发生器中，汽车点火电路就利用了这一特性。汽车点火电路如图 5-30（a）所示。点火线圈为一个电感器，火花塞是一对间隔一

定的空气隙电极，当开关动作时，瞬变电流在点火线圈上产生高压（一般 20～40kV）。这一高压在火花塞处产生火花而点燃汽缸中的汽油混合物，从而发动汽车。

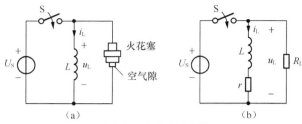

图 5-30　汽车点火电路

图 5-30（b）所示为汽车点火电路的电路模型，点火线圈 $L=4\text{mH}$，其内阻 $r=6\Omega$，火花塞等效为一个 $R_L=20\text{k}\Omega$ 的电阻，12V 电池是汽车点火电路的电源，开关 S 在 $t=0$ 时闭合，经 $t_0=1\text{ms}$ 后又打开，下面分析 $t>t_0$ 时，火花塞 R_L 上的电压 u_L 变化规律。

当开关 S 在 $t=0$ 时闭合时，时间常数 $\tau_0 = \dfrac{L}{r} = \dfrac{4\times10^{-3}}{6} = \dfrac{2}{3}\text{ms}$

在 $t_0=1\text{ms}$ 时，$i_L(t_{0-}) = \dfrac{U_S}{r}(1-e^{-\frac{t_0}{\tau_0}}) = 2(1-e^{-\frac{3}{2}}) \approx 1.6\text{A}$

在 $t_0=1\text{ms}$ 时开关 S 又打开，此时 $i_L(t_{0+}) = i_L(t_{0-}) \approx 1.6\text{A}$

$$u_L(t_{0+}) = -R_L i_L(t_{0+}) = -32\text{kV} \ , \quad u_L(\infty) = 0$$

$$\tau_1 = \frac{L}{r+R_L} = \frac{4\times10^{-3}}{6+20\times10^3} \approx 2\times10^{-7}\text{s}$$

由三要素公式，得 $u_L(t) = -32e^{-5\times10^6(t-t_0)}\text{kV}$，$t \geq t_0$。

可见，火花塞上的最高电压可以达到 32kV，该电压足以使火花塞点火。开关的闭合和打开可以采用脉冲宽度为 1ms 的脉冲电子开关控制。

本章小结

一、电容元件和电感元件

线性电容元件的定义是 $q(t)=Cu(t)$，单位是法拉（F），伏安关系为

$$i_C = C\frac{\mathrm{d}u_C}{\mathrm{d}t} \quad \text{或} \quad u_C = u_C(0) + \frac{1}{C}\int_0^t i_C(\xi)\mathrm{d}\xi$$

能量为

$$w_C(t) = \frac{1}{2}Cu^2(t) - \frac{1}{2}Cu^2(-\infty) \ 。$$

线性电感元件的定义是 $L=\dfrac{\psi(t)}{i(t)}$，电感的单位是亨利（H），伏安关系为

$$u_L = L\frac{\mathrm{d}i_L}{\mathrm{d}t} \quad \text{或} \quad i_L = i_L(0) + \frac{1}{L}\int_0^t u_L(\xi)\mathrm{d}\xi$$

能量为 $w_L(t) = \dfrac{1}{2}L\big[i^2(t) - i^2(-\infty)\big]$。

电容元件和电感元件的伏安关系是微分或积分关系，具有记忆功能，因而电容和电感叫作动态元件，含有动态元件 L、C 的电路是动态电路。在动态电路中，由一个稳定状态转换到另一个稳定状态时，一般不能立即完成，需要有一个过渡过程。

二、动态电路的方程及其初始条件

对于一阶线性电路，电路中的电压响应和电流响应都可以写成下面的一般表达式：

$$f(t) = f(\infty) + \big[f(0_+) - f(\infty)\big]\mathrm{e}^{-\frac{t}{\tau}}$$

式中，$f(t)$ 代表所求的电流或电压。由此可见，只要求出上式中的三个量值，就可以得到所求函数的全解，而不必列出微分方程。这三个量值就是：①稳态值 $f(\infty)$；②初始值 $f(0_+)$；③时间常数 τ。这就是分析一阶线性电路暂态过程的三要素法。三要素法是通过经典法推导得出的一个表示指数曲线的公式，它避开了解微分方程的麻烦，可以完全快速、准确地解决一阶电路问题。

换路定则是指：如果电容电流为有限值，电容电压不能跃变；如果电感电压为有限值，则电感电流不能跃变，即

$$u_C(0_+) = u_C(0_-), \quad i_L(0_+) = i_L(0_-)$$

三、一阶线性电路响应

（1）零输入响应是指无电源激励，输入信号为零，仅由初始储能引起的响应，其实质是电容元件放电的过程，即：$f(t) = f(0_+)\mathrm{e}^{-\frac{t}{\tau}}$。

（2）零状态响应是指换路前初始储能为零，仅由外加激励引起的响应，其实质是电源给电容元件充电的过程，即：$f(t) = f(\infty)\left(1 - \mathrm{e}^{-\frac{t}{\tau}}\right)$。

（3）全响应是指电源激励和初始储能共同作用的结果，其实质是零输入响应和零状态响应的叠加。

$$f(t) = \underbrace{f(0_+)\mathrm{e}^{-\frac{t}{\tau}}}_{\text{零输入响应}} + \underbrace{f(\infty)(1 - \mathrm{e}^{-\frac{t}{\tau}})}_{\text{零状态响应}}$$

四、单位阶跃响应和单位冲激响应

零状态网络对单位阶跃函数的响应，叫做单位阶跃响应，用 $s(t)$ 表示。零状态网络对单位冲激信号的响应，叫做单位冲激响应，用 $h(t)$ 表示。

$$h(t) = \frac{\mathrm{d}s(t)}{\mathrm{d}t}$$

$$s(t) = \int_{-\infty}^{t} h(\xi)\mathrm{d}\xi$$

自测题

一、选择题

1. 直流电路中，（ 　　 ）。

（A）感抗为 0，容抗为无穷大　　　　　　（B）感抗为无穷大，容抗为 0

（C）感抗和容抗均为 0　　　　　　　　　（D）感抗和容抗均为无穷大

2．动态元件的初始储能在电路中产生的零输入响应中（　　　）。

（A）仅有稳态分量　　　　　　　　　　　（B）仅有暂态分量

（C）既有稳态分量，又有暂态分量　　　　（D）无法确定

3．在换路瞬间，下列说法中正确的是（　　　）。

（A）电感电流不能跃变　　　　　　　　　（B）电感电压必然跃变

（C）电容电流必然跃变　　　　　　　　　（D）无法确定

4．工程上认为 $R=25\Omega$、$L=50\text{mH}$ 的串联电路中发生暂态过程时将持续（　　　）。

（A）30～50ms　　　　（B）37.5～62.5ms　　　　（C）6～10ms　　　　（D）8～20ms

5．换路定则的本质是遵循（　　　）。

（A）电荷守恒　　　　（B）电压守恒　　　　（C）电流守恒　　　　（D）能量守恒

二、判断题

1．换路定则指出：电感两端的电压是不能发生跃变的，只能连续变化。　　　　（　　　）

2．换路定则指出：电容两端的电压是不能发生跃变的，只能连续变化。　　　　（　　　）

3．单位阶跃函数除了在 $t=0$ 处不连续，其余都是连续的。　　　　　　　　　（　　　）

4．一阶电路的全响应，等于其稳态分量和暂态分量之和。　　　　　　　　　　（　　　）

5．一阶电路中所有的初始值，都要根据换路定则进行求解。　　　　　　　　　（　　　）

6．一阶电路的全响应可以看成是零状态响应和零输入响应的叠加。　　　　　　（　　　）

7．电容元件是储能元件，它本身不消耗能量。　　　　　　　　　　　　　　　（　　　）

8．阶跃函数又称为开关函数。　　　　　　　　　　　　　　　　　　　　　　（　　　）

9．在任何情况下，电路中的电容相当于开路，电感相当于短路。　　　　　　　（　　　）

10．三要素法可以计算一阶电路中各处的电压和电流。　　　　　　　　　　　（　　　）

三、填空题

1．在直流稳态电路中，电容相当于（　　　），电感相当于（　　　），而在换路瞬间，无储能电容相当于（　　　），无储能电感相当于（　　　）。

2．某一阶电路的单位阶跃响应 $s(t)=(1-e^{-3t})\varepsilon(t)$，则单位冲激响应为（　　　）。

3．一阶电路的时间常数 τ 越大，过渡过程进展的就越（　　　），暂态持续的时间就越（　　　）。

4．一阶电路全响应的三要素是指待求响应的（　　　）、（　　　）和（　　　）。

5．工程上一般认为一阶电路换路后，经过（　　　）时间过渡过程即告结束。

习题

5-1　电路如图 5-31 所示，在开关闭合前，电路已处于稳态。当 $t=0$ 时开关 S 闭合，求初始值 $i_1(0_+)$，$i_2(0_+)$ 和 $i_C(0_+)$。

5-2　电路如图 5-32 所示，在 $t<0$ 时电路已经处于稳定状态，$t=0$ 时开关 S 由 1 扳向 2，求初始值 $i_1(0_+)$，$i_2(0_+)$ 和 $u_L(0_+)$。

5-3　电路如图 5-33 所示，在 $t<0$ 时电路已处于稳定状态，$t=0$ 时开关 S 由 1 扳向 2，求初始值 $i_2(0_+)$，$i_C(0_+)$。

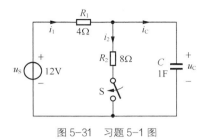

图 5-31 习题 5-1 图

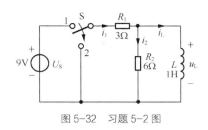

图 5-32 习题 5-2 图

5-4 电路如图 5-34 所示,开关 S 原来在 1 位置,电路已稳定,$t=0$ 时,S 换为 2 位置,求 $u_C(t)$ 及 $i_C(t)$。

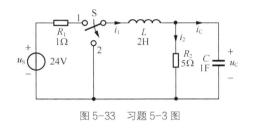

图 5-33 习题 5-3 图

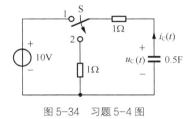

图 5-34 习题 5-4 图

5-5 在图 5-35 所示的电路中,$t=0$ 时刻开关 S 断开,换路前电路已处于稳态,求 $t\geqslant0$ 时的电感电流 $i_L(t)$。

5-6 在图 5-36 所示电路中,换路前已达稳态,在 $t=0$ 时开关 S 接通,求 $t>0$ 时的 $i_L(t)$。

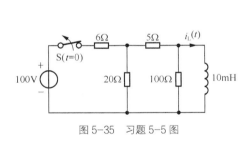

图 5-35 习题 5-5 图

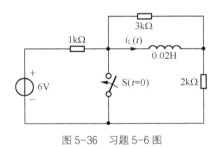

图 5-36 习题 5-6 图

5-7 电路如图 5-37 所示,换路前已达稳态,求换路后的 $i_L(t)$。

5-8 电路如图 5-38 所示,$t<0$ 时电路处于稳态,$t=0$ 时开关 S 打开。求 $t>0$ 时的电流 i_L 和电压 u_R、u_L。

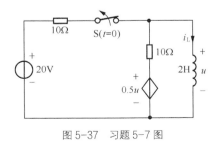

图 5-37 习题 5-7 图

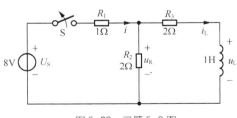

图 5-38 习题 5-8 图

5-9 在图 5-39 中,$t=0$ 时开关 S 打开,求 $t>0$ 后 i_L、u_L 的变化规律。

5-10 在图 5-40 中，$t=0$ 时开关 S 闭合，已知 $u_C(0_-)=0$，求

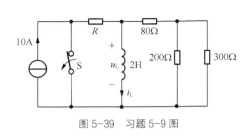

图 5-39 习题 5-9 图

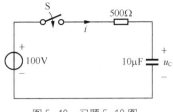

图 5-40 习题 5-10 图

（1）电容电压和电流；

（2）$u_C=80V$ 时的充电时间 t。

5-11 电路如图 5-41 所示，换路前已达稳态，求换路后的 i 和 u。

5-12 图 5-42 所示电路中，$t=0$ 时将 S 合上，求 $t \geqslant 0$ 时的 i_1、i_L、u_L。

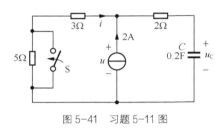

图 5-41 习题 5-11 图

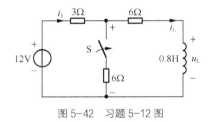

图 5-42 习题 5-12 图

5-13 电路如图 5-43 所示，在 $t<0$ 时，开关 S 位于"1"，电路已达到稳定状态，在 $t=0$ 时，开关由"1"闭合到"2"，求 $t \geqslant 0$ 时的电感电流 i_L、电感电压 u_L，以及 i_1 和 i_2。

5-14 图 5-44 所示电路中，开关 S 闭合时电路已处于稳态，设 $t=0$ 时将 S 断开，试用三要素法求 $u_C(t)$，并画出其变化曲线。

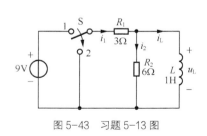

图 5-43 习题 5-13 图

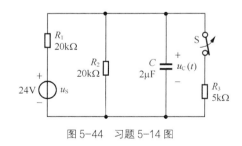

图 5-44 习题 5-14 图

5-15 电路如图 5-45 所示。

（1）若 $U_S=18V$，$u_C(0)=-6V$，求零输入响应分量 $u_{Ci}(t)$，零状态响应分量 $u_{C0}(t)$，全响应 $u_C(t)$；

（2）若 $U_S=18V$，$u_C(0)=-12V$，求全响应 $u_C(t)$。

（3）若 $U_S=36V$，$u_C(0)=-6V$，求全响应 $u_C(t)$。

5-16 在图 5-46 所示电路中，$t=0$ 时刻开关闭合，换路前电路已处于稳态，试求 $t \geqslant 0$ 时的电流 $i(t)$。

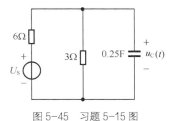

图 5-45 习题 5-15 图

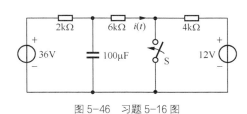

图 5-46 习题 5-16 图

5-17 电路如图 5-47 所示，$u_C(0_-)=0$，$t=0$ 时开关 S 投向位置 1，$t=\tau$ 时开关 S 又投向位置 2，求 $t\geqslant 0$ 时的 $i_C(t)$、$u_R(t)$。

5-18 电路如图 5-48 所示，若以电流 i_L 为输出，求其阶跃响应。

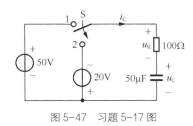

图 5-47 习题 5-17 图

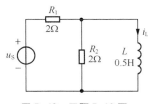

图 5-48 习题 5-18 图

5-19 电路如图 5-49（a）所示，其激励 i_S 的波形如图 5-49（b）所示，若以 i_L 为输出，求其零状态响应。

5-20 电路如图 5-50（a）所示，其激励 i_S 的波形如图 5-50（b）所示，若以 u_C 为输出，求其零状态响应。

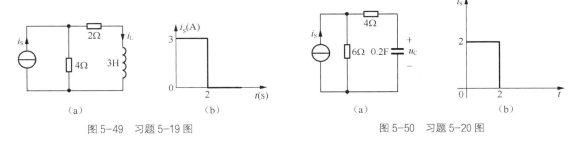

图 5-49 习题 5-19 图   图 5-50 习题 5-20 图

5-21 求图 5-51 所示电路的单位阶跃响应 $i(t)$。

5-22 试求图 5-52 所示电路中 i_L 及 u_L 的冲激响应。已知 $R_1=600\Omega$，$R_2=400\Omega$，$L=100\text{mH}$。

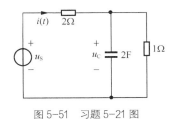

图 5-51 习题 5-21 图

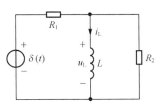

图 5-52 习题 5-22 图

第 **6** 章 **相量法**

内容提要： 激励和响应均为正弦量的电路称为正弦交流电路。本章用相量对应表示正弦量，导出一种简便实用的正弦交流电路分析方法——相量法。首先介绍正弦交流电的基本概念和相量表示，引入相量分析法，然后重点讨论元件伏安关系（VCR）与电路定律的相量形式。

本章目标： 熟练掌握元件 VCR 与电路基本定律的相量形式并能灵活运用。

6.1 正弦交流电的基本概念

一、正弦交流电的优越性

除了前几章讨论的直流电压和电流外，实际中还有大小和方向随时间作周期性变化的电压和电流，将其统称为交流电。大小和方向均随时间按正弦规律变化的电压或电流称为正弦交流电，而正弦电压、正弦电流统称为正弦量（或正弦信号）。由同频正弦激励、线性电阻、线性电容和线性电感组成的电路称为正弦交流电路。正弦交流电路特点是各支路产生的电流、电压均为和激励同频变化的正弦交流电。我国电力系统中交流发电机所产生的电动势随时间近似按正弦规律变化，电力系统近似为正弦交流电路。因此，研究正弦交流电路是非常有必要的。

在现代工农业生产和日常生活中，应用最广泛的是正弦交流电。正弦交流电的优越性主要体现在 3 个方面：第一，正弦交流电易于产生、传输、分配和交换处理，而且正弦交流电变化平滑且不易产生高次谐波，这有利于保护电器设备的绝缘性能和减少电器设备运行中的能量损耗；交流发电机的构造简单、价格便宜、运行可靠；交流电利用变压器改变电压，既可以实现远距离输电，又能保证安全用电。第二，在一些非用直流电不可的场合，如工业上的电解和电镀等，也可利用整流设备，将交流电转化为直流电。第三，从分析计算的角度出发，任何非正弦周期的电量都可以分解为直流分量和一系列不同频率的正弦分量。因此，只要掌握了正弦交流电路的分析方法，就可以用叠加定理去分析线性非正弦周期交流电路了。

二、正弦量的三要素

正弦量可以用波形图和函数表达式（解析式）来表示。正弦量的数学描述可以使用 sin 函

数或 cos 函数，本书统一采用 cos 函数。以正弦电流 i 为例，波形图如图 6-1 所示。其函数表达式为

$$i = I_{\mathrm{m}}\cos(\omega t + \psi_i) \tag{6-1}$$

正半波表示电流的实际方向与参考方向一致；负半波表示电流的实际方向与参考方向相反。正弦量的特征表现在变化的快慢、大小及初始位置 3 个方面，这 3 个方面分别由幅值、角频率、初相位来确定。因此，幅值、角频率、初相位称为正弦信号的三要素。知道了这三个要素就可确定一个正弦信号。

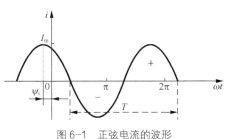

图 6-1　正弦电流的波形

1. 周期、频率与角频率

周期、频率和角频率反映了正弦信号变化的快慢。正弦信号循环一次所需要的时间称为周期，用 T 表示（见图 6-1），国际单位制为秒（s）。单位时间内正弦信号变化的循环次数称为频率，用 f 表示，国际单位制为赫兹（Hz）。频率是周期的倒数，即

$$f = \frac{1}{T} \tag{6-2}$$

电子技术中常用的频率还有：千赫（$1\mathrm{kHz}=10^3\mathrm{Hz}$），兆赫（$1\mathrm{MHz}=10^6\mathrm{Hz}$），吉赫（$1\mathrm{GHz}=10^9\mathrm{Hz}$）。我国和大多数国家都采用频率 50Hz 作为电力标准频率，美国和日本采用频率为 60Hz，这种频率在工业上广泛应用，习惯上称工频。其他领域音频频率一般在 20Hz～20kHz 范围，无线电的频率高达 $500\mathrm{kHz}\sim3\times10^5\mathrm{MHz}$。

正弦电流每经过一个周期 T，对应的角度变化了 2π 弧度，所以

$$\omega T = 2\pi$$

$$\omega = \frac{2\pi}{T} = 2\pi f \tag{6-3}$$

式中，ω 为角频率，表示正弦信号在单位时间内变化的角度，国际单位制为弧度/秒（rad/s）。

2. 瞬时值、幅值和有效值

正弦量在任一瞬间的值称为瞬时值，电流、电压的瞬时值分别用小写字母 i、u 表示。

幅值反映了正弦信号变化的幅度，为正弦信号瞬时值中的最大值，即正弦信号的振幅。幅值用大写字母加下标 m 来表示，如 U_{m}、I_{m}。

由于瞬时值是随时间变化，在实际应用中常用有效值表征正弦信号大小。交流电的有效值是根据它的热效应来确定的。有效值定义如下。

正弦电流 i 在一个周期 T 内通过某一个电阻 R 产生的热量若与一直流电流 I 在相同的时间内和相同的电阻上产生的热量相等，那么这个直流电流 I 就是正弦交流电流 i 的有效值。用公式表示为

$$\int_0^T i^2 R \mathrm{d}t = I^2 RT$$

由此可得正弦电流 i 的有效值为

$$I = \sqrt{\frac{1}{T}\int_0^T i^2(t)\mathrm{d}t} \tag{6-4}$$

式（6-4）表明，正弦电流 i 的有效值等于它的瞬时值的平方在一个周期内积分的平均值再取平方根。因此有效值又称为均方根值。

把 $i = I_\mathrm{m}\cos(\omega t + \psi_i)$ 代入式（6-4）中，可得正弦电流 i 的有效值 I 与其最大值 I_m 关系

$$I = \frac{I_\mathrm{m}}{\sqrt{2}} \tag{6-5}$$

同理可得

$$U = \frac{U_\mathrm{m}}{\sqrt{2}} \tag{6-6}$$

因此，正弦量的有效值可以代替最大值作为它的一个要素。根据这一关系常将正弦量 i、u 改写成如下的形式

$$i(t) = I_\mathrm{m}\cos(\omega t + \psi_i) = \sqrt{2}I\cos(\omega t + \psi_i) \tag{6-7}$$
$$u(t) = U_\mathrm{m}\cos(\omega t + \psi_u) = \sqrt{2}U\cos(\omega t + \psi_u) \tag{6-8}$$

有效值用大写字母来表示，如 U、I。在工程上凡谈到正弦电压或电流等量值时，若无特殊说明，总是指有效值，一般电气设备铭牌上所标明的额定电压和电流值都是指有效值，例如"220V，60W"的灯泡是指额定电压的有效值为 220V。大多数交流电压表和电流表都是测量有效值。但是电气设备耐压值则要按最大值考虑。

3. 相位、初相位和相位差

在正弦电流 $i(t) = I_\mathrm{m}\cos(\omega t + \psi_i)$ 中，$\omega t + \psi_i$ 随时间变化，称为正弦信号的相位，它描述了正弦信号变化的进程或状态。ψ_i 为 $t=0$ 时刻的相位，称为初相位（初相角），简称初相，习惯上取 $-180° \leqslant \psi_i \leqslant 180°$。正弦信号的初相位 ψ_i 的大小与所选的计时时间起点有关，计时起点选择不同，初相位就不同。在正弦交流电路的分析中，经常要处理、比较两个同频率正弦量的相位关系，即比较同频率正弦量的相位差。任意两个同频率的正弦量，例如一个是正弦电压，另一个是正弦电流，设

$$u(t) = U_\mathrm{m}\cos(\omega t + \psi_u)$$
$$i(t) = I_\mathrm{m}\cos(\omega t + \psi_i)$$

则 $u(t)$ 与 $i(t)$ 的相位差

$$\varphi = (\omega t + \psi_u) - (\omega t + \psi_i) = \psi_u - \psi_i$$

可见，对两个同频率的正弦量来说，相位差在任何瞬时都是一个常数，即等于它们的初相之差，而与时间无关。φ 的单位为 rad（弧度）或°（度）。主值范围为 $|\varphi| \leqslant \pi$。

如果 $\varphi = \psi_u - \psi_i > 0$，如图 6-2 所示，则称电压 u 的相位超前电流 i 的相位一个角度 φ，简称电压 u 超前电流 i 角度 φ，意指在波形图中，由坐标原点向右看，电压 u 先到达其第一个正的最大值，经过 φ，电流 i 到达其第一个正的最大值。反过来也可以说电流 i 滞后电压 u 角度 φ。如果 $\varphi = \psi_u - \psi_i < 0$，则结论刚好与上述情况相反，即电压 u 滞后电流 i 一个角度 $|\varphi|$，或电流 i 超前电压 u 一个角度 $|\varphi|$。

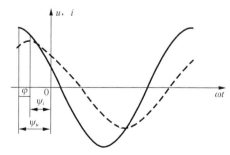

图 6-2　同频正弦量的相位差

在工程应用中，分析计算同频率正弦量相位差时，还会经常遇到下列 3 种特殊情况：当 $\varphi = 0$ 时，称 u 和 i 同相；当 $|\varphi| = \pi/2$ 时，称 u 和 i 正交；当 $|\varphi| = \pi$ 时，称 u 和 i 反相。

注意：

（1）不同频率正弦量之间相位差为一变量，不等于初相位之差；今后谈到相位差都是同频率正弦量之间的相位差。应当注意，当两个同频率正弦量的计时起点改变时，它们的初相也跟着改变，但两者的相位差仍保持不变。即相位差与计时起点的选择无关。

（2）计算相位差时，两个正弦量必须统一表达形式，即都是正弦形式或都是余弦形式，否则错误。

【例 6-1】 已知一正弦电流 i 的 $I_m=10A$，$f=50Hz$，$\psi_i=60°$，求电流 i 的瞬时值表达式。

解　$\omega=2\pi f=2\times3.14\times50=314rad/s$

所以 $i=10\cos(314t+60°)A$

【例 6-2】 已知正弦电流 $i=20\cos(314t+60°)A$，电压 $u=10\sqrt{2}\sin(314t-30°)V$。试分别画出它们的波形图，求出它们的有效值、频率及相位差。

解　电压 u 可改写为

$$u=10\sqrt{2}\sin(314t-30°)=10\sqrt{2}\cos(314t-120°)V$$

i、u 波形图如图 6-3 所示。其有效值为

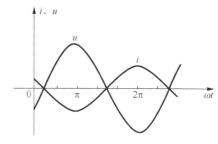

图 6-3　例 6-2 图

$$I=\frac{20}{\sqrt{2}}=14.142A$$

$$U=10V$$

i、u 的频率为

$$f=\frac{\omega}{2\pi}=\frac{314}{2\times3.14}=50Hz$$

u、i 的相位差为

$$\varphi=\psi_u-\psi_i=-120°-60°=-180°$$

思考与练习

6-1-1　何谓正弦量的三要素？三要素各反映了正弦量的哪些方面？

6-1-2　平常我们所说的交流电流多少安培，交流电压多少伏特，是指什么值？

6-1-3　常用的交流电流表与交流电压表，其读数是指什么值？

6-1-4　各种电气设备的绝缘耐压值应该以什么值来考虑？

6.2　正弦量的相量表示法

我们知道，一个正弦量可以用三角函数式表示，也可以用正弦曲线表示。但是用这两种方法进行正弦量的计算是很繁琐的，有必要研究如何简化。相量法就是用复数来表示正弦量，它是使正弦交流电路的稳态分析与计算转化为复数运算的一种方法。

一、复数表示法及运算法则

1. 复数及其表示形式

复数 F 可以表示为复平面上的一个点或由原点指向该点的有向线段（矢量），如图 6-4 所示。坐标 a 为实部、b 为虚部，$|F|$ 为复数的模，φ 为复数的辐角，规定辐角的绝对值小于

180°。取 $\text{Re}[F]=a$，$\text{Im}[F]=b$，其中 $\text{Re}[F]$ 和 $\text{Im}[F]$ 分别表示取复数 F 的实部和虚部。

一个复数 F 有以下四种表达式：代数型、三角型、指数型和极坐标型，即

$$F = a + jb = |F|(\cos\varphi + j\sin\varphi) = |F|e^{j\varphi} = |F|\angle\varphi \qquad (6\text{-}9)$$

注意：在电工学中，为避免与电流 i 混淆，选用 j 表示虚单位，$j^2=-1$。

2. 复数运算

对于电路分析而言，复数运算要求掌握的内容，有如下两方面。

（1）复数的直角坐标形式与极坐标形式的互换。

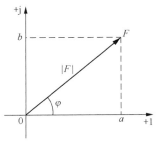

图 6-4　在复平面上表示复数

一个复数 F 的直角坐标形式为 $F = a + jb$，其中 a 为实部，b 为虚部，$j = \sqrt{-1}$。复数 F 另一种极坐标形式为 $F = |F|\angle\varphi$，其中 $|F|$ 为模，φ 为辐角。两种形式的关系如下。

$$F = a + jb = |F|\angle\varphi$$

$$a = |F|\cos\varphi，\quad b = |F|\sin\varphi$$

$$|F| = \sqrt{a^2 + b^2}，\quad \arg(F) = \varphi = \arctan\frac{b}{a}$$

（2）复数的加、减、乘、除四则运算。

设有两个复数为

$$F_1 = a_1 + jb_1 = |F_1|\angle\varphi_1$$

$$F_2 = a_2 + jb_2 = |F_2|\angle\varphi_2$$

① 两复数的加、减运算，应采用复数的直角坐标形式来进行。运算的方法是：分别将两复数的实部相加、减，虚部相加、减。

② 两复数的乘、除运算，应采用复数的极坐标形式来进行。运算方法是：分别将两复数的模相乘、除，辐角相加、减。

加法运算：$F_1 + F_2 = (a_1 + a_2) + j(b_1 + b_2)$

减法运算：$F_1 - F_2 = (a_1 - a_2) + j(b_1 - b_2)$

乘法运算：$F_1 \cdot F_2 = |F_1||F_2|\angle(\varphi_1 + \varphi_2)$

除法运算：$\dfrac{F_1}{F_2} = \dfrac{|F_1|}{|F_2|}\angle(\varphi_1 - \varphi_2)$

【例 6-3】 已知 $F_1=8-j6$，$F_2=3+j4$。试求：（1）F_1+F_2；（2）F_1-F_2；（3）$F_1\times F_2$；（4）F_1/F_2。

解 （1）$F_1+F_2=(8-j6)+(3+j4)=11-j2=11.18\angle-10.3°$

（2）$F_1-F_2=(8-j6)-(3+j4)=5-j10=11.18\angle-63.4°$

（3）$F_1\times F_2=(10\angle-36.9°)\times(5\angle53.1°)=50\angle16.2°$

（4）$F_1/F_2=(10\angle-36.9°)\div(5\angle53.1°)=2\angle-90°$

注意：要熟练掌握复数的 4 种表示形式及相互转换关系，这对相量的运算非常重要。

二、相量表示法

1. 正弦量的相量表示

设某正弦电流为 $i(t) = I_{\text{m}}\cos(\omega t + \psi_i)$，根据欧拉公式可以把复指数 $\sqrt{2}Ie^{j(\omega t + \psi_i)}$

展开成

$$\sqrt{2}Ie^{j(\omega t+\psi_i)} = \sqrt{2}I[\cos(\omega t+\psi_i)+j\sin(\omega t+\psi_i)]$$

上式的实部恰好是正弦电流 i，即

$$i(t) = I_m\cos(\omega t+\psi_i) = \sqrt{2}I\cos(\omega t+\psi_i)$$
$$= \text{Re}[\sqrt{2}Ie^{j(\omega t+\psi_i)}] = \text{Re}[\sqrt{2}Ie^{j\psi_i}e^{j\omega t}] \qquad (6\text{-}10)$$

式（6-10）中，Re[ ]是"取复数实部"的意思，令常数部分 $Ie^{j\psi_i}$ 为 $\dot{I}$，即有

$$\dot{I} = Ie^{j\psi_i} = I\angle\psi_i \qquad (6\text{-}11)$$

它是包含了正弦量的有效值 I 和初相角 ψ_i 的复数，这种复数 $\dot{I}$ 称为正弦量的有效值相量。字母 I 上面的小圆点是用来表示相量的，既与有效值相区分，也可以与一般复数相区分。把正弦量有效值定义的相量 $\dot{I}$ 称为"有效值"相量，也可以把 $\dot{I}_m = \sqrt{2}Ie^{j\psi_i} = I_m\angle\psi_i$ 定义为"最大值"相量。同样，正弦电压的有效值相量为 $\dot{U} = U\angle\psi_u$。正弦量和相量之间存在着一一对应关系。给定了正弦量，可以得出表示它的相量；反之，由已知的相量，可以写出它所代表的正弦量。例如，正弦量为 $u(t) = 220\sqrt{2}\cos(314t+30°)\text{V}$，它的最大值相量 $\dot{U}_m = 220\sqrt{2}\angle30°\text{V}$，有效值相量为 $\dot{U} = 220\angle30°\text{V}$，反之亦然。

2. 相量图及参考相量

$\dot{I}$ 在复平面上可用一个矢量表示，该矢量称正弦量的相量图（也简称相量），如图 6-5（a）所示。图中的有向线段的长度为 $\dot{I}$ 的模 I，即正弦量的有效值。其与实轴的夹角为 $\dot{I}$ 的辐角 ψ_i，即正弦量的初相位。从相量图中不但可以清晰地看出正弦量的大小和相位关系，还可用于正弦量之间的比较。为了清楚起见，相量图上通常省去虚轴+j，有时实轴也可以省去。

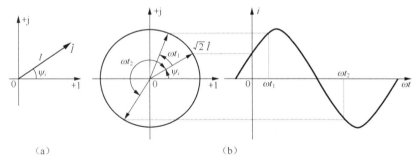

（a）　　　　　　　　　　　　　　　　　　　（b）

图 6-5　相量图及旋转相量

画几个同频率正弦量的相量图时，可选择某一相量作为参考相量先画出，再根据其它正弦量与参考正弦量的相位差画出其他相量。参考相量的位置可根据需要任意选择。所有电压、电流均为与激励同频率的正弦函数，因此在正弦交流中所有响应与激励仅在振幅、初相方面有差别。在规定参考方向后，所有响应、激励均可用一个极坐标形式相量来表征。

3. 旋转因子及旋转相量

（1）复指数函数的另一部分 $e^{j\omega t} = 1\angle\omega t = \cos\omega t + j\sin\omega t$ 是一个随时间变化的旋转因子，它在复平面上是以原点为中心，以角速度 ω 不断逆时针旋转的复数（模为 1）。任何一个复数乘以一个旋转因子，就逆时针旋转一个角。

（2）相量（$\dot{I} = I\mathrm{e}^{\mathrm{j}\psi_i}$）乘以旋转因子 $\mathrm{e}^{\mathrm{j}\omega t}$，则是时间 t 的复值函数，在复平面上可用以恒定角速度 ω 逆时针方向旋转的相量表示，所以把它称为旋转相量。

（3）旋转相量在实轴上的投影，即为同一时刻正弦量的瞬时值。这个关系可以用图 6-5（b）所示的旋转相量即 $\sqrt{2}\dot{I}\mathrm{e}^{\mathrm{j}\omega t}$ 和正弦量 i 的波形图之间的对应关系来说明。

几个特殊旋转因子：

① $\theta = \dfrac{\pi}{2}$，$\mathrm{e}^{\mathrm{j}\frac{\pi}{2}} = \cos\dfrac{\pi}{2} + \mathrm{j}\sin\dfrac{\pi}{2} = +\mathrm{j}$；

② $\theta = -\dfrac{\pi}{2}$，$\mathrm{e}^{\mathrm{j}\frac{\pi}{2}} = \cos\left(-\dfrac{\pi}{2}\right) + \mathrm{j}\sin\left(-\dfrac{\pi}{2}\right) = -\mathrm{j}$；

③ $\theta = \pm\pi$，$\mathrm{e}^{\mathrm{j}\pm\pi} = \cos(\pm\pi) + \mathrm{j}\sin(\pm\pi) = -1$。

由于 $\mathrm{e}^{\mathrm{j}\pi/2}=\mathrm{j}$，$\mathrm{e}^{-\mathrm{j}\pi/2}=-\mathrm{j}$，$\mathrm{e}^{\mathrm{j}\pi}=-1$，故 $+\mathrm{j}$，$-\mathrm{j}$，-1 都可以看成旋转因子。任意一个相量乘以 j 相当于该相量逆时针旋转 $90°$，任意一个相量除以 j（乘以 $-\mathrm{j}$）相当于把相量顺时针旋转 $90°$，如图 6-6 所示。对于任何正弦时间函数都可以找到唯一的与其对应的复指数函数，建立起一一对应关系，从而得到表示这个正弦量的相量。由于这种对应关系非常简单，因而可以直接写出。

【例 6-4】 在图 6-7 所示相量图中，已知 $I_1 = 10\mathrm{A}$，$I_2 = 5\mathrm{A}$，$U = 110\mathrm{V}$，$f = 50\mathrm{Hz}$，试分别写出它们的相量表达式和瞬时值表达式。

图 6-6　旋转因子　　　　　　　　　图 6-7　例 6-4 图

解　相量表达式为

$$\dot{I}_1 = 10\angle -30°\,\mathrm{A}$$
$$\dot{I}_2 = 5\angle 45°\,\mathrm{A}$$
$$\dot{U} = 110\angle 0°\,\mathrm{V}$$

瞬时值表达式为

$$i_1 = 10\sqrt{2}\cos(314t - 30°)\,\mathrm{A}$$
$$i_2 = 5\sqrt{2}\cos(314t + 45°)\,\mathrm{A}$$
$$u = 110\sqrt{2}\cos(314t)\,\mathrm{V}$$

三、正弦量运算的相量形式

用相量表示的正弦量的运算可以转化为求复数的四则运算，正弦量的微分、积分及同频率正弦量的代数和，结果仍然是一个同频率的正弦量，因而显得十分简便。正弦量的运算可以转化为相应的相量运算。下面介绍同频率正弦量的相量运算。

1. 同频率正弦量的代数和

设有 n 个同频率的正弦量，其和为

$$i = i_1 + i_2 + \cdots + i_k + \cdots i_n$$

由于 $i_k = \sqrt{2}I_k\cos(\omega t + \theta_k) = \mathrm{Re}[\sqrt{2}I_k\mathrm{e}^{\mathrm{j}\theta_k}\mathrm{e}^{\mathrm{j}\omega t}] = \mathrm{Re}[\sqrt{2}\dot{I}_k\mathrm{e}^{\mathrm{j}\omega t}]$

若每一个正弦量均用与之对应的复指数函数表示，则

$$i = \mathrm{Re}[\sqrt{2}\dot{I}_1\mathrm{e}^{\mathrm{j}\omega t}] + \mathrm{Re}[\sqrt{2}\dot{I}_2\mathrm{e}^{\mathrm{j}\omega t}] + \cdots + \mathrm{Re}[\sqrt{2}\dot{I}_k\mathrm{e}^{\mathrm{j}\omega t}] + \cdots + \mathrm{Re}[\sqrt{2}\dot{I}_n\mathrm{e}^{\mathrm{j}\omega t}]$$

$$= \mathrm{Re}[\sqrt{2}\,(\dot{I}_1 + \dot{I}_2 + \cdots + \dot{I}_k + \cdots + \dot{I}_n)\,\mathrm{e}^{\mathrm{j}\omega t}] = \mathrm{Re}[\sqrt{2}\dot{I}\mathrm{e}^{\mathrm{j}\omega t}]$$

上式对任何时刻都成立，所以

$$\dot{I} = \dot{I}_1 + \dot{I}_2 + \cdots + \dot{I}_k + \cdots + \dot{I}_n = \sum_{k=1}^{n}\dot{I}_k \tag{6-12}$$

因此，同频率正弦量的代数和的相量等于与之对应的各正弦量的相量的代数和。

这实际上是一种变换思想，由时域量变换到相量，"相量" 不同于 "向量"。

2. 正弦量的微分规则

正弦量对时间的导数仍是一个同频率的正弦量，其相量等于原正弦量的相量乘以 $\mathrm{j}\omega$。

证明

设正弦电流 $i = \sqrt{2}I\cos(\omega t + \theta_i)$，对之求导，有

$$\frac{\mathrm{d}i}{\mathrm{d}t} = \sqrt{2}I\omega\cos\left(\omega t + \theta_i + \frac{\pi}{2}\right) = \frac{\mathrm{d}}{\mathrm{d}t}\mathrm{Re}[\sqrt{2}\dot{I}\mathrm{e}^{\mathrm{j}\omega t}]$$

$$= \mathrm{Re}[\frac{\mathrm{d}}{\mathrm{d}t}(\sqrt{2}\dot{I}\mathrm{e}^{\mathrm{j}\omega t})] = \mathrm{Re}[\sqrt{2}\mathrm{j}\omega\dot{I}\mathrm{e}^{\mathrm{j}\omega t}] = \mathrm{Re}[\sqrt{2}I\omega\mathrm{e}^{\mathrm{j}(\theta_i+\frac{\pi}{2})}\mathrm{e}^{\mathrm{j}\omega t}]$$

所以 $\dfrac{\mathrm{d}i}{\mathrm{d}t}$ 的相量为 $\mathrm{j}\omega\dot{I} = \omega I\angle\left(\theta_i + \dfrac{\pi}{2}\right)$。同理可得 i 的高阶导数 $\dfrac{\mathrm{d}^n i}{\mathrm{d}t^n}$ 的相量为 $(\mathrm{j}\omega)^n\dot{I}$。

3. 正弦量的积分规则

正弦量对时间的积分是一个同频率的正弦量，其相量等于原正弦量的相量除以 $\mathrm{j}\omega$。

证明

设 $i = \sqrt{2}I\cos(\omega t + \theta_i)$，则

$$\int i\mathrm{d}t = \sqrt{2}\frac{I}{\omega}\cos\left(\omega t + \theta_i - \frac{\pi}{2}\right) = \int\mathrm{Re}[\sqrt{2}\dot{I}\mathrm{e}^{\mathrm{j}\omega t}]\mathrm{d}t = \mathrm{Re}\left[\sqrt{2}\left(\frac{\dot{I}}{\mathrm{j}\omega}\right)\mathrm{e}^{\mathrm{j}\omega t}\right]$$

所以 $\int i\mathrm{d}t$ 的相量为 $\dfrac{\dot{I}}{\mathrm{j}\omega}$。同理 i 的 n 重积分的相量为 $\dfrac{\dot{I}}{(\mathrm{j}\omega)^n}$。

综合微分和积分规则可见：采用相量表示正弦量，正弦量对时间求导或积分的运算变为代表它们的相量乘以或除以 $\mathrm{j}\omega$ 的运算。这对正弦电流电路的运算带来极大方便，可将同频率正弦量的微、积分方程变为代数方程。

结论：正弦稳态电路常用相量法来分析，其主要的优点有以下几点。

（1）把时域问题变为复数问题。

（2）把微积分方程的运算变为复数方程运算。

（3）可以把直流电路的分析方法直接用于交流电路。但要注意的是：相量法只适用于激励为同频正弦量的非时变线性电路。

【例 6-5】 计算 $5\angle 47°+10\angle-25°=?$

解 $5\angle 47°+10\angle-25°=(3.41+\text{j}3.657)+(9.063-\text{j}4.226)$

$$=12.47-\text{j}0.569$$
$$=12.48\angle-2.61°$$

上述表明，可以通过数学的方法，把一个实数域的正弦时间函数与一个复数域的复指数函数一一对应起来。正弦量用相量表示，可以使正弦量的运算简化。在正弦量的三要素中，角频率可以作为已知量，要确定电路中的电压或电流，只需把电压或电流的幅值和初相角两个要素用复数来描述。而复指数函数的复常数部分是用正弦量的有效值（最大值）和初相结合成一个复数表示出来的。用复数形式表示的正弦量称为正弦量的相量表示形式，运用相量进行正弦稳态电路的分析和计算，可同时将正弦量的有效值（最大值）和初相计算出来。

特别强调：相量只是用来表示正弦量，它实质上是一个复数，相量与正弦函数之间只存在对应关系而绝不是相等关系。

$$i(t)=10\sqrt{2}\cos(10t-60°)\text{A}=\dot{I}=10\angle-60°\text{A} \quad （严重错误）$$

思考与练习

6-2-1 为什么要用相量表示正弦量？

6-2-2 相量与正弦函数之间存在什么对应关系？

6-2-3 为什么要学习相量？电路的相量是怎么得出来的？

6-2-4 复数的表示形式有几种？它们之间如何转换？如何进行复数运算？

6.3 电路定律的相量形式

在电路的时域分析中，包括直流电路和动态电路分析，就其分析思路和过程而言，主要考虑的问题如下。

（1）元件特性（VCR）和电路连接关系（KCL、KVL）的描述。

（2）建立电路模型。

（3）列写和求解电路方程，得到分析结果。

对于正弦稳态电路，引入相量概念后，我们将同样围绕上述问题进行讨论和研究，并在此基础上导出正弦稳态电路的相量分析法。本节介绍基本元件 VCR 和电路基尔霍夫定律的相量形式。正弦电流电路中的电压、电流全部是同频率的正弦量，因此描述电路特性的微（积）分方程的特解可以用相量法转换为代数方程来求解，就可以直接用相量法得出电路相量形式的方程。

一、电路基本元件的相量形式

前面分析了交流电的基本概念和正弦量的各种表示法，以下来分析正弦交流电路。首先讨论单一元件的正弦交流电路，为几种元件的混合电路打下基础。

1. 电阻元件伏安关系的相量形式

图 6-8（a）所示的电阻元件电路，当正弦电流 $i_R(t)=\sqrt{2}I_R\cos(\omega t+\psi_i)$ 通过电阻 R 时，其端电压 $u_R(t)=\sqrt{2}U_R\cos(\omega t+\psi_u)$ 为一同频正弦量，根据欧姆定律有

$$u_R=Ri_R \quad （时域形式）$$

即

$$\sqrt{2}U_{\mathrm{R}}\cos(\omega t + \psi_u) = \sqrt{2}RI_{\mathrm{R}}\cos(\omega t + \psi_i)$$

如图 6-8（b）所示，相应的相量形式为

$$\dot{U}_{\mathrm{R}} = R\dot{I}_{\mathrm{R}} \quad （相量形式） \tag{6-13}$$

即

$$U_{\mathrm{R}} \angle \psi_u = RI_{\mathrm{R}} \angle \psi_i \tag{6-14}$$

从上述两种形式的关系中都可得到

$$\begin{cases} U_{\mathrm{R}} = RI_{\mathrm{R}} \\ \psi_u = \psi_i \end{cases}$$

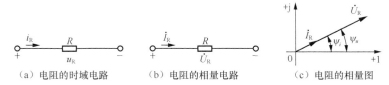

（a）电阻的时域电路　　　（b）电阻的相量电路　　　（c）电阻的相量图

图 6-8　电阻的电压、电流关系的相量形式

由此我们可得出

（1）$U_{\mathrm{R}} = RI_{\mathrm{R}}$，即电阻电压有效值等于电流有效值乘以电阻值；

（2）$\angle\psi_u = \angle\psi_i$，即电阻上电压与电流同相位，如图 6-8（c）所示。

2. 电感元件伏安关系的相量形式

图 6-9（a）所示的电感元件电路，设 $i_{\mathrm{L}} = I_{\mathrm{m}}\cos(\omega t + \psi_i)$，在正弦稳态下伏安关系为

$$u_{\mathrm{L}} = L\frac{\mathrm{d}i_{\mathrm{L}}}{\mathrm{d}t} = LI_{\mathrm{m}}\omega\sin(\omega t + \psi_i) = LI_{\mathrm{m}}\omega\cos(\omega t + \psi_i + 90^\circ)$$

其相量形式为

$$\dot{U}_{\mathrm{L}} = \mathrm{j}\omega L\dot{I}_{\mathrm{L}} \tag{6-15}$$

或写成

$$U_{\mathrm{L}} \angle \psi_u = \omega LI_{\mathrm{L}} \angle (\psi_i + 90^\circ) \tag{6-16}$$

式（6-15）称为电感元件伏安关系的相量形式，由此我们可得出以下两点：

（1）$U_{\mathrm{L}} = \omega LI_{\mathrm{L}}$，电感元件的端电压有效值等于电流有效值、角频率和电感三者之积。

（2）$\psi_u = \psi_i + 90^\circ$，电感上电压相位超前电流相位 90°。

图 6-9（b）所示的电路给出了电感元件的端电压、电流相量形式的示意图，图 6-9（c）给出了电感元件的端电压与电流的相量图。

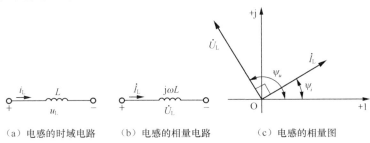

（a）电感的时域电路　　　（b）电感的相量电路　　　（c）电感的相量图

图 6-9　电感元件伏安关系的相量形式

由式（6-16），得

$$\frac{U_{\mathrm{L}}}{I_{\mathrm{L}}} = \omega L, \quad \frac{I_{\mathrm{L}}}{U_{\mathrm{L}}} = \frac{1}{\omega L}$$

记 $X_{\mathrm{L}} = \omega L$，称为电感元件的感抗，国际单位制（SI）中，其单位为欧姆（Ω）；$B_{\mathrm{L}} = 1/X_{\mathrm{L}}$，称为感纳。

感抗是用来表示电感元件对电流阻碍作用的一个物理量。在电压一定的条件下，感抗越大，电路中的电流越小，其值正比于频率 f。有两种特殊情况如下：

（1）$f \to \infty$ 时，$X_{\mathrm{L}} = \omega L \to \infty$，$I_{\mathrm{L}} \to 0$。即电感元件对高频率的电流有极强的抑制作用，在极限情况下，它相当于开路。因此，在电子电路中，常用电感线圈作为高频扼流圈。

（2）$f \to 0$ 时，$X_{\mathrm{L}} = \omega L \to 0$，$U_{\mathrm{L}} \to 0$。即电感元件对于直流电流相当于短路。

感抗随频率变化的情况如图 6-10 所示。一般地，电感元件具有通直流隔交流的作用，或说成电感具有通低频阻高频的特性。

必须注意，感抗是电压、电流有效值之比，而不是它们的瞬时值之比。

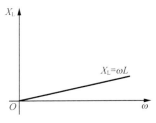

图 6-10　感抗随频率变化曲线

【例 6-6】 一个 $L = 10\mathrm{mH}$ 的电感元件，其两端电压为 $u(t) = 100\cos\omega t$，当电源频率为 50Hz 与 50kHz 时，求流过电感元件的电流 I。

解　当 $f = 50\mathrm{Hz}$ 时

$$X_{\mathrm{L}} = 2\pi f L = 2\pi \times 50 \times 10 \times 10^{-3} = 3.14\Omega$$

通过线圈的电流为

$$I = \frac{U}{X_{\mathrm{L}}} = \frac{100}{\sqrt{2}} \times \frac{1}{3.14} = 22.5\mathrm{A}$$

当 $f = 50\mathrm{kH_Z}$ 时

$$X_{\mathrm{L}} = 2\pi f L = 2\pi \times 50 \times 10^{3} \times 10 \times 10^{-3} = 3140\Omega$$

通过线圈的电流为

$$I = \frac{U}{X_{\mathrm{L}}} = \frac{100}{\sqrt{2}} \times \frac{1}{3140} = 22.5\mathrm{mA}$$

可见，电感线圈能有效阻止高频电流通过。

3. 电容元件伏安关系的相量形式

在电气工程中，电容的应用也非常广泛，如各种电子控制电路都要利用电容器进行滤波、隔直、旁路及选频等。有时还采用电容器来改善系统的功率因数，以减少输电线路上的能量损失和提高电源设备的利用率。为了解决上述问题，就必须认识电容器在电路中的作用，弄清楚电容在交流电路中的电压与电流的关系。

图 6-11（a）所示正弦稳态下的电容元件，当正弦电流通过电容 C 时，有

$$i_{\mathrm{C}} = C\frac{\mathrm{d}u_{\mathrm{C}}}{\mathrm{d}t}$$

相应的相量形式为

$$\dot{U}_{\mathrm{C}} = \frac{1}{\mathrm{j}\omega C}\dot{I}_{\mathrm{C}} \tag{6-17}$$

即

$$U_C \angle \psi_u = \frac{1}{\omega C} I_C \angle \psi_i - \frac{\pi}{2} \qquad (6\text{-}18)$$

显然有

$$\begin{cases} U_C = \dfrac{1}{\omega C} I_C \\ \psi_u = \psi_i - \dfrac{\pi}{2} \end{cases}$$

式（6-17）称为电容元件伏安关系的相量形式。由此我们可得出以下两点：

（1） $I_C = \omega C U_C$，即电容上电流有效值等于电压有效值、角频率、电容量之积。

（2） $\psi_i = \psi_u + 90°$，即电容上电流相位超前电压相位 90°。

电容元件 C 的时域电路、相量电路、相量图如图 6-11 所示。

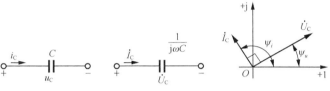

| （a）电容的时域电路 | （b）电容的相量电路 | （c）电容的相量图 |

图 6-11　电容的电压、电流关系的相量形式关系

由式（6-18），得

$$\frac{U_C}{I_C} = \frac{1}{\omega C} , \quad \frac{I_C}{U_C} = \omega C$$

记 $X_C = \dfrac{1}{\omega C}$，称为电容元件的容抗，国际单位制（SI）中，其单位为欧姆（Ω），其值与频率成反比；$B_C = \omega C$，称为电容元件的容纳，其单位为西门子（S）。

对于两种极端的情况如下。

（1） $f \to \infty$ 时，$X_C = \dfrac{1}{\omega C} \to 0$，$U_C \to 0$。电容元件对高频率电流有极强的导流作用，在极限情况下，它相当于短路。因此，在电子线路中，常用电容元件作旁路高频电流元件使用。

（2） $f \to 0$ 时，$X_C = \dfrac{1}{\omega C} \to \infty$，$I_C \to 0$。在直流电路中，因为电源频率 $f=0$，容抗 X_C 为无穷大，电容器在直流电路中就相当于断路，所以电容器具有通交流、隔直流的特性（刚好与电感通直隔交的特性相反）。在电子线路中，常用电容元件作隔离直流元件使用。必须注意，容抗是电压、电流有效值之比，而不是它们的瞬时值之比。

当 f 越大，容抗 X_C 就越小，电容中通过的电流越大，说明电容对高频电流的阻碍作用较小。反之，当 f 越小，容抗 X_C 越大，电容中通过的电流越小，电容对低频电流的阻碍作用较大，电容是通高频阻低频的器件。

对于线性受控源，同样可以用相量形式表示。以 CCVS 为例，设在时域中有 $u_k = \gamma i_j$，其相量形式为 $\dot{U}_k = \gamma \dot{I}_j$。至此，可以根据给定的用 u、i、R、L、C 表示的时域电路，分别用 $\dot{U}$、$\dot{I}$、R、$j\omega L$、$\dfrac{1}{j\omega C}$ 替代，得到对应的相量电路。在选定的电压、电流的参考方向下，写出 KCL 和 KVL 方程的相量形式，再将元件伏安关系的相量形式代入，便得到一组以待求量（电压或电流）的相量为未知量的复数代数方程。解此方程组就可求得待求正弦电压或正弦电流的相量，最后根据相量与正弦时间函数的对应关系，写出待求量在时域中的瞬时值表达式。这种方法就是求解正弦电流电路的相量法。

二、基尔霍夫定律的相量形式

基尔霍夫定律的时域形式为

KCL：$\sum i = 0$

KVL：$\sum u = 0$

由于正弦电流电路中的电压、电流全部是同频正弦量，根据上节所论述的相量运算，很容易推导出基尔霍夫定律的相量形式，即为

KCL：$\sum \dot{I} = 0$

KVL：$\sum \dot{U} = 0$

必须强调指出，KCL、KVL 的相量形式所表示的是相量的代数和恒等于零，并非是有效值的代数和恒等于零。

【**例 6-7**】图 6-12（a）所示的正弦稳态电路中，$I_2 = 10\text{A}, U_\text{S} = \dfrac{10}{\sqrt{2}}\text{V}$，求电流 $\dot{I}$ 和电压 $\dot{U}_\text{S}$，并画出电路的相量图。

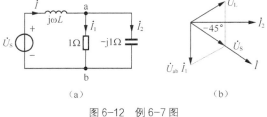

图 6-12　例 6-7 图

解　设 $\dot{I}_2$ 为参考相量，即 $\dot{I}_2 = 10\angle 0°\text{A}$，则 ab 两端的电压相量为

$$\dot{U}_\text{ab} = -\text{j} \times \dot{I}_2 = -\text{j}1 \times 10 = -\text{j}10\text{V}$$

电流　　　$\dot{I}_1 = \dfrac{\dot{U}_\text{ab}}{1} = -\text{j}10\text{A}$

$$\dot{I} = \dot{I}_1 + \dot{I}_2 = -\text{j}10 + 10 = 10\sqrt{2}\angle -45°\text{A}$$

由 KVL，得

$$\dot{U}_\text{S} = \text{j}X_\text{L}\dot{I} + \dot{U}_\text{ab} = \text{j}10(X_\text{L} - 1) + 10X_\text{L}$$

根据已知条件：　$U_\text{S} = \dfrac{10}{\sqrt{2}}\text{V}$

$$\left(\dfrac{10}{\sqrt{2}}\right)^2 = \left[10(X_\text{L} - 1)\right]^2 + (10X_\text{L})^2$$

从中解得 $X_\text{L} = \dfrac{1}{2}\Omega$

$$\dot{U}_\text{S} = \text{j}X_\text{L}\dot{I} + \dot{U}_\text{ab} = \text{j}10(X_\text{L} - 1) + 10X_\text{L}$$

$$= 5 - \text{j}5 = \dfrac{10}{\sqrt{2}}\angle -45°\text{V}$$

相量图如图 6-12（b）所示，在水平方向作 $\dot{I}_2$，其初相角为零，称为参考相量，电容的电流超前电压 90°，所以 $\dot{U}_\text{ab}$ 垂直于 $\dot{I}_2$，并滞后 $\dot{I}_2$，在电阻上电压与电流同相，所以 $\dot{I}_1$ 与 $\dot{U}_\text{ab}$

同相，求解 $\dot{I}$ 和 $\dot{U}_S$ 由平行四边形法则求解。

思考与练习

6-3-1 感抗、容抗和电阻有何相同？有何不同？

6-3-2 如何理解电容元件的"通交隔直"作用？

6-3-3 直流情况下，电容的容抗等于多少？容抗与哪些因素有关？

6-3-4 电感和电容在直流和交流电路中的作用如何？

6.4 应用实例

荧光灯照明电路主要由灯管、镇流器、启辉器等元件组成，如图 6-13 所示。

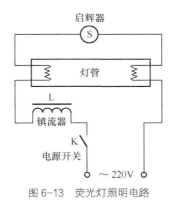

图 6-13 荧光灯照明电路

一、主要元件及作用

（1）灯管：荧光灯灯管的两端各有一个灯丝，灯管内充有微量的氩和稀薄的汞蒸气，灯管内壁上涂有荧光粉。两个灯丝之间的气体导电时发出紫外线，使涂在管壁上的荧光粉发出柔和的可见光。

（2）镇流器：是一个带铁心的线圈，自感系数很大。当电路断开时能产生瞬时高压，加在灯管两端，使灯管中的气体放电，荧光灯开始发光；在荧光灯正常发光时，由于交变电流通过镇流器的线圈，线圈中产生自感电动势，总是阻碍电流的变化，起着降压限流的作用，保证荧光灯的正常工作。

（3）启辉器：主要是一个充有氖气的小玻璃泡，里面装有两个电极，一个是静触片，另一个是由两个膨胀系数不同的金属制成的 U 型动触片。

二、电路工作原理

当开关接通的时候，电源电压立即通过镇流器和灯管灯丝加到启辉器两极，荧光灯电路通电，由电路图 6-13 可知，220V 的电压立即使启辉器的惰性气体电离，产生辉光放电。由于灯管内汞蒸气导电所需电压较高，氖泡内氖气导电所需电压较低，此时只有氖气导电，发出辉光，使金属片温度升高，由于双金属片的膨胀程度不同，致使 U 形片伸开，与静触片接触，电路导通，电路中形成较强的电流（由电源电压和两灯丝电阻决定）；氖泡中两电极之间无电压，氖气不发光，氖泡内温度下降，U 形电极形变，两电极断开，此时由于电路中镇流器的存在，产生自感，镇流器就产生一个与原来电压方向相同的较高的电动势，再加上此时灯丝还接在电源,这样自感电动势加上电源电压形成一个高电压加在灯管两端使汞蒸气导电，发出不可见的紫外线，紫外线使管壁上的荧光粉发光。由于电路中通过的是交流电，镇流器的自感作用就起着阻碍电流的作用，使灯丝上的电流和灯管中的电流维持在正常的范围内。此时由于管内汞蒸气已经导通，启辉器就相当于和灯管并联，它的通断对镇流器的自感基本没有影响。

本章小结

一、正弦量的三要素

正弦量的三要素有角频率（频率或周期）、幅值（最大值）和初相位，分别表征正弦量的快慢、大小和初始值 3 个方面。

二、正弦量的表示方法

正弦量的表示方法有三角函数表示法，波形表示法，相量表示法及相量图表示法。其中相量表示法是计算分析正弦交流电的重要工具。

三、KL 和元件 VCR 的时域形式与相量形式

定 律		时 域 形 式	相 量 形 式
KL	KCL	$\sum i = 0$	$\sum \dot{I} = 0$
	KVL	$\sum u = 0$	$\sum \dot{U} = 0$
元件的 VCR	R	$u_R = Ri_R$ 或 $i_G = Gu_G$	$\dot{U}_R = R\dot{I}_R$ 或 $\dot{I}_G = G\dot{U}_G$
	L	$u_L = L\dfrac{di_L}{dt}$ 或 $i_L = \dfrac{1}{L}\int u_L dt$	$\dot{U}_L = j\omega L\dot{I}_L$ 或 $\dot{I}_L = \dfrac{1}{j\omega L}\dot{U}_L$
	C	$u_C = \dfrac{1}{C}\int i_C dt$ 或 $i_C = C\dfrac{du_C}{dt}$	$\dot{U}_C = \dfrac{1}{j\omega C}\dot{I}_C$ 或 $\dot{I}_C = j\omega C\dot{U}_C$

自测题

一、选择题

1. 已知正弦电压 $\dot{U} = 380\angle 45° V$ ，频率为 50Hz，则它的瞬时值表达式为（ 　　 ）。

（A） $u(t) = 380\cos(314t + 45°)V$ 　　　　（B） $u(t) = 380\sqrt{2}\cos(314t + 45°)V$

（C） $u(t) = \dfrac{380}{\sqrt{2}}\cos(314t + 45°)V$ 　　　　（D） $u(t) = 380\sqrt{2}\cos(50t + 45°)V$

2. 电容元件的正弦交流电路中，电压有效值不变，频率增大时，电路中电流将（ 　　 ）。

（A）增大　　　　　　（B）减小　　　　　　（C）不变　　　　　　（D）无法确定

3．在 RL 串联电路中，$U_R=16V$，$U_L=12V$，则总电压为（　　）。

（A）28V　　　　　　（B）20V　　　　　　（C）2V　　　　　　（D）无法确定

4．电感元件的正弦交流电路中，电压有效值不变，当频率增大时，电路中电流将（　　）。

（A）增大　　　　　　（B）减小　　　　　　（C）不变　　　　　　（D）无法确定

5．实验室中的交流电压表和电流表，其读值是交流电的（　　）。

（A）最大值　　　　　（B）有效值　　　　　（C）瞬时值　　　　　（D）平均值

二、判断题

1．正弦量的三要素是指它的最大值、角频率和相位。　　　　　　　　　　（　　）

2．一个实际的电感线圈，在任何情况下呈现的电特性都是感性。　　　　（　　）

3．正弦交流电路的频率越高，阻抗越大；频率越低，阻抗越小。　　　　（　　）

4．因为正弦量可以用相量来表示，所以说相量就是正弦量。　　　　　　（　　）

5．从电压、电流瞬时值关系式来看，电感元件属于动态元件。　　　　　（　　）

三、填空题

1．正弦量的三要素为（　　）、（　　）、（　　）。

2．两个同频率正弦量的相位差等于它们的（　　）之差。

3．实际应用的电表交流指示值和我们实验的交流测量值，都是交流电的（　　）值。工程上所说的交流电压、交流电流的数值，通常也都是它们的（　　）值。

4．在 RLC 串联电路中，已知电流为 5A，电阻为 30Ω，感抗为 40Ω，容抗为 80Ω，那么电路的阻抗为（　　），该电路为（　　）性电路。

5．已知一正弦量 $i = 10\cos(314t - 30°)A$，则该正弦电流的最大值是（　　）A；有效值是（　　）A；角频率是（　　）rad/s；频率是（　　）Hz；周期是（　　）s；初相是（　　）。

习题

6-1　已知正弦电压 $u = 311\cos(314t + 60°)$ V。试求：

（1）角频率 ω、频率 f、周期 T、最大值 U_m 和初相位 ψ_u；

（2）在 $t = 0$ 和 $t = 0.001$ 秒时，电压的瞬时值；

（3）用交流电压表去测量电压时，电压表的读数应为多少？

6.2　已知 $u = 311.1\cos(314t - 60°)$ V，$i = 141.4\cos(314t + 30°)$ A，试用相量表示 u 和 i。

6-3　已知 $\dot{I} = 50\angle 15°A$，$f = 50Hz$，$\dot{U}_m = 50\angle -65°V$，试写出正弦量的瞬时值表达式。

6-4　已知正弦电流的 $I=2A$，$\psi_i=30°$，$f =50Hz$，求该正弦量的最大值、角频率；写出该电流的正弦量函数式；画出其波形图。

6-5　已知：$u_1(t) = 6\sqrt{2}\cos(314t + 30°)$ V，$u_2(t) = 4\sqrt{2}\cos(314t + 60°)$ V，求：$u(t) = u_1(t) + u_2(t)$。

6-6　判断正误。

（1）$i = 5\sqrt{2}\cos(314t + 10°) = 5\sqrt{2}\angle 10°A$；

（2）$I = 10\angle 20°A$；　　（3）$X_L = \dfrac{u}{i}\Omega$；　　（4）$\dfrac{U}{I} = j\omega L\Omega$。

6-7 把一个 0.1H 的电感接到 $f=50\text{Hz}$，$U=10\text{V}$ 的正弦电源上，求 I。如保持 U 不变，而电源 $f=5000\text{Hz}$，这时 I 为多少？

6-8 电阻元件在交流电路中电压与电流的相位差为多少？判断下列表达式的正误。

（1）$i=\dfrac{U}{R}$ 　　　　（2）$I=\dfrac{U}{R}$ 　　　　（3）$i=\dfrac{U_{\text{m}}}{R}$ 　　　　（4）$i=\dfrac{u}{R}$

6-9 纯电感元件在交流电路中电压与电流的相位差为多少？感抗与频率有何关系？判断下列表达式的正误。

（1）$i=\dfrac{u}{X_{\text{L}}}$ 　　　（2）$I=\dfrac{U}{\omega L}$ 　　　（3）$i=\dfrac{u}{\omega L}$ 　　　（4）$I=\dfrac{U_{\text{m}}}{\omega L}$

6-10 纯电容元件在交流电路中电压与电流的相位差为多少？容抗与频率有何关系？判断下列表达式的正误。

（1）$i=\dfrac{u}{X_{\text{C}}}$ 　　　（2）$I=\dfrac{U}{\omega C}$ 　　　（3）$i=\dfrac{u}{\omega C}$ 　　　（4）$I=U_{\text{m}}\omega C$

6-11 图 6-14 所示正弦交流电路，已标明电流表 A_1 和 A_2 的读数，试用相量图求电流表 A 的读数。

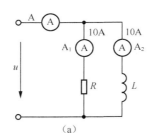 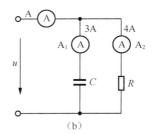

图 6-14　习题 6-11 图

第 7 章 正弦稳态电路的分析

内容提要：正弦电源激励下，处于稳定工作状态的电路称为正弦稳态电路，此时电路的响应称为正弦稳态响应。本章主要学习 RLC 串并联电路的分析及谐振，介绍交流电路的功率及功率因数的提高方法，最大功率传输条件等。

本章目标：掌握阻抗、导纳、有功功率、无功功率、视在功率和功率因数的概念；熟练掌握正弦电路分析的相量方法。

7.1 阻抗和导纳

一、阻抗和导纳

1. 阻抗

对于一个无源单口网络，如图 7-1（a）所示，其阻抗定义为稳定状态下端口电压相量与端子电流相量之比，用大写字母 Z 表示，单位是欧姆（Ω），其图形符号如图 7-1（b）所示。Z 是一个复数，而不是正弦量的相量，即

$$Z=\frac{\dot{U}}{\dot{I}}=\frac{U\angle\psi_u}{I\angle\psi_i}=\frac{U}{I}\angle(\psi_u-\psi_i)=|Z|\angle\varphi_z \tag{7-1}$$

$|Z|$为阻抗的模，等于电压与电流有效值之比。

$\varphi_Z=\psi_u-\psi_i$ 为阻抗角，即电路电压与电流的相位差。

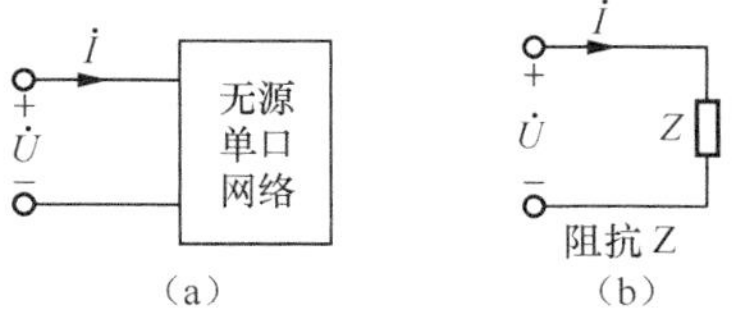

图 7-1　无源二端网络

图 7-2（a）所示电路为电阻 R、电感 L 和电容 C 串联的正弦交流电路，该电路可由 KVL 得到，即有 $u=u_R+u_L+u_C$，它的相量模型如图 7-2（b）所示，由 KVL 得

$$\begin{aligned}\dot{U}&=\dot{U}_R+\dot{U}_L+\dot{U}_C=R\dot{I}+j\omega L\dot{I}-j\frac{1}{\omega C}\dot{I}\\&=\left(R+j\omega L-j\frac{1}{\omega C}\right)\dot{I}\\&=[R+j(X_L-X_C)]\dot{I}\\&=(R+jX)\dot{I}\end{aligned}$$

$$Z = \frac{\dot{U}}{\dot{I}} = R + j\omega L - j\frac{1}{\omega C} = R + jX = |Z| \angle \varphi_z \qquad (7\text{-}2)$$

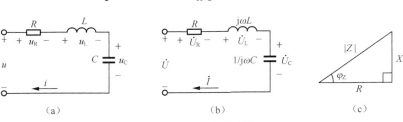

图 7-2 RLC 串联电路

因 $\dot{U} = Z\dot{I}$ 与电阻电路中的欧姆定律相似，故称为欧姆定律的相量形式。

按阻抗 Z 的代数形式，R、X、$|Z|$ 之间的关系可以用一个直角三角形表示，如图 7-2（c）所示，这个三角形称为阻抗三角形。可以看出 Z 的模和辐角关系为

$$|Z| = \sqrt{R^2 + X^2}, \quad \varphi_z = \arctan\left(\frac{X}{R}\right)$$

其中，$R = |Z|\cos\varphi_z$，称为交流电阻，简称电阻；$X = |Z|\sin\varphi_z$，称为交流电抗，简称电抗。$X_L = \omega L$ 为电感上的电抗，简称感抗；$X_C = \dfrac{1}{\omega C}$ 为电容上的电抗，简称容抗。以电流为参考相量画出电流及各电压的相量关系图，根据 $X = X_L - X_C = \omega L - \dfrac{1}{\omega C}$ 的不同，分 3 种情况讨论：

（1）如果 $X_L > X_C$，则 $\varphi_z > 0$，总电压超前电流，为感性电路，如图 7-3（a）所示。

（2）如果 $X_L < X_C$，则 $\varphi_z < 0$，总电压滞后电流，为容性电路，如图 7-3（b）所示。

（3）如果 $X_L = X_C$，则 $\varphi_z = 0$，总电压与电流同相，为阻性电路，如图 7-3（c）所示。

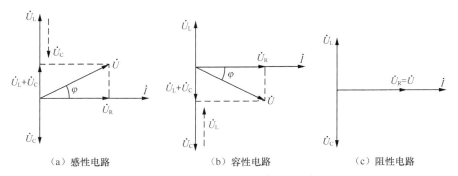

图 7-3 电流与各部分电压的相量关系图

【例 7-1】已知：$R = 15\Omega$，$L = 0.3\text{mH}$，$C = 0.2\mu\text{F}$，$u = 5\sqrt{2}\cos(\omega t + 60°)$，$f = 3 \times 10^4\text{Hz}$。电路如图 7-4（a）所示。求 i，u_R，u_L，u_C。

解 画出相量模型，如图 7-4（b）所示。

$$\dot{U} = 5\angle 60° \text{ V}, \quad j\omega L = j2\pi \times 3 \times 10^4 \times 0.3 \times 10^{-3} = j56.5\Omega$$

$$-j1/\omega C = -j(2\pi \times 3 \times 10^4 \times 0.2 \times 10^{-6})^{-1} = -j26.5\Omega$$

$$Z = R + j\omega L - j1/\omega C = 15 + j56.5 - j26.5 = 33.54\angle 63.4°\Omega$$

$$\dot{I} = \frac{\dot{U}}{Z} = \frac{5\angle 60°}{33.54\angle 63.4°} = 0.149\angle -3.4° \text{ A}$$

$$\dot{U}_{\text{R}} = R\dot{I} = 15\times 0.149\angle -3.4° = 2.235\angle -3.4° \text{ V}$$

$$\dot{U}_{\text{L}} = j\omega L\dot{I} = 56.5\angle 90°\times 0.149\angle -3.4° = 8.42\angle 86.4° \text{ V}$$

$$\dot{U}_{\text{C}} = -j1/\omega C\dot{I} = 26.5\angle -90°\times 0.149\angle -3.4° = 3.95\angle -93.4° \text{ V}$$

所以

$$i = 0.149\sqrt{2}\cos(\omega t - 3.4°)\text{A} \qquad u_{\text{R}} = 2.235\sqrt{2}\cos(\omega t - 3.4°)\text{V}$$

$$u_{\text{L}} = 8.42\sqrt{2}\cos(\omega t + 86.6°)\text{V} \qquad u_{\text{C}} = 3.95\sqrt{2}\cos(\omega t - 93.4°)\text{V}$$

相量图如图 7-4（c）所示。

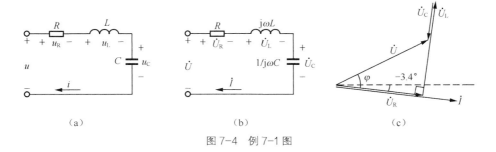

图 7-4　例 7-1 图

2. 导纳

对于一个无源单口网络，如图 7-5（a）所示，导纳定义为同一端口上电流相量 $\dot{I}$ 与电压相量 $\dot{U}$ 之比，单位是西门子（S），如图 7-5（b）所示。它也是一个复数。

$$Y = \frac{\dot{I}}{\dot{U}} = \frac{I\angle \psi_i}{U\angle \psi_u} = \frac{I}{U}\angle(\psi_i - \psi_u) = = |Y|\angle \varphi_{\text{Y}} = |Y|\cos\varphi_{\text{Y}} + j\sin\varphi_{\text{Y}} \qquad （7-3）$$

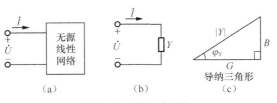

图 7-5　无源二端网络

导纳适合于 RLC 并联电路的计算，如图 7-6 所示，其导纳为

$$Y = \frac{\dot{I}}{\dot{U}} = \frac{1}{R} + j\left(\omega C - \frac{1}{\omega L}\right) = G + jB = |Y|\angle \varphi_{\text{Y}} \qquad （7-4）$$

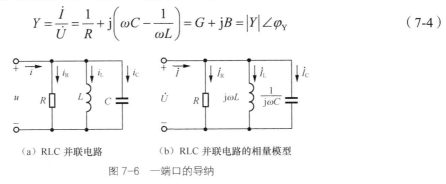

（a）RLC 并联电路　　（b）RLC 并联电路的相量模型

图 7-6　一端口的导纳

其中：

$|Y| = \dfrac{I}{U} = \sqrt{G^2 + B^2}$ 为导纳 Y 的模，等于电流与电压有效值之比；

φ_Y 为导纳 Y 的导纳角，等于电流与电压的相位差；

$G = |Y|\cos\varphi_Y = \dfrac{1}{R}$ 为导纳 Y 的电导分量；

$B = |Y|\sin\varphi_Y = B_C + B_L = \omega C - \dfrac{1}{\omega L}$ 为导纳 Y 的电纳分量；

$B_C = \omega C$ 为电容的电纳，简称容纳；

$B_L = -\dfrac{1}{\omega L}$ 为电感的电纳，简称感纳。

3. 相量图法

在正弦稳态电路分析和计算中，往往需要画出一种能反映电路中电压、电流关系的几何图形，这种图形就称为电路的相量图。相量图法能直观地显示各相量之间的关系，特别是各相量的相位关系，它是分析和计算正弦稳态电路的重要手段。常用于定性分析及利用比例尺定量计算。

通常在未求出各相量的具体表达式之前，不可能准确地画出电路的相量图，但可以依据元件伏安关系的相量形式和电路的 KCL、KVL 方程定性地画出电路的相量图。其思路如下：

（1）选择一个恰当的相量作为参考相量（设初相位为零）。相量图中所有的相量都是共原点且分别与电压、电流的有效值成比例。

（2）在画串联电路的相量图时，一般取电流相量为参考相量，各元件的电压相量即可按元件上电压与电流的大小关系和相位关系画出。

（3）在画并联电路 ［见图 7-7（a）］ 的相量图时，一般取电压相量为参考相量，初相为零，各元件的电流相量即可按元件上电压与电流的大小关系和相位关系画出。电流三角形和导纳三角形相似，如图 7-7（b）所示。此相量图是针对 $\dot{I}_L < \dot{I}_C$ 画出的，导纳角 $\varphi_Y > 0$，端口电流超前于电压，RLC 并联电路呈现容性。从相量图 7-7（b）中可以直观地看出各电流有效值的关系为

$$I = \sqrt{I_R{}^2 + (I_C - I_L)^2}$$

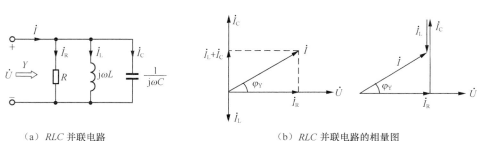

（a）RLC 并联电路　　　　　　　　　　（b）RLC 并联电路的相量图

图 7-7　RLC 并联电路的电流相量图

【例 7-2】电路如图 7-8（a）所示。已知各并联支路中电流表的读数分别为：第一只 5A，第二只 20A，第三只 25A。求：（1）图示电路中电流表 A 的读数；（2）如果维持第一只表 A_1 的读数不变，而把电源的频率提高一倍，再求电流表 A 的读数。

解　（1）先定性地画出电路的电压、电流相量图，如图 7-8（b）所示。

设并联电压 $\dot{U}_R = \dot{U}_L = \dot{U}_C = U\angle 0° \text{ V}$，则

$$\dot{I}_L = \frac{1}{j\omega L} \times \dot{U} = -j20A$$

$$\dot{I}_C = j\omega C \times \dot{U} = j25A$$

$$\dot{I} = \dot{I}_R + \dot{I}_L + \dot{I}_C = 5 - j20 + j25$$

$$= 5 + j5 = 5\sqrt{2}\angle 45° \approx 7.07\angle 45°A$$

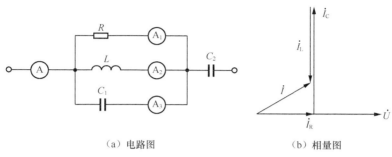

（a）电路图　　　　　　　（b）相量图

图 7-8　例 7-2 图

故总电流表 A 的读数

$$I = 5\sqrt{2} = 7.07A$$

按相量图法，如图 7-8（b）所示，则

$$I = \sqrt{{I_R}^2 + (I_C - I_L)^2} = \sqrt{5^2 + (25 - 20)^2} = 5\sqrt{2} = 7.07A$$

（2）设 $\dot{U}_R = \dot{U}_L = \dot{U}_C = U\angle 0° V$，把电路的频率提高一倍后，由于 $\dot{I}_R = \dfrac{\dot{U}_R}{R} = 5\angle 0° A$ 不变，

而 $X_L = 2\omega L$ 增大一倍，有

$$\dot{I}_L = \frac{1}{jX_L} \times \dot{U} = \frac{\dot{U}}{j2\omega L} = -j10A$$

同理

$$\dot{I}_C = \frac{1}{jX_C} \times \dot{U} = \frac{\dot{U}}{-j\dfrac{1}{2\omega C}} = j50A$$

所以

$$\dot{I} = \dot{I}_R + \dot{I}_L + \dot{I}_C = 5 - j10 + j50 = (5 + j40)A$$

电流表的读数

$$I = \sqrt{5^2 + 40^2} = 40.13A$$

按相量图法，如图 7-8（b）所示，则

$$I = \sqrt{{I_R}^2 + (I_C - I_L)^2} = \sqrt{5^2 + (50 - 10)^2} = 40.13A$$

二、阻抗、导纳串联与并联及其等效互换

1. 阻抗、导纳的串联与并联

阻抗及导纳的串联、并联在形式上完全与电阻电路一样，可以用一个等效阻抗或等效导

纳来代替，其中，阻抗与电阻对应，导纳与电导对应。

引入阻抗概念以后，根据上述关系，并与电阻电路的有关公式作对比，不难得知，若一端口正弦稳态电路的各元件为串联的，则其阻抗为

$$Z = \sum_{k=1}^{n} Z_k \qquad (7\text{-}5)$$

串联阻抗分压公式为

$$\dot{U}_k = \frac{Z_k}{Z_{eq}} \dot{U} \qquad (7\text{-}6)$$

注意：两个电阻的并联与两个阻抗的并联对应。

$$R = \frac{R_1 R_2}{R_1 + R_2} \Rightarrow Z = \frac{Z_1 Z_2}{Z_1 + Z_2} \qquad (7\text{-}7)$$

欧姆定律的另一种相量形式为 $\dot{I} = Y\dot{U}$，若一端口正弦稳态电路的各元件为并联的，则其导纳为

$$Y = \sum_{k=1}^{n} Y_k \qquad (7\text{-}8)$$

并联导纳的分流公式为

$$\dot{I}_k = \frac{Y_k}{Y_{eq}} \dot{I} \qquad (7\text{-}9)$$

2. 阻抗与导纳的等效互换

由无源单口网络的阻抗 Z 和导纳 Y 的定义可知，对于同一无源单口网络 Z 与 Y 互为倒数，即

$$Y = \frac{1}{Z} = \frac{1}{R + jX} = \frac{R - jX}{R^2 + X^2} = G + jB \qquad (7\text{-}10)$$

所以 $G = \dfrac{R}{R^2 + X^2}$，$B = \dfrac{-X}{R^2 + X^2}$。

思考与练习

7-1-1 感抗、容抗和电阻有何相同？有何不同？

7-1-2 对于 n 个并联的电路，支路上电流的有效值一定小于总电流的有效值，对吗？并用相量图说明。

7-1-3 直流情况下，电容的容抗等于多少？容抗与哪些因素有关？

7-1-4 在 RLC 串联电路中，总电压有效值等于各元件电压有效值之和吗？在 RLC 并联电路中，总电流有效值等于各元件电流有效值之和吗？

7.2 正弦稳态电路的分析

正弦稳态电路的分析应用相量法。通过引入相量法，建立了阻抗和导纳的概念，给出了 KCL、KVL 和欧姆定律的相量形式，由于它们与直流电路的分析中所用的同一公式在形式上完全相同，因此能够把分析直流电路的方法、原理和定律，如网孔法（回路法）、节点法、叠加定理、戴维宁定理等直接应用于分析正弦电路的相量模型。其区别仅在于：（1）不直接引

用电压电流的瞬时表达式来表征各种关系，而是用对应的相量形式来表征各种关系；（2）相应的运算不是代数运算，而是复数的运算，因而运算比直流复杂。但根据复数运算的特点，可画出相量图，利用相量图的几何关系来帮助分析和简化计算，从而扩大了求解问题的思路和方法。认识以上区别，对正弦稳态电路的分析是有益的。

根据相量法的特点，可见电路基本定律的相量形式，在形式上与线性电阻电路相同，对于电阻电路，有

$$\sum i = 0, \sum u = 0, u = Ri$$

对于正弦交流电路，则有

$$\sum \dot{I} = 0, \sum \dot{U} = 0, \dot{U} = Z\dot{I}$$

所以分析计算线性电阻电路的各种方法和电路定理，用相量法就可以推广应用于正弦交流电路，其差别仅在于所得到的电路方程为相量形式的代数方程（复数方程）及用相量描述的定理，而差异为复数运算。一般正弦电流电路的解题步骤如下：

（1）根据原电路图画出相量模型图（电路结构不变）：元件用复数阻抗或导纳表示，电压、电流用相量表示。

（2）根据相量模型列出相量方程式或画出相量图。

（3）将直流电路中的电路定律、电路定理及电路的各种分析方法推广到正弦稳态电路中，建立相量代数方程，用复数符号法或相量图法求解。

（4）将结果变换成要求的形式。

下面通过一些实例来加以说明。

【**例 7-3**】电路如图 7-9（a）所示。已知 $u_S(t) = 40\sqrt{2}\cos 3000t$ V，求：$i(t), i_L(t), i_C(t)$。

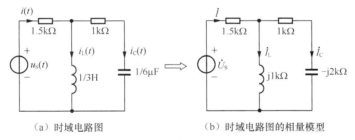

（a）时域电路图　　　　　　（b）时域电路图的相量模型

图 7-9 例 7-3 图

解 将电路转化为相量模型，如图 7-9（b）所示。

$$Z_L = j\omega L = j3000 \times \frac{1}{3} = j1 \text{k}\Omega$$

$$Z_C = -j\frac{1}{3000 \times \frac{1}{6} \times 10^{-6}} = -j2 \text{k}\Omega$$

$$Z_{eq} = \frac{(1-j2) \times j1}{(1-j2) + j1} + 1.5 = \frac{2+j1}{1-j1} + 1.5$$

$$= \frac{(2+j1) \times (1+j1)}{2} + 1.5$$

$$= 2 + j1.5 = 2.5\angle 36.9° \text{ k}\Omega$$

$$\dot{I} = \frac{\dot{U}_S}{Z_{eq}} = \frac{40\angle 0°}{2.5\angle 36.9°} = 16\angle -36.9° \text{ mA}$$

$$\dot{I}_C = \frac{j1}{(1-j2)+j1} \times \dot{I} = \frac{j1}{1-j1}\dot{I}$$

$$= \frac{1\angle 90°}{\sqrt{2}\angle -45°} \times 16\angle -36.9°$$

$$= 8\sqrt{2}\angle 98.1° \text{ mA}$$

$$\dot{I}_L = \frac{1-j2}{(1-j2)+j1} \times \dot{I} = \dot{I} - \dot{I}_C$$

$$= 25.3\angle -55.3° \text{ mA}$$

所以

$$i(t) = 16\sqrt{2}\cos(3000t - 36.9°)\text{mA}$$

$$i_C(t) = 16\cos(3000t + 98.1°) \text{ mA}$$

$$i_L(t) = 25.3\sqrt{2}\cos(3000t - 55.3°) \text{ mA}$$

【例 7-4】 电路如图 7-10 所示，已知 $U = 100\text{ V}$， $I = 5\text{ A}$，且 $\dot{U}$ 超前 $\dot{I}$ 为 $53.1°$，求 R, X_L。

解法一　令 $\dot{I} = 5\angle 0°\text{ A}$，则

$$\dot{U} = 100\angle 53.1° \text{ V}$$

$$Z_{eq} = \frac{\dot{U}}{\dot{I}} = \frac{100\angle 53.1°}{5\angle 0°} = 20\angle 53.1° = (12 + j16)\Omega$$

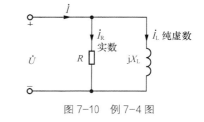

图 7-10　例 7-4 图

所以　　　　　$R_{eq} = 12\Omega, \ X_{eq} = 16\Omega$

因为

$$Z_{eq} = \frac{R(jX_L)}{R + jX_L} = \frac{RX_L^2 + jR^2 X_L}{R^2 + X_L^2} = R_{eq} + jX_{eq}$$

所以

$$\begin{cases} \dfrac{RX_L^2}{R^2 + X_L^2} = 12 \\[3mm] \dfrac{R^2 X_L}{R^2 + X_L^2} = 16 \end{cases} \Rightarrow \begin{cases} R = \dfrac{100}{3}\Omega \\[3mm] X_L = 25\Omega \end{cases}$$

解法二　令 $\dot{U} = 100\angle 0°\text{ V}$ 为纯实数，则

$$\dot{I} = 5\angle -53.1° = (3 - j4)\text{ A}$$

$$R = \frac{\dot{U}}{\dot{I}_R} = \frac{100\angle 0°}{3} = \frac{100}{3}\Omega$$

$$Z_L = \frac{\dot{U}}{\dot{I}_L} = \frac{100\angle 0°}{-j4} = j25\Omega$$

$$X_L = 25\Omega$$

【例 7-5】 电路如图 7-11（a）所示，已知 $I_C = 2\text{A}$， $I_R = \sqrt{2}\text{A}$， $X_L = 100\Omega$，且 $\dot{U}$ 与 $\dot{I}_C$ 同相，求 U。

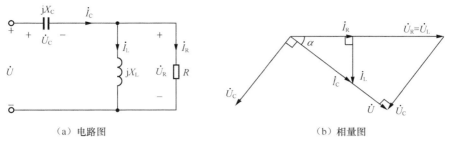

图 7-11 例 7-5 图

解法一 代数法。

令 $\dot{I}_R = \sqrt{2}\angle 0° \text{A}$，则 $\dot{U}_R = R\sqrt{2}\angle 0° \text{V}$。

$$\dot{I}_L = \frac{\dot{U}_R}{jX_L} = -j\frac{R\sqrt{2}}{100}\text{A}$$

$$\dot{I}_C = \dot{I}_R + \dot{I}_L = \sqrt{2} - j\frac{R\sqrt{2}}{100}$$

$$2 = \sqrt{(\sqrt{2})^2 + \left(\frac{R\sqrt{2}}{100}\right)^2}，\quad R = 100\Omega$$

$$\therefore \dot{U}_R = 100\sqrt{2}\angle 0° \text{V}$$

$$\dot{I}_L = -j\sqrt{2}\text{A}$$

$$\dot{I}_C = \dot{I}_R + \dot{I}_L = 2\sqrt{2}\angle -45° \text{A}$$

$$Z_{eq} = jX_C + \frac{R(jX_L)}{R + jX_L} = \frac{\dot{U}}{\dot{I}_C} = jX_C + 50 + j50$$

$$\because \dot{U} \text{ 与 } \dot{I}_C \text{ 同相}，\quad \therefore \text{Im}[Z_{eq}] = 0$$

$$\text{即 } X_C + 50 = 0，\quad \text{则 } X_C = -50\Omega$$

$$\dot{U} = jX_C\dot{I}_C + \dot{U}_R = -j50 \times 2\angle -45° + 100\sqrt{2}$$

$$= 50\sqrt{2} - j50\sqrt{2} = 100\angle -45° \text{V}$$

$$\therefore U = 100\text{V}$$

解法二 相量图法，如图 7-11（b）所示。

由电流三角形得

$$I_L = \sqrt{I_C^2 - I_R^2} = \sqrt{2}\text{A}$$

$$U_R = U_L = X_L I_L = 100\sqrt{2}\text{V}$$

$$\alpha = \tan^{-1}\frac{I_L}{I_R} = 45°$$

由电压三角形得

$$U = U_R \cos\alpha = 100\text{V}$$

【例 7-6】 电路如图 7-12（a）所示，已知 $u_S(t) = 10\sqrt{2}\cos 10^3 t \text{V}$，求 $i_1(t), i_2(t)$。

解 首先画出时域电路对应的相量模型，如图 7-12（b）所示。

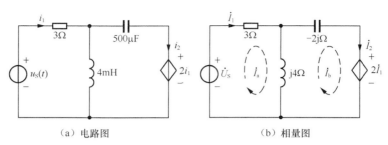

（a）电路图 　　　　　　　　（b）相量图

图 7-12　例 7-6 图

$$\begin{cases}(3+\mathrm{j}4)\dot{I}_\mathrm{a}-\mathrm{j}4\dot{I}_\mathrm{b}=\dot{U}_\mathrm{S}=10\angle0^\circ\\-\mathrm{j}4\dot{I}_\mathrm{a}+(\mathrm{j}4-\mathrm{j}2)\dot{I}_\mathrm{b}=-2\dot{I}_1\\\dot{I}_1=\dot{I}_\mathrm{a}\end{cases}\Rightarrow\begin{cases}(3+\mathrm{j}4)\dot{I}_\mathrm{a}-\mathrm{j}4\dot{I}_\mathrm{b}=10\\(2-\mathrm{j}4)\dot{I}_\mathrm{a}+\mathrm{j}2\dot{I}_\mathrm{b}=0\end{cases}$$

$$\dot{I}_\mathrm{a}=\frac{\begin{vmatrix}10&-\mathrm{j}4\\0&\mathrm{j}2\end{vmatrix}}{\begin{vmatrix}3+\mathrm{j}4&-\mathrm{j}4\\2-\mathrm{j}4&\mathrm{j}2\end{vmatrix}}=\frac{\mathrm{j}20}{-8+\mathrm{j}14+16}=\frac{20\angle90^\circ}{16.12\angle60.26^\circ}$$

$$=1.24\angle29.74^\circ\ \mathrm{A}$$

$$\dot{I}_\mathrm{b}=\frac{\begin{vmatrix}3+\mathrm{j}4&10\\2-\mathrm{j}4&0\end{vmatrix}}{\begin{vmatrix}3+\mathrm{j}4&-\mathrm{j}4\\2-\mathrm{j}4&\mathrm{j}2\end{vmatrix}}=\frac{-20+\mathrm{j}40}{-8+\mathrm{j}14+16}=\frac{44.72\angle116.57^\circ}{16.12\angle60.26^\circ}$$

$$=2.77\angle56.31^\circ\ \mathrm{A}$$

$\therefore\dot{I}_1=\dot{I}_\mathrm{a}=1.24\angle29.74^\circ\ \mathrm{A}$，即 $i_1(t)=1.24\sqrt{2}\cos(10^3t+29.74^\circ)\mathrm{A}$。

$\dot{I}_2=\dot{I}_\mathrm{b}=2.77\angle56.31^\circ\ \mathrm{A}$，即 $i_2(t)=2.77\sqrt{2}\cos(10^3t+56.31^\circ)\mathrm{A}$。

【例 7-7】 相量模型如图 7-13 所示，试列出节点电压相量方程。

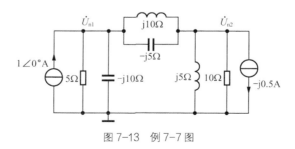

图 7-13　例 7-7 图

解 $$\begin{cases}\left(\dfrac{1}{5}+\dfrac{1}{-\mathrm{j}10}+\dfrac{1}{\mathrm{j}10}+\dfrac{1}{-\mathrm{j}5}\right)\dot{U}_{\mathrm{n}1}-\left(\dfrac{1}{\mathrm{j}10}+\dfrac{1}{-\mathrm{j}5}\right)\dot{U}_{\mathrm{n}2}=1\angle0^\circ\\[3mm]-\left(\dfrac{1}{\mathrm{j}10}+\dfrac{1}{-\mathrm{j}5}\right)\dot{U}_{\mathrm{n}1}+\left(\dfrac{1}{10}+\dfrac{1}{\mathrm{j}5}+\dfrac{1}{-\mathrm{j}5}+\dfrac{1}{\mathrm{j}10}\right)\dot{U}_{\mathrm{n}2}=-(-\mathrm{j}0.5)\end{cases}$$

$$\begin{cases} (0.2 + j0.2)\dot{U}_{n1} - j0.1\dot{U}_{n2} = 1 \\ -j0.1\dot{U}_{n1} + (0.1 - j0.1)\dot{U}_{n2} = j0.5 \end{cases}$$

思考与练习

7-2-1　一般正弦稳态电路的解题步骤是什么？

7-2-2　正弦稳态电路和直流稳态电路有何区别和联系？

7.3　正弦稳态电路的功率

由于正弦交流电路中，电压和电流是随时间变化的余弦函数，它们都有相位角。因此，交流电路中的功率比直流电阻电路中的功率要复杂得多。正弦交流电路有瞬时功率，更有平均功率、无功功率和视在功率及功率因数等概念。我们首先必须明确这些功率及有关的概念。

一、瞬时功率

图 7-14 所示的任意一端口电路 N_0，在端口的电压 u 与电流 i 的参考方向对电路内部关联下，其吸收的瞬时功率 $p(t) = u(t) \cdot i(t)$。

若设正弦稳态一端口电路的正弦电压和电流分别为 $u(t) = \sqrt{2}U\cos\omega t$，$i(t) = \sqrt{2}I\cos(\omega t - \varphi)$，正弦电压的初相位为 $\psi_u = 0$，式子中 $\psi_i = -\varphi$ 为正弦电流的初相位，端口上电压与电流的相位差为 $\varphi = \psi_u - \psi_i$，则在某瞬时输入该正弦稳态一端口电路的瞬时功率为

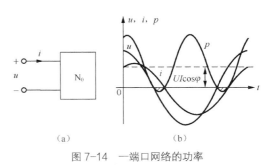

图 7-14　一端口网络的功率

$$\begin{aligned} p(t) &= \sqrt{2}U\cos\omega t \cdot \sqrt{2}I\cos(\omega t - \varphi) = UI\left[\cos\varphi + \cos(2\omega t - \varphi)\right] \\ &= UI\cos\varphi + UI\cos(2\omega t - \varphi) \qquad\qquad (7\text{-}11) \\ &= UI\cos\varphi(1 + \cos 2\omega t) + UI\sin 2\omega t \sin\varphi \qquad (7\text{-}12) \end{aligned}$$

式（7-11）和式（7-12）中第一项的值始终大于或等于零，它是瞬时功率中不可逆部分；第二项的值正负交替，是瞬时功率中可逆部分，说明能量在电源和单端口电路之间来回交换。

瞬时功率的实用意义不大。为了充分反映正弦交流电路能量交换的情况，定义另外几种功率。

二、平均功率（有功功率）

平均功率是一个周期内瞬时功率 p 的平均值，是电路中实际消耗的功率，又称有功功率，单位是瓦特（W），可以用功率表（瓦特表）来测量，定义为

$$P = \frac{1}{T}\int_0^T p\,\mathrm{d}t = \frac{1}{T}\int_0^T UI[\cos\varphi + \cos(2\omega t - \varphi)]\mathrm{d}t = UI\cos\varphi \qquad (7\text{-}13)$$

如果一端口仅由 R、L、C 元件组成，则可以证明，有功功率等于各电阻消耗的平均功率的和。

（1）P 是一个常量，由有效值 U、I 及 $\cos\varphi$（$\varphi = \psi_u - \psi_i$）三者乘积确定，量纲：W。

（2）单一无源元件的平均功率：

R：$\varphi = 0, P_R = U_R I_R \cos \varphi = U_R I_R = I_R{}^2 R = \dfrac{U_R{}^2}{R}$；

L：$\varphi = 90°, P_L = UI \cos \varphi = 0$；

C：$\varphi = -90°, P_C = UI \cos \varphi = 0$。

（3）无论 $0° < \varphi < 90°$（感性），还是 $-90° < \varphi < 0°$（容性），始终 $P > 0$，消耗功率。

电路总的平均功率为电阻所消耗的功率。电感和电容不消耗功率。

三、无功功率

正弦稳态一端口电路内部与外部能量交换的最大速率（即瞬时功率可逆部分的振幅）定义为无功功率，用 Q 表示，它是衡量电路能量互换规模的功率，即

$$Q = UI \sin \varphi \tag{7-14}$$

无功功率的单位为乏（var）。无功功率的数值可用无功功率表进行测量。

（1）Q 也是一个常量，由 U、I 及 $\sin \varphi$ 三者乘积确定，量纲：乏（var）。

（2）R：$\varphi = 0, Q_R = UI \sin \varphi = 0$；

L：$\varphi = 90°, Q_L = UI \sin \varphi = UI = \omega L I^2 = \dfrac{U^2}{\omega L}$；

C：$\varphi = -90°, Q_C = UI \sin \varphi = -UI = -\dfrac{1}{\omega C} I^2 = -\omega C U^2$。

（3）$0° < \varphi < 90°$ 时，$Q > 0$，吸收无功功率；$-90° < \varphi < 0°$ 时，$Q < 0$，发出无功功率。

在交流电路中，电感、电容、电源之间能量会不断互换，在 RLC 串联电路中，Q 为电感与电容无功功率之和，即

$$Q = Q_L + Q_C = U_L I - U_C I = I(U_L - U_C) = I^2(X_L - X_C) = UI \sin \varphi \tag{7-15}$$

四、视在功率（又叫容量）

在电工技术中，以视在功率来定义电气设备的容量，视在功率可用来衡量发电机可能提供的最大功率，用 S 表示，单位为伏安（VA），即有

$$S = UI \tag{7-16}$$

$$S^2 = P^2 + Q^2 \tag{7-17}$$

$$S = \sqrt{P^2 + Q^2}$$

$$\tan \varphi = \frac{Q}{P}$$

$$P = UI \cos \varphi = S \cos \varphi$$

$$Q = UI \sin \varphi = S \sin \varphi$$

为便于记忆，可把电路中相关的量用相似的 3 个直角三角形表示。它们分别为阻抗三角形、电压三角形和功率三角形，如图 7-15 所示。

【例 7-8】电路如图 7-16（a）所示，已知 $U = 100\text{V}, P = 86.6\text{W}, I = I_1 = I_2$，求：$R$、$X_L$、$X_C$。

解　分析：$X_C = -\dfrac{U}{I_2}, R = \dfrac{P}{I_1{}^2}, X_L = \sqrt{\left(\dfrac{U}{I_1}\right)^2 - R^2}$。

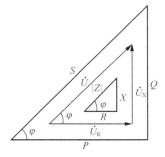

图 7-15　功率、电压和阻抗三角形

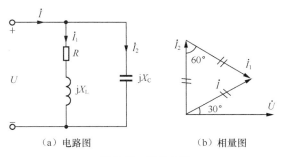

（a）电路图　　　　　（b）相量图

图 7-16　例 7-8 图

作出电路的相量图，如图 7-16（b）所示，可见电流相量图为等腰三角形。

$$I = \frac{P}{U \cos \varphi} = \frac{P}{U \cos(-30°)} = 1\text{A}$$

则

$$I = I_1 = I_2 = 1\text{A}$$

$$\therefore X_C = -\frac{U}{I_2} = -100\Omega$$

$$R = \frac{P}{I_1^2} = 86.6\Omega$$

$$X_L = \sqrt{\left(\frac{U}{I_1}\right)^2 - R^2} = 50\Omega$$

五、复功率

1. 复功率的定义

复功率是指用复数表示的功率。有功功率、无功功率和视在功率满足如下的关系。

$$S = \sqrt{P^2 + Q^2}, \quad \tan \varphi = \frac{Q}{P}$$

式中 $\varphi = \psi_u - \psi_i$。这一关系可以用下述复数来表达，定义为一端口的复功率。

$$\begin{aligned} \overline{S} &= P + jQ = S \angle \varphi = UI \angle \psi_u - \psi_i \\ &= U \angle \psi_u \times I \angle -\psi_i = \dot{U}\dot{I}^* \end{aligned} \tag{7-18}$$

表明复功率 $\overline{S}$ 是一复数，它的实部是有功功率 P，虚部则是无功功率 Q，模是视在功率 S；辐角是二端网络或元件的阻抗角 $\varphi = \psi_u - \psi_i$，虽然是复数，但它不是正弦量的相量，应加以区别。

2. 复功率与阻抗、导纳及电压、电流有效值的关系

$$\overline{S} = \dot{U}\dot{I}^* = \dot{I}Z\dot{I}^* = I^2 Z \tag{7-19}$$

其中，$Z = R + jX$。

或

$$\overline{S} = \dot{U}\dot{I}^* = \dot{U}(\dot{U}Y)^* = U^2 Y^* \tag{7-20}$$

式中，$Y^* = G - jB$ 是 Y 的共轭导纳。

上式，表明复功率是阻抗与电流有效值平方的乘积或是共轭导纳与电压有效值平方的乘积。

3. 复功率守恒

正弦交流电路中的复功率守恒，即同频率正弦交流电路中，各电源发出的复功率之和等于电路中各支路吸收的复功率之和。

但是，应该指出，只有复功率、平均功率和无功功率的守恒，而无视在功率的守恒，即

$$S_1 + S_2 + S_3 \neq 0$$

4. 复功率在正弦交流电路分析中的应用

在工程实际中，如电力系统中电力网络的功率分布的分析计算，就是应用复功率来进行的。引入复功率的目的是能够直接应用由相量法计算出来的电压相量和电流相量，使上述三个功率的计算和表述简化。但应注意，复功率并不代表正弦量，也不直接反映时域范围的能量关系。复功率是一个帮助计算功率的复数，一个工具，不是瞬时功率的相量形式。

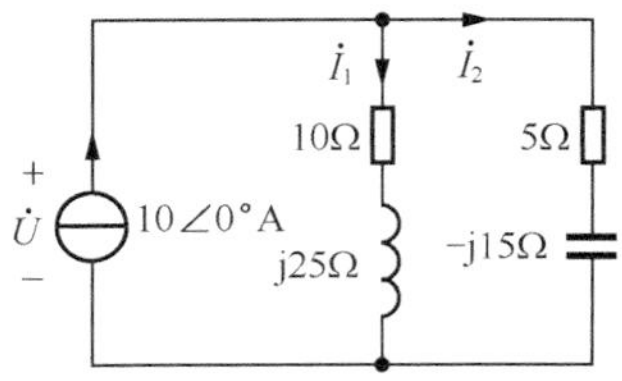

【例 7-9】已知如图 7-17 所示，求各支路的复功率。

解法一　$Z = (10 + j25)//(5 - j15) = 23.6\angle -37.1° \Omega$

$\dot{U} = 10\angle 0° \times Z = 236\angle(-37.1°)\text{V}$

电流源 $\overline{S}_发 = 236\angle(-37.1°) \times 10\angle 0° = (1882 - j1424)\text{VA}$

$\overline{S}_{1吸} = U^2 Y_1^* = 236^2\left(\dfrac{1}{10 + j25}\right)^* = (769 + j1923)\text{ VA}$

$\overline{S}_{2吸} = U^2 Y_2^* = (1116 - j3348)\text{VA}$

解法二　$\dot{I}_1 = 10\angle 0° \times \dfrac{5 - j15}{10 + j25 + 5 - j15} = 8.77\angle(-105.3°)\text{ A}$

$\dot{I}_2 = \dot{I}_s - \dot{I}_1 = 14.94\angle 34.5° \text{ A}$

$\overline{S}_{1吸} = I_1^2 Z_1 = 8.77^2 \times (10 + j25) = (769 + j1923)\text{ VA}$

$\overline{S}_{2吸} = I_2^2 Z_2 = 14.94^2 \times (5 - j15) = (1116 - j3348)\text{ VA}$

电流源

$\overline{S}_发 = \dot{I}_s^* \times \dot{I}_1 Z_1 = 10 \times 8.77\angle(-105.3°)(10 + j25) = (1885 - j1423)\text{VA}$

图 7-17　例 7-9 图

思考与练习

7-3-1　无功功率和有功功率有什么区别？能否从字面上把无功功率理解为无用之功率？为什么？

7-3-2　有功功率、无功功率和视在功率满足什么关系？

7-3-3　电压、电流相位如何时只吸收有功功率？只吸收无功功率时二者相位又如何？

7-3-4　阻抗三角形和功率三角形是相量图吗？电压三角形呢？

7.4　功率因数及其提高

一、功率因数的定义

当正弦稳态一端口电路内部不含独立源时，二端网络的平均功率 P 与视在功率 S 之比，

定义为该网络的功率因数 $\cos\varphi$，用希腊字母 λ 表示，即

$$\lambda = \cos\varphi = \cos(\psi_u - \psi_i) = \frac{R}{Z} = \frac{U_R}{U} = \frac{P}{S} \quad\quad (7\text{-}21)$$

$\varphi = \psi_u - \psi_i$ 为其等效阻抗的阻抗角。对无源网络，网络的阻抗角 φ 决定功率因数 λ 的数值，称为功率因数角。由于 $\cos(-\varphi) = \cos\varphi$，故不论 φ 是正值，还是负值，功率因数恒为正值。

二、感性和容性负载的功率因数

由于无论负载阻抗角是正值还是负值，总有 $\cos\varphi > 0$，因此，从功率因数 λ 的数值上分辨不出电路是感性负载还是容性负载。所以，我们对于这两种不同性质负载的功率因数，就应该加以注明。对于感性负载，是电流滞后电压，故称为滞后功率因数，一般写为"$\cos\varphi$（滞后）"，此时，$X > 0$，$\varphi > 0$。例如 $\cos\varphi = 0.5$（滞后），则表示入端阻抗角 $\varphi = 60°$，阻抗呈感性；对于容性负载，是电流超前电压，故称为超前功率因数，此时，$X < 0$，$\varphi < 0$。一般地，有 $0 \leqslant |\cos\varphi| \leqslant 1$，纯电阻为 1，纯电抗为 0。

三、提高功率因数的意义

在电力系统中，功率因数是重要的技术指标，有其重要的技术经济意义。

1. 发电设备的利用率与供电网络的功率因数有关。提高功率因数，能提高发电设备的利用率。

设电源设备的视在功率（容量）$S = UI$，输出的有功功率的计算公式 $P = UI\cos\varphi$。可知，电气设备输出的有功功率，与负载的功率因数有关，$\cos\varphi$ 大，输出有功功率多，设备的利用率高；反之，设备的利用率低。如一台 1000kVA 的变压器，当负载的功率因数 $\cos\varphi = 0.95$ 时，变压器提供的有功功率为 950kW；当负载的功率因数 $\cos\varphi = 0.5$ 时，变压器提供的有功功率为 500kW。可见在提高功率因数运行时，能向负载提供较多的有功功率，从而提高发电设备的利用率。

2. 功率因数还影响输电线路电能损耗和电压损耗。

提高功率因数的原则是必须保证原负载的工作状态不变，即加至负载上的电压和负载的有功功率不变。当 U、P 一定时，根据 $I = \dfrac{P}{U\cos\varphi}$，$\cos\varphi$ 小，I 大，线路功率损耗 $\Delta P = I^2 r$ 大大升高；而且输电线路上的压降 $\Delta U = Ir$ 增加，加到负载上的电压降低，影响负载的正常工作。而且发电、变电等设备的容量利用率也越低。电力系统在输电过程中所损耗的电能占它所产生电能的 5～10%，这是一个极为可观的数字。

可见，提高功率因数是十分必要的，功率因数提高可充分利用电气设备，提高供电质量。

四、提高功率因数的措施

可以从两个方面来提高负载的功率因数：一方面是改进用电设备的功率因数，但这要涉及更换或改进用电设备；另一方面是在感性负载上适当地并联电容以提高负载的功率因数。许多有用的电器设备（如冰箱、电风扇、空调、荧光灯、洗衣机）和大多数工业负载都是感性负载，工作在滞后的功率因数情况下，通常需要通过在设备上增加一个电容或者在线路上增加电容来提高功率因数。

用在感性负载两端并联电容的方法来提高电路的功率因数。如图 7-18 所示一感性负载 Z，接在电压为 $\dot{U}$ 的电源上，其有功功率为 P，功率因数为 $\cos\varphi_1$，如要将电路的功率因数提高

到 $\cos\varphi_2$，就应采用在负载 Z 的两端并联电容 C 的方法实现。下面介绍并联电容 C 的计算方法。

设并联电容 C 之前电路的无功功率 $Q_1 = P\text{tg}\varphi_1$，电路的有功功率为 P，功率因数角 φ_1；并联电容 C 之后，功率因数角 φ_2，电路的无功功率 $Q_2 = P\text{tg}\varphi_2$，无功功率减少量 $\Delta Q = P(\text{tg}\varphi_1 - \text{tg}\varphi_2)$，亦即电源发出的无功功率减少，如图 7-19 所示。减少的补偿无功功率为

$$|Q_C| = Q_1 - Q_2 = P(\text{tg}\varphi_1 - \text{tg}\varphi_2)$$
$$= \omega C U^2$$

移项后得出补偿电容 C 值的计算公式为

$$C = \frac{P}{\omega U^2}(\text{tg}\varphi_1 - \text{tg}\varphi_2) \tag{7-22}$$

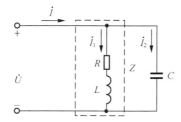

图 7-18 感性负载并联电容提高功率因数

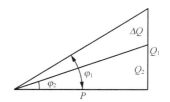

图 7-19 无功功率关系

【**例 7-10**】有一台 220V，50Hz，100kW 的电动机，功率因数为 0.8。求（1）在使用时，电源提供的电流是多少？无功功率是多少？（2）如欲使功率因数达到 0.85，需要并联的电容器电容值是多少？此时电源提供的电流是多少？

解 （1）由于 $P = UI_1\cos\varphi$，所以电源提供的电流

$$I_1 = \frac{P}{U\cos\varphi} = \frac{100 \times 10^3}{220 \times 0.8} = 568.18\text{A}$$

无功功率 $Q_1 = UI_1\sin\varphi = 220 \times 568.18\sqrt{1 - 0.8^2} = 74.99\text{kvar}$。

（2）使功率因数提高到 0.85 时所需电容容量为

$$C = \frac{P}{\omega U^2}(\tan\varphi_1 - \tan\varphi_2)$$

$$= \frac{100 \times 10^3}{314 \times 220^2}(0.75 - 0.62) = 855.4\mu\text{F}$$

此时电源提供的电流 $I = \dfrac{P}{U\cos\varphi} = \dfrac{100 \times 10^3}{220 \times 0.85} = 534.76\text{A}$。

可见，用电容进行无功补偿时，可以使电路的电流减小，提高供电质量。在实际生产中，并不要求将功率因数提高到 1。因为这样做将增加电容设备的投资，而带来的经济效果并不显著。功率因数提高到什么数值为宜，只能在做具体的技术经济指标综合比较以后才能决定。

思考与练习

7-4-1 提高功率因数的意义何在？为什么并联电容器能提高功率因数？

　　7-4-2　提高功率因数的的方法有哪些？

　　7-4-3　并联电容器可以提高电路的功率因数，并联电容器的容量越大，功率因数是否被提得越高？为什么？

　　7-4-4　会不会使电路的功率因数为负值？是否可以用串联电容器的方法提高功率因数？

7.5　最大功率传输

　　在正弦稳态电路中研究负载在什么条件下能获得最大平均功率。这类问题可以归结为一个有源一端口正弦稳态电路向负载传送平均功率的问题。根据戴维宁定理，有源一端口最终可以简化为图 7-20 所示的电路来进行研究，图中 $\dot{U}_{OC}$ 为等效电源的电压相量（即端口的开路电压相量），戴维宁等效阻抗为 $Z_{eq} = R_{eq} + jX_{eq}$，$Z_L = R_L + jX_L$ 为负载的等效阻抗。

根据上述的等效电路，负载吸收的功率为

$$P_L = R_L I^2 = R_L \frac{U_{OC}^2}{(R_{eq} + R_L)^2 + (X_{eq} + X_L)^2} = f(R_L, X_L)$$

$$\frac{\partial P_L}{\partial R_L} = 0 , \quad \frac{\partial P_L}{\partial X_L} = 0$$

解得

$$\left.\begin{array}{c} R_L = R_{eq} \\ X_L = -X_{eq} \end{array}\right\} \Rightarrow Z_L = R_{eq} - jX_{eq} = Z_{eq}^* \qquad （7\text{-}23）$$

即负载阻抗与一端口戴维宁等效阻抗互为共轭复数时，也叫共轭匹配，此时

$$P_{L\max} = \frac{U_{OC}^2}{4R_{eq}} \qquad （7\text{-}24）$$

　　【**例 7-11**】如图 7-21 所示，电源频率 $f = 10^8$Hz，欲使电阻 R 吸收功率最大，则 C 和 R 各应为多大，并求此功率。

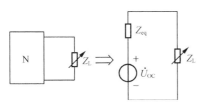

图 7-20　最大功率传输

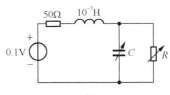

图 7-21　例 7-11 图

　　解　$X_L = \omega L = 2\pi f L = 62.8\Omega$，　$Z_1 = (50 + j62.8)\Omega$

$$Z_2 = \frac{R(jX_C)}{R + jX_C} = \frac{RX_C^2 + jR^2X_C}{R^2 + X_C^2}$$

由 $\dfrac{RX_C^2}{R^2 + X_C^2} = 50$，　$\dfrac{R^2X_C}{R^2 + X_C^2} = -62.8$，

得 $R = 129\Omega$，$X_C = -102.6\Omega$，$C = -\dfrac{1}{\omega X_C} = 15.5$pF

$$\therefore P_{\max} = \frac{0.1^2}{4 \times 50} = 5 \times 10^{-5} \, \text{W}$$

只有当传输功率较小时，例如在通信系统和某些电子电路中，才考虑最大功率的传输问题。这是因为在获得最大功率的情况下传输效率是不高的，而当传输的功率较小时，效率问题就不太重要。

思考与练习

7-5-1 获得最大功率的前提条件是什么？
7-5-2 什么叫共轭匹配？

7.6 串、并联谐振

含 R、L、C 的一端口电路，在特定条件下出现端口电压、电流同相位的现象时，称电路发生了谐振。谐振现象是正弦稳态电路的一种特定的工作状况，它在无线电和电工技术中得到广泛的应用。但另一方面，发生谐振时又有可能破坏系统的正常工作。所以，对谐振现象的研究，有重要的实际意义。谐振现象是交流电路的一种特殊状态，分为串联谐振和并联谐振。下面，我们来分析串、并联电路发生谐振的条件和谐振时的一些特征。

一、串联谐振

1. 串联谐振的条件

在 RLC 串联电路中，可知电路复阻抗为

$$Z = R + \mathrm{j}(X_{\mathrm{L}} - X_{\mathrm{C}}) = R + \mathrm{j}\left(\omega L - \frac{1}{\omega C}\right) = |Z| \angle \varphi$$

当 $X_{\mathrm{L}} = X_{\mathrm{C}}$，即 $\omega L = 1/(\omega C)$ 时，$\varphi = 0$，$|Z| = R$，即电路的电压和电流同相，电容与电感能量互换，不与电源进行能量互换，电路呈现电阻性，电路发生谐振，因为是在串联电路中发生的，所以叫串联谐振。发生谐振时的电源频率称为电路的谐振频率。因此，RLC 串联电路发生谐振时的条件为

$$\omega_0 L - \frac{1}{\omega_0 C} = 0$$

ω_0 为 RLC 串联电路的谐振角频率，可解得

$$\omega_0 = \frac{1}{\sqrt{LC}} \tag{7-25}$$

由于 $\omega_0 = 2\pi f_0$，所以有谐振频率

$$f_0 = \frac{1}{2\pi\sqrt{LC}} \tag{7-26}$$

由此可知，串联电路的谐振频率 f_0 与电阻 R 无关，它反映了串联电路的一种固有的性质，而且对于每一个 RLC 串联电路，总有一个对应的谐振频率 f_0。而且，改变 ω、L 或 C 可使电路发生谐振或消除谐振。例如收音机通常是用改变电容 C 的方法选台，而电视机通常是用

调整电感 L 或频率来选台。

2. 电路发生串联谐振时的特点

（1）电路的电压 $\dot{U}$ 与电流 $\dot{I}$ 同相，阻抗角 $\varphi = 0$，这时虽有 $X = 0$，但感抗和容抗均不为零。

（2）阻抗模最小，复阻抗为电阻性。

$$Z = R + \mathrm{j}(X_\mathrm{L} - X_\mathrm{C}) = R$$

（3）在电压 U 不变的情况下，电流在谐振时最大，即

$$I = I_0 = \frac{U}{|Z|} = \frac{U}{R}$$

（4）总电压和电流同相，则 $\dot{U} = \dot{U}_\mathrm{R}$，$\dot{U}_\mathrm{L} + \dot{U}_\mathrm{C} = 0$，$\dot{U}_\mathrm{L} = -\dot{U}_\mathrm{C}$。电感上与电容上的电压相量有效值相等，相位相反. 相互完全抵消。L、C 串联部分对外电路而言，可以短路表示。这时，外施电压全部加在电阻 R 上，电阻上的电压达到了最大值。

若 $X_\mathrm{L} = X_\mathrm{C} \gg R$，则 $U_\mathrm{L} = U_\mathrm{C} \gg U_\mathrm{R} = U$，即电容或电感上的电压比总电压高很多，因此串联谐振也称为电压谐振，发生串联谐振时相量图如图 7-22 所示。

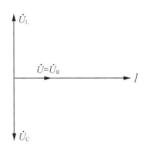

图 7-22 串联谐振时的相量图

（5）串联谐振时，电路中的功率为

$$P = UI_0 \cos\varphi = UI_0 = \frac{U^2}{R}$$

$$Q = 0$$

$$S = UI_0 = \frac{U^2}{R}$$

电路谐振时，电源提供的视在功率全部转换为有功功率，被电阻消耗。总的无功功率为零，电路与电源之间没有能量互换。说明在电路谐振时，能量互换发生在电感和电容之间。

3. 特性阻抗和品质因数

RLC 串联电路发生谐振时的条件为 $\omega_0 L - \dfrac{1}{\omega_0 C} = 0$，但 $\omega_0 L = \dfrac{1}{\omega_0 C} \neq 0$，由于谐振时有 $\omega_0 = \dfrac{1}{\sqrt{LC}}$，把它代入上式，得特性阻抗

$$\rho = \omega_0 L = \frac{1}{\omega_0 C} = \sqrt{\frac{L}{C}} \tag{7-27}$$

它是一个由电路的 L、C 参数决定的量。在无线电技术中，通常还根据谐振电路的特性阻抗 ρ 与回路电阻 R 的比值的大小来讨论谐振电路的性能，此比值用 Q 来表示。即

$$Q = \frac{\rho}{R} = \frac{\omega_0 L}{R} = \frac{1}{\omega_0 CR} = \frac{1}{R}\sqrt{\frac{L}{C}} \tag{7-28}$$

Q 称为谐振回路的品质因数或谐振系数，工程中简称为 Q 值。它是一个无量纲的量。品质因数 Q 是一个反映电路选择性能好坏的指标，仅与电路参数有关。在前面我们用 Q 表示无功功率，这里又用 Q 表示品质因数，请读者根据上下文加以区别。此外，$\dot{U}_\mathrm{L}$ 和 $\dot{U}_\mathrm{C}$ 是外施电

压的 Q 倍，因此可以用测量电容上电压的办法来获得谐振回路的 Q 值，即 $Q=\dfrac{U_C}{U}$ ，如果 $Q\gg1$ ，则电路在接近谐振时，电感和电容上会出现超过外施电压 Q 倍的高电压。根据不同情况可以利用或者应避免这一现象。例如，在电力系统中，如出现这种高电压是不允许的，因为这将引起某些电气设备的损坏。

4. RLC 串联谐振电路的谐振曲线和选择性

电压一定，在谐振频率附近电流与频率的关系曲线称为谐振曲线，可推导

$$I=\frac{I_0}{\sqrt{1+Q^2\left(\dfrac{f}{f_0}-\dfrac{f_0}{f}\right)^2}} \tag{7-29}$$

电流谐振曲线的形状与品质因数 Q 有关， Q 值大的谐振曲线尖锐， Q 值小的谐振曲线平缓，如图 7-23 所示。

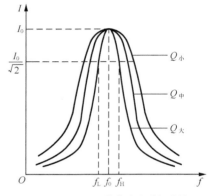

图 7-23 不同 Q 值的电流谐振曲线

还可以用通频带表示选择性，当减少到谐振电流 I 的 $1/\sqrt{2}$ 时所对应的上下限频率之间的宽度，称为通频带 Δf ，即 $\Delta f=f_{H}-f_{L}$ 。通频带 Δf 越小，表明谐振曲线越尖锐，选择性越好。

【例 7-12】有一电感、电阻和电容相串联的电路接在电压为 20V 且频率可调的交流电源上，已知 $L=6\text{mH}$ ， $R=80\Omega$ ， $C=120\text{pF}$ 。试求：（1）电路的谐振频率；（2）电路的品质因数；（3）谐振时电阻、电感和电容上电压有效值。

解 （1）谐振频率

$$f_0=\frac{1}{2\pi\sqrt{LC}}=\frac{1}{2\pi\sqrt{6\times10^{-3}\times120\times10^{-12}}}\text{Hz}=187.6\text{kHz}$$

（2）品质因数

$$Q=\frac{1}{R}\sqrt{\frac{L}{C}}=\frac{1}{80}\sqrt{\frac{6\times10^{-3}}{120\times10^{-12}}}=88$$

（3）电路发生谐振时的感抗和容抗分别为

$$X_L=X_C=2\pi f_0 L=7069\Omega$$

谐振时电路的电流为

$$I_0=\frac{U}{R}=\frac{20}{80}\text{A}=0.25\text{A}$$

各元件上电压有效值为

$$U_R=RI_0=80\times0.25=20\text{V}$$
$$U_L=U_C=X_L I_0=7071\times0.25=1768\text{V}$$

二、并联谐振

1. 简单 RLC 并联谐振电路

图 7-24（a）为最简单的 RLC 并联谐振电路，对于这个电路的谐振问题，完全可以用与

串联谐振电路类似的方法来分析。

导纳：

$$Y(j\omega_0) = G , \quad |Y(j\omega_0)| = G$$

谐振频率：

$$\omega_0 = \frac{1}{\sqrt{LC}}$$

品质因数：

$$Q = \frac{\omega_0 L}{R} = \frac{1}{\omega_0 CR}$$

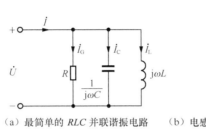

（a）最简单的 RLC 并联谐振电路　（b）电感线圈与电容并联谐振电路

图 7-24　RLC 并联谐振电路

2. 电感线圈与电容并联谐振电路

电感线圈和电容器相并联，在一定条件下发生并联谐振，电路模型如图 7-24（b）所示。

$$Y = j\omega C + \frac{1}{R + j\omega L} = \frac{R}{R^2 + (\omega L)^2} + j\left(\omega C - \frac{\omega L}{R^2 + (\omega L)^2}\right) = G + jB$$

谐振时 $B = 0$，即 $\omega_0 C - \dfrac{\omega_0 L}{R^2 + (\omega_0 L)^2} = 0$，求得 $\omega_0 = \sqrt{\dfrac{1}{LC} - \left(\dfrac{R}{L}\right)^2}$，由电路参数决定。

此电路参数发生谐振是有条件的，参数不合适可能不会发生谐振。在电路参数一定时，改变电源频率是否能达到谐振，要由下列条件决定：当 $\dfrac{1}{LC} > \left(\dfrac{R}{L}\right)^2$，即 $R < \sqrt{\dfrac{L}{C}}$ 时，可以发生谐振。当 $R > \sqrt{\dfrac{L}{C}}$ 时，不会发生谐振，因 ω_0 是虚数。当电路发生谐振时，电路相当于一个电阻。

$$Z(\omega_0) = R_0 = \frac{R^2 + (\omega_0 L)^2}{R} = \frac{L}{RC}$$

在某些无线电接收设备中，常利用并联谐振电路选取有用信号和消除杂波。

【例 7-13】图 7-25 所示电路中，$R_1 = 10.1\Omega$，$R_2 = 1000\Omega$，$C = 10\mu F$，$U_S = 100V$，电路发生谐振时的角频率 $\omega_0 = 10^3 \ \text{rad/s}$。试求电感 L 和电压 $\dot{U}_{10}$。

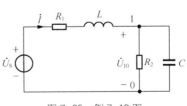

图 7-25　例 7-13 图

解　因为

$$Z = R_1 + \mathrm{j}\omega_0 L + \frac{R_2 \times \dfrac{1}{\mathrm{j}\omega_0 C}}{R_2 + \dfrac{1}{\mathrm{j}\omega_0 C}}$$

$$= 10.1 + \mathrm{j}\omega_0 L + (9.9 - \mathrm{j}99)$$

所以 $\omega_0 L = 99 \Rightarrow L = 99\mathrm{mH}$。

谐振时， $\dot{I} = \dfrac{\dot{U}_\mathrm{S}}{Z} = \dfrac{100\angle 0°}{10.1 + 9.9} = 5\angle 0° \ \mathrm{A}$，

故 $\dot{U}_{10} = (9.9 - \mathrm{j}99)\dot{I} = 497.5\angle -84.29° \ \mathrm{V}$。

思考与练习

7-6-1　为什么把串联谐振称为电压谐振而把并联谐振电路称为电流谐振？

7-6-2　谐振电路的通频带是如何定义的？它与哪些量有关？

7-6-3　何谓串联谐振电路的谐振曲线？说明品质因数 Q 值的大小对谐振曲线的影响。

7-6-4　LC 并联谐振电路接在理想电压源上是否具有选频性？为什么？

7.7　应用实例

移相电路通常用于校正电路中已经存在的不必要的相移或者用于产生某种特定的效果，采用 RC 电路即可达到这一目的。电容器会使得电路电流超前于激励电压。RL 电路或任意电抗性电路也可以用作移相电路，达到同样的目的。移相器电路在雷达、导弹姿态控制、加速器、通信、仪器仪表等领域都有着广泛的应用。图 7-26 给出了一种移相器电路。

利用分压公式和 KVL，有

$$\dot{U}_{\mathrm{ab}} = \frac{R_2}{R_2 + \dfrac{1}{\mathrm{j}\omega C}}\dot{U} - \frac{R_1}{R_1 + R_1}\dot{U} = \left(\frac{\mathrm{j}\omega C R_2}{\mathrm{j}\omega C R_2 + 1} - \frac{1}{2}\right)\dot{U} = \frac{-1 + \mathrm{j}\omega C R_2}{2(\mathrm{j}\omega C R_2 + 1)}\dot{U}$$

$$\frac{\dot{U}_{\mathrm{ab}}}{\dot{U}} = \frac{-1 + \mathrm{j}\omega C R_2}{2(\mathrm{j}\omega C R_2 + 1)} = \frac{1}{2}\angle(180° - 2\arctan\omega C R_2)$$

由上式可见，移相器电路的幅频特性为 1/2；由相量图 7-27 可知，当 R_2 由 0 变化至 ∞ 时，它的相位随之从 180° 变化至 0°。该电路是一个超前相移网络。

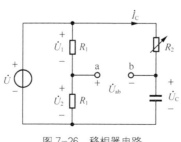

图 7-26　移相器电路

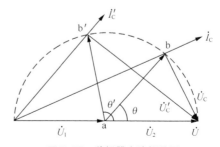

图 7-27　移相器电路相量图

本章小结

一、欧姆定律的相量形式

$\dot{U} = Z\dot{I}$ 称为欧姆定律的相量形式。Z 称为复数阻抗（简称为阻抗），其中 $|Z| = U/I$ 是阻抗模，$\varphi = \psi_u - \psi_i$ 为阻抗角，即电压超前于电流的相位角，在 RLC 串联等效电路中，阻抗为

$$Z = \frac{\dot{U}}{\dot{I}} = R + j\omega L - j\frac{1}{\omega C} = R + jX = |Z| \angle \varphi_z$$

在 RLC 并联等效电路中，导纳为

$$Y = \frac{\dot{I}}{\dot{U}} = \frac{1}{R} + j\left(\omega C - \frac{1}{\omega L}\right) = G + jB = |Y| \angle \varphi_Y$$

二、正弦电流电路的功率

正弦电流电路吸收的有功功率、无功功率和视在功率分别是

$$P = UI\cos\varphi$$
$$Q = UI\sin\varphi$$
$$S = UI$$

它们用复功率 $\overline{S}$ 联系起来为

$$\overline{S} = P + jQ = S \angle \varphi = \dot{U}\dot{I}^*$$

$$\lambda = \cos\varphi = \cos(\psi_u - \psi_i) = \frac{R}{Z} = \frac{U_R}{U} = \frac{P}{S}$$

λ 称为电路的功率因数。当负载阻抗与一端口戴维宁等效阻抗互为共轭复数时，也叫共轭匹配，$Z_L = Z_{eq}*$ 时有最大功率

$$P_{L\max} = \frac{U_{OC}^2}{4R_{eq}}$$

三、串联谐振和并联谐振

当端口的电压相量 $\dot{U}$ 与电流相量 $\dot{I}$ 同相时，这一工作状况称为谐振。通常采用的谐振电路是由电阻、电感和电容组成的串联谐振电路和并联谐振电路。串联谐振时角频率为

$$\omega_0 = \frac{1}{\sqrt{LC}}$$

频率为

$$f_0 = \frac{1}{2\pi\sqrt{LC}}$$

特征为谐振时阻抗值最小为 R，电流最大，为

$$I_0 = \frac{U}{R} = I_{\max} \neq I_m$$

$$\dot{U}_{R0} = R\dot{I}_0 = \dot{U}$$

电容和电感的电压大小相等，方向相反，串联谐振又叫电压谐振，特性阻抗为

$$\rho = \omega_0 L = \frac{1}{\omega_0 C} = \sqrt{\frac{L}{C}}$$

仅与电路参数有关。品质因数为

$$Q = \frac{\rho}{R} = \frac{\omega_0 L}{R} = \frac{1}{\omega_0 CR} = \frac{1}{R}\sqrt{\frac{L}{C}}$$

反映电路选择性能好坏的指标，也仅与电路参数有关。并联谐振亦如此分析。

自测题

一、选择题

1. 在正弦稳态 RLC 串联电路发生谐振后，当 ω 增加时，电路呈现（　　）。

（A）电阻性　　　　　（B）电容性　　　　　（C）电感性　　　　　（D）无法确定

2. RLC 串联谐振电路的谐振条件为（　　）

（A）$\omega L = \frac{1}{\omega C}$　　　（B）$LC = 1$　　　（C）$L = C$　　　（D）$\omega L = \omega C$

3. 在正弦交流电路中提高感性负载功率因数的方法是（　　）。

（A）负载串联电感　　　　　　　　（B）负载串联电容

（C）负载并联电感　　　　　　　　（D）负载并联电容

4. 下列说法中，（　　）是正确的。

（A）串谐时阻抗最小　　　　　　　（B）并谐时阻抗最小

（C）电路谐振时阻抗最小　　　　　（D）无法确定

5. 电阻与电感元件并联，它们的电流有效值分别为 3A 和 4A，则它们总的电流有效值为（　　）。

（A）7A　　　　　（B）6A　　　　　（C）5A　　　　　（D）4A

二、判断题

1. 电阻元件上只消耗有功功率，不产生无功功率。　　　　　　　　　　（　　）

2. 无功功率的概念可以理解为这部分功率在电路中不起任何作用。　　　（　　）

3. 谐振电路的品质因数越高，电路选择性越好，因此实用中 Q 值越大越好。（　　）

4. 串联谐振在 L 和 C 两端将出现过电压现象，因此也把串联谐振称为电压谐振。（　　）

5. 并联谐振在 L 和 C 支路上出现过流现象，因此常把并联谐振称为电流谐振。（　　）

6. 理想并联谐振电路对总电流产生的阻碍作用无穷大，因此总电流为零。　（　　）

7. 某感性负载，电压的初相位一定小于电流的初相位，即 U 滞后于 I。　（　　）

8. 品质因数高的电路对非谐振频率电流具有较强的抵制能力。　　　　　（　　）

9. 谐振状态下电源供给电路的功率全部消耗在电阻上。　　　　　　　　（　　）

10. 在正弦电流电路中，两元件串联后的总电压必大于分电压，两元件并联后的总电流必大于分电流。　　　　　　　　　　　　　　　　　　　　　　　　　　（　　）

三、填空题

1. RLC 串联谐振电路的谐振频率 ω =（　　）。

2. 品质因数越大越好，但不能无限制地加大品质因数，否则将造成（　　）变窄，致使接收信号产生失真。

3．RLC 串联谐振电路品质因数 $Q=100$，若 $U_R=10V$，则电源电压 $U=$（　　）V，电容两端电压 $U_C=$（　　）V。

4．并联一个合适的电容可以提高感性负载电路的功率因数。并联电容后，电路的有功功率（　　），电路的总电流（　　）。

5．复功率的实部是（　　）功率，单位是（　　）；复功率的虚部是（　　）功率，单位是（　　）。复功率的模对应正弦交流电路的（　　）功率，单位是（　　）。

习题

7-1　试求图 7-28 所示电路的等效阻抗。

7-2　电路如图 7-29 所示，电压表 V_1、V_2、V_3 的读数分别为 15V，80V，100V，求电压 U_S。

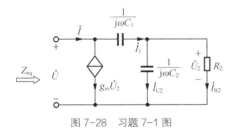

图 7-28　习题 7-1 图

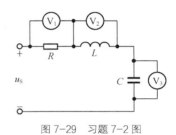

图 7-29　习题 7-2 图

7-3　已知 $U=50V$，$I=2A$，$P=80W$，求 R，X，G，B。

7-4　电路如图 7-30 所示，已知 $f=50Hz$，且测得 $U=50V$，$I=1A$，$P=30W$。试用三表法测线圈参数。

7-5　电路如图 7-31 所示，在 $f=50Hz$，$U=380V$ 的交流电源上，接有一感性负载，其消耗的平均功率 $P_1=20kW$，其功率因数 $\cos\varphi_1=0.6$。求：线路电流 I_1。若在感性负载两端并联一组电容器，其等值电容为 $374\mu F$，求线路电流 I 及总功率因数 $\cos\varphi$。

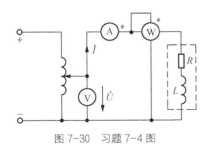

图 7-30　习题 7-4 图

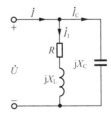

图 7-31　习题 7-5 图

7-6　电路如图 7-32 所示，已知：$f=50Hz$，$U=380V$，$P=20kW$，$\cos\varphi_1=0.6$（滞后）。提高功率因数到 0.9，求并联电容 C。

7-7　电路如图 7-33 所示，已知：$Z=(2+j2)\Omega$，$I_R=5A$，$I_L=3A$，$I_C=8A$，且总平均功率 $P=200W$，求 U。

7-8　今有一盏 40W 的日光灯，使用时灯管与镇流器（可近似把镇流器看作纯电感）串联在电压为 220V，频率为 50Hz 的电源上。已知灯管工作时属于纯电阻负载，灯管两端的电压等于 110V，试求镇流器上的感抗和电感。这时电路的功率因数等于多少？若将功率因数提高到 0.8，问应并联多大的电容？

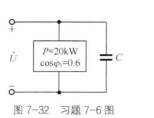
图 7-32　习题 7-6 图

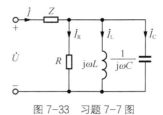
图 7-33　习题 7-7 图

7-9　电路如图 7-34 所示，已知 $i_S(t)=5\sqrt{2}\cos 2t(\mathrm{A})$，试求电源的 P、Q、S、$\cos\varphi$。

7-10　电路如图 7-35 所示，已知 $u_S(t)=220\sqrt{2}\cos 314t(\mathrm{V})$，（1）若改变 Z_L 但电流 I_L 的有效值始终保持为 10A，试确定电路参数 L 和 C。（2）当 $Z_L=(11.7-j30.9)\Omega$ 时，试求 $u_L(t)$。

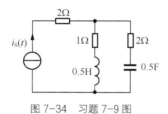
图 7-34　习题 7-9 图

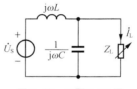
图 7-35　习题 7-10 图

7-11　电路如图 7-36 所示，已知：$I_1=I_2=I_3=I_4=I_5=10\mathrm{A}$，$\cos\varphi=1$，求 Z_1、Z_2、Z_3。

7-12　电路如图 7-37 所示，$U_S=380\mathrm{V}$，$f=50\mathrm{Hz}$，C 为可变电容，当 $C=80.95\mathrm{mF}$ 时，表 A 读数最小为 2.59A。求：表 A_1 的读数。

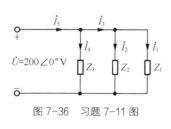
图 7-36　习题 7-11 图

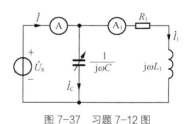
图 7-37　习题 7-12 图

7-13　电路如图 7-38 所示，已知 $u_S=200\sqrt{2}\cos(314t+60°)\mathrm{V}$，电流表 A 的读数为 2A，电压表 V_1、V_2 的读数均为 200V，求参数 R、L、C，并画出该电路的相量图。

7-14　电路如图 7-39 所示，已知 $\dot{U}$ 与 $\dot{I}$ 同相。求 I、R、X_C、X_L。

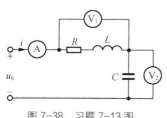
图 7-38　习题 7-13 图

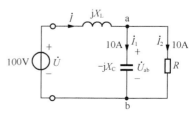
图 7-39　习题 7-14 图

7-15 电路如图 7-40 所示，试列写其相量形式的回路电流方程和节点电压方程。

7-16 电路如图 7-41 所示，列写电路的回路电流方程。

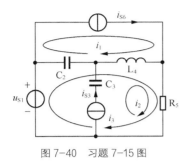

图 7-40 习题 7-15 图

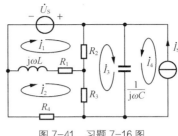

图 7-41 习题 7-16 图

7-17 电路如图 7-42 所示，列写电路的节点电压方程。

7-18 如图 7-43 所示电路，独立源均为同频率正弦量。试列出该电路的节点电压方程。

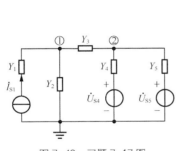

图 7-42 习题 7-17 图

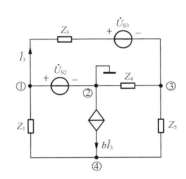

图 7-43 习题 7-18 图

7-19 电路如图 7-44 所示，已知：$R_1 = 1000\Omega$，$R_2 = 10\Omega$，$L = 500\text{mH}$，$C = 10\mu\text{F}$，$U = 100\text{V}$，$\omega = 314\text{rad/s}$。求：各支路电流。

7-20 电路如图 7-45 所示，已知：$\dot{U}_{S1} = 110\angle-30°\text{ V}$，$\dot{U}_{S2} = 110\angle30°\text{V}$，$L = 1.5\text{H}$，$f = 50\text{Hz}$。试求：两个电源各自的有功功率和无功功率。

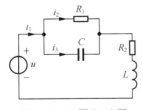

图 7-44 习题 7-19 图

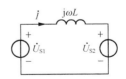

图 7-45 习题 7-20 图

7-21 电路如图 7-46 所示，已知：$u_S(t) = \sqrt{2}\cos(2t-45°)\text{ V}$，要使 R 上获最大功率，则 C 为何值？

7-22 在图 7-47 所示电路中，$U = 100\text{V}$，$R_2 = 6.5\Omega$，$R = 20\Omega$，当调节触点 c，使 $R_{\text{ac}} = 4\Omega$，电压表的读数为最小，其值为 30V，求阻抗 Z。

7-23 电路如图 7-48 所示，已知 $R=R_1=R_2=10\Omega$，$L=31.8$mH，$C=318\mu$F，$f=50$Hz，$U=10$V，试求并联支路端电压 U_{ab} 及电路的 P、Q 及功率因数 $\cos\varphi$。

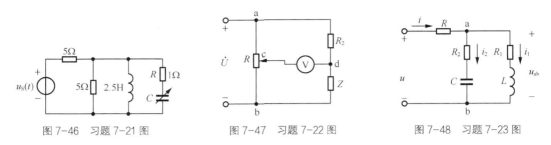

图 7-46　习题 7-21 图　　　　图 7-47　习题 7-22 图　　　　图 7-48　习题 7-23 图

7-24 电路如图 7-49 所示，已知：$U=220$V，$f=50$Hz，电流表 A_1 的读数为 4A，A_2 的读数为 2A，A_3 的读数为 3A，Z_3 为感性负载。试求：R_2 和 Z_3。

7-25 电路如图 7-50 所示：$\dot{I}_S=4\angle90°$A，$Z_1=Z_2=-$j30Ω，$Z_3=30\Omega$，$Z=45\Omega$。求：$\dot{I}$。

7-26 电路如图 7-51 所示，已知：$Z=(10+$j$50)\Omega$，$Z_1=(400+$j$1000)\Omega$。问：β 等于多少时，$\dot{I}_1$ 和 $\dot{U}_S$ 相位差 $90°$？

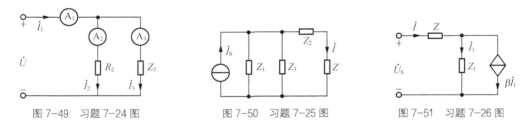

图 7-49　习题 7-24 图　　　　图 7-50　习题 7-25 图　　　　图 7-51　习题 7-26 图

7-27 电路如图 7-52 所示，已知：$U=115$V，$U_1=55.4$V，$U_2=80$V，$R_1=32\Omega$，$f=50$Hz。求：线圈的电阻 R_2 和电感 L_2。

7-28 电路如图 7-53 所示，当 $\omega=5000$rad/s 时，RLC 串联电路发生谐振，已知 $R=5\Omega$，$L=400$mH，端电压 $U=1$V。求：C 的值及电路中的电流和各元件电压的瞬时表达式。

7-29 一接收器的电路参数为：$U=10$V，$\omega=5\times10^3$rad/s，调 C 使电路中的电流最大，$I_{max}=200$mA，测得电容电压为 600V，求 R、L、C 及 Q。

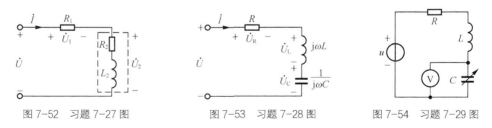

图 7-52　习题 7-27 图　　　　图 7-53　习题 7-28 图　　　　图 7-54　习题 7-29 图

7-30 已知 RLC 串联电路中端口电源电压 $U=10$mV，当电路元件的参数为 $R=5\Omega$，$L=20\mu$H，$C=200$pF 时，若电路产生串联谐振，求电源频率 f_0，回路的特性阻抗 ρ，品质因数 Q 及 U_C。

第8章 三相电路

内容提要： 本章主要介绍三相电路的基本概念，线电压、线电流、相电压、相电流在 Y 形和 △ 形联接中的关系，讨论对称、不对称三相电路的分析方法，研究三相电路的功率及测量。

本章目标： 牢固掌握对称三相电路的分析与计算，以及三相电路的功率及测量。

8.1 三相电路的基本概念

目前我国乃至世界各国电力系统在发电、输电和配电方面大多采用三相制。三相制就是由三相交流电源供电的正弦交流电路系统。与单相交流电路比较，三相电路在提高发电效率、降低输电成本及三相工业设备的联接和使用方面具有许多优点。首先表现在发电方面，相同尺寸的发电机，三相发电机比单相发电机功率高约 50%，且运转稳定；在输电方面，相同的输电条件下（功率、电压、距离、效率），输送三相电能比单相可节省有色金属导线约 25%；在配电方面，三相变压器比单相变压器经济，并且便于接入三相及单相两类负载；在用电方面，三相鼠笼型异步电动机具有结构简单、价格低廉、运行可靠、易于维护、启动简便、运行比较平稳等优点，故三相制在动力方面得到广泛应用。

一、三相电源

三相电由三相交流发电机产生，经变压器升高电压后传送到各地，然后按不同用户的需要，由各地变电所（站）用变压器把高压降到适当数值再使用，例如 380V 或 220V 等。

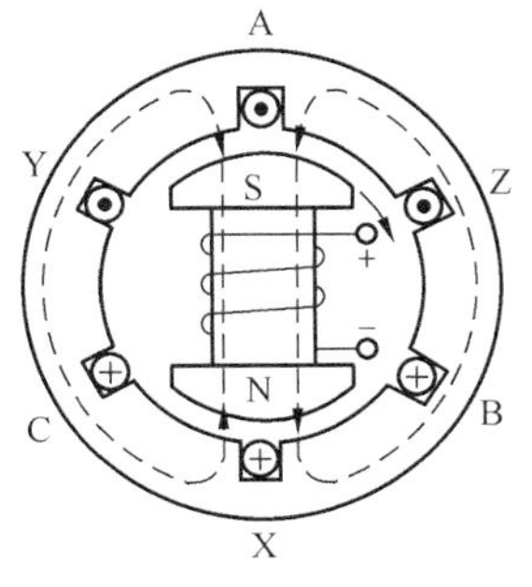

图 8-1 所示为发电机示意图，它主要由定子和转子两部分组成。图中 AX、BY 和 CZ 是完全相同但彼此在空间上相隔 120° 的 3 个定子绕组，定子的内圆周表面冲有槽，用以放置 3 个结构相同的电枢绕组。当转子（磁铁）以角速度 ω 顺时针旋转时，在 A、B、C 三相定子绕组中分别会感应出电压 u_A、u_B、u_C，而对称三相电源是由 3 个等幅值、同频率、相位依次相差 120° 的正弦电压源组成的。若设 u_A 初相位为零，则 3 个电压分别为

图 8-1　三相同步发电机示意图

$$\begin{cases} u_A = U_m \cos\omega t = \sqrt{2}U_p \cos\omega t \\ u_B = U_m \cos(\omega t - 120°) = \sqrt{2}U_p \cos(\omega t - 120°) \\ u_C = U_m \cos(\omega t + 120°) = \sqrt{2}U_p \cos(\omega t + 120°) \end{cases} \quad (8\text{-}1)$$

式（8-1）中 U_m 为每相电源电压的最大值（幅值），U_p 为每相电源电压的有效值，ω 为正弦电压变化的角频率。三相电压相位依次相差 120°。三相电源中各相电源经过同一值（如最大值）的先后顺序称为三相电源的相序。如果 A 相超前于 B 相，B 相超前于 C 相，C 相超前于 A 相，这种相序称为正序或顺序；反之，称为负序或逆序。相序决定三相电源所接三相交流电动机的转动方向。通常，无特别说明，三相电源均指正序。

若以 A 相电压 u_A 作为参考，则三相电压的相量形式为

$$\begin{cases} \dot{U}_A = U_p\angle 0° \\ \dot{U}_B = U_p\angle -120° = a^2\dot{U}_A \\ \dot{U}_C = U_p\angle -240° = a\dot{U}_A \end{cases} \quad (8\text{-}2)$$

式（8-2）中 a 是工程上为了方便而引入的单位相量算子，$a = 1\angle 120° = -\dfrac{1}{2} + \mathrm{j}\dfrac{\sqrt{3}}{2}$，对称三相电源及其波形和相量图分别如图 8-2（a）、（b）和（c）所示。

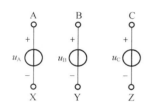 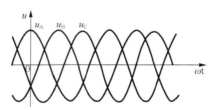 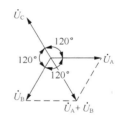

（a）一组对称三相电源　　（b）三相电源 3 个电压的波形图　　（c）三相电源 3 个电压的相量图

图 8-2　对称三相电源及其波形和相量图

对称三相电源的瞬时值或相量之和为零，即满足

$$u_A + u_B + u_C = 0 \quad \text{或} \quad \dot{U}_A + \dot{U}_B + \dot{U}_C = 0$$

二、三相制的星形接法和三角形接法

根据供电、用电的要求，三相电源通过输电线与三相负载构成三相电路。电源与负载间有端线、中线 4 根导线连接时叫做三相四线制，如图 8-3（a）所示。只用三根端线将电源与负载连接的电路则称三相三线制，如图 8-3（b）所示。

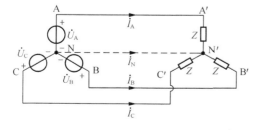 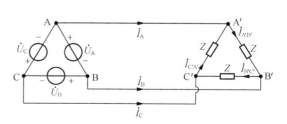

（a）对称三相四线制 Y-Y 电路　　　　（b）对称三相三线制△-△电路

图 8-3　对称三相电路

当三相电源和三相负载都对称而且三相的导线阻抗都相等时，称为对称三相电路；否则称为不对称三相电路。根据三相电源与负载的不同连接方式可以组成 Y-Y、Y-△、△-Y、△-△连接的三相电路。三相电源和三相负载都有两种基本的连接方式，即星形接法和三角形接法。下面分别介绍这两种接法。

1. 星形接法

图 8-3（a）中三相电源和三相负载均为星形，或称 Y 形。所谓把电源接成星形就是把 3 个电压源的末端 X、Y、Z 连在一起，形成一个中性点 N，从中性点引出的导线称为中线，中线电流为 $\dot{I}_N$。分别从始端 A、B、C 引出的 3 根导线称为端线，俗称火线。端线电流 $\dot{I}_A$、$\dot{I}_B$、$\dot{I}_C$ 称为线电流，每两条端线之间的电压称为线电压，分别用 $\dot{U}_{AB}$、$\dot{U}_{BC}$、$\dot{U}_{CA}$ 表示。电源和负载中各相的电流都称为相电流，各相上的电压（在星形接法中也就是端线与中性点间的电压）称为相电压。

在星形连接对称三相电路中，线电流均等于相电流，即 $\dot{I}_l = \dot{I}_p$。线电压与相电压的关系为

$$\begin{cases} \dot{U}_{AB} = \dot{U}_A - \dot{U}_B = (1 - a^2)\dot{U}_A = \sqrt{3}\dot{U}_A\angle 30° \\ \dot{U}_{BC} = \dot{U}_B - \dot{U}_C = (1 - a^2)\dot{U}_B = \sqrt{3}\dot{U}_B\angle 30° \\ \dot{U}_{CA} = \dot{U}_C - \dot{U}_A = (1 - a^2)\dot{U}_C = \sqrt{3}\dot{U}_C\angle 30° \end{cases} \tag{8-3}$$

由此可见，星形连接的对称三相电路中，线电压和相电压一样，也是对称的。线电压超前于相电压 30°，它的有效值是相电压有效值的 $\sqrt{3}$ 倍，即 $U_l = \sqrt{3}U_p$。通式为

$$\dot{U}_l = \sqrt{3}\dot{U}_p\angle 30° \tag{8-4}$$

计算时只要算出 $\dot{U}_{AB}$ 就可依次写出 $\dot{U}_{BC}$、$\dot{U}_{CA}$。

Y 形连接线电压与相电压的相量关系可以用图 8-4 的相量图表示。

2. 三角形接法

图 8-3（b）是把三相电源依次按正负极连接成一个回路，再从端子 A、B、C 引出导线，称其为三角形或△形电源。三角形电源的相、线电压，相、线电流的定义与 Y 形电源相同。采用三角形连接的对称正弦三相电压源在正确连接的情况下，因为 $\dot{U}_A + \dot{U}_B + \dot{U}_C = 0$，所以能保证在没有电流输出时，电源内部没有环形电流。如误将一相或两

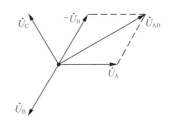

图 8-4　Y 形连接线、相电压的相量图

相电压源的极性接反，造成三相电源电压之和不为零，就必然形成很大的环形电流，将严重损坏电源装置，会烧毁发电机绕组，造成严重后果。所以三相电源作为三角形连接时，连接前必须仔细检查。

对于图 8-3（b）所示的三角形连接，线电压就是相电压。通式为 $\dot{U}_l = \dot{U}_p$。设每相负载中的电流分别为 $\dot{I}_{A'B'}$、$\dot{I}_{B'C'}$、$\dot{I}_{C'A'}$ 且为对称的，线电流为 $\dot{I}_A$、$\dot{I}_B$、$\dot{I}_C$，由 KCL 得

$$\begin{cases} \dot{I}_A = \dot{I}_{A'B'} - \dot{I}_{C'A'} = (1 - a)\dot{I}_{A'B'} = \sqrt{3}\dot{I}_{A'B'}\angle -30° \\ \dot{I}_B = \dot{I}_{B'C'} - \dot{I}_{A'B'} = (1 - a)\dot{I}_{B'C'} = \sqrt{3}\dot{I}_{B'C'}\angle -30° \\ \dot{I}_C = \dot{I}_{C'A'} - \dot{I}_{B'C'} = (1 - a)\dot{I}_{C'A'} = \sqrt{3}\dot{I}_{C'A'}\angle -30° \end{cases} \tag{8-5}$$

由此可见，星形连接的对称三相电路中，由于相电流是对称的，所以线电流也是对称的。只要求出一个线电流，其他两个可以依次写出。线电流有效值是相电流有效值的 $\sqrt{3}$ 倍，线电流滞后对应相电流相位为 $30°$。通式为 $\dot{I}_l = \sqrt{3}\dot{I}_p\angle -30°$。三角形连接相、线电流的相量图如图 8-5 所示。

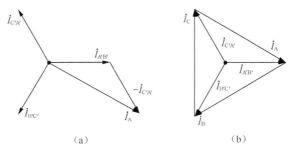

（a） （b）

图 8-5 △形连接线、相电流的相量图

思考与练习

8-1-1 如何用验电笔或交流电压表测出三相四线制供电线路上的火线和零线？

8-1-2 三相四线制供电体制中，你能说出线、相电压之间的数量关系及相位关系吗？

8-1-3 你能说出对称三相交流电的特征吗？

8-1-4 三相电源作三角形连接时，如果有一相绕组接反，后果如何？试用相量图加以分析说明。

8.2 对称三相电路的计算

对称三相电路的计算属于正弦稳态电路的计算，在前面章节中所用的相量法也可用于对称三相电路的分析。

图 8-6（a）所示为一对称 Y-Y 连接的三相电路。图中 Z_l 为端线阻抗，Z_N 为中线阻抗。应用节点分析法，设 N 为参考节点，可以写出节点电压方程为

$$\left(\frac{3}{Z+Z_l} + \frac{1}{Z_N} \right)\dot{U}_{N'N} = \frac{\dot{U}_A}{Z+Z_l} + \frac{\dot{U}_B}{Z+Z_l} + \frac{\dot{U}_C}{Z+Z_l}$$

由于 $\dot{U}_A + \dot{U}_B + \dot{U}_C = 0$，所以可解得 $\dot{U}_{N'N} = 0$，中线电流 $\dot{I}_N = 0$，各相电流等于线电流，分别为

$$\dot{I}_A = \frac{\dot{U}_A}{Z+Z_l}, \dot{I}_B = \frac{\dot{U}_B}{Z+Z_l} = a^2\dot{I}_A$$

$$\dot{I}_C = \frac{\dot{U}_C}{Z+Z_l} = a\dot{I}_A, \dot{I}_N = \dot{I}_A + \dot{I}_B + \dot{I}_C = 0$$

由此可见，在对称三相电路中，中线的电流等于零。中线不起载送电流的作用，可以把中线省去，于是原来的三相四线制就变成了三相三线制。由于 $\dot{U}_{N'N} = 0$，不论原来有无中线，也不论中线阻抗多大，都可以设想在 NN′间用一根理想导线连接起来，这样就将对称 Y-Y 连接的三相电路简化成一相进行计算，如图 8-6（b）所示。只要分析计算三相中的任意一相，

其他两相的电压、电流就能按对称性写出，这就是对称三相电路归结为一相的计算方法。

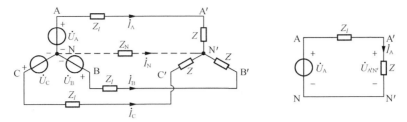

（a）对称三相四线制 Y–Y 电路　　　　（b）归结为一相计算电路（A 相）

图 8-6　对称三相四线制 Y–Y 电路的计算

对于其他形式连接的对称三相电路，可根据 Y-△ 等效变换关系，化为 Y-Y 连接的对称三相电路，再将其简化成一相电路进行计算。

【**例 8-1**】图 8-7（a）所示的对称三相电路，已知对称三相电路的电源线电压为 380V，三角形负载阻抗 $Z = 20\angle36.87°\,\Omega$，端线阻抗 $Z_l = (1 + j2)\Omega$。求线电流、负载的相电流和负载端线电压。

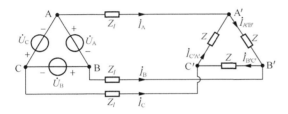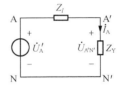

（a）对称三相三线制 △-△ 电路　　　（b）△-Y 等效变换后 A 相

图 8-7　例 8-1 图

解　设 $\dot{U}_{AB} = \dot{U}_A = 380\angle0°\,V$，则 $\dot{U}'_A = \dfrac{1}{\sqrt{3}}\dot{U}_{AB}\angle-30° = 220\angle-30°\,V$，将三角形负载等效变换成星形，其每相阻抗为

$$Z_Y = \frac{1}{3}Z = \frac{20}{3}\angle36.87°\ \Omega$$

因三相电路对称，故可采用归结为一相的计算方法，可求出

$$\dot{I}_A = \frac{\dot{U}'_A}{Z_Y + Z_l} = \frac{220\angle-30°}{\dfrac{20}{3}\angle36.87° + 1 + j2} = 25.217\angle-73.452°\,A$$

$$\dot{I}_{A'B'} = \frac{1}{\sqrt{3}}\dot{I}_A\angle30° = 14.559\angle-43.452°\,A$$

$$\dot{U}_{A'B'} = \dot{I}_{A'B'}Z = 14.559\angle-43.452° \times 20\angle36.87°$$
$$= 291.18\angle-6.582°\,V$$

或

$$\dot{U}_{A'N'} = \dot{I}_A Z_Y = 25.217\angle-73.452° \times \frac{20}{3}\angle36.87°$$

$$= 168.113 \angle -36.582° \text{ V}$$

$$\dot{U}_{A'B'} = \sqrt{3}\, \dot{U}_{A'N'} \angle 30° = 291.18 \angle -6.582° \text{ V}$$

【例 8-2】图 8-8 所示的电路中，$\dot{U}_{AB} = 380 \angle 30° \text{ V}$，在下列两种情况下：（1）$Z_1 = 10\Omega$，$Z_2 = 20\Omega$；（2）$Z_1 = 10 \angle 20° \Omega$，$Z_2 = 20 \angle 80° \Omega$。求线电流 $\dot{I}_A$。

解 （1）由题给条件得

$$\dot{U}_A = \frac{\dot{U}_{AB}}{\sqrt{3}} \angle -30° = 220 \angle 0° \text{ V}$$

$$\dot{I}_{AY} = \frac{\dot{U}_A}{Z_1} = \frac{220 \angle 0°}{10} = 22 \angle 0° \text{ A}$$

$$\dot{I}_{AB} = \frac{\dot{U}_{AB}}{Z_2} = \frac{380 \angle 30°}{20} = 19 \angle 30° \text{ A}$$

$$\dot{I}_{A\triangle} = \sqrt{3}\, \dot{I}_{AB} \angle -30° = 32.909 \angle 0° \text{ A}$$

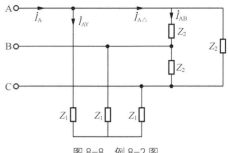

图 8-8 例 8-2 图

应用 KCL 得

$$\dot{I}_A = \dot{I}_{AY} + \dot{I}_{A\triangle} = 22 \angle 0° + 32.909 \angle 0° = 54.909 \angle 0° \text{ A}$$

（2）由题给条件得

$$\dot{U}_A = \frac{\dot{U}_{AB}}{\sqrt{3}} \angle -30° = 220 \angle 0° \text{ V}$$

则

$$\dot{I}_{AY} = \frac{\dot{U}_A}{Z_1} = \frac{220 \angle 0°}{10 \angle 20°} = 22 \angle -20° \text{ A}$$

$$\dot{I}_{AB} = \frac{\dot{U}_{AB}}{Z_2} = \frac{380 \angle 30°}{20 \angle 80°} = 19 \angle -50° \text{ A}$$

$$\dot{I}_{A\triangle} = \sqrt{3}\, \dot{I}_{AB} \angle -30° = 32.909 \angle -80° \text{ A}$$

应用 KCL 得

$$\dot{I}_A = \dot{I}_{AY} + \dot{I}_{A\triangle} = 22 \angle -20° + 32.909 \angle -80° = 47.864 \angle -56.543° \text{ A}$$

小结：对称三相电路的一般计算方法为

（1）将所有三相电源、负载都化为等值 Y 形连接；

（2）连接各负载和电源中性点，中线上若有阻抗则不计；

（3）画出单相计算电路，求出一相的电压、电流；

（4）根据△形连接、Y 形连接时线值、相值之间的关系，求出原电路的电压和电流；

（5）由对称性，得出其他两相的电压、电流。

思考与练习

8-2-1 对称三相电路归结为一相的计算方法是什么？

8-2-2 除了对称的 Y-Y 三相电路外，其他的对称三相电路应如何计算？

8-2-3 三相对称电源，线电压 U_l 为 380V，负载为星形连接的三相对称电炉，每相电阻为 $R=22\Omega$，试求此电炉工作时的相电流 I_P。

8-2-4　3 个阻抗相同的负载，先后接成星形和三角形，并由同一对称三相电源供电，试问哪种连接方式的线电流大？大多少倍？

8.3　不对称三相电路的分析

如果三相电路的电源对称，负载对称，端线阻抗也对称（相等），则称为对称三相电路；反之，在上列 3 个条件中，只要有一个不满足，就称为不对称三相电路。三相负载可以分为两类：一类负载必须接在三相电源上才能工作，如三相交流电动机、大功率三相电阻炉，称为三相对称负载；另一类负载如电灯、家用电器等小功率单相负载，只需由单相电源供电即可工作。三相电路中不对称情况是大量存在的。首先，三相电路中有许多小功率单相负载，很难把它们设计成完全对称的三相电路；其次，对称三相电路发生断线、短路等故障时，则成为不对称三相电路；再次，有的仪器正是利用不对称三相电路的某些特性而工作的。下面分别进行说明。

一、负载不对称三相电路

由于低压系统中有大量单相负载，在一般情况下将端线阻抗和负载阻抗合并，3 个相的等效阻抗 Z_A、Z_B、Z_C 互不相同，而电源电压通常认为是对称的。这样就形成了对称三相电源向不对称三相负载供电的情形。图 8-9 所示为最常见的低压三相四线制系统，根据节点电压法可直接写出两节点间电压为

$$\dot{U}_{N'N} = \frac{\dfrac{\dot{U}_A}{Z_A} + \dfrac{\dot{U}_B}{Z_B} + \dfrac{\dot{U}_C}{Z_C}}{\dfrac{1}{Z_A} + \dfrac{1}{Z_B} + \dfrac{1}{Z_C} + \dfrac{1}{Z_N}} \neq 0 \tag{8-6}$$

式（8-6）中电源电压是对称的，但因负载不对称，使得电源中性点和负载中性点之间的电压一般不为零，即 $\dot{U}_{N'N} \neq 0$。根据基尔霍夫电压定律可写出负载的各相电压为

$$\begin{cases} \dot{U}_{AN'} = \dot{U}_{AN} - U_{N'N} \\ \dot{U}_{BN'} = \dot{U}_{BN} - \dot{U}_{N'N} \\ \dot{U}_{CN'} = \dot{U}_{CN} - \dot{U}_{N'N} \end{cases} \tag{8-7}$$

与式（8-7）对应的各电压相量图如图 8-10 所示。

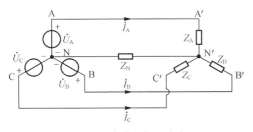

图 8-9　负载阻抗不对称

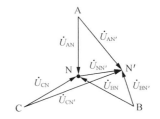

图 8-10　负载中性点位移

如果在 Y-Y 连接电路中，负载不对称，但电源对称，有中线，且其阻抗可忽略不计，则仍可分离一相进行计算，但不能由一相的结果推知其他两相。

式（8-7）和图 8-10 都表明，负载相电压 $\dot{U}_{AN'}$、$\dot{U}_{BN'}$、$\dot{U}_{CN'}$ 不对称的程度与两中性点间的电压 $\dot{U}_{N'N}$ 的量值有关。这种负载中性点与电源中性点的电位不重合的现象称为负载中性点的位移。在没有中线时，因负载不对称而引起的中性点位移最为严重。中性点位移越大，负载相电压不对称越严重，有的相电压过高，有的相电压又太低。在图 8-10 中相电压 $\dot{U}_{CN'}$ 过高，可能造成该相负载因过热而烧毁；而相电压 $\dot{U}_{BN'}$ 又太低，使得该相负载不能正常工作（如灯泡暗淡无光）。不对称负载的星形连接一定要有中性线，这就是低压电网广泛采用三相四线制的原因之一。这样，各相相互独立，一相负载的短路或开路，对其他相无影响，如照明电路。为了避免因中线断路而造成负载相电压严重不对称，要求中线安装牢固，中性线上不能接熔断器或开关。

二、对称三相电路发生断线、短路

1. Y 形连接

特例 1：对称负载的断相。

对称 Y-Y 电路，三相对称负载正常运行时的线电流为

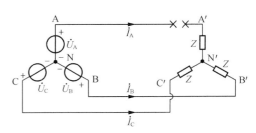

$$I_A = I_B = I_C = I_P = \frac{U_p}{|Z|}$$

假如 A 相负载发生断路，如图 8-11 所示。

图 8-11 A 相负载发生断相

A'N' 断相：$I_A = 0, I_B = I_C = \dfrac{U_l}{2|Z|} = \dfrac{\sqrt{3}U_p}{2|Z|} = 0.866I_p$

特例 2：对称负载的短路。

三相对称负载正常运行时的线电流：$I_A = I_B = I_C = I_P = \dfrac{U_p}{|Z|}$

假如 A 相负载发生短路，如图 8-12 所示，图 8-13 是 A 相负载短路相量图。

A'N' 短路：$I_B = I_C = \dfrac{U_l}{|Z|} = \dfrac{\sqrt{3}U_p}{|Z|} = \sqrt{3}I_p$，$I_A = \dfrac{\sqrt{3}U_l}{|Z|} = \dfrac{3U_p}{|Z|} = 3I_p$

$$\dot{I}_A = -\dot{I}_B - \dot{I}_C = -\frac{\dot{U}_{BA}}{Z} - \frac{\dot{U}_{CA}}{Z} = \frac{\dot{U}_{AB} - \dot{U}_{CA}}{Z}$$

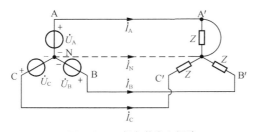

图 8-12 A 相负载发生短路

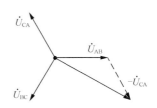

图 8-13 A 相负载短路相量图

2. △ 形连接

特例 1：对称负载的断相。

对称三相三线制△-△电路，三相对称负载 $Z_A=Z_B=Z_C=Z$ 正常运行时的线电流为

$$I_A = I_B = I_C = \sqrt{3}\frac{U_l}{|Z|}$$

假如 A'B' 断相，如图 8-14 所示。

$$I_A = I_B = \frac{U_l}{|Z|}, I_C = \frac{\sqrt{3}U_l}{|Z|}$$

特例 2：对称负载的短路。

假如 A 相负载发生短路，如图 8-15 所示，电源短接烧坏。

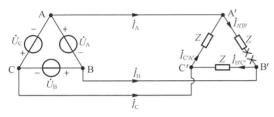

图 8-14 A 相负载发生断相

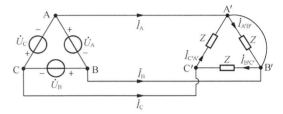

图 8-15 A 相负载发生短路

三、相序指示器

以上讨论的是力求避免出现不对称的问题，然而有的电路则是利用三相电路不对称特性工作的，相序指示器便是一例。

【例 8-3】图 8-16 所示电路是一种相序指示器电路。相序指示器是用来测定电源的相序 A、B、C 的。它是由一个电容器和两个电灯连接成星形的电路。如果电容器所接的是 A 相（假定为 A 相），则灯光较亮的是 B 相，试证明之。已知 $X_C = R$。

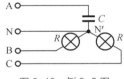

图 8-16 例 8-3 图

解 先应用节点法求出负载中点 N' 到电源中点 N 之间的电压

$$\dot{U}_{N'N} = \frac{\dfrac{\dot{U}_A}{-jX_C} + \dfrac{\dot{U}_B}{R} + \dfrac{\dot{U}_C}{R}}{\dfrac{1}{-jX_C} + \dfrac{1}{R} + \dfrac{1}{R}}$$

设 $\dot{U}_A = U_P\angle 0° = U_P$，并将 $X_C = R$ 代入上式得

$$\dot{U}_{N'N} = \frac{\dfrac{U_P\angle 0°}{-jR} + \dfrac{U_P\angle -120°}{R} + \dfrac{U_P\angle 120°}{R}}{\dfrac{2}{R} + j\dfrac{1}{R}}$$

$$= \frac{jU_P + U_P(-0.5 - j0.866) + U_P(-0.5 + j0.866)}{2 + j}$$

$$= \frac{-1 + j}{2 + j}U_P$$

$$= (-0.2 + j0.6)U_P$$

B 相灯泡所承受的电压为

$$\begin{aligned}\dot{U}_{BN'} &= \dot{U}_B - \dot{U}_{N'N} = U_P\angle-120° - \left(-0.2 + j0.6\right)U_P \\ &= \left(-0.3 - j1.466\right)U_P \\ &= 1.496U_P\angle-101.565°\end{aligned}$$

C 相灯泡所承受的电压为

$$\begin{aligned}\dot{U}_{CN'} &= \dot{U}_C - \dot{U}_{N'N} = U_P\angle120° - \left(-0.2 + j0.6\right)U_P \\ &= \left(-0.3 + j0.266\right)U_P \\ &= 0.4U_P\angle138.438°\end{aligned}$$

即有

$$U_{BN'} = 1.496U_P$$
$$U_{CN'} = 0.4U_P$$

根据上述计算结果可以判断：电容器所在的那一相若定为 A 相，则灯比较亮的是 B 相，较暗的是 C 相。

思考与练习

8-3-1　为什么电灯开关一定要接在端线（火线）上？

8-3-2　为什么实际使用中三相电动机可以采用三相三线制供电，而三相照明电路必须采用三相四线制供电系统？

8-3-3　三相四线制供电系统中，中性线（零线）的作用是什么？

8-3-4　三相四线制供电系统中，为什么零线不允许断路？

8.4　三相电路的功率及测量

一、三相电路功率的计算

1. 有功功率

在三相电路中，三相负载所吸收的功率等于各相功率之和，即

$$P = P_A + P_B + P_C$$

在对称三相电路中，显然各相功率相等，且为

$$P_A = P_B = P_C = U_P I_P \cos\varphi_Z = P_P$$

$$P = 3P_P = 3U_P I_P \cos\varphi_Z \tag{8-8}$$

式中 U_P、I_P 为相电压、相电流；φ_Z 为相电压和相电流的相位差。根据前面所讨论的三角形连接和星形连接相、线电流，相、线电压的关系，三相负载所吸收的总功率的另一种表达方式为

$$P = \sqrt{3}U_l I_l \cos\varphi_Z \tag{8-9}$$

2. 瞬时功率

三相电路的瞬时功率也为三相负载瞬时功率之和，对称三相电路各相的瞬时功率分别为

$$p_A = u_A i_A = \sqrt{2}U_p\cos\omega t\sqrt{2}I_p\cos(\omega t - \varphi_Z) = U_p I_p[\cos\varphi_Z + \cos(2\omega t - \varphi_Z)]$$

$$p_B = u_B i_B = \sqrt{2}U_p\cos(\omega t - 120°)\sqrt{2}I_p\cos(\omega t - 120° - \varphi_Z)$$

$$= U_p I_p[\cos\varphi_Z + \cos(2\omega t - 240° - \varphi_Z)]$$

$$p_C = u_C i_C = \sqrt{2}U_p\cos(\omega t + 120°)\sqrt{2}I_p\cos(\omega t + 120° - \varphi_Z)$$

$$= U_p I_p[\cos\varphi_Z + \cos(2\omega t + 240° - \varphi_Z)]$$

p_A、p_B、p_C 中都含有一个交变分量,它们的振幅相等,相位上互差 $240°$,这 3 个交变分量相加等于零,所以

$$p_A + p_B + p_C = 3U_p I_p\cos\varphi_Z = 3P_p = P = 定值 \tag{8-10}$$

式(8-10)表明,对称三相电路的瞬时功率是定值,且等于平均功率,这是对称三相电路的一个优越性能,称为瞬时功率平衡。如果三相负载是电动机,由于三相瞬时功率是定值,因而电动机的转矩是恒定的。因为电动机转矩的瞬时值是和总瞬时功率成正比的。这样,虽然每相的电流是随时间变化的,但转矩却不是时大时小的,这样就保证了三相电动机运转时所产生的机械转矩恒定而不至于引起机械振动。能量的均匀传输可以保证电动机平稳运行,这是单相电动机所不具有的。

3. 无功功率

三相负载的无功功率等于各相无功功率之和,当负载对称时,各相的无功功率是相等的,所以总的无功功率可表示为

$$Q = 3U_p I_p\sin\varphi_Z = \sqrt{3}U_l I_l\sin\varphi_Z \tag{8-11}$$

4. 视在功率

对称三相电路的视在功率为

$$S = \sqrt{P^2 + Q^2} = 3U_p I_p = \sqrt{3}U_l I_l \tag{8-12}$$

二、三相电路功率的测量

三相电路功率的测量是一个实际工程问题,可以证明,在三相三线制电路中,不论对称与否,可以使用两个功率表测量三相功率,即所谓的二瓦计法。二瓦计法测量三相功率的连接方式之一如图 8-17 所示。两个功率表的电流线圈分别串入两端线中(图示为 A、B 两端线),它们的电压线圈的非电源端(即无*端)共同接到第三条端线上(图示 C 端线上)。二瓦计法中功率表的接线只触及端线,而与负载和电源的连接方式无关。两个功率表读数的代数和为三相三线制中三相负载吸收的平均功率。

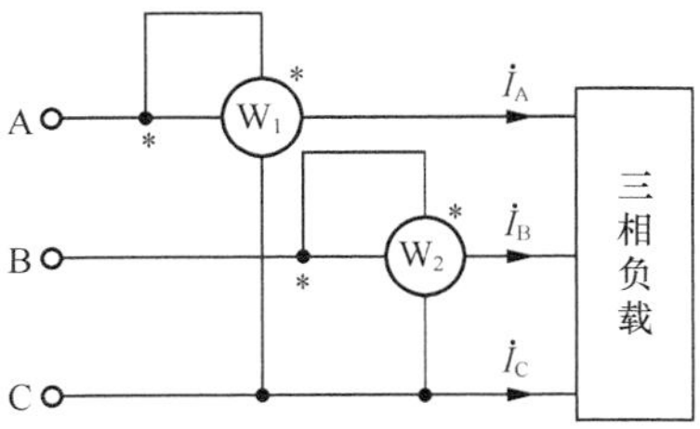

图 8-17 二瓦计法

根据功率表的工作原理,并设其读数分别为 P_1、P_2,则

$$\begin{cases} P_1 = U_{AC}I_A\cos(\psi_{\dot{U}_{AC}} - \psi_{i_A}) \\ P_2 = U_{BC}I_B\cos(\psi_{\dot{U}_{BC}} - \psi_{i_B}) \end{cases} \tag{8-13}$$

$$P_1 = \mathrm{Re}[\dot{U}_{AC}\dot{I}_A^*]$$

$$P_2 = \mathrm{Re}[\dot{U}_{BC}\dot{I}_B^*]$$

$$P_1 + P_2 = \text{Re}[\dot{U}_{AC}\dot{I}_A^* + \dot{U}_{BC}\dot{I}_B^*]$$

因为 $\quad\quad \dot{U}_{AC} = \dot{U}_A - \dot{U}_C$ ， $\dot{U}_{BC} = \dot{U}_B - \dot{U}_C$ ， $\dot{I}_A^* + \dot{I}_B^* = -\dot{I}_C^*$

代入上式有

$$P_1 + P_2 = \text{Re}[\dot{U}_A\dot{I}_A^* + \dot{U}_B\dot{I}_B^* + \dot{U}_C\dot{I}_C^*] = \text{Re}[\bar{S}_A + \bar{S}_B + \bar{S}_C] = \text{Re}[\bar{S}]$$

$\text{Re}[\bar{S}]$ 表示三相负载吸收的有功功率。在对称三相制中，可以证明

$$\begin{cases} P_1 = \text{Re}[\dot{U}_{AC}\dot{I}_A^*] = U_{AC}I_A\cos(\varphi_Z - 30°) \\ P_2 = \text{Re}[\dot{U}_{BC}\dot{I}_B^*] = U_{BC}I_B\cos(\varphi_Z + 30°) \end{cases} \quad\quad (8\text{-}14)$$

式中 φ_Z 为负载的阻抗角，当 φ_Z 取一定值时，两个功率表之一的读数可能为负值（例如 $\varphi_Z > 60°$），求代数和时该表的读数应取负值。用二瓦计法测量三相功率，一般来讲一个功率表的读数是没有意义的。

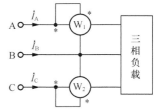

除对称情况外，三相四线制不能用二瓦计法测量三相功率，这是因为一般情况下三相电流和不为0，即

$$\dot{I}_A + \dot{I}_B + \dot{I}_C \neq 0$$

图 8-18　例 8-4 图

【例 8-4】图 8-18 所示为一对称三相电路，已知对称三相负载吸收的功率为 3kW，功率因数 $\lambda = \cos\varphi = 0.866$（感性），线电压为 380V，求图中两个功率表的读数。

解　要求功率表的读数，只要求出与它们相关联的电压、电流相量即可。

由　　$\quad P = \sqrt{3}U_lI_l\cos\varphi_Z$

则　　$\quad I_l = \dfrac{P}{\sqrt{3}U_l\cos\varphi_Z} = 5.263\ \text{A}$

$$\varphi_Z = \arccos 0.866 = 30°$$

令 A 相电压 $\dot{U}_A = 220\angle 0°\ \text{V}$

则 $\dot{U}_{AB} = 380\angle 30°\ \text{V}$ ， $\dot{I}_A = 5.263\angle -30°\ \text{A}$

$$\dot{I}_C = 5.263\angle 90°\ \text{A} ， \quad \dot{U}_{CB} = -\dot{U}_{BC} = -a^2\dot{U}_{AB} = 380\angle 90°\ \text{V}$$

两功率表的读数分别为

$$P_1 = \text{Re}[\dot{U}_{AB}\dot{I}_A^*] = U_{AB}I_A\cos\varphi_1 = 380 \times 5.263\cos 60° = 999.97\text{W}$$

$$P_2 = \text{Re}[\dot{U}_{CB}\dot{I}_C^*] = U_{CB}I_C\cos\varphi_2 = 380 \times 5.263\cos 0° = 1999.97\text{W}$$

则　　　　　　　　　　　　　$P_1 + P_2 = 3000\ \text{W}$

【例 8-5】三相对称感性负载三角形连接，其线电流为 $I_l = 5.5\text{A}$，有功功率为 $P = 7760\text{W}$，功率因数 $\cos\varphi = 0.8$，求电源的线电压 U_l、电路的无功功率 Q 和每相阻抗 Z。

解　由于 $P = \sqrt{3}U_lI_l\cos\varphi$

所以 $U_l = \dfrac{P}{\sqrt{3}I_l\cos\varphi} = \dfrac{7760}{\sqrt{3}\times 5.5\times 0.8} = 1018.2\ \text{V}$

$$Q = \sqrt{3}U_lI_l\sin\varphi = \sqrt{3}\times 1018.2\times 5.5\times\sqrt{1 - \cos^2\varphi} = 5819.8\ \text{var}$$

$$I_P = \frac{I_l}{\sqrt{3}} = 3.18A$$

$$|Z| = \frac{U_p}{I_p} = \frac{1018.2}{3.18} = 320.19\Omega$$

$$\therefore Z = 320.19\angle 36.9°\ \Omega$$

思考与练习

8-4-1　如何计算三相对称电路的功率？有功功率计算式中的 $\cos\varphi_Z$ 表示什么意思？

8-4-2　"对称三相负载的功率因数角，对于星形连接是指相电压与相电流的相位差，对于三角形连接则指线电压与线电流的相位差。"这句话对吗？

8-4-3　在同一电路中，若换用阻值相同而额定功率不同的同类型电阻，为什么发热状况会不相同？

8-4-4　线电压相同，三相电动机电源的三角形接法和星形接法的功率有什么不同？

8.5　应用实例

一、电流对人体的作用

人体因触及高电压带电体而承受过大的电流，以致引起死亡或局部受伤的现象称为触电。触电对人体的伤害程度与流过人体电流的频率、大小、通电时间的长短、电流流过人体的途径，以及触电者本人的情况有关。

触电事故表明，频率为 50～100Hz 的电流最危险，通过人体的电流超过 50mA（工频）时，就会产生呼吸困难、肌肉痉挛、中枢神经遭受损害的现象，从而使心脏停止跳动以致死亡。电流流过大脑或心脏时，最容易造成死亡事故。

触电伤人的主要因素是电流，但电流值又决定于作用到人体上的电压和人体的电阻值。通常人体的电阻为 800Ω 至几万欧不等。通常规定 36V 以下的电压为安全电压，对人体安全不构成威胁。

常见的触电方式有单相触电和两相触电。人体同时接触两根相线，形成两相触电，这时人体受 380V 的线电压作用，最为危险。单相触电是人体在地面上，而触及一根相线，电流通过人体流入大地造成触电。此外，某些电气设备由于导电绝缘破损而漏电时，人体触及金属外壳也会发生触电事故。

二、防止触电的技术措施

为防止发生触电事故，除应注意开关必须安装在火线上及合理选择导线与熔丝外，还必须采取必要的防护措施，例如，正确安装用电设备，对电气设备做保护接地，保护接零，使用漏电保护装置等。

1. 保护接地

将电气设备的金属外壳与大地可靠地连接，称为保护接地。它适用于中性点不接地的三相供电系统。电气设备采用保护接地以后，即使外壳因绝缘不好而带电，这时工作人员碰到机壳就相当于人体和接地电阻并联，而人体的电阻远比接地电阻大，因此流过人体的电流就很微小，保证了人身安全。如图 8-19 所示。

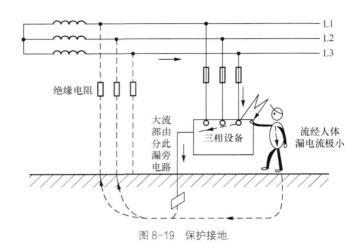

图 8-19　保护接地

2. 保护接零

保护接零就是在电源中性点接地的三相四线制中，把电气设备的金属外壳与中性线连接起来。这时，如果电气设备的绝缘损坏而碰壳，由于中性线的电阻很小，所以短路电流很大，立即使电路中的熔丝烧断，切断电源，从而消除触电危险。如图 8-20 所示。

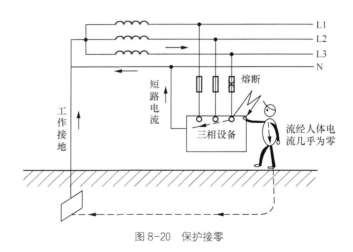

图 8-20　保护接零

3. 漏电保护

漏电保护装置的作用主要是防止由漏电引起的触电事故；其次是防止由漏电引起火灾事故，以及监视或切除一相接地故障。有的漏电保护装置还能切除三相电动机的断相运行故障。图 8-21 所示的漏电保护器是在主电路上接有一个零序电流互感器，端线和中性线都从互感器环形铁心窗口穿过。

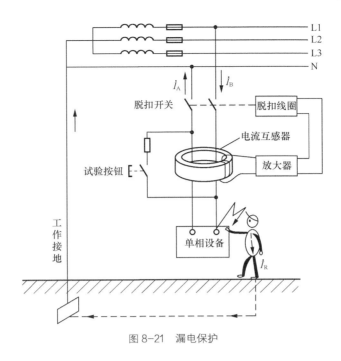

图 8-21 漏电保护

本章小结

一、Y 形连接或△形连接

三相电源、三相负载均可作 Y 形连接或△形连接，在 Y 形连接的对称三相电路中，线电压的有效值为相电压有效值的 $\sqrt{3}$ 倍，线电压超前相应的相电压相位为 30°，而线电流等于相电流。即

$$\dot{U}_l = \sqrt{3}\dot{U}_{\mathrm{p}} \angle 30°$$

$$\dot{I}_l = \dot{I}_{\mathrm{p}}$$

在△形连接的对称三相电路中，线电流的有效值为相电流有效值的 $\sqrt{3}$ 倍，线电流滞后于相应的相电流相位为 30°，而线电压等于相电压，即

$$\dot{I}_l = \sqrt{3}\dot{I}_{\mathrm{p}} \angle -30°$$

$$\dot{U}_l = \dot{U}_{\mathrm{p}}$$

二、对称三相电路的计算

对称星形连接的三相电路在计算时可把各中性点互联，并取其一相进行计算。对称三角形连接负载，可先等效变换为星形连接负载，再取一相计算，然后推算出其余两相。

三、不对称三相电路的分析

当已知三相电源电压求解不对称星形连接负载电路时，用节点法先计算中性点间电压较为简便。

四、三相电路的功率及测量

有功功率

$$P = 3U_{\mathrm{p}}I_{\mathrm{p}}\cos\varphi_Z = \sqrt{3}U_lI_l\cos\varphi_Z$$

无功功率

$$Q = 3U_{\mathrm{p}}I_{\mathrm{p}}\sin\varphi_Z = \sqrt{3}U_lI_l\sin\varphi_Z$$

视在功率

$$S = \sqrt{P^2 + Q^2} = 3U_{\mathrm{p}}I_{\mathrm{p}} = \sqrt{3}U_lI_l$$

二瓦计法测功率，两个功率表的读数为

$$\left.\begin{array}{l}P_1 = \mathrm{Re}[\dot{U}_{\mathrm{AC}}\dot{I}_{\mathrm{A}}^{\ *}] = U_{\mathrm{AC}}I_{\mathrm{A}}\cos(\varphi_Z - 30°)\\P_2 = \mathrm{Re}[\dot{U}_{\mathrm{BC}}\dot{I}_{\mathrm{B}}^{\ *}] = U_{\mathrm{BC}}I_{\mathrm{B}}\cos(\varphi_Z + 30°)\end{array}\right\}$$

自测题

一、选择题

1. 对称三相四线制电路中，线电流为 1A，则中线电流为（   ）A。

（A）6　　　　　　　（B）3　　　　　　　（C）2　　　　　　　（D）0

2. 对称三相 Y 形连接负载，各相阻抗为 $(3 + j3)\Omega$，若将其变换为等效△形连接负载，则各相阻抗为（   ）。

（A）$(1 + j1)\Omega$　　　（B）$3\sqrt{2} \underline{/45°}\ \Omega$　　　（C）$(9 + j9)\Omega$　　　（D）$\sqrt{3}(3 + j3)\Omega$

3. 对称三相电路总有功功率为 $P = \sqrt{3}U_lI_l\cos\varphi$，式中的 φ 角是（   ）。

（A）线电压与线电流之间的相位差角　　　（B）相电压与相电流之间的相位差角

（C）线电压与相电流之间的相位差角　　　（D）相电压与线电流之间的相位差角

4. 对称三相电路中，线电压 $\dot{U}_{\mathrm{AB}}$ 与 $\dot{U}_{\mathrm{BC}}$ 之间的相位关系是（   ）。

（A）$\dot{U}_{\mathrm{AB}}$ 超前 $\dot{U}_{\mathrm{BC}}\ 60°$　　　　　　（B）$\dot{U}_{\mathrm{AB}}$ 滞后 $\dot{U}_{\mathrm{BC}}\ 60°$

（C）$\dot{U}_{\mathrm{AB}}$ 超前 $\dot{U}_{\mathrm{BC}}\ 120°$　　　　　（D）$\dot{U}_{\mathrm{AB}}$ 滞后 $\dot{U}_{\mathrm{BC}}\ 120°$

5. 对称三相电路中，平均功率的计算公式为（   ）。

（A）$P = 3U_lI_l\cos\varphi$　　　　　　　（B）$P = 3U_{\mathrm{p}}I_{\mathrm{p}}\cos\varphi$

（C）$P = \sqrt{3}U_lI_l$　　　　　　　　　（D）$P = \sqrt{3}U_{\mathrm{p}}I_{\mathrm{p}}$

二、判断题

1. 中线的作用就是使不对称 Y 接负载的端电压保持对称。　　　　　　　　（　　）

2. 负载作星形连接时，必有线电流等于相电流。　　　　　　　　　　　　（　　）

3. 三相不对称负载越接近对称，中线上通过的电流就越小。　　　　　　　（　　）

4. 中线不允许断开，因此不能安装保险丝和开关，并且中线截面比火线粗。（　　）

5. 三相总视在功率等于总有功功率和总无功功率之和。　　　　　　　　　（　　）

6. 对称三相交流电任一瞬时值之和恒等于零，有效值之和恒等于零。　　（　　）

7. 三相负载作三角形连接时，线电流在数量上是相电流的 3 倍。　　　　　（　　）

8. 三相四线制电路无论对称与不对称，都可以用二瓦计法测量三相功率。（　　）

9. 中线的作用得使三相不对称负载保持对称。　　　　　　　　　　　　　（　　）

10. Y 形连接三相电源若测出线电压两个为 220V、一个为 380V 时，说明有一相接反。（　　）

三、填空题

1．对称三相负载作 Y 形连接，接在 380V 的三相四线制电源上。此时负载端的相电压等于（　　）倍的线电压；相电流等于（　　）倍的线电流；中线电流等于（　　）。

2．有一对称三相负载接成星形连接，每相阻抗均为 22Ω，功率因数为 0.8，又测出负载中的电流为 10A，那么三相电路的有功功率为（　　）；无功功率为（　　）；视在功率为（　　）。假如负载为感性设备，则等效电阻是（　　）；等效电感量为（　　）。

3．某对称星形负载与对称三相电源连接，已知线电流 $\dot{I}_A = 5\angle10°$ A，$\dot{U}_{AB} = 380\angle75°$ V，则此负载的每相阻抗为（　　）。

4．已知对称三相负载各相阻抗 $Z = (6 + j8)Ω$ 接于线电压为 380 V 的对称三相电源上，负载为星形接法时，负载消耗的平均功率为（　　）kW。负载为三角形接法时，负载消耗的平均功率为（　　）kW。

5．在对称三相电路中，已知电源线电压有效值为 380V，若负载作星形连接，负载相电压为（　　）；若负载作三角形连接，负载相电压为（　　）。

习题

8-1　电路如图 8-22 所示，已知对称三相电源的线电压为 380V，对称负载 $Z=100\angle30°$ Ω，求线电流。

8-2　电路如图 8-23 所示，电源三相对称。当开关 S 闭合时，电流表的读数均为 5A。求：开关 S 打开后各电流表的读数。

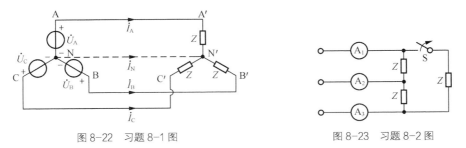

图 8-22　习题 8-1 图　　　　　　　　图 8-23　习题 8-2 图

8-3　已知星形连接负载的每相电阻为 10Ω、感抗为 15Ω，线电压对称，其有效值为 380V。试求此负载吸收的功率及其功率因数。

8-4　某一对称三角形连接的负载与一对称星形三相电源相接，已知此负载每相的阻抗为 $(8-j6)Ω$、线路阻抗为 $j2Ω$、电源相电压为 220V，试求发电机相电流及输出功率。

8-5　对称三相电路的线电压 $U_l = 230$V，负载 $Z=(12+j16)Ω$，试求：（1）星形连接负载时的线电流有效值及吸收的总功率；（2）三角形连接负载时的线电流、相电流有效值和吸收的总功率；（3）比较（1）和（2）的结果能得到什么结论？

8-6　已知对称三相电路的线电压 $U_l = 380$V（电源端），三角形负载为 $Z=(4.5+j14)Ω$，端线阻抗 $Z_l = (1.5+j2)Ω$，求线电流和负载的相电流，并作电路的相量图。

8-7　已知对称三相电路的负载吸收的功率为 P=2.4kW，功率因数 λ=0.4（滞后）。试求：（1）用二瓦计法测量功率时，两瓦特表的读数是多少？（2）若负载的功率因数提高到 0.8（滞后）应怎么办？此时，两只瓦特表的读数是多少？

8-8 已知对称三相电路的线电流 $\dot{I}_A = 5\angle 10° \text{A}$，线电压 $\dot{U}_{AB} = 380\angle 75° \text{V}$。（1）画出用二瓦计法测量三相功率的接线图并求出两个功率表的读数。（2）根据功率表的读数，能否求出三相的无功功率和功率因数（指对称条件的情况下）。

8-9 电路如图 8-24 所示，三相对称感性负载 $\cos\varphi = 0.88$，线电压 $U_l = 380\text{V}$，电路消耗的平均功率为 7.5kW，求两个瓦特表的读数。

8-10 电路如图 8-25 所示，对称负载连成 Δ 形，已知电源电压 $U_l = 220\text{V}$，电流表读数 $I_l = 17.3\text{A}$，三相功率 $P = 4.5\text{kW}$。试求：（1）每相负载的电阻和电抗；（2）当 AB 相断开时，图中各电流表的读数和总功率 P；（3）当 A 线断开时，图中各电流表的读数和总功率 P。

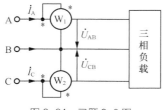

图 8-24 习题 8-9 图

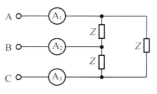

图 8-25 习题 8-10 图

第 9 章 含有耦合电感的电路

内容提要：耦合电感在工程中有着广泛的应用。本章主要介绍了磁耦合现象、互感和互感电压、有互感电路的计算、空心变压器和理想变压器的电压电流关系。

本章目标：了解理想变压器的条件；理解互感现象；掌握互感电路的分析方法。

9.1 耦合电感

当线圈通过变化的电流时，它的周围将建立磁场。载流线圈之间通过彼此的磁场相互联系的物理现象称为磁耦合。具有磁耦合的两个或两个以上的线圈，称为耦合线圈。耦合线圈的理想化模型就是耦合电感，它属于多端元件。在实际电路中，如收音机、电视机中的中周线圈、振荡线圈，整流电源里使用的变压器等都是耦合电感元件。熟悉这类多端元件的特性，掌握包含这类多端元件的电路分析方法是非常必要的。

一、耦合现象

图 9-1 所示为两个耦合的线圈 1、2，线圈匝数分别为 N_1 和 N_2，电感分别为 L_1 和 L_2。其中的电流 i_1 和 i_2 又称为施感电流。当 i_1 通过线圈 1 时，在线圈 1 中产生自感磁通 Φ_{11}，Φ_{11} 在穿越自身的线圈时产生磁通链 ψ_{11}，ψ_{11} 称为自感磁通链，$\Psi_{11}=N_1\Phi_{11}$。Φ_{11} 的一部分或全部交链线圈 2 时，线圈 1 对线圈 2 的互感磁通为 Φ_{21}，Φ_{21} 在线圈 2 中产生磁通链 ψ_{21}，ψ_{21} 称为互感磁通链，$\Psi_{21}=N_2\Phi_{21}$。同样，线圈 2 中的电流 i_2 也在线圈 2 中产生自感磁通 Φ_{22} 和自感磁通链 ψ_{22}，线圈 2 在线圈 1 中产生互感磁通 Φ_{12} 和互感磁通链 ψ_{12}。当两个线圈都有电流时，每个耦合线圈中的磁通链等于自感磁通链和互感磁通链两部分的代数和，设线圈 1 和 2 的磁通链分别为 ψ_1 和 ψ_2，则

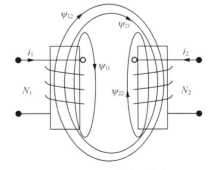

图 9-1 两个耦合的电感线圈

$$\psi_1 = \psi_{11} \pm \psi_{12} = L_1 i_1 \pm M_{12} i_2 \tag{9-1}$$

$$\psi_2 = \psi_{22} \pm \psi_{21} = L_2 i_2 \pm M_{21} i_1 \tag{9-2}$$

式中的 L_1 和 L_2 称为自感系数，简称自感，M_{12} 和 M_{21} 称为互感系数，简称互感，单位均为亨利（H）。可以证明 $M_{12} = M_{21}$，所以在只有两个线圈耦合时可以略去 M 的下标，不再区

分 M_{12} 和 M_{21}，都用 M 表示。

自感磁通链总为正，互感磁通链可正可负。当互感磁通链的参考方向与自感磁通链的参考方向一致时，彼此相互加强，互感磁通链取正；反之，互感磁通链取负。互感磁通链的方向由它的电流方向、线圈绕向及相对位置决定。

二、耦合系数

工程上为了定量地描述两线圈耦合的紧疏程度，引入耦合系数 k，定义

$$k = \frac{M}{\sqrt{L_1 L_2}} \qquad (9\text{-}3)$$

一般有

$$k = \frac{M}{\sqrt{L_1 L_2}} = \sqrt{\frac{M^2}{L_1 L_2}} = \sqrt{\frac{(Mi_1)(Mi_2)}{L_1 i_1 L_2 i_2}} = \sqrt{\frac{\psi_{12}\psi_{21}}{\psi_{11}\psi_{22}}} \leqslant 1 \qquad (9\text{-}4)$$

耦合系数 k 是两线圈互感磁通链与自感磁通链的比值的几何平均值。由此可知，$0 \leqslant k \leqslant 1$。$k$ 值越大，说明两个线圈之间耦合越紧；当 $k=1$ 时，称为全耦合；当 $k=0$ 时，说明两线圈没有耦合。耦合系数 k 与两线圈的结构、相互几何位置，以及周围空间磁介质有关。

在电子电路和电力系统中，为了更有效地传输信号或功率，总是尽可能紧密地耦合，使 k 尽可能接近 1。一般采用铁磁性材料制成的芯子可达到这一目的。工程上利用互感制成了变压器，来实现信号、功率的传递。另外，为了避免互感带来的干扰，可以通过合理布置线圈相互位置和增加屏蔽来减少互感的影响。

三、耦合电感的同名端

1. 同名端的规定

在工程实际中，实际的线圈往往是密封的，从外观上无法看到具体绕向，并且在电路图中绘出线圈的方向也很不方便，为此引入同名端的概念。

当两个电流分别从两个线圈的对应端子同时流入（或流出）时，若产生的磁通相互增强，则这两个对应端子称为两互感线圈的同名端，反之为异名端。

线圈的同名端必须两两确定，并且一般使用"△"或"＊"或"•"等符号加以标注，如图 9-2 所示。有了同名端的规定，耦合线圈在电路中可用有同名端标记的电路模型表示。因此，如果知道了耦合电感的同名端，不必知道线圈的具体绕向也能正确列出耦合电感的伏安关系。

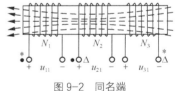

图 9-2 同名端

2. 同名端的实验测定方法

当随时间增大的电流从一线圈的一端流入时，将会引起另一线圈相应同名端的电位升高。据此可以通过实验测定同名端。测定电路如图 9-3 所示。把一个线圈通过开关 S 接到一个电源上，把一个直流电压表接到另一线圈上。当闭合开关 S 时，i 增加，$\mathrm{d}i/\mathrm{d}t > 0$，$u_{22'} = M\,\mathrm{d}i/\mathrm{d}t > 0$，电压表正偏，表明端子 2 为高电位端（端子 2 和电压表"+"端

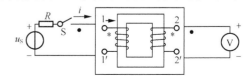

图 9-3 同名端的实验测定

相连），由此可以断定端子 1 和 2 是同名端。当两组线圈装在黑盒里，只引出 4 个端线时，要确定其同名端，就可以利用上面的结论来加以判断。

四、耦合电感的伏安关系

当上述的图 9-1 中两个耦合的电感 L_1 和 L_2 中有变化的电流时，各电感中的磁通链也将随电流的变化而变化。设 L_1 和 L_2 中的电压、电流均为关联参考方向，且电流与磁通符合右手螺旋法则，依据电磁感应定律，由式（9-1）和式（9-2）可得

$$u_1 = \frac{\mathrm{d}\psi_1}{\mathrm{d}t} = u_{11} \pm u_{12} = L_1 \frac{\mathrm{d}i_1}{\mathrm{d}t} \pm M \frac{\mathrm{d}i_2}{\mathrm{d}t} \tag{9-5}$$

$$u_2 = \frac{\mathrm{d}\psi_2}{\mathrm{d}t} = \pm u_{21} + u_{22} = \pm M \frac{\mathrm{d}i_1}{\mathrm{d}t} + L_2 \frac{\mathrm{d}i_2}{\mathrm{d}t} \tag{9-6}$$

在正弦交流电路中，其相量形式的方程为

$$\begin{aligned}\dot{U}_1 &= \mathrm{j}\omega L_1 \dot{I}_1 \pm \mathrm{j}\omega M \dot{I}_2 \\ \dot{U}_2 &= \pm\mathrm{j}\omega M \dot{I}_1 + \mathrm{j}\omega L_2 \dot{I}_2\end{aligned} \tag{9-7}$$

两线圈的自感磁通链和互感磁通链相助，互感电压取正，否则取负。这就表明互感电压的正、负既与电流的参考方向有关，还与线圈的相对位置和绕向有关。有了同名端，表示两个线圈相互作用时，就不需考虑实际绕向，而只画出同名端及 u、i 参考方向即可。应特别注意自感电压与互感电压的正负符号。

（1）自感电压前的正负符号只与线圈自身的电压电流参考方向有关，若自身电压电流参考方向为关联方向，则自感电压前取正号，否则取负号。

（2）互感电压前的正负符号既与施感电流方向、线圈之间同名端有关，还与线圈自身电压的参考方向有关。互感电压的正极性端总与施感电流的进端互为同名端，若互感电压的正极性端与线圈自身电压的参考方向一致，则互感电压前取正号，否则取负号。

【**例 9-1**】写出图 9-4 中各电路的电压、电流关系式。

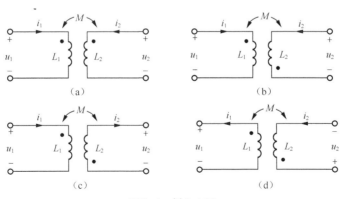

（a）　　　　　　　　　　（b）

（c）　　　　　　　　　　（d）

图 9-4　例 9-1 图

解　由同名端的标注及给定电压和电流的参考方向可写出如下式子。

图（a）　$u_1 = L_1 \dfrac{\mathrm{d}i_1}{\mathrm{d}t} + M \dfrac{\mathrm{d}i_2}{\mathrm{d}t}$ ，　$u_2 = M \dfrac{\mathrm{d}i_1}{\mathrm{d}t} + L_2 \dfrac{\mathrm{d}i_2}{\mathrm{d}t}$

图（b）　$u_1 = L_1 \dfrac{\mathrm{d}i_1}{\mathrm{d}t} - M \dfrac{\mathrm{d}i_2}{\mathrm{d}t}$ ，　$u_2 = -M \dfrac{\mathrm{d}i_1}{\mathrm{d}t} + L_2 \dfrac{\mathrm{d}i_2}{\mathrm{d}t}$

图（c）　　$u_1 = L_1 \dfrac{\mathrm{d}i_1}{\mathrm{d}t} + M \dfrac{\mathrm{d}i_2}{\mathrm{d}t}$ ，　$u_2 = -M \dfrac{\mathrm{d}i_1}{\mathrm{d}t} - L_2 \dfrac{\mathrm{d}i_2}{\mathrm{d}t}$

图（d）　　$u_1 = -L_1 \dfrac{\mathrm{d}i_1}{\mathrm{d}t} - M \dfrac{\mathrm{d}i_2}{\mathrm{d}t}$ ，　$u_2 = -M \dfrac{\mathrm{d}i_1}{\mathrm{d}t} - L_2 \dfrac{\mathrm{d}i_2}{\mathrm{d}t}$

【例 9-2】 电路如图 9-5（a）所示，已知 $R_1 = 10\Omega$ ，$L_1 = 5\mathrm{H}$ ，$L_2 = 2\mathrm{H}$ ，$M = 1\mathrm{H}$ ，激励波形如图 9-5（b）所示，求 $u(t)$ 和 $u_2(t)$ 。

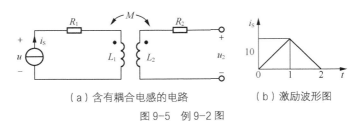

（a）含有耦合电感的电路　　　　（b）激励波形图

图 9-5　例 9-2 图

解　根据电流源波形，写出其函数表示式为

$$i_\mathrm{S} = \begin{cases} 10t & 0 \leqslant t \leqslant 1\mathrm{s} \\ 20 - 10t & 1 \leqslant t \leqslant 2\mathrm{s} \\ 0 & 2 \leqslant t \end{cases}$$

该电流在线圈 2 中引起互感电压为

$$u_2(t) = M \frac{\mathrm{d}i_\mathrm{S}}{\mathrm{d}t} = \begin{cases} 10\mathrm{V} & 0 \leqslant t \leqslant 1\mathrm{s} \\ -10\mathrm{V} & 1 \leqslant t \leqslant 2\mathrm{s} \\ 0 & 2 \leqslant t \end{cases}$$

对线圈 1 应用 KVL，得电流源电压为

$$u(t) = R_1 i_\mathrm{S} + L_1 \frac{\mathrm{d}i_\mathrm{S}}{\mathrm{d}t} = \begin{cases} 100t + 50\mathrm{V} & 0 \leqslant t \leqslant 1\mathrm{s} \\ -100t + 150\mathrm{V} & 1 \leqslant t \leqslant 2\mathrm{s} \\ 0 & 2 \leqslant t \end{cases}$$

思考与练习

9-1-1　耦合电感属于多端器件，试找出其在实际中更多的应用例子。

9-1-2　在图 9-3 的同名端的测定电路中，当断开 S 时，如何判定同名端？

9-1-3　为了增大或减小互感的影响，可以采取哪些措施？

9-1-4　同名端的工程意义是什么？如何判断耦合线圈的同名端？

9.2　含有耦合电感电路的计算

本节主要讲述含耦合电感电路的基本计算方法。在计算含有耦合电感的正弦稳态电路时，仍然采用相量法，KCL 的形式不变，但在 KVL 表达式中，应计入由于互感的作用而引起的互感电压。如果我们对含有耦合电感的电路进行等效变换，消去互感，求出它们的去耦等效电路，就可不必计入由于互感的作用而引起的互感电压，最终可达到简化这类电路的分析计算的目的。

一、耦合电感的串联

耦合电感的串联方式有两种，一种是顺接串联，另一种是反接串联。电流从两个电感的同名端流进（或流出）称为顺接串联，如图 9-6（a）所示；相反，图 9-6（b）称反接串联。

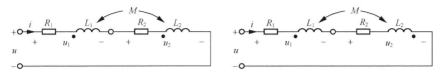

（a）耦合电感的顺接串联　　　　（b）耦合电感的反接串联

图 9-6　耦合电感的串联电路

1. 顺接串联

$$u = R_1 i + L_1 \frac{\mathrm{d}i}{\mathrm{d}t} + M \frac{\mathrm{d}i}{\mathrm{d}t} + L_2 \frac{\mathrm{d}i}{\mathrm{d}t} + M \frac{\mathrm{d}i}{\mathrm{d}t} + R_2 i$$

$$= (R_1 + R_2)i + (L_1 + L_2 + 2M)\frac{\mathrm{d}i}{\mathrm{d}t}$$

$$= Ri + L\frac{\mathrm{d}i}{\mathrm{d}t}$$

其中

$$R = R_1 + R_2, \quad L = L_1 + L_2 + 2M \tag{9-8}$$

2. 反接串联

$$u = R_1 i + L_1 \frac{\mathrm{d}i}{\mathrm{d}t} - M \frac{\mathrm{d}i}{\mathrm{d}t} + L_2 \frac{\mathrm{d}i}{\mathrm{d}t} - M \frac{\mathrm{d}i}{\mathrm{d}t} + R_2 i$$

$$= (R_1 + R_2)i + (L_1 + L_2 - 2M)\frac{\mathrm{d}i}{\mathrm{d}t} = Ri + L\frac{\mathrm{d}i}{\mathrm{d}t}$$

其中

$$R = R_1 + R_2, \quad L = L_1 + L_2 - 2M \tag{9-9}$$

在正弦稳态时有

$$\dot{U} = \left[R_1 + \mathrm{j}\omega(L_1 \pm M) \right]\dot{I} + \left[R_2 + \mathrm{j}\omega(L_2 \pm M) \right]\dot{I}$$

$$= (R_1 + R_2)\dot{I} + \mathrm{j}\omega(L_1 + L_2 \pm 2M)\dot{I} \tag{9-10}$$

$$= \left[(R_1 + R_2) + \mathrm{j}\omega(L_1 + L_2 \pm 2M) \right]\dot{I}$$

分别画出顺接串联和反接串联电路的相量图，如图 9-7（a）、（b）所示。

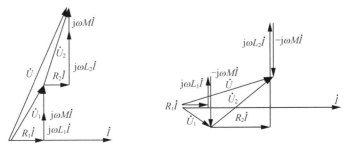

（a）顺接串联电路的相量图　　　　（b）反接串联电路的相量图

图 9-7　耦合电感串联时的相量图

显然顺接串联时，每一条耦合电感支路阻抗和输入阻抗都比无互感时的阻抗大，这是由于顺接互感的相互增强的结果；而反接串联时，每条耦合电感支路阻抗和输入阻抗都比无互感时的阻抗小，这是由于反接互感相互削弱的结果。

二、耦合电感的并联

互感线圈的并联也有两种形式，一种是两个线圈的同名端相连，称为同侧并联，如图 9-8（a）所示；另一种是两个线圈的异名端相连，称为异侧并联。

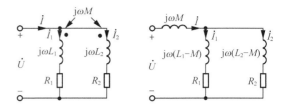

（a）耦合电感的同侧并联　　（b）同侧去耦等效电路

图 9-8　耦合电感的同侧并联电路

1. 同侧并联

在正弦稳态情况下对同侧并联列电路方程为

$$\dot{U} = j\omega L_1 \dot{I}_1 + j\omega M \dot{I}_2 + R_1 \dot{I}_1 \qquad （9\text{-}11）$$

$$\dot{U} = j\omega L_2 \dot{I}_2 + j\omega M \dot{I}_1 + R_2 \dot{I}_2 \qquad （9\text{-}12）$$

$$\dot{I} = \dot{I}_1 + \dot{I}_2 \qquad （9\text{-}13）$$

由以上三式可得

$$\dot{U} = j\omega M \dot{I} + R_1 \dot{I}_1 + j\omega(L_1 - M)\dot{I}_1 = j\omega M \dot{I} + R_2 \dot{I}_2 + j\omega(L_2 - M)\dot{I}_2 \qquad （9\text{-}14）$$

由此生成的电路，即为去耦等效电路，如图 9-8（b）所示。

2. 异侧并联

异侧并联电路如图 9-9（a）所示，在正弦稳态情况下，有

$$\dot{U} = j\omega L_1 \dot{I}_1 - j\omega M \dot{I}_2 + R_1 \dot{I}_1 \qquad （9\text{-}15）$$

$$\dot{U} = j\omega L_2 \dot{I}_2 - j\omega M \dot{I}_1 + R_2 \dot{I}_2 \qquad （9\text{-}16）$$

$$\dot{I} = \dot{I}_1 + \dot{I}_2 \qquad （9\text{-}17）$$

由以上三式可得

$$\dot{U} = -j\omega M \dot{I} + R_1 \dot{I}_1 + j\omega(L_1 + M)\dot{I}_1 = -j\omega M \dot{I} + R_2 \dot{I}_2 + j\omega(L_2 + M)\dot{I}_2 \qquad （9\text{-}18）$$

去耦等效电路与同侧并联的结构相同，只是 M 前的正负号发生改变，如图 9-9（b）所示。

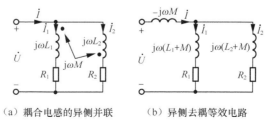

（a）耦合电感的异侧并联　　（b）异侧去耦等效电路

图 9-9　耦合电感的异侧并联电路

三、耦合电感的去耦等效电路

如果耦合电感的两条支路各有一端与第三条支路形成一个仅含三条支路的共同节点，称

为耦合电感的 T 形连接。显然耦合电感的并联也属于 T 形连接。T 形连接有两种方式，图 9-10（a）所示的是同名端为共同端的 T 形连接；另一种是异名端为共同端的 T 形连接，如图 9-10（b）所示。

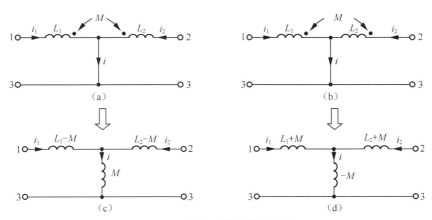

图 9-10 耦合电感的去耦等效电路

上述分别对具有耦合电感的串联、并联及 T 型电路进行分析，得到了相应的去耦等效电路。在去耦等效电路中采用无互感电路进行分析和计算，但要注意等效的含义。

对含有耦合电感电路的分析计算总结如下。

（1）在正弦稳态情况下，有互感的电路的计算仍应用前面介绍的相量分析方法。

（2）注意互感线圈上的电压除自感电压外，还应包含互感电压。

（3）一般直接采用支路法和回路法计算，有时也可先去耦等效再利用相量法分析计算。

【**例 9-3**】求图 9-11（a）所示电路的开路电压。

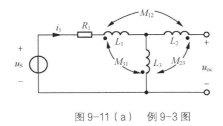

图 9-11（a） 例 9-3 图

解法一 列方程求解。由于线圈 2 中无电流，线圈 1 和线圈 3 为反向串联，所以电流为

$$\dot{I}_1 = \frac{\dot{U}_{\mathrm{S}}}{R_1 + \mathrm{j}\omega(L_1 + L_3 - 2M_{31})}$$

则开路电压

$$\dot{U}_{\mathrm{oc}} = \mathrm{j}\omega M_{12}\dot{I}_1 - \mathrm{j}\omega M_{23}\dot{I}_1 - \mathrm{j}\omega M_{31}\dot{I}_1 + \mathrm{j}\omega L_3\dot{I}_1$$

$$= \frac{\mathrm{j}\omega(L_3 + M_{12} - M_{23} - M_{31})\dot{U}_{\mathrm{S}}}{R_1 + \mathrm{j}\omega(L_1 + L_3 - 2M_{31})}$$

解法二 作出去耦等效电路如图 9-11（b）所示，（一对一对消）。

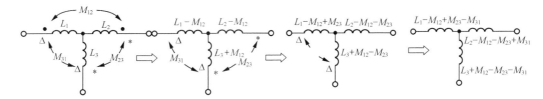

图9-11（b） 去耦等效电路

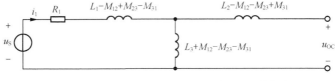

图9-11（c） 图9-11（a）的去耦等效电路

由图 9-11（c）的无互感电路得开路电压为

$$\dot{I}_1 = \frac{\dot{U}_S}{R_1 + j\omega(L_1 + L_3 - 2M_{31})}$$

$$\dot{U}_{oc} = \frac{j\omega(L_3 + M_{12} - M_{23} - M_{31})\dot{U}_S}{R_1 + j\omega(L_1 + L_3 - 2M_{31})}$$

思考与练习

9-2-1　去耦法是通过对耦合电感并联分析得出的，耦合电感串联时去耦法还适用吗？

9-2-2　通过耦合电感串、并联的分析，总结含耦合电感电路的分析方法。

9-2-3　如果误把顺接串联的两互感线圈反接串联，会发生什么现象？为什么？

9-2-4　为什么要消去互感？消去互感的好处是什么？

9.3　空心变压器

　　变压器是利用电磁感应原理传输电能或电信号的器件，它常应用在电工、电子技术中。变压器由两个耦合线圈绕在一个共同的芯子上制成，其中一个线圈与电源相连称为初级线圈，所形成的回路称为原边回路（或初级回路）；另一线圈与负载相连称为次级线圈，所形成的回路称为副边回路（或次级回路）。当变压器线圈的芯子为非铁磁材料时，称为空心变压器，否则称为铁心变压器。铁心变压器一般应用于工频及较低频率的输电系统与电子电路中；空心变压器一般用在高频、甚高频的通信、雷达等电路中。电子管收音机电路中就采用这种空心变压器，通过它，可以把天线中接收到的信号耦合到变频级进行变频和放大。

　　变压器有很多典型的用途，例如用于传输能量、分配电能和耦合通信电路中的信号等。变压器是基于互感原理将交流电压从电路中的某一点磁耦合到另一点，用来升高或降低交流电压。图9-12是变压器示意图。在一定的发电功率下，传输电能时需要采用一个升压变压器。电压越高，电流越小，传输线损耗越小，也大大节省了材料开销。否则，就会有大部分电功率消耗在传输线上。居民、商业或工业用户的供电通常由架设在电力公司电线杆上或地下电缆的配电变压器实现。变压器能够实现升压、降压及其经济的配电功能是电力传输中广泛采用交流发电而不是直流发电的主要原因之一。

图 9-12　变压器

一、空心变压器的电路模型

空心变压器电路模型如图 9-13 所示。图中的负载设为电阻和电感串联。变压器通过耦合作用，将原边的输入传递到副边输出。

在正弦稳态下，对图 9-13 列回路方程有

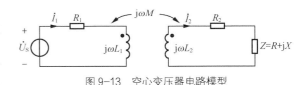

图 9-13　空心变压器电路模型

$$(R_1 + j\omega L_1)\dot{I}_1 - j\omega M\dot{I}_2 = \dot{U}_S \qquad (9\text{-}19)$$

$$-j\omega M\dot{I}_1 + (R_2 + j\omega L_2 + Z)\dot{I}_2 = 0 \qquad (9\text{-}20)$$

令 $Z_{11} = R_1 + j\omega L_1$，$Z_{11}$ 称为原边回路阻抗。

令 $Z_{22} = R_2 + j\omega L_2 + Z$，$Z_{22}$ 称为副边回路阻抗。

则方程可简写为

$$Z_{11}\dot{I}_1 - j\omega M\dot{I}_2 = \dot{U}_S \qquad (9\text{-}21)$$

$$-j\omega M\dot{I}_1 + Z_{22}\dot{I}_2 = 0 \qquad (9\text{-}22)$$

得

$$\dot{I}_1 = \frac{\dot{U}_S}{Z_{11} + \dfrac{(\omega M)^2}{Z_{22}}} \qquad (9\text{-}23)$$

$$Z_{in} = \frac{\dot{U}_S}{\dot{I}_1} = Z_{11} + \frac{(\omega M)^2}{Z_{22}} \qquad (9\text{-}24)$$

$$\dot{I}_2 = \frac{j\omega M\dot{U}_S}{\left(Z_{11} + \dfrac{(\omega M)^2}{Z_{22}}\right)Z_{22}} = \frac{j\omega M\dot{U}_S}{Z_{11}} \cdot \frac{1}{Z_{22} + \dfrac{(\omega M)^2}{Z_{11}}} = \dot{U}_{OC} \cdot \frac{1}{Z_{22} + \dfrac{(\omega M)^2}{Z_{11}}} \qquad (9\text{-}25)$$

$\dot{U}_{OC}$ 是 $\dot{I}_2 = 0$ 时的开路电压，是原边电流 $\dot{I}_1$ 通过互感而在副边线圈中产生的互感电压。

二、空心变压器的等效电路

将含有空芯变压器的电路变换成原边等效电路或副边等效电路，在等效电路中列电路方程，再进一步求解。

1. 原边等效电路

空心变压器原边等效电路如图 9-14（a）所示。它是从电源端看进去的等效电路，称为原边等效电路。

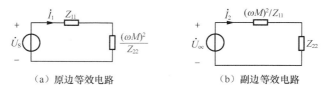

（a）原边等效电路　　　　　（b）副边等效电路

图 9-14　空心变压器的等效电路

令 $Z_l = \dfrac{(\omega M)^2}{Z_{22}} = \dfrac{\omega^2 M^2}{R_{22} + jX_{22}} = \dfrac{\omega^2 M^2 R_{22}}{R_{22}^2 + X_{22}^2} - j\dfrac{\omega^2 M^2 X_{22}}{R_{22}^2 + X_{22}^2} = R_l + jX_l$

$Z_l = R_l + jX_l$——称副边对原边的引入阻抗或反映阻抗，是副边回路阻抗 z_{22} 通过互感反映到原边的等效阻抗。反映阻抗的性质与 z_{22} 相反，即感性（容性）变为容性（感性）。

$R_l = \dfrac{\omega^2 M^2 R_{22}}{R_{22}^2 + X_{22}^2}$——引入电阻。恒为正，表示副边回路吸收的功率是靠原边供给的。

$X_l = -\dfrac{\omega^2 M^2 X_{22}}{R_{22}^2 + X_{22}^2}$——引入电抗。负号反映了引入电抗与副边电抗的性质相反。

当副边开路时，即当 $\dot{I}_2 = 0$ 时，$Z_{in}=Z_{11}$，引入阻抗反映了副边回路对原边回路的影响。从物理意义讲，虽然原副边没有电的联系，但由于互感作用使闭合的副边产生电流，反过来这个电流又影响原边电流和电压。从能量角度来说，电源发出有功功率 $P = I_1^2(R_1 + R_l)$，$I_1^2 R_1$ 消耗在原边；$I_1^2 R_l$ 消耗在副边，由互感传输。

2. 副边等效电路

空心变压器副边等效电路如图 9-14（b）所示。它是从副边看进去的含源一端口的一种等效电路，称为副边等效电路。

当 $\dot{I}_2 = 0$ 时的开路电压 $\dot{U}_{oc}$，称为等效电源电压，它是原边电流 $\dot{I}_1$ 通过互感而在副边线圈中产生的互感电压。

$$\dot{U}_{oc} = \dfrac{j\omega M \dot{U}_S}{Z_{11}} = j\omega M \dot{I}_1 \tag{9-26}$$

原边对副边的引入阻抗为 $\dfrac{(\omega M)^2}{Z_{11}}$。

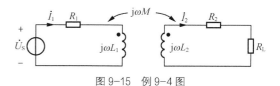

图 9-15　例 9-4 图

【例 9-4】电路如图 9-15 所示，已知：$L_1=3.6\text{H}$，$L_2=0.06\text{H}$，$M=0.465\text{H}$，$R_1=20\,\Omega$，$R_2=0.08\,\Omega$，$R_L=42\,\Omega$，$\omega=314\text{rad/s}$，$\dot{U}_S=115\angle0°\text{V}$，求：$\dot{I}_1$，$\dot{I}_2$。

解 应用原边等效电路

$$Z_{11} = R_1 + j\omega L_1 = (20 + j1130.4)\Omega$$

$$Z_{22} = R_2 + R_L + j\omega L_2 = (42.08 + j18.85)\Omega$$

$$Z_l = \frac{X_M^2}{Z_{22}} = \frac{146^2}{46.11\angle24.1°} = 462.3\angle(-24.1°) = (422 - j188.8)\Omega$$

$$\dot{I}_1 = \frac{\dot{U}_S}{Z_{11} + Z_l} = \frac{115\angle0°}{20 + j1130.4 + 422 - j188.8} = 0.111\angle(-64.9°)A$$

$$\dot{I}_2 = \frac{j\omega M\dot{I}_1}{Z_{22}} = \frac{j146 \times 0.111\angle-64.9°}{42.08 + j18.85} = \frac{16.2\angle25.1°}{46.11\angle24.1°} = 0.351\angle1°A$$

思考与练习

9-3-1 空心变压器主要应用于哪些场合？

9-3-2 如何理解空心变压器电路模型中各元件的物理意义？

9-3-3 空心变压器原边引入阻抗消耗的功率与副边阻抗消耗功率的关系是什么？

9-3-4 空心变压器副边如接感性负载，则反映到原边的引入阻抗一定是容性阻抗。对吗？

9.4 理想变压器

一、理想变压器的三个理想化条件

理想变压器是实际变压器的理想化模型，由空心变压器演变而来，是对互感元件的理想化抽象，是一种特殊的无损耗全耦合变压器。它满足以下 3 个条件。

（1）无损耗：线圈导线无电阻，做芯子的铁磁材料的磁导率无限大。

（2）全耦合：耦合系数 $k = \frac{M}{\sqrt{L_1 L_2}} = 1$，即全耦合。

（3）参数无限大：L_1、L_2 和 M 均为无限大，但保持 $\sqrt{\frac{L_1}{L_2}} = \frac{N_1}{N_2} = n$ 不变，n 为匝数比。

理想变压器是在耦合电感的基础上，加进无损耗、全耦合、参数无穷大 3 个理想条件而抽象出的另一类多端元件。以上 3 个条件在工程实际中不可能满足，但在一些实际工程概算中，在误差允许的范围内，把实际变压器当理想变压器对待，可使计算过程简化。

理想变压器由于满足三个理想化条件与互感线圈在性质上有着质的不同，下面重点讨论理想变压器的主要性能。

二、理想变压器的主要性能

理想变压器示意图及其模型如图 9-16（a）所示。理想变压器具有 3 个重要特性：变压、变流、变阻抗。

1. 变压关系

图 9-16（a）为满足上述 3 个理想条件的耦合线圈，由于 $k = 1$，所以流过变压器初级线

圈的电流 i_1 所产生的磁通 Φ_{11} 将全部与次级线圈相交链，即 $\Phi_{21} = \Phi_{11}$；同理，i_2 产生的磁通 Φ_{22} 也将全部与初次级线圈相交链，所以 $\Phi_{12} = \Phi_{22}$。这时，穿过两线圈的总磁通（或称为主磁通）相等，为

$$\Phi = \Phi_{11} + \Phi_{12} = \Phi_{22} + \Phi_{21} = \Phi_{11} + \Phi_{22}$$

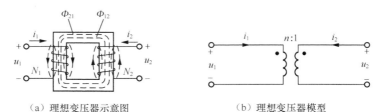

（a）理想变压器示意图　　　　　　　（b）理想变压器模型

图 9-16　理想变压器示意图及其模型

总磁通在两线圈中分别产生互感电压 u_1 和 u_2，即

$$u_1 = \frac{\mathrm{d}\psi_1}{\mathrm{d}t} = N_1 \frac{\mathrm{d}\Phi}{\mathrm{d}t}, \quad u_2 = \frac{\mathrm{d}\psi_1}{\mathrm{d}t} = N_2 \frac{\mathrm{d}\Phi}{\mathrm{d}t}$$

由此可得理想变压器的电压关系

$$\frac{u_1}{u_2} = \frac{N_1}{N_2} = n \tag{9-27}$$

式（9-27）中 N_1 与 N_2 分别是初线线圈和次级线圈的匝数，n 称为匝数比或变比。理想变压器电路模型如图 9-16（b）所示。

如果 u_1、u_2 参考方向的"+"极性端设在异名端，如图 9-17 所示，则 u_1 与 u_2 之比为

$$\frac{u_1}{u_2} = -\frac{N_1}{N_2} = -n \tag{9-28}$$

注意：u_1 和 u_2 的参考"+"极性端都在同名端时，电压与匝数成正比；否则前面加"–"。

2. 变流关系

理想变压器不仅可以进行变压，而且也具有变流的特性。理想变压器横型如图 9-16（b）所示，其耦合电感的伏安关系

$$u_1 = L_1 \frac{\mathrm{d}i_1}{\mathrm{d}t} + M \frac{\mathrm{d}i_2}{\mathrm{d}t}$$

其相量形式为

$$\dot{U}_1 = \mathrm{j}\omega L_1 \dot{I}_1 + \mathrm{j}\omega M \dot{I}_2$$

可得

$$\dot{I}_1 = \frac{\dot{U}_1}{\mathrm{j}\omega L_1} - \frac{M}{L_1}\dot{I}_2 = \frac{\dot{U}_1}{\mathrm{j}\omega L_1} - \sqrt{\frac{L_2}{L_1}}\dot{I}_2$$

根据理想化的条件（3）$L_1 \to \infty$，但 $\sqrt{\frac{L_1}{L_2}} = n$，所以上式可整理为

$$\dot{I}_1 = -\sqrt{\frac{L_2}{L_1}}\dot{I}_2, \quad \frac{\dot{I}_1}{\dot{I}_2} = -\frac{1}{n}$$

或

$$\frac{i_1}{i_2} = -\frac{1}{n} \tag{9-29}$$

式（9-29）表示，当初、次级电流 i_1、i_2 分别从同名端流入（或流出）时，i_1 与 i_2 之比等于负的 N_2 与 N_1 之比。如果 i_1、i_2 参考方向从异名端流入，如图 9-17 所示，则 i_1 与 i_2 之比等于 N_2 与 N_1 之比。

$$\frac{i_1}{i_2} = \frac{1}{n} \tag{9-30}$$

图 9-16（a）所示理想变压器用受控源表示的电路模型如图 9-18 所示。

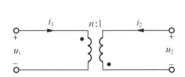

图 9-17　电流的参考方向从变压器异名端流入

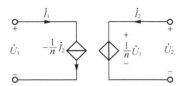

图 9-18　理想变压器受控源模型

3. 变阻抗关系

从上述分析可知，理想变压器可以起到改变电压及改变电流的作用。从下面的分析可以看出，它还具有改变阻抗的作用。理想变压器变换阻抗电路如图 9-19 所示。

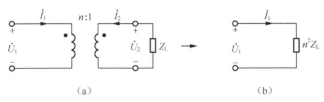

（a）　　　　　　　　（b）

图 9-19　理想变压器变换阻抗

在图 9-19（a）中，原边的输入阻抗为

$$Z_{\text{in}} = \frac{\dot{U}_1}{\dot{I}_1} = \frac{n\dot{U}_2}{-\frac{1}{n}\dot{I}_2} = n^2\left(-\frac{\dot{U}_2}{\dot{I}_2}\right) = n^2 Z_{\text{L}} \tag{9-31}$$

所以得出从理想变压器原边看进去的等效电路如图 9-19（b）所示，即实现阻抗变换。

注：理想变压器的阻抗变换性质只改变阻抗的大小，不改变阻抗的性质。

理想变压器的反映阻抗与空芯变压器的反映阻抗是有区别的，理想变压器的阻抗变换的作用只改变原阻抗的大小，不改变原阻抗的性质。也就是说，负载阻抗为感性时折合到初级的阻抗也为感性，负载阻抗为容性时折合到初级的阻抗也为容性。

利用阻抗变换性质，可以简化理想变压器电路的分析计算。也可以利用改变匝数比的方法来改变输入阻抗，实现最大功率匹配。收音机的输出变压器就是为此目的而设计的。

4. 功率性质

通过以上分析可知，由理想变压器的伏安关系，总有

$$u_1 = nu_2 , \quad i_1 = -\frac{1}{n}i_2$$

$$p = u_1 i_1 + u_2 i_2 = u_1 i_1 + \frac{1}{n} u_1 \times (-n i_1) = 0 \qquad (9\text{-}32)$$

表明：

（1）理想变压器既不储能，也不耗能，在电路中只起传递信号和能量的作用；

（2）理想变压器的特性方程为代数关系，因此它是无记忆的多端元件。

【**例 9-5**】已知图 9-20（a）中，电源内阻 R_S=1kΩ，负载电阻 R_L=10Ω。为使 R_L 上获得最大功率，求理想变压器的变比 n。

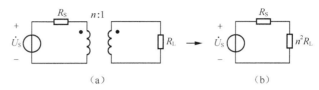

（a）　　　　　　　　　　（b）

图 9-20　例 9-5 图

解　由理想变压器变阻抗关系可得图 9-20（b）。

因此，当 $n^2 R_L = R_S$ 时为最佳匹配，即 $10n^2 = 1000$

$n^2 = 100$，$n = 10$。

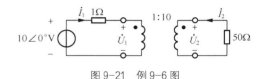

图 9-21　例 9-6 图

【**例 9-6**】已知电路如图 9-21 所示，求 $\dot{U}_2$。

解法一　列方程求解

原边回路有：$1 \times \dot{I}_1 + \dot{U}_1 = 10 \angle 0°$

副边回路有：$50 \dot{I}_2 + \dot{U}_2 = 0$

代入理想变压器的特性方程：$\dot{U}_1 = \frac{1}{10} \dot{U}_2$

$$\dot{I}_1 = -10 \dot{I}_2$$

解得：$\dot{U}_2 = 33.33 \angle 0° \text{V}$

解法二　阻抗变换

阻抗变换等效电路如图 9-21（b）所示。

$$\dot{U}_1 = \frac{10 \angle 0°}{1 + 1/2} \times \frac{1}{2} = \frac{10}{3} \angle 0° \text{V}$$

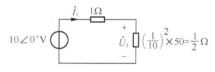

图 9-21　（b）　阻抗变换等效电路

所以 $\dot{U}_2 = \frac{1}{n} \dot{U}_1 = 10 \dot{U}_1 = 33.33 \angle 0° \text{V}$

解法三　应用戴维宁定理

首先，根据图 9-21（c）求 $\dot{U}_{oc}$

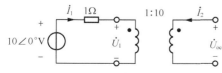

图 9-21（c）求 $\dot{U}_{oc}$ 等效电路

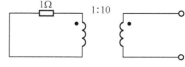

图 9-21（d）求 R_{eq} 等效电路

$\because \dot{I}_2 = 0, \therefore \dot{I}_1 = 0$

则 $\dot{U}_{oc} = 10 \dot{U}_1 = 10 \dot{U}_S = 100 \angle 0° \text{V}$

由上图等效电路求等效电阻 R_{eq} 为

$$R_{eq}=10^2 \times 1 = 100\Omega$$

戴维宁等效电路如下图所示，则

$$\dot{U}_2 = \frac{100\angle 0°}{100+50} \times 50 = 33.33\angle 0°\text{V}$$

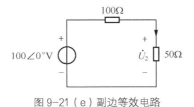

图 9-21（e）副边等效电路

思考与练习

9-4-1　理想变压器和全耦合变压器有何相同之处？有何区别？

9-4-2　理想变压器有哪些作用？

9-4-3　若理想变压器的匝数比为 n，跨接于次级绕组两端的负载的反映阻抗是多少？

9-4-4　试述理想变压器和空芯变压器的反映阻抗不同之处。

9.5　应用实例

变压器的主要作用是升高或降低电压与电流，使其适合于电力传输与分配；将电路的一部分与另一部分隔离（即在没有任何电气连接的情况下传输功率）；用作阻抗匹配设备，以实现最大功率传输。现将实现电压变换、电流变换和阻抗变换的应用举例如下。

一、电压变换

电路如图 9-22 所示，原边绕组匝数多，副边绕组匝数少，通过变压器可把电网电压变为所需的低电压，然后经过整流、滤波、稳压获得所需的稳恒的直流电压。图中整流器是将交流电转换为直流电的电子电路。变压器在该电路中的作用是将交流电耦合到整流器中。这里的变压器起两个作用：第一个作用是降低电压；第二个作用是在交流电源与整流器之间提供电气隔离，从而降低电子电路在工作时出现电击的危险性。当两个设备之间不存在物理连接时，则称这两个设备之间存在电气隔离。变压器的初级电路与次级电路之间无电气连接。能量是通过磁耦合传输的。

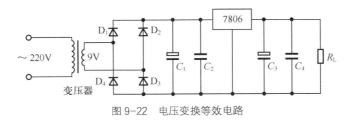

图 9-22　电压变换等效电路

二、电流变换

电路如图 9-23 所示，电流互感器的原边绕组线径较粗，匝数很少，与被测电路负载串联；副边绕组线径较细，匝数很多，与电流表或功率表、电度表、继电器的电流线圈串联。通过电流互感器可把大电流变为小电流，方便测量。

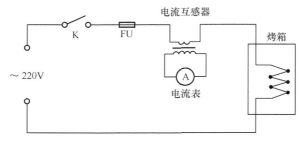

图 9-23　电流变换等效电路

三、阻抗变换

变压器的另一个作用是使负载电阻与电源内阻匹配以实现最大功率传输，这一技术称为阻抗匹配。在第 7 章我们已经学过最大功率传输，实现最大功率传输的条件是负载电阻 R_L 必须与电源内阻 R_S 相匹配。但在大多数情况下，R_L 与 R_S 是不匹配的，而且两者都是固定的，不能改变。例如，扬声器与音频功率放大器相连接时，扬声器的电阻只有几欧姆，而音频功率放大器的内部电阻却高达几千欧姆，就需要采用变压器，通过变阻抗实现阻抗匹配，实现最大功率传输，从而使扬声器的功率最大。在音频电路中，专门的阻抗匹配变压器常使放大器的功率最大限度地传输到扬声器，如图 9-24 所示。

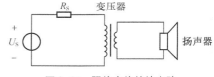

图 9-24　阻抗变换等效电路

本章小结

一、耦合电感

本章讨论了具有耦合电感的电路，首先要深入理解为什么引入同名端、同名端的标记方法，以及在所标同名端下，互感电压参考方向的确定，这是分析互感电路的基础。

二、含耦合电感的正弦电流电路的分析计算方法

含耦合电感的正弦电流电路的分析计算方法，与一般正弦电流电路的分析虽无本质区别，但也有其特殊性，这使得某些分析正弦电流电路的方法（如节点法）不能直接应用。若采用互感消去法，将含耦合电感的电路变为去耦等效电路，则所有分析正弦电流电路的方法都可直接应用，因此，互感消去法是分析计算互感电路的有效方法，读者要熟练掌握。

三、空心变压器

空心变压器是利用互感来实现从一个电路向另一个电路传递能量或信号的一种器件，要深入理解其能量转换关系，需引入阻抗的概念和原、副边等效电路。

四、理想变压器

理想变压器的 3 个理想条件：无损耗、全耦合、参数无穷大。它的初、次级电压和电流关系是代数关系，因而它是不储能、不耗能的元件，是一种无记忆元件。变压、变流及变阻抗是理想变压器的 3 个重要特征，其变压、变流关系式与同名端及所设电压、电流参考方向密切相关，应用中只需记住变压与匝数成正比，变流与匝数成反比，至于变压、变流关系式中应是带负号还是带正号，则要看同名端位置与所设电压电流参考方向，不能一概而论。

自测题

一、选择题

1. 耦合电感 $L_1 = 4\text{H}, L_2 = 1\text{H}, M = 1\text{H}$，则耦合系数 $k=$（　　）。

（A）0.25　　　　　　（B）0.5　　　　　　（C）0.4　　　　　　（D）0.8

2. 互感系数 M 与（　　）无关。

（A）两线圈形状和结构　　　　　　　　（B）两线圈几何位置

（C）空间媒质　　　　　　　　　　　　（D）两线圈电压电流参考方向

3. 理想变压器主要特性不包括（　　）。

（A）变换电压　　　（B）变换电流　　　（C）变换功率　　　（D）变换阻抗

4. 在应用等效电路法分析空心变压器时，若原边阻抗为 Z_{11}，副边阻抗为 Z_{22}，互感阻抗为 $j\omega M$。则副边对原边的引入阻抗 Z_1 等于（　　）。

（A）$j\omega M + Z_{22}$　　　（B）$\dfrac{(\omega M)^2}{Z_{22}}$　　　（C）$j\omega M + Z_{11}$　　　（D）$\dfrac{(\omega M)^2}{Z_{11}}$

5. 某变压器的初级绕组为 500 匝，次级绕组为 2500 匝，则匝数比为（　　）。

（A）0.2　　　　　　（B）2.5　　　　　　（C）5　　　　　　　（D）0.5

6. 变压器初级绕组功率为 10W，匝数比为 5，则传输到次级负载的功率为（　　）。

（A）50W　　　　　　（B）0.5W　　　　　　（C）0W　　　　　　（D）10W

7. 某给定负载的变压器，次级电压是初级电压的 1/3，次级电流为（　　）。

（A）初级电流的 1/3　（B）初级电流的 3 倍　（C）等于初级电流　（D）小于初级电流

8. 若变压器次级绕组两端跨接的负载电阻为 $1.0\text{k}\Omega$，匝数比为 2，则初级回路中的反映负载为（　　）。

（A）250Ω　　　　　（B）$2\text{k}\Omega$　　　　　（C）$4\text{k}\Omega$　　　　　（D）$1.0\text{k}\Omega$

9. 使 200Ω 负载电阻与 50Ω 的电源内阻相匹配的匝数比为（　　）。

（A）0.25　　　　　　（B）0.5　　　　　　（C）4　　　　　　　（D）2

10. 若 12V 电池电压加到变压器初级绕组两端，匝数比为 4，则次级电压为（　　）。

（A）0V　　　　　　　（B）12V　　　　　　（C）48V　　　　　　（D）3V

二、判断题

1. 由于线圈本身的电流变化而在本线圈中引起的电磁感应称为自感。　　　　　（　　）

2. 任意两个相邻较近的线圈总要存在着互感现象。　　　　　　　　　　　　（　　）

3. 由同一电流引起的感应电压，其极性始终保持一致的端子称为同名端。　　（　　）

4．两个串联互感线圈的感应电压极性，取决于电流流向，与同名端无关。（　　）

5．顺向串联的两个互感线圈，等效电感量为它们的电感量之和。（　　）

6．同侧相并的两个互感线圈，其等效电感量比它们异侧相并时大。（　　）

7．通过互感线圈的电流若同时流入同名端，则它们产生的感应电压彼此增强。（　　）

8．空心变压器和理想变压器的反映阻抗均与初级回路的自阻抗相串联。（　　）

9．全耦合变压器的变压比与理想变压器的变压比相同。（　　）

10．全耦合变压器与理想变压器都是无损耗的且耦合系数等于1。（　　）

三、填空题

1．理想变压器的三个理想化条件是：（　　），全耦合，参数无限大。

2．理想变压器除了可以用来变换电压和电流，还可以用来变换（　　）。

3．理想变压器匝数比为 $n{:}1$，当副边接上 R_L 时，原边等效电阻变为（　　）。

4．理想变压器的功率 $p = u_1 i_1 + u_2 i_2 =$（　　）。

5．空心变压器副边的回路阻抗通过互感反映到原边，变成等效导纳，即感性变为（　　），电阻变为（　　）。

习题

9-1　图 9-25 电路中，假定 1 端和 2 端为耦合线圈的同名端，试说明自感电压和互感电压的极性与同名端的关系。

9-2　图 9-26 电路中，已知 $R_1=3\Omega$，$R_2=5\Omega$，$\omega L_1=7.5\Omega$，$\omega L_2=12.5\Omega$，$\omega M=6\Omega$，$U=50\text{V}$，求当开关打开和闭合时的电流 $\dot{I}$、$\dot{I}_1$、$\dot{I}_2$。

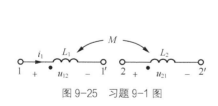

图 9-25　习题 9-1 图

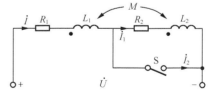

图 9-26　习题 9-2 图

9-3　设上图中打开 S，正弦电压的 $U=50\text{V}$，$R_1=3\Omega$，$\omega L_1=7.5\Omega$，$R_2=5\Omega$，$\omega L_2=12.5\Omega$，$\omega M=8\Omega$。求该电路中支路 1 和 2 吸收的复功率。

9-4　图 9-27 电路中，已知 $U_S=20\text{V}$，原边等效电路的引入阻抗 $Z_l=(10-j10)\Omega$，求：Z_X 及负载获得的有功功率。

9-5　图 9-28 所示电路，已知 $\dot{U}_S = 1200\angle 0°\text{V}$，$L_1 = 8\text{H}$，$L_2 = 6\text{H}$，$L_3 = 10\text{H}$，$M_{12} = 4\text{H}$，$M_{23} = 5\text{H}$，$\omega = 2\text{rad/s}$，求此有源二端网络的戴维宁等效电路。

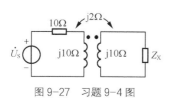

图 9-27　习题 9-4 图

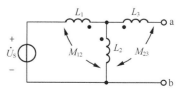

图 9-28　习题 9-5 图

9-6　图 9-29 所示电路中，$R=50\Omega$，$L_1=70\text{mH}$，$L_2=25\text{mH}$，$M=25\text{mH}$，$C=1\mu\text{F}$，正弦电压源的电压 $U=500\text{V}$，$\omega=10^4\text{rad/s}$。求各支路电流。

9-7　图 9-30 所示的空心变压器电路中，已知 u_S 的有效值 $U_S=10\text{V}$，$\omega=10^6\text{rad/s}$，$L_1=L_2=1\text{mH}$，$C_1=C_2=0.001\mu\text{F}$，$R_1=10\Omega$，$M=20\mu\text{H}$，试求当负载 R_L 为何值时，吸收的功率最大。

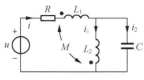
图 9-29　习题 9-6 图

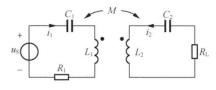
图 9-30　习题 9-7 图

9-8　图 9-31 所示电路中，正弦电压源 $\dot{U}_S=1\angle0°\text{V}$，其角频率 $\omega=1\text{rad/s}$，问互感系数 M 为何值时，整个电路处于谐振状态，谐振时 $\dot{I}_2$ 为何值。

9-9　图 9-32 所示是含理想变压器的电路，已知 $\dot{U}_S=10\angle0°\text{V}$，$R_1=10\Omega$，$R_2=5\Omega$，$X_C=10\Omega$，试求初、次级电流 $\dot{I}_1$、$\dot{I}_2$。

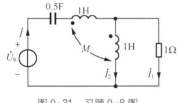
图 9-31　习题 9-8 图

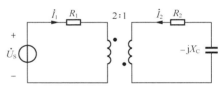
图 9-32　习题 9-9 图

9-10　图 9-33 所示电路中负载电阻 R_L 吸收的最大功率等于多少？

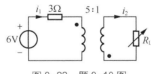
图 9-33　题 9-10 图

第 **10** 章 非正弦周期电流电路

内容提要： 本章介绍的非正弦周期电流电路，是指线性电路在非正弦周期激励下的稳态响应。主要讨论非正弦周期电流电路的的一种分析方法——谐波分析法。其主要内容有：非正弦周期函数分解为傅里叶级数；非正弦周期信号的频谱；非正弦周期电流、电压的有效值、平均值和平均功率，以及非正弦周期电流电路的计算。

本章目标： 理解非正弦周期信号的频谱的概念；掌握非正弦周期电流、电压有效值的计算方法；熟练掌握非正弦周期电流电路的谐波分析法和平均功率的计算。

10.1 非正弦周期信号

前面研究了正弦电源激励下电路的响应。在电子技术、自动控制、计算机和无线电技术等工程实际中，电压和电流往往都是周期性的非正弦波形。

一、产生非正弦周期电压和电流的原因

电路中产生非正弦周期电压和电流的原因一般有以下几个方面。

1. 激励（电源或信号源）本身是非正弦周期信号

当电路中激励是非正弦周期信号时，电路中的响应当然也是非正弦的。例如由于内部结构设计和制造上的原因，电力系统中交流发电机发出的电压波形并不是理想的正弦波，而存在一定的畸变，严格地说应是非正弦周期电压；实验设备中的函数信号发生器中的方波电压[见图10-1（a）]、实验室常用的电子示波器扫描电压的锯齿波[见图10-1（b）]也不是正弦波形。

2. 电路中含有非线性元件

当非线性元件二极管两端施加正弦电压时，通过二极管的电流波形却是一个只有正半波的半波整流波形[见图10-1（c）]。

3. 电路中有不同频率的电源共同作用

例如晶体管放大电路，它工作时既有为放大电路提供能量的直流电源，又有需要传输和放大的正弦输入信号，在它们的共同作用下，放大电路中的电压和电流既不是直流，也不是正弦交流，而是二者相叠加以后的非正弦波形[见图10-1（d）]。

上述波形虽然形状各不相同，但变化规律都是周期性的。非正弦信号可分为周期性的和非周期性两种。含有周期性非正弦信号的电路，称为非正弦周期电流电路。本章仅讨论在非正弦周期电流、电压信号的作用下，线性电路的稳态分析和计算方法。非正弦周期信号可以

分解为直流量和一系列不同频率正弦量之和，每一信号单独作用下的响应，与直流电路及正弦电流电路的求解方法相同，再应用叠加定理求解，是前面内容的综合。

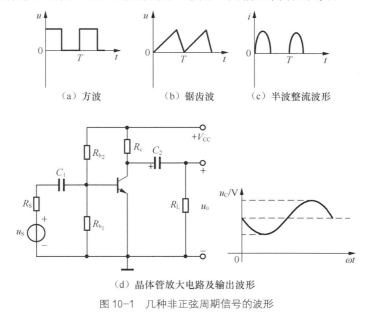

（a）方波　　　　　（b）锯齿波　　　　（c）半波整流波形

（d）晶体管放大电路及输出波形

图 10-1　几种非正弦周期信号的波形

二、谐波分析法

怎样分析在非正弦周期电流、电压信号的作用下线性电路的稳态响应呢？其步骤如下。

（1）应用数学中的傅里叶级数展开法，将非正弦周期电流、电压激励分解为一系列不同频率的正弦量之和。

（2）分别计算在各种频率正弦量单独作用下，电路中产生的同频率正弦电流分量和电压分量。

（3）再根据线性电路的叠加定理，把所得分量按时域形式叠加。

上述方法就称为谐波分析法。它实质上就是把非正弦周期电流电路的计算转化为一系列正弦电流电路的计算，这样仍能充分利用相量法这个有效的工具。

思考与练习

10-1-1　什么叫非正弦周期波，你能举出几个实际中的非正弦周期波的例子吗？

10-1-2　电路中产生非正弦周期波的原因是什么？试举例说明。

10-1-3　有人说："只要电源是正弦的，电路中各部分的响应也一定是正弦波。"这种说法对吗？为什么？

10-1-4　试述谐波分析法的应用范围和应用步骤。

10.2　非正弦周期函数分解为傅里叶级数

如果给定的周期函数 $f(t)$ 满足狄里赫利条件（函数在任意有限区间内，具有有限个极值点与不连续点），则该周期函数定可展开为一个收敛的正弦函数级数。而在电工技术中，我们所遇到的周期函数通常均满足该条件。

一、非正弦周期函数的傅里叶级数

周期函数 $f(t)$ 可以用一个表达式表示为

$$f(t) = f(t + kT)$$

式中，T 为周期函数 $f(t)$ 的周期，$k=0$，1，2，3，$\cdots$。

只要周期函数 $f(t)$ 满足狄里赫利条件，它就可以分解为一个收敛的傅里叶级数，即

$$f(t) = A_0 + \sum_{k=1}^{\infty} A_{km}\cos(k\omega_1 t + \psi_k) \tag{10-1}$$

也可表示成：

$$f(t) = a_0 + \sum_{k=1}^{\infty} [a_k\cos k\omega_1 t + b_k\sin k\omega_1 t] \tag{10-2}$$

以上两种表示式中系数之间关系为

$$A_0 = a_0 ， \quad A_{km} = \sqrt{a_k^2 + b_k^2} ， \quad \psi_k = \arctan\left(\frac{-b_k}{a_k}\right) \tag{10-3}$$

上述系数可按下列公式计算。

$$A_0 = a_0 = \frac{1}{T}\int_0^T f(t)\mathrm{d}t \tag{10-4}$$

$$a_k = \frac{1}{\pi}\int_0^{2\pi} f(t)\cos(k\omega_1 t)\mathrm{d}(\omega_1 t) \tag{10-5}$$

$$b_k = \frac{1}{\pi}\int_0^{2\pi} f(t)\sin(k\omega_1 t)\mathrm{d}(\omega_1 t) \tag{10-6}$$

求出 A_0、a_k、b_k 便可得到原函数 $f(t)$ 的展开式。

式（10-1）中，A_0 是不随时间变化的常数，称为恒定分量，也称为直流分量；$k=1$ 项表达式为 $A_{1m}\cos(\omega_1 t + \psi_1)$，此项频率与原周期函数 $f(t)$ 的频率相同，称为非正弦周期函数 $f(t)$ 的基波或一次谐波分量，A_{1m} 为基波分量的振幅，ψ_1 为基波分量的初相位；$k \geq 2$ 各项统称为高次谐波分量，如 2 次谐波、3 次谐波、k 次谐波。A_{km} 及 ψ_k 为 k 次谐波分量的振幅及初相位。另外，还经常把 k 为奇数的分量叫作奇次谐波，把 k 为偶数的分量叫作偶次谐波。常见的几种周期函数的傅里叶级数展开式如表 10-1 所示，读者在工程实际应用中，可直接运用表中的傅里叶级数进行分析计算。

表 10-1 一些典型非正弦周期信号的波形及其傅里叶级数

序号	$f(t)$ 的波形图	$f(t)$ 的傅里叶级数表达式
1		$f(t) = \dfrac{4A}{\pi}\left(\sin\omega t + \dfrac{1}{3}\sin 3\omega t + \dfrac{1}{5}\sin 5\omega t + \cdots\right)$
2		$f(t) = \dfrac{8A}{\pi^2}\left(\sin\omega t - \dfrac{1}{9}\sin 3\omega t + \dfrac{1}{25}\sin 5\omega t - \cdots\right)$
3		$f(t) = \dfrac{A}{2} - \dfrac{A}{\pi}\left(\sin 2\omega t + \dfrac{1}{2}\sin 4\omega t + \dfrac{1}{3}\sin 6\omega t + \cdots\right)$

序号	$f(t)$ 的波形图	$f(t)$ 的傅里叶级数表达式
4		$f(t) = \dfrac{4A}{\pi}\left(\dfrac{1}{2} - \dfrac{1}{3}\cos 2\omega t - \dfrac{1}{15}\cos 4\omega t - \dfrac{1}{35}\cos 6\omega t - \cdots\right)$
5		$f(t) = \dfrac{2A}{\pi}\left(\dfrac{1}{2} + \dfrac{\pi}{4}\sin \omega t - \dfrac{1}{3}\cos 2\omega t - \dfrac{1}{15}\cos 4\omega t - \cdots\right)$
6		$f(t) = \dfrac{2A}{\pi}\left(\sin \omega t - \dfrac{1}{2}\sin 2\omega t + \dfrac{1}{3}\sin 3\omega t - \cdots\right)$
7		$f(t) = \dfrac{8A}{\pi^2}\left(\cos \omega t + \dfrac{1}{9}\cos 3\omega t + \dfrac{1}{25}\cos 5\omega t + \cdots\right)$
8		$f(t) = A\left[\dfrac{1}{2} + \dfrac{2}{\pi}\left(\sin \omega t + \dfrac{1}{3}\sin 3\omega t + \dfrac{1}{5}\sin 5\omega t + \cdots\right)\right]$

利用函数的对称性可使系数的确定简化。如以下几种周期函数值得注意。

（1）偶函数：$f(t) = f(-t)$，纵轴对称，则 $b_k = 0$，其傅里叶级数中只含有余弦项和直流分量，而没有正弦项，如图 10-2 所示。

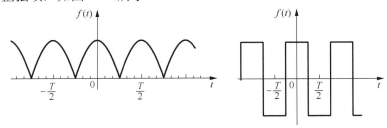

图 10-2　偶函数的波形对称于纵轴

（2）奇函数：$f(t) = -f(-t)$，原点对称，则 $a_k = 0$，傅里叶级数中不含有直流分量和余弦项，它仅由正弦项所组成，如图 10-3 所示。

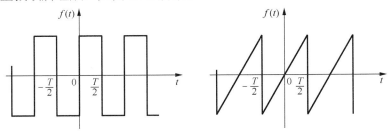

图 10-3　奇函数的波形对称于原点

（3）奇谐波函数：$f(t) = -f\left(t + \dfrac{T}{2}\right)$，镜像对称，即将波形移动半周期后与横轴对称，则

$a_{2k} = b_{2k} = 0$ ，只含有奇次谐波分量，而不含有直流分量和偶次谐波分量，如图 10-4 所示。

（4）周期函数的波形在横轴上下部分包围的面积相等，$a_0 = 0$，即直流分量不存在。

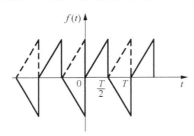

图 10-4 奇谐波函数的波形

二、非正弦周期函数的频谱

工程中为了清晰地表示一个非正弦周期量所含各次谐波分量的大小和各分量所占"比重"，用长度与各次谐波振幅大小相对应的线段进行表示，并按频率的高低把它们依次排列起来所得到的图形，称为周期函数 $f(t)$ 的振幅（幅度）频谱。若把各次谐波的初相用相应的线段依次排列，就可以得到相位频谱。由于各次谐波的角频率是原周期函数 $f(t)$ 的角频率 ω_1 的整数倍，所以这种频谱是离散的，有时又称为线频谱。如无特别说明，一般所说的频谱是专指振幅频谱。要求学习者能够理解和掌握这种周期信号频谱图的表示方法。

【**例 10-1**】设锯齿波 $i(t)$ 的波形如图 10-5（a）所示，其傅里叶级数为

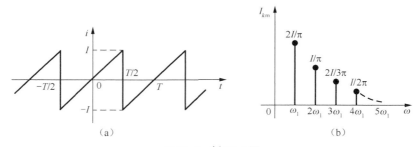

图 10-5 例 10-1 图

$i(t) = \dfrac{2I}{\pi}\left(\sin\omega_1 t - \dfrac{1}{2}\sin2\omega_1 t + \dfrac{1}{3}\sin3\omega_1 t - \cdots\right)$，试画出其振幅频谱。

解

$$i(t) = \frac{2I}{\pi}\left(\sin\omega_1 t - \frac{1}{2}\sin2\omega_1 t + \frac{1}{3}\sin3\omega_1 t - \cdots\right)$$

$$= \frac{2I}{\pi}\left[\cos(\omega_1 t - 90°) + \frac{1}{2}\cos(2\omega_1 t + 90°) + \frac{1}{3}\cos(3\omega_1 t - 90°) + \frac{1}{4}\cos(4\omega_1 t + 90°) + \cdots\right]$$

根据 $i(t)$ 的傅里叶级数展开式画出 $i(t)$ 的振幅频谱如图 10-5（b）所示。$f(t)$ 展开式中 I_{km} 与 $\omega(=k\omega_1)$ 的关系，反映了各频率成份的振幅所占的"比重"。

思考与练习

10-2-1 非正弦周期信号的谐波表达式是什么形式？其中每一项的意义是什么？

10-2-2 举例说明什么是奇次谐波和偶次谐波？波形具有偶半波对称时是否一定有直流成分？

10-2-3 能否定性地说出具有奇次对称性的波形中都含有哪些谐波成分？

10-2-4 稳恒直流电和正弦交流电有谐波吗？什么样的波形才具有谐波？试说明。

10.3 有效值、平均值和平均功率

一、非正弦周期函数的有效值

设非正弦周期电流 $i(t)$ 的傅里叶级数为

$$i(t) = I_0 + \sum_{k=1}^{\infty} I_{km} \cos(k\omega_1 t + \psi_k)$$

则有效值为

$$I = \sqrt{\frac{1}{T} \int_0^T i^2(t) \mathrm{d}t} = \sqrt{\frac{1}{T} \int_0^T \left[I_0 + \sum_{k=1}^{\infty} I_{km} \cos(k\omega_1 t + \psi_k) \right]^2 \mathrm{d}t}$$

上式中方括号平方展开后将得到下列 4 种类型积分，其积分结果分别为

$$\frac{1}{T} \int_0^T I_0^2 \mathrm{d}t = I_0^2$$

$$\frac{1}{T} \int_0^T I_{km}^2 \cos^2(k\omega_1 t + \psi_k) \mathrm{d}t = I_k^2$$

$$\frac{1}{T} \int_0^T 2I_0 \cos(k\omega_1 t + \psi_k) \mathrm{d}t = 0 \quad , \quad \frac{1}{T} \int_0^T 2I_{km} \cos(k\omega_1 t + \psi_k) I_{qm} \cos(q\omega_1 t + \psi_q) \mathrm{d}t = 0 \quad (k \neq q)$$

则

$$I = \sqrt{I_0^2 + \sum_{k=1}^{\infty} \frac{I_{km}^2}{2}} \tag{10-7}$$

或

$$I = \sqrt{I_0^2 + \sum_{k=1}^{\infty} I_k^2} = \sqrt{I_0^2 + I_1^2 + I_2^2 + I_3^2 + \cdots} \tag{10-8}$$

即非正弦周期函数的有效值为直流分量及各次谐波分量有效值平方和的平方根。

同理，非正弦周期电压的有效值为

$$U = \sqrt{U_0^2 + \sum_{k=1}^{\infty} U_k^2} = \sqrt{U_0^2 + U_1^2 + U_2^2 + U_3^2 + \cdots} \tag{10-9}$$

二、非正弦周期函数的平均值

非正弦周期信号的另一种值是平均值。在电工技术和电子技术中，为了描述交流电压、电流经过整流后的特性，将非正弦周期电流的平均值定义为此电流取绝对值之后的平均值。

$$I_{av} \overset{\mathrm{def}}{=\!=} \frac{1}{T} \int_0^T |i| \mathrm{d}t \tag{10-10}$$

$$I_{\mathrm{av}} = \frac{1}{T}\int_0^T \left| I_{\mathrm{m}}\cos\omega t \right| \mathrm{d}t = \frac{2I_{\mathrm{m}}}{T}\int_0^{\frac{\pi}{2}}\sin\omega t \mathrm{d}t = 0.637 I_{\mathrm{m}} = 0.898 I$$

应当注意的是，一个周期内其值有正、负的周期量的平均值 I_{av} 与其直流分量 I_0 是不同的，只有一个周期内其值均为正值的周期量，平均值才等于其直流分量。

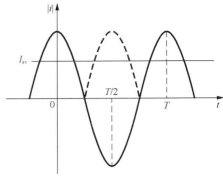

图 10-6　正弦电流的平均值

对于同一非正弦量，当用不同类型的仪表进行测量时，就会得出不同的结果。

（1）如用磁电系仪表测量，读数为非正弦量的直流分量 I_0。

（2）如用电磁系或电动系仪表测量，读数为非正弦量的有效值 I。

（3）如用全波整流仪表测量，读数为非正弦量的平均值 I_{av}。

由此可见，在测量非正弦周期电流和电压时，要注意选择合适的仪表，并注意各种不同类型表的读数所表示的含义。

三、非正弦周期函数的平均功率

设一端口网络受非正弦周期信号（电压或电流）的激励，且其端口电压 $u(t)$ 和电流 $i(t)$ 在关联参考方向下的傅里叶级数为

$$u(t) = U_0 + \sum_{k=1}^{\infty}\sqrt{2}U_k\cos(k\omega t + \psi_{uk})$$

$$i(t) = I_0 + \sum_{k=1}^{\infty}\sqrt{2}I_k\cos(k\omega t + \psi_{ik})$$

该一端口网络吸收的平均功率（有功功率）仍定义为

$$P = \frac{1}{T}\int_0^T p\mathrm{d}t = \frac{1}{T}\int_0^T ui\mathrm{d}t$$

将 $u(t)$、$i(t)$ 代入上式，同样根据三角函数的正交性得

$$\begin{aligned} P &= U_0 I_0 + U_1 I_1\cos\varphi_1 + U_2 I_2\cos\varphi_2 + \cdots + U_k I_k\cos\varphi_k + \cdots \\ &= U_0 I_0 + \sum_{k=1}^{\infty} U_k I_k \lambda_k \end{aligned}$$

（10-11）

式中

$$\varphi_k = \psi_{uk} - \psi_{ik}, \quad \lambda_k = \cos\varphi_k, \quad k = 1,2,3,\cdots$$

上式中的 U_k、I_k 分别是第 k 次电压电流谐波分量的有效值，φ_k 是第 k 次电压电流谐波分量的相位差。

上式表明，非正弦周期电流电路的平均功率等于恒定分量和各谐波分量的平均功率之和，只有同频率的电压和电流才能构成该次谐波的平均功率。不同频率的谐波电压和电流不能构成平均功率，即不同频率的电压电流所构成的平均功率总为零。

现在讨论非正弦周期电流电路的功率。我们知道，不论是整个电路还是其中的一部分其

至一条支路的功率问题都可以通过讨论一个一端口网络的功率来解决。

【例 10-2】 电路如图 10-7 所示，施加于二端网络 N 的电压为

$$u_{ab}(t) = 100 + 100\cos\omega t + 30\cos 3\omega t \text{ (V)}$$

流入 a 端的电流为

$$i_{ab}(t) = 50\cos(\omega t - 45°) + 10\sin(3\omega t - 60°) + 20\cos 5\omega t \text{ (A)}$$

求：（1）$u_{ab}(t)$ 的有效值；（2）$i_{ab}(t)$ 的有效值；（3）平均功率。

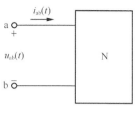

图 10-7　例 10-2 图

解 （1）$u_{ab}(t)$ 的有效值为

$$U_{ab} = \sqrt{100^2 + \frac{1}{2}\times 100^2 + \frac{1}{2}\times 30^2} \approx 125 \text{ V}$$

（2）$i_{ab}(t)$ 的有效值为

$$I_{ab} = \sqrt{\frac{1}{2}\times 50^2 + \frac{1}{2}\times 10^2 + \frac{1}{2}\times 20^2} \approx 38.8 \text{ A}$$

（3）$\because i_{ab}(t) = 50\cos(\omega t - 45°) + 10\sin(3\omega t - 60°) + 20\cos 5\omega t$

$$= 50\cos(\omega t - 45°) - 10\cos(3\omega t + 30°) + 20\cos 5\omega t \text{ (A)}$$

$\therefore$ 平均功率为

$$P = \frac{1}{2}\times 100\times 50\times\cos 45° - \frac{1}{2}\times 30\times 10\times\cos 30° = 1637.9 \text{ (W)}$$

【例 10-3】 已知某无独立电源的一端口网络的端口电压、电流分别为

$$u = \left[50 + 84.6\cos(\omega t + 30°) + 56.6\cos(2\omega t + 10°)\right] \text{V}$$

$$i = [1 + 0.707\cos(\omega t - 20°) + 0.424\cos(2\omega t + 50°)] \text{A}$$

求一端口网络输入的平均功率。

解 根据式（10-10）得

$$P = \left[50\times 1 + \frac{84.6}{\sqrt{2}}\times\frac{0.707}{\sqrt{2}}\cos(30° + 20°)\right.$$

$$\left. + \frac{56.6}{\sqrt{2}}\times\frac{0.424}{\sqrt{2}}\cos(10° - 50°)\right] \text{W} = 78.5 \text{W}$$

电压有效值与电流有效值的乘积定义为非正弦周期电流电路的视在功率，即 $S = UI$。

思考与练习

10-3-1　非正弦周期量的有效值和正弦周期量的有效值在概念上是否相同？其有效值与它的最大值之间是否也存在 $\sqrt{2}$ 倍的数量关系？

10-3-2　何谓非正弦周期函数的平均值？如何计算？

10-3-3　非正弦周期函数的平均功率如何计算？不同频率的谐波电压和电流能否构成平均功率？

10-3-4　非正弦波的"峰值越大，有效值也越大"的说法对吗？试举例说明。

10.4　非正弦周期电流电路的计算

分析和计算非正弦周期电流电路的步骤一般如下。

（1）把给定电源的非正弦周期电流或电压作傅里叶级数分解。

（2）利用直流和正弦交流电路的计算方法，分别求出激励的直流分量和各次谐波分量单独作用时的响应。

① 直流分量激励下，C 相当于开路、L 相当于短路。

② 各次谐波分量激励下，电抗值不同。电感 L 对基波（角频率为 ω）的感抗 I_{L0} 为 $X_{L1} = \omega L$，对 k 次谐波的感抗则为

$$X_{Lk} = k\omega L = kX_{L1}$$

电容 C 对基波的容抗为 $X_{C1} = \dfrac{1}{\omega C}$，对 k 次谐波的容抗为

$$X_{Ck} = \frac{1}{k\omega C} = \frac{1}{k}X_{C1}$$

（3）将以上计算结果转换为瞬时值叠加。必须注意：不同频率的相量不能相加，也不能将各分量的有效值直接相加。最终结果（即响应）应是时间的函数。

【**例 10-4**】图 10-8（a）所示电路中 $R = \omega L = \dfrac{1}{\omega C} = 2\Omega$，$u(t) = 10 + 100\cos\omega t + 40\cos 3\omega t\text{V}$，求：$i(t), i_L(t), i_C(t)$。

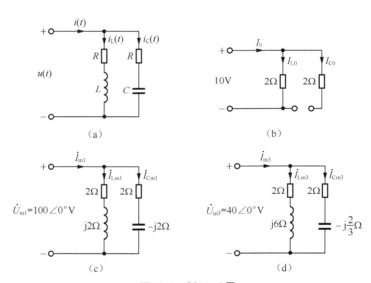

图 10-8　例 10-4 图

解　（1）10V 分量作用，如图 10-8（b）所示：$I_{C0} = 0, I_0 = I_{L0} = 5\text{A}$

（2）$100\cos\omega t$ V分量作用，如图 10-8（c）所示。

$$\dot{I}_{Lm_1} = \frac{100\angle 0°}{2 + j2} = 25\sqrt{2}\angle -45°\text{A}$$

$$\dot{I}_{Cm_1} = \frac{100\angle 0°}{2 - j2} = 25\sqrt{2}\angle 45°\text{A}$$

$$\dot{I}_{m_1} = \dot{I}_{Lm_1} + \dot{I}_{Cm_1} = 50\angle 0°\text{A}$$

（3）$40\cos 3\omega t$ V分量作用，如图 10-8（d）所示。

$$\dot{I}_{\text{Lm}_3} = \frac{40\angle0°}{2+\text{j}6} = 4.5\sqrt{2}\angle-71.6°\text{A}$$

$$\dot{I}_{\text{Cm}_3} = \frac{40\angle0°}{2-\text{j}\dfrac{2}{3}} = 13.5\sqrt{2}\angle18.4°\text{A}$$

$$\dot{I}_{\text{m}_3} = \dot{I}_{\text{Lm}_3} + \dot{I}_{\text{Cm}_3} = 20\angle0.81°\text{A}$$

（4）在时间域进行叠加。

$$i_{\text{L}}(t) = 5 + 25\sqrt{2}\cos(\omega t - 45°) + 4.5\sqrt{2}\cos(3\omega t - 71.6°)\text{A}$$

$$i_{\text{C}}(t) = 25\sqrt{2}\cos(\omega t + 45°) + 13.5\sqrt{2}\cos(3\omega t + 18.4°)\text{A}$$

$$i(t) = 5 + 50\cos\omega t + 20\cos(3\omega t + 0.81°)\text{A}$$

【**例 10-5**】电路如图 10-9（a）所示，已知 $u_{\text{S}}(t) = (2 + 10\cos5t)\text{V}$ ，$i_{\text{S}}(t) = 4\cos4t\text{A}$ 。求：$i_{\text{L}}(t)$ 。

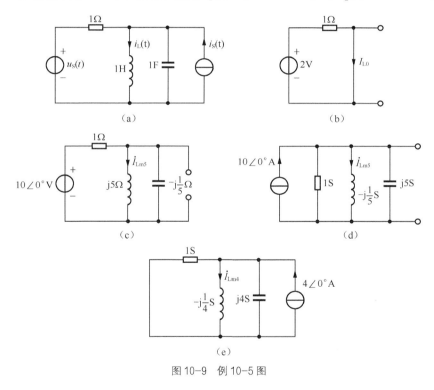

图 10-9　例 10-5 图

解　（1）$u_{\text{S}}(t)$ 单独作用。

① 2V 分量作用，电路如图 10-9（b）所示，$\dot{I}_{\text{L}_0} = 2\text{A}$

② 10cos5tV 分量作用，电路如图 10-9（c）、图 10-9（d）所示。

$$\dot{I}_{\text{Lm5}} = \frac{-\text{j}\dfrac{1}{5}}{1+\text{j}5-\text{j}\dfrac{1}{5}} \times 10\angle0° = 0.41\angle-168.2°\text{A}$$

（2）$i_{\text{S}}(t)$ 单独作用，电路如图 10-9（e）所示。

$$\dot{I}_{\text{Lm4}} = \frac{-\text{j}\dfrac{1}{4}}{1+\text{j}4-\text{j}\dfrac{1}{4}} \times 4\angle 0° = 0.256\angle -165.1°\,\text{A}$$

（3）$u_\text{S}(t)$ 和 $i_\text{S}(t)$ 共同作用。

$$i_\text{L}(t) = 2 + 0.41\cos(5t - 168.2°) + 0.256\cos(4t - 165.1°)\,\text{A}$$

【例 **10-6**】电路如图 10-10（a）所示，$u(t) = 6 + 20\sqrt{2}\cos(1000t + 30°)\,\text{V}$，$L$、$C$ 元件参数 L=0.01H，C=100μF。试求电压表、电流表、功率表的读数。

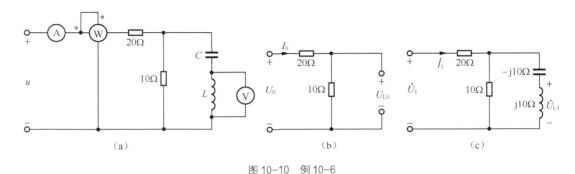

图 10-10 例 10-6

解 （1）直流分量单独作用时，$U_0 = 6\,\text{V}$，电容相当于开路，电感相当于短路。等效电路如图 10-10（b）所示，则

$$I_0 = \frac{U_0}{20+10} = 0.2\,\text{A}, \quad U_\text{L0} = 0\,\text{V}$$

（2）基波分量单独作用时，$\dot{U}_1 = 20\angle 30°\,\text{V}$，等效电路如图 10-10（c）所示。

因为：$\dfrac{1}{\sqrt{LC}} = 1000\,\text{rad/s}$，

则 LC 串联支路发生串联谐振，LC 串联部分相当于短路。

$$\dot{I}_1 = \dot{U}_1 / 20 = 1\angle 30°\,\text{A}, \quad \dot{U}_\text{L1} = \dot{I}_1 \cdot \text{j}10 = 10\angle 120°\,\text{V}$$

（3）功率表的读数：$P = U_0 I_0 + U_1 I_1 \cos\varphi_1 = 6 \times 0.2 + 20 \times 1 = 21.2\,\text{W}$

电流表的读数：$I = \sqrt{I_0^2 + I_1^2} = \sqrt{0.04+1} \approx 1.02\,\text{A}$

电压表的读数：$U_\text{L} = \sqrt{U_\text{L0}^2 + U_\text{L1}^2} = \sqrt{0+100} = 10\text{V}$

思考与练习

10-4-1   线性 R、L、C 组成的电路，对不同频率的阻抗分量阻抗值是否相同？变化规律是什么？

10-4-2   对非正弦周期信号作用下的线性电路应如何计算？计算方法根据什么原理？

10-4-3   若已知基波作用下的复阻抗 $Z = 30 + \text{j}20\,\Omega$，求在三次和五次谐波作用下负载的复阻抗又为多少？

10-4-4   为什么对各次谐波分量的电压、电流计算可以用相量法？而结果不能用各次谐波响应分量的相量叠加？

10.5　应用实例

一、滤波器

非正弦周期电流电路的一个突出的特点，就是电路中的电感和电容对各次谐波呈现出不同的阻抗。这一特点在电力及电子工程中获得了广泛的应用。例如，音箱中的喇叭，主要利用电感元件和电容元件对不同频率的谐波具有不同阻抗的特性，在组合成不同的滤波电路时，就能输出高音和低音，这就是所谓高音喇叭和低音喇叭的工作原理。将含有电感和电容的电路接在电源与负载间用以抑制不需要的谐波分量、将需要的谐波分量传送给负载，这种电路称为滤波器。

滤波器是一种有用频率信号顺利通过而同时抑制（或大大衰减）无用频率信号的电子装置。工程上常用来进行信号处理、数据传递和抑制干扰。滤波器实质上是一种选频器件，功能是对频率进行选择，有用信号与噪声等干扰信号通常占据不同的频带，过滤掉干扰信号，保留下有用信号。滤波器按采用元器件不同分为无源滤波器和有源滤波器；按通频带分为低通滤波器、高通滤波器、带通滤波器和带阻滤波器；按信号分为模拟滤波器和数字滤波器。

【**例 10-7**】电路如图 10-11 所示，若输入信号为非正弦周期信号，试分析电路的输出 u_0 与输入 u_i 相比有何变化？

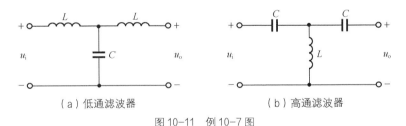

（a）低通滤波器　　　　　　　　　　（b）高通滤波器

图 10-11　例 10-7 图

解　感抗和容抗对各次谐波的反应是不同的，这种特性可以组成含有电感和电容的各种不同滤波电路，连接在输入和输出之间。可以让某些所需的频率分量顺利地通过而抑制某些不需要的分量。

对 k 次谐波的感抗为

$$X_{Lk} = k\omega L = k X_{L1}$$

对 k 次谐波的容抗为

$$X_{Ck} = \frac{1}{k\omega C} = \frac{1}{k} X_{C1}$$

可见，电感 L 通低频，阻高频；电容 C 通高频，阻低频。图 10-11（a）所示为一个简单的低通滤波器，图中电感 L 对高频电流有抑制作用，电容 C 则对高频电流起分流作用，这样输出端中的高频电流分量就被大大削弱，而低频电流分量则能顺利通过。图 10-11（b）是最简单的高通滤波器，其作用可作类似分析。其中电容 C 对低频分量有抑制作用，电感 L 对低频分量起分流作用。不过实际滤波器的电路结构要复杂得多，并且需要根据不同的滤波要求来确定相应的电路及其元件值。

二、频谱分析仪

频谱分析仪是研究电信号频谱结构的仪器，是从事电子产品研发、生产、检验的常用工具，其外形如图 10-12 所示。它以图形方式显示信号幅度按频率的分布，它的显示窗口的横坐标表示频率，纵坐标表示信号幅度，可以全景显示，也可以选定带宽测试。作为一种电路分析仪器，恐怕没有其他设备比频谱分析仪更有用了。利用频谱分析仪可以进行噪声和杂波信号分析、相位检测、电磁干扰与滤波器测量、振动测量、雷达测量等。其应用十分广泛，用于信号失真度、调制度、频率稳定度

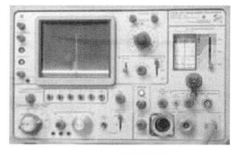

图 10-12　频谱分析仪

和交调失真等信号参数的测量，是一种多用途的电子测量仪器，是对无线电信号进行测量的必备手段。对于网络来说，最麻烦也最难查找的故障就是侵入干扰或者寄生干扰。有时能预见这样的干扰存在，但要最后锁定干扰来源，并最终排查干扰，必须得借助频谱分析。频谱分析能让我们直观的看到干扰信号，并通过对各种可能存在的干扰信号频谱的对比，通过对网内、网外信号的逐一测试即可找到干扰所在。也难怪频谱分析仪被称为射频分析的万能仪器——工程师的射频万用表。现代频谱分析仪能以模拟方式或数字方式显示分析结果，仪器内部若采用数字电路和微处理器，配置标准接口，就容易构成自动测试系统。

本章小结

一、非正弦周期电流或电压

非正弦周期电流（电压同）可用傅里叶级数分解为直流分量、基波分量及各谐波分量，即

$$f(t) = A_0 + \sum_{k=1}^{\infty} A_{km}\cos(k\omega_1 t + \psi_k)$$

也可表示成

$$f(t) = a_0 + \sum_{k=1}^{\infty}[a_k\cos k\omega_1 t + b_k\sin k\omega_1 t]$$

二、有效值、平均值和平均功率

非正弦周期电流（电压同）的有效值等于它的直流分量、基波分量与各谐波分量有效值的平方和的平方根，其数学表达式为

$$I = \sqrt{I_0^{2} + \sum_{k=1}^{\infty} I_k^{2}}$$

非正弦周期电流电路中的有功功率等于直流分量电压电流之积与各同频率电压电流分量构成的有功功率的和，即

$$P = U_0 I_0 + U_1 I_1\cos\varphi_1 + U_2 I_2\cos\varphi_2 + \cdots + U_k I_k\cos\varphi_k + \cdots$$

$$= U_0 I_0 + \sum_{k=1}^{\infty} U_k I_k \lambda_k$$

式中

$$\varphi_k = \psi_{uk} - \psi_{ik} , \quad \lambda_k = \cos\varphi_k , \quad k = 1, 2, 3, \cdots$$

不同频率的电压与电流虽能构成瞬时功率，但不能构成有功功率。

三、非正弦周期电流电路的计算

非正弦周期电流电路可用叠加定理计算电压及电流响应，首先算出电源的直流分量、基波分量及各谐波分量单独作用下的各电流及电压分量，然后按瞬时值叠加。

电感和电容对不同频率的激励呈现出不同的电抗，如果 X_{L1} 和 X_{C1} 分别为它们对基波的感抗和容抗，则它们对 k 次谐波激励的感抗和容抗分别为

$$X_{Lk} = k\omega L = kX_{L1}$$

$$X_{Ck} = \frac{1}{k\omega C} = \frac{1}{k}X_{C1}$$

自测题

一、选择题

1．在非正弦周期电路中，电压的有效值 U 为（　　　）。

（A）$U = \sqrt{U_0^2 + U_1^2 + U_2^2 + \cdots}$　　　　　　（B）$U = U_0 + \sqrt{U_1^2 + U_2^2 + \cdots}$

（C）$U = \dfrac{1}{\sqrt{2}}U_m$　　　　　　（D）$U = U_0 + U_1 + U_2 + \cdots$

2．若某电感的基波感抗为 30Ω，则其三次谐波感抗为（　　　）。

（A）30Ω　　　　　（B）60Ω　　　　　（C）90Ω　　　　　（D）10Ω

3．若某电容的基波容抗为 60Ω，则六次谐波容抗为（　　　）。

（A）60Ω　　　　　（B）360Ω　　　　　（C）120Ω　　　　　（D）10Ω

4．非正弦周期电路的平均功率计算公式为（　　　）。

（A）$P = UI$　　　　　　（B）$P = U_0 I_0 + \displaystyle\sum_{k=1}^{\infty} U_k I_k$

（C）$P = U_0 I_0 + \displaystyle\sum_{k=1}^{\infty} U_k I_k \cos\varphi_k$　　　　　　（D）$P = \displaystyle\sum_{k=1}^{\infty} U_k I_k \cos\varphi_k$

5．若某线圈对基波的阻抗为 $(1 + j4)\Omega$，则对二次谐波的阻抗为（　　　）。

（A）$(1 + j4)\Omega$　　　（B）$(2 + j4)\Omega$　　　（C）$(2 + j8)\Omega$　　　（D）$(1 + j8)\Omega$

6．若 RC 串联电路对二次谐波的阻抗为 $(2 - j6)\Omega$，则对基波的阻抗为（　　　）。

（A）$(2 - j3)\Omega$　　　（B）$(2 - j12)\Omega$　　　（C）$(2 - j6)\Omega$　　　（D）$(4 - j6)\Omega$

7．下列 4 个表达式中，是非正弦周期性电流的为（　　　）。

（A）$i_1(t) = (6 + 2\cos 2t + 3\cos 3\pi t)\text{A}$　　　（B）$i_2(t) = (3 + 4\cos t + 2\cos 2t + \sin 3t)\text{A}$

（C）$i_3(t) = \left(\cos t + 3\cos\dfrac{1}{3}t + \cos\dfrac{1}{7}t\right)\text{A}$　　　（D）$i_4(t) = (4\cos t + 2\cos 2\pi t + \sin\omega t)\text{A}$

8．非正弦周期信号作用下的线性电路分析，电路响应等于它的各次谐波单独作用时产生的响应的（　　　）的叠加。

（A）有效值　　　　（B）瞬时值　　　　（C）相量　　　　（D）无法确定

9．已知一非正弦电流 $i(t) = (10 + 10\sqrt{2}\sin 2\omega t)\text{A}$，它的有效值为（　　　）。

（A）$20\sqrt{2}$ A　　　（B）$10\sqrt{2}$ A　　　（C）20 A　　　（D）无法确定

10．已知基波的频率为 120Hz，则该非正弦波的三次谐波频率为（　　）。

（A）360Hz　　　（B）300Hz　　　（C）240Hz　　　（D）无法确定

二、判断题

1．非正弦周期量的有效值等于它各次谐波有效值之和。　　　　　　　　　　（　　）

2．不同频率的电压和电流不能构成平均功率，也不能构成瞬时功率。　　　　（　　）

3．非正弦周期量作用的线性电路中具有叠加性。　　　　　　　　　　　　　（　　）

4．如果非正弦周期信号的波形对称于纵轴，其傅里叶级数中只含有余弦项和直流分量，而没有正弦项。　　　　　　　　　　　　　　　　　　　　　　　　　　　　　　（　　）

5．具有偶次对称性的非正弦周期波，其波形具有对坐标原点对称的特点。　　（　　）

三、填空题

1．在非正弦周期电路中，k 次谐波的感抗 X_{Lk} 与基波感抗 X_{L1} 的关系为（　　）。

2．对于一个简单的高通滤波器，其电容 C 对低频分量有（　　）作用，电感 L 对低频分量有（　　）作用。

3．测量电流有效值用（　　）仪表，测量整流平均值用（　　）仪表，测量平均值（直流分量）用（　　）仪表。

4．如果非正弦周期信号的波形对称于原点，其傅里叶级数中不含有（　　）分量和（　　）项，仅由（　　）项所组成。

5．如果非正弦周期信号的波形移动半个周期后，便与原波形对称于横轴（即镜像对称），其傅里叶级数中只含有（　　）谐波分量，而不含有（　　）分量和（　　）谐波分量。

习题

10-1　已知某非正弦周期信号在四分之一周期内的波形为一锯齿波，且在横轴上方，幅值等于 1V。如图 10-13 所示，试根据下列情况分别绘出一个周期的波形。

（1）$u(t)$ 为偶函数，且具有偶半波对称性；

（2）$u(t)$ 为奇函数，且具有奇半波对称性；

（3）$u(t)$ 为偶函数，无半波对称性；

（4）$u(t)$ 为奇函数，无半波对称性；

（5）$u(t)$ 为偶函数，只含有偶次谐波；

（6）$u(t)$ 为奇函数，只含有奇次谐波。

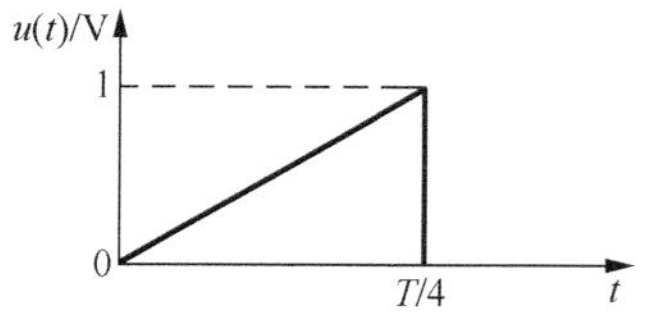

图 10-13　习题 10-1 图

10-2　已知一无源二端口网络的端口电压和电流分别为

$$u(t)=\left[141\cos\left(\omega t-\frac{\pi}{4}\right)+84.6\cos 2\omega t+56.4\cos\left(3\omega t+\frac{\pi}{4}\right)\right]\text{V}$$

$$i(t)=\left[10+56.4\cos\left(\omega t+\frac{\pi}{4}\right)+30.5\cos\left(3\omega t+\frac{\pi}{4}\right)\right]\text{A}$$

试求：（1）电压、电流的有效值；

（2）网络消耗的平均功率和网络的功率因数。

10-3　图 10-14 所示的 RLC 串联电路，其中 $R=11\Omega$，$L=0.015\text{H}$，$C=70\mu\text{F}$，外加电

压为 $u(t) = [11+141.4\cos(1000t) - 35.4\sin(2000t)]$ V，试求电路中的电流 $i(t)$ 和电路消耗的功率。

10-4 有效值为 100V 的正弦电压加在电感 L 两端时，得电流 $I=10$A，当电压中有 3 次谐波分量，而有效值仍为 100V 时，得电流 $I=8$A。试求这一电压的基和 3 次谐波电压的有效值。

10-5 已知一个 RLC 串联电路的端口电压和电流为

$$u(t) = [100\cos(314t)+50\cos(942t-30°)] \text{ V}$$

$$i(t) = [10\cos(314t)+1.755\cos(942t+\theta_3)] \text{A}$$

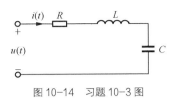

图 10-14 习题 10-3 图

试求：（1）R、L、C 的值；

（2）θ_3 的值；

（3）电路消耗的功率。

10-6 电路如图 10-15 所示，已知：$u=100\cos(t-45°)+50\cos(2t)+25\cos(3t+45°)$V，$i=80\cos(t)+20\cos(2t)+10\cos(3t)$mA。（1）求一端口网络 N 的电压 u 和电流 i 的有效值；（2）求一端口网络 N 消耗的平均功率；（3）求各频率时 N 的输入阻抗。

10-7 电路如图 10-16 所示，已知 $i_S(t)=5$mA，$u_S(t)=10\sqrt{2}\cos(10^4t+30°)$V。试求：（1）电流 $i_2(t)$ 及其有效值；（2）电路消耗的平均功率。

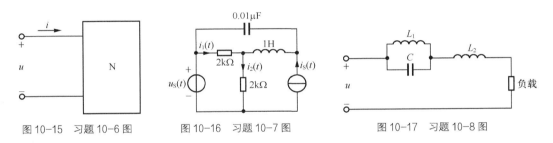

图 10-15 习题 10-6 图　　　图 10-16 习题 10-7 图　　　图 10-17 习题 10-8 图

10-8 图 10-17 所示为滤波器电路，要求 $4\omega_1$ 的谐波电流全部传送至负载，而使基波电流无法到达负载。如电容 $C=1$μF，$\omega_1=1000$rad/s，试求 L_1 和 L_2。

10-9 图 10-18 所示电路中 $u_S(t)$ 为非正弦周期电压，其中含有 $3\omega_1$ 及 $7\omega_1$ 的谐波分量。如果要求在输出电压 $u(t)$ 中不含这两个谐波分量，问 L 和 C 应为多少？

10-10 电路如图 10-19 所示，已知 $u_1(t)=220\sqrt{2}\cos\omega t$(V)，$u_2(t)=220\sqrt{2}\cos\omega t+100\sqrt{2}\cos(3\omega t+30°)$(V)。求 U_{ab}、i 及功率表的读数。

10-11 电路如图 10-20 所示，已知 $E=100$V，$u=100\cos\omega t$V，$R=\dfrac{1}{\omega C}=10\Omega$，求：功率表及安培表的读数。

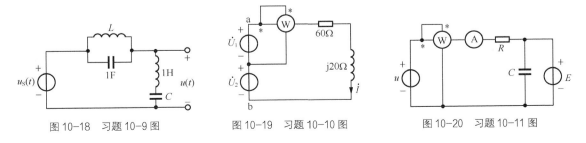

图 10-18 习题 10-9 图　　　图 10-19 习题 10-10 图　　　图 10-20 习题 10-11 图

内容提要： 本章主要介绍拉普拉斯变换的定义及与电路分析有关的一些基本性质。重点是如何应用拉普拉斯变换分析动态电路，又称动态电路过渡过程的复频域分析，包括 KCL 和 KVL 的运算形式、运算阻抗、运算导纳及运算电路，并通过实例说明它们在电路分析中的应用。

本章目标： 熟练掌握拉普拉斯变换（反变换）的方法与性质；熟练应用运算法分析线性动态电路。

11.1 拉普拉斯变换及其基本性质

对具有多个储能元件的复杂电路动态分析，以前只能用求解微分方程的方法，十分困难（各阶导数在 $t=0_+$ 时刻的值难以确定）。拉普拉斯变换是一种积分变换，可以将时域的高阶微分方程变换为频域的代数方程，解代数方程便可以得到响应的象函数解，再经反变换就可得响应的时域的解答。可以将过渡过程的动态分析，变成像纯电阻电路一样的静态分析，使分析过程大大简化，所以拉普拉斯变换法是求解高阶复杂动态电路的有效而重要的方法。其优点是不必确定积分常数及求解微分方程式所需的初始条件，适用于高阶复杂的动态电路。应用拉普拉斯变换进行电路分析称为电路的复频域分析法，又称运算法。

一、拉普拉斯变换的定义

1. 拉普拉斯变换

一个定义在 $[0, \infty)$ 区间的函数 $f(t)$，它的拉普拉斯变换式 $F(s)$ 定义为

$$F(s) = \int_{0_-}^{+\infty} f(t) \mathrm{e}^{-st} \mathrm{d}t \qquad (11\text{-}1)$$

式中，$s = \sigma + \mathrm{j}\omega$ 为复数，被称为复频率，$F(s)$ 称为 $f(t)$ 的象函数，$f(t)$ 称为 $F(s)$ 的原函数。拉普拉斯变换简称为拉氏变换。

式（11-1）中拉氏变换的积分从 $t=0_-$ 开始，因此可以计及 $t=0$ 时 $f(t)$ 可能包含的冲激和电路动态变量的初始值，从而给计算存在冲激函数电压和电流的电路带来方便。即：

$$F(s) = \int_{0_-}^{+\infty} f(t)\mathrm{e}^{-st}\mathrm{d}t = \int_{0_-}^{0_+} f(t)\mathrm{e}^{-st}\mathrm{d}t + \int_{0_+}^{+\infty} f(t)\mathrm{e}^{-st}\mathrm{d}t$$

象函数 $F(s)$ 存在的条件是 $\int_{0_-}^{+\infty} \left| f(t)\mathrm{e}^{-st} \right| \mathrm{d}t < \infty$，即积分为有限值，$\mathrm{e}^{-st}$ 称为收敛因子。

2. 拉普拉斯反变换

由 $F(s)$ 到 $f(t)$ 的变换称为拉普拉斯反变换，它定义为

$$f(t) = \frac{1}{2\pi j} \int_{\sigma - j\infty}^{\sigma + j\infty} F(s) e^{st} ds \qquad （11-2）$$

式中，σ 为正的有限常数。

通常用 $\mathcal{L}[f(t)]$ 表示取拉氏变换，用 $\mathcal{L}^{-1}[F(s)]$ 表示取拉氏反变换。象函数 $F(s)$ 一般用大写字母表示，如 $I(s)$，$U(s)$；原函数 $f(t)$ 用小写字母表示，如 $i(t)$，$u(t)$。

【例 11-1】求以下函数的象函数。

（1）单位阶跃函数 $f(t) = \varepsilon(t)$；

（2）单位冲激函数 $f(t) = \delta(t)$；

（3）指数函数 $f(t) = e^{-at}$。

解　（1）单位阶跃函数 $\varepsilon(t)$ 的象函数。

$$F(s) = \mathcal{L}[f(t)] = \int_{0_-}^{+\infty} \varepsilon(t) e^{-st} dt = \int_{0_+}^{\infty} e^{-st} dt = -\frac{1}{s} e^{-st} \Big|_0^{\infty} = \frac{1}{s}$$

（2）单位冲激函数 $\delta(t)$ 的象函数。

$$F(s) = \mathcal{L}[f(t)] = \int_{0_-}^{+\infty} \delta(t) e^{-st} dt = \int_{0_-}^{0^+} \delta(t) e^{-st} dt = 1$$

（3）指数函数 e^{-at} 的象函数。

$$F(s) = \mathcal{L}[f(t)] = \int_{0_-}^{+\infty} e^{-at} e^{-st} dt = \frac{1}{s + a}$$

二、拉普拉斯变换的基本性质

前面我们利用拉普拉斯变换的定义求得一些较简单函数的拉普拉斯变换，但仅用这些来求函数的变换并不方便，有的甚至求不出来。本节给出的性质将有助于求更多函数的拉普拉斯变换。

1. 线性性质

若时间函数 $f_1(t)$ 和 $f_2(t)$ 的拉氏变换分别为 $F_1(s)$ 和 $F_2(s)$，a、b 为任意常数，则有

$$\mathcal{L}[af_1(t) + bf_2(t)] = a\mathcal{L}[f_1(t)] + b\mathcal{L}[f_2(t)] = aF_1(s) + bF_2(s) \qquad （11-3）$$

结论：根据拉氏变换的线性性质，求函数与常数相乘及几个函数相加减的象函数时，可以先求各函数的象函数再进行相乘及加减计算。

【例 11-2】求以下函数的象函数。

（1）$f(t) = A$；（2）$f(t) = [A(1 - e^{-\alpha t})]$；（3）$f(t) = \sin(\omega t)$。

解　（1）$\mathcal{L}[A] = \mathcal{L}[A\varepsilon(t)] = \dfrac{A}{s}$

（2）$\mathcal{L}[A(1 - e^{-\alpha t})] = A\left(\dfrac{1}{s} - \dfrac{1}{s + \alpha}\right)$

（3）$\mathcal{L}[\sin(\omega t)] = \mathcal{L}\left[\dfrac{1}{2j}(e^{j\omega t} - e^{-j\omega t})\right] = \dfrac{1}{2j}\left(\dfrac{1}{s - j\omega} - \dfrac{1}{s + j\omega}\right) = \dfrac{\omega}{s^2 + \omega^2}$

2. 微分性质

$$\mathscr{L}\left[\frac{\mathrm{d}f(t)}{\mathrm{d}t}\right] = sF(s) - f(0_-) \qquad (11\text{-}4)$$

证明　$\mathscr{L}\left[\dfrac{\mathrm{d}f(t)}{\mathrm{d}t}\right] = \displaystyle\int_{0_-}^{\infty}\frac{\mathrm{d}f(t)}{\mathrm{d}t}\mathrm{e}^{-st}\mathrm{d}t = \int_{0_-}^{\infty}\mathrm{e}^{-st}\mathrm{d}f(t)$

$$= \mathrm{e}^{-st}f(t)\Big|_{0_-}^{\infty} - \int_{0_-}^{\infty}f(t)(-s\mathrm{e}^{-st})\mathrm{d}t = -f(0_-) + sF(s)$$

推广：$\mathscr{L}\left[\dfrac{\mathrm{d}^2 f(t)}{\mathrm{d}t^2}\right] = s[sF(s) - f(0_-)] - f'(0_-) = s^2 F(s) - sf(0_-) - f'(0_-)$

$$\mathscr{L}\left[\frac{\mathrm{d}^n f(t)}{\mathrm{d}t^n}\right] = s^n F(s) - s^{n-1}f(0_-) - \cdots - f^{n-1}(0_-)$$

【例 11-3】利用微分性质求下列函数的象函数。

（1）$f(t) = \cos(\omega t)$的象函数；（2）$f(t) = \delta(t)$的象函数。

解　（1）$\dfrac{\mathrm{d}\sin(\omega t)}{\mathrm{d}t} = \omega\cos(\omega t)$，$\cos(\omega t) = \dfrac{1}{\omega}\dfrac{\mathrm{d}(\sin\omega t)}{\mathrm{d}t}$

$$\mathscr{L}[\cos(\omega t)] = \mathscr{L}\left[\frac{1}{\omega}\frac{\mathrm{d}}{\mathrm{d}t}\sin(\omega t)\right] = \frac{1}{\omega}\left(s\frac{\omega}{s^2 + \omega^2} - 0\right) = \frac{s}{s^2 + \omega^2}$$

（2）$\delta(t) = \dfrac{\mathrm{d}\varepsilon(t)}{\mathrm{d}t}$，$\mathscr{L}[\varepsilon(t)] = \dfrac{1}{s}$

$$\mathscr{L}[\delta(t)] = \mathscr{L}\left[\frac{\mathrm{d}\varepsilon(t)}{\mathrm{d}t}\right] = s\frac{1}{s} - 0 = 1$$

3. 积分性质

$$\mathscr{L}\left[\int_{0_-}^{t}f(\xi)\mathrm{d}\xi\right] = \frac{F(s)}{s} \qquad (11\text{-}5)$$

证明　$f(t) = \dfrac{\mathrm{d}}{\mathrm{d}t}\displaystyle\int_{0_-}^{t}f(\xi)\mathrm{d}\xi$，

$$\mathscr{L}[f(t)] = \mathscr{L}\left[\frac{\mathrm{d}}{\mathrm{d}t}\int_{0_-}^{t}f(\xi)\mathrm{d}\xi\right]$$

$$F(s) = s\mathscr{L}\left[\int_{0_-}^{t}f(\xi)\mathrm{d}\xi\right] - \int_{0_-}^{t}f(\xi)\mathrm{d}t\Big|_{t=0_-}$$

$$\mathscr{L}\left[\int_{0_-}^{t}f(\xi)\mathrm{d}\xi\right] = \frac{F(s)}{s}$$

【例 11-4】利用积分性质求单位斜坡函数 $f(t) = t$ 的象函数。

解　∵ $f(t) = t = \displaystyle\int_{0}^{t}\varepsilon(\xi)\mathrm{d}\xi$

∴ $\mathscr{L}[f(t)] = \mathscr{L}[t] = \dfrac{1}{s} \times \dfrac{1}{s} = \dfrac{1}{s^2}$

4. 延迟性质

$$\mathscr{L}\left[f(t - t_0)\varepsilon(t - t_0)\right] = \mathrm{e}^{-st_0}F(s) \qquad (11\text{-}6)$$

证明　$\mathscr{L}\left[f(t - t_0)\varepsilon(t - t_0)\right] = \displaystyle\int_{0_-}^{\infty}f(t - t_0)\varepsilon(t - t_0)\mathrm{e}^{-st}\mathrm{d}t$

$$= \int_{t_0}^{\infty} f(t - t_0) \, \mathrm{e}^{-st} \mathrm{d}t \qquad (\diamondsuit \ t - t_0 = \tau)$$

$$= \int_{0_-}^{\infty} f(\tau) \mathrm{e}^{-s(\tau + t_0)} \mathrm{d}\tau = \mathrm{e}^{-st_0} \int_{0_-}^{\infty} f(\tau) \mathrm{e}^{-s\tau} \mathrm{d}\tau$$

$$= \mathrm{e}^{-st_0} F(s)$$

比较函数 $f(t)$ 与 $f(t - t_0)$，前者在 $t \geqslant 0$ 时有非零数值，而后者在 $t \geqslant t_0$ 时有非零数值，即向后延迟了时间 t_0。从图形上来看，$f(t)$ 沿 t 轴向右平移 t_0 就可得到 $f(t - t_0)$。此性质表明，时间函数延迟 t_0 的拉氏变换等于它的象函数乘以指数因子 e^{-st_0}。

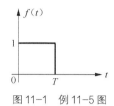

图 11-1 例 11-5 图

【**例 11-5**】求图 11-1 所示矩形脉冲的象函数。

解 $f(t) = \varepsilon(t) - \varepsilon(t - T)$

根据延迟性质：$\mathrm{F}(s) = \mathscr{L}[f(t)] = \mathscr{L}[\varepsilon(t) - \varepsilon(t - T)] = \dfrac{1}{s} - \dfrac{1}{s} \mathrm{e}^{-sT}$

5. 位移性质

$$\mathscr{L}\left[\mathrm{e}^{-\alpha t} f(t)\right] = F(s + \alpha) \tag{11-7}$$

证明 $\mathscr{L}\left[\mathrm{e}^{-\alpha t} f(t)\right] = \int_{0_-}^{\infty} \mathrm{e}^{-\alpha t} f(t) \mathrm{e}^{-st} \mathrm{d}t = \int_{0_-}^{\infty} f(t) \mathrm{e}^{-(s+\alpha)t} \mathrm{d}t = F(s + \alpha)$

【**例 11-6**】应用位移性质求下列函数的象函数。

（1）$f(t) = t\mathrm{e}^{-\alpha t}$；（2）$f(t) = \mathrm{e}^{-\alpha t} \sin \omega t$；（3）$f(t) = \mathrm{e}^{-\alpha t} \cos \omega t$。

解 （1）$\mathscr{L}[f(t)] = \mathscr{L}[t\mathrm{e}^{-\alpha t}] = \dfrac{1}{(s + \alpha)^2}$

（2）$\mathscr{L}[f(t)] = \mathscr{L}[\mathrm{e}^{-\alpha t} \sin \omega t] = \dfrac{\omega}{(s + \alpha)^2 + \omega^2}$

（3）$\mathscr{L}[f(t)] = \mathscr{L}[\mathrm{e}^{-\alpha t} \cos \omega t] = \dfrac{s + \alpha}{(s + \alpha)^2 + \omega^2}$

常用函数的拉氏变换表如表 11-1 所示。应用拉氏变换的性质，同时借助于表 11-1 中所示的一些常用函数的拉普拉斯变式可以使一些函数的象函数求解简化。

表 11-1 拉氏变换简表

原函数 $f(t)$	象函数 $F(s)$	原函数 $f(t)$	象函数 $F(s)$
$\delta(t)$	1	$\sin \omega t$	$\dfrac{\omega}{s^2 + \omega^2}$
$\varepsilon(t)$	$\dfrac{1}{s}$	$\cos \omega t$	$\dfrac{s}{s^2 + \omega^2}$
e^{-at}	$\dfrac{1}{s + a}$	$\mathrm{e}^{-at} \sin \omega t$	$\dfrac{\omega}{(s + a)^2 + \omega^2}$
$\dfrac{1}{a}(1 - \mathrm{e}^{-at})$	$\dfrac{1}{s(s + a)}$	$\mathrm{e}^{-at} \cos \omega t$	$\dfrac{s + a}{(s + a)^2 + \omega^2}$
t	$\dfrac{1}{s^2}$	$\dfrac{1}{2} t^2$	$\dfrac{1}{s^3}$
$\dfrac{1}{n!} t^n$	$\dfrac{1}{s^{n+1}}$	$\dfrac{1}{n!} t^n \mathrm{e}^{-at}$	$\dfrac{1}{(s + a)^{n+1}}$

表 11-1 列出了电路分析中常用的一些函数的拉氏变换，其余的可查阅有关的数学手册。

思考与练习

11-1-1　为什么拉普拉斯变换在线性电路分析中得到广泛应用？

11-1-2　什么是拉普拉斯变换？为什么要进行拉普拉斯变换与拉普拉斯反变换？

11-1-3　什么是原函数？什么是象函数？两者之间的关系如何？

11-1-4　在求 $f(t)$ 的象函数时，是否一定要知道 $f(0_-)$ 的值？为什么？

11.2　拉普拉斯反变换

前面我们讨论了原函数 $f(t)$ 在拉氏变换下的象函数 $F(s)$ 的问题，反过来，若已知拉氏变换下的象函数 $F(s)$，求原函数 $f(t)$，此问题就是拉普拉斯反变换问题。

一、求拉普拉斯反变换的方法

用运算法求解线性电路的时域响应时，需要把求得的响应的拉氏变换式反变换为时间函数。由象函数求原函数的方法如下。

1．利用公式

$$f(t) = \frac{1}{2\pi j} \int_{\sigma - j\infty}^{\sigma + j\infty} F(s) e^{st} ds$$

由于其较麻烦，通常不采用。

2．对简单形式的 $F(s)$ 可以查拉氏变换表得原函数，见上节内容。

3．把 $F(s)$ 分解为简单项的组合，也称部分分式展开法。

　　如 $F(s) = F_1(s) + F_2(s) + \cdots + F_n(s)$

　　则 $f(t) = f_1(t) + f_2(t) + \cdots + f_n(t)$

用部分分式展开法求拉氏反变换（海维赛德展开定理），即将 $F(s)$ 展开成部分分式，成为可在拉氏变换表中查到的 s 的简单函数，然后通过反查拉氏变换表求取原函数 $f(t)$。

二、部分分式展开法

1．电路响应的象函数通常表示为两个实系数的 s 的多项式之比，也就是 s 的一个有理分式。

$$F(s) = \frac{N(s)}{D(s)} = \frac{a_0 s^m + a_1 s^{m-1} + \cdots + a_m}{b_0 s^n + b_1 s^{n-1} + \cdots + b_n} \tag{11-8}$$

2．用部分分式展开有理分式 $F(s)$ 时，首先要把有理分式化为真分式，若 $n > m$，则 $F(s)$ 为真分式；若 $n = m$，则将 $F(s)$ 化为一个常数与一个余式（真分式）之和，即 $F(s) = A + \dfrac{N_0(s)}{D(s)}$；否则若 $n < m$ 则为假分式，用 $N(s)$ 除 $D(s)$，以得到一个 s 的多项式与一个余式（真分式）之和，即 $F(s) = Q(s) + \dfrac{N_0(s)}{D(s)}$。

3．部分分式为真分式时，展开有理分式 $F(s)$ 时，需对分母多项式作因式分解，要求算出 $D(s) = 0$ 的根，再根据根的不同情况展开。

（1）$D(s)=0$ 有 n 个不同的单根，n 个单根分别为 $p_1, p_2, \cdots, p_n$，则 $F(s)$ 可展开为

$$F(s) = \frac{k_1}{s-p_1} + \frac{k_2}{s-p_2} + \cdots + \frac{k_n}{s-p_n} \quad k_1, k_2, \cdots, k_n \text{ 为待定常数。}$$

待定常数的确定。

方法一：按 $k_i = \left[(s-p_i)F(s)\right]_{s=p_i}$，$i = 1,2,3,\cdots,n$

$$f(t) = \mathscr{L}^{-1}[F(s)] = \sum_{i=1}^{n} k_i e^{p_i t} \tag{11-9}$$

方法二：用求极限方法确定 k_i 的值为

$$k_i = \lim_{s \to p_i} \frac{(s-p_i)N(s)}{D(s)} = \lim_{s \to p_i} \frac{(s-p_i)N'(s) + N(s)}{D'(s)} = \frac{N(p_i)}{D'(p_i)} \quad (i = 1,2,3,\cdots,n)$$

得原函数的一般形式为

$$f(t) = \frac{N(p_1)}{D'(p_1)} e^{p_1 t} + \frac{N(p_2)}{D'(p_2)} e^{p_2 t} + \cdots + \frac{N(p_n)}{D'(p_n)} e^{p_n t}$$

$$f(t) = \mathscr{L}^{-1}[F(s)] = \sum_{i=1}^{n} k_i e^{p_i t} = \sum_{i=1}^{n} \frac{N(p_i)}{D'(p_i)} e^{p_i t} \tag{11-10}$$

【例 11-7】 求 $F(s) = \dfrac{2s+1}{s^3 + 7s^2 + 10s}$ 的原函数 $f(t)$。

解 $\because F(s) = \dfrac{2s+1}{s^3 + 7s^2 + 10s} = \dfrac{2s+1}{s(s+2)(s+5)}$

$\therefore D(s) = s(s+2)(s+5) = 0$ 的根分别为 $p_1 = 0$，$p_2 = -2$，$p_3 = -5$。

方法一：$k_1 = \left[(s-p_1)F(s)\right]_{s=p_1} = s \dfrac{2s+1}{s(s+2)(s+5)}\bigg|_{s=0} = 0.1$

同理 $k_2 = 0.5$，$k_3 = -0.6$。

方法二：$D'(s) = 3s^2 + 14s + 10$

$$k_1 = \frac{N(s)}{D'(s)}\bigg|_{s=p_1} = \frac{2s+1}{3s^2 + 14s + 10}\bigg|_{s=0} = 0.1，\text{ 同理 } k_2 = 0.5，k_3 = -0.6$$

故 $f(t) = 0.1 + 0.5 e^{-2t} - 0.6 e^{-5t}$。

（2）$D(s) = 0$ 具有共轭复根，$p_1 = \alpha + j\omega$，$p_2 = \alpha - j\omega$，则

$$k_1 = \left[(s - \alpha - j\omega)F(s)\right]_{s=\alpha+j\omega} = \frac{N(s)}{D'(s)}\bigg|_{s=\alpha+j\omega}$$

$$k_2 = \left[(s - \alpha + j\omega)F(s)\right]_{s=\alpha-j\omega} = \frac{N(s)}{D'(s)}\bigg|_{s=\alpha-j\omega}$$

因 $F(s)$ 是实系数多项式之比，故 k_1、k_2 为共轭复数。

设 $k_1 = |k_1| e^{j\theta_1}$，则 $k_2 = |k_2| e^{-j\theta_1}$，有

$$f(t) = k_1 e^{(\alpha+j\omega)t} + k_2 e^{(\alpha-j\omega)t} = |k_1| e^{j\theta_1} e^{(\alpha+j\omega)t} + |k_1| e^{-j\theta_1} e^{(\alpha-j\omega)t}$$

$$= |k_1| e^{\alpha t} \left[e^{j(\omega t + \theta_1)} + e^{-j(\omega t + \theta_1)} \right] = 2|k_1| e^{\alpha t} \cos(\omega t + \theta_1) \tag{11-11}$$

【例 11-8】 求 $F(s) = \dfrac{s+3}{s^2+2s+5}$ 的原函数 $f(t)$ 。

解 $D(s) = s^2+2s+5 = 0$ 的根分别为 $p_1 = -1+j2$，$\quad p_2 = -1-j2$

$k_1 = \dfrac{N(s)}{D'(s)}\Big|_{s=p_1} = \dfrac{s+3}{2s+2}\Big|_{s=-1+j2} = 0.5-j0.5 = 0.5\sqrt{2}\,\mathrm{e}^{-\mathrm{j}\frac{\pi}{4}}$，$k_2 = 0.5\sqrt{2}\,\mathrm{e}^{\mathrm{j}\frac{\pi}{4}}$

$\therefore\quad f(t) = 2|k_1|\mathrm{e}^{-t}\cos\left(2t-\dfrac{\pi}{4}\right) = \sqrt{2}\mathrm{e}^{-t}\cos\left(2t-\dfrac{\pi}{4}\right)$

（3） $D(s)=0$ 具有重根，则应含有 $(s-p_1)^m$ 的因式。

现设 $D(s)=0$ 中含有 $(s-p_1)^m$ 的因式，其余为单根，可分解为

$$F(s) = \frac{k_{1m}}{s-p_1} + \frac{k_{1(m-1)}}{(s-p_1)^2} + \cdots + \frac{k_{11}}{(s-p_1)^m} + \sum_{i=2}^{n'}\frac{k_i}{s-p_i} \qquad (n'=n-m) \qquad （11\text{-}12）$$

这里 $k_i = \dfrac{N(s)}{D'(s)}\Big|_{s=p_i}$，$\quad i=2,3,\cdots,n'$

$$k_{1j} = \frac{1}{(j-1)!}\cdot\frac{\mathrm{d}^{j-1}}{\mathrm{d}s^{j-1}}\Big[(s-p_1)^m F(s)\Big]\Big|_{s=p_j}，\qquad j=1,2,\cdots,m \qquad （11\text{-}13）$$

【例 11-9】 求 $F(s) = \dfrac{1}{(s+1)^3 s^2}$ 的原函数 $f(t)$ 。

解 令 $D(s) = (s+1)^3 s^2 = 0$，有 $p_1 = -1$ 为三重根，$p_2 = 0$ 为二重根

$\therefore\quad F(s) = \dfrac{k_{13}}{s+1} + \dfrac{k_{12}}{(s+1)^2} + \dfrac{k_{11}}{(s+1)^3} + \dfrac{k_{22}}{s} + \dfrac{k_{21}}{s^2}$

这里 $k_{11} = \dfrac{1}{s^2}\Big|_{s=-1} = 1$

$k_{12} = \dfrac{\mathrm{d}}{\mathrm{d}s}\left(\dfrac{1}{s^2}\right)\Big|_{s=-1} = -\dfrac{2}{s^3}\Big|_{s=-1} = 2$

$k_{13} = \dfrac{1}{2}\dfrac{\mathrm{d}^2}{\mathrm{d}s^2}\left(\dfrac{1}{s^2}\right)\Big|_{s=-1} = \dfrac{1}{2}\times\dfrac{6}{s^4}\Big|_{s=-1} = 3$

$k_{21} = \dfrac{1}{(s+1)^3}\Big|_{s=0} = 1$

$k_{22} = \dfrac{\mathrm{d}}{\mathrm{d}s}\left[\dfrac{1}{(s+1)^3}\right]\Big|_{s=0} = \dfrac{-3}{(s+1)^4}\Big|_{s=0} = -3$

$F(s) = \dfrac{3}{s+1} + \dfrac{2}{(s+1)^2} + \dfrac{1}{(s+1)^3} - \dfrac{3}{s} + \dfrac{1}{s^2}$

$f(t) = \mathscr{L}^{-1}[F(s)] = 3\mathrm{e}^{-t} + 2t\mathrm{e}^{-t} + \dfrac{1}{2}t^2\mathrm{e}^{-t} - 3 + t$

【例 11-10】 已知 $F(s) = \dfrac{s^2+9s+11}{s^2+5s+6}$，求原函数 $f(t)$ 。

解 $F(s) = \dfrac{s^2+9s+11}{s^2+5s+6} = 1 + \dfrac{4s+5}{s^2+5s+6} = 1 + \dfrac{-3}{s+2} + \dfrac{7}{s+3}$

所以 $f(t) = \delta(t) + 7\mathrm{e}^{-3t} - 3\mathrm{e}^{-2t}$

总结上述得由 $F(s)$ 求 $f(t)$ 的步骤如下。

（1）$n \leqslant m$ 时将 $F(s)$ 化成真分式和多项式之和。

（2）求真分式分母的根，确定分解单元。

（3）将真分式展开成部分分式，求各部分分式的系数。

（4）对每个部分分式和多项式逐项求拉氏反变换。

思考与练习

11-2-1　求拉普拉斯反变换的方法有几种？

11-2-2　由 $F(s)$ 求 $f(t)$ 的步骤是什么？

11-2-3　如何利用分解定理进行拉普拉斯反变换？

11-2-4　利用分解定理进行拉普拉斯反变换时，当 $D(s)=0$ 具有共轭复根时如何处理？

11.3　运算电路

运算电路又称为复频域模型或 s 域模型。当电路中电压、电流等时间函数均以其复频域形式的象函数表示时，电路的基本定律和元件的电压、电流关系也有与之相对应的复频域形式。

一、基尔霍夫定律的运算形式

1. 基尔霍夫定律的时域表示

$$\sum i(t) = 0 \qquad \sum u(t) = 0$$

2. 把时间函数变换为对应的象函数

$$u(t) \to U(s) \qquad i(t) \to I(s)$$

3. 基尔霍夫定律的运算形式

$$\sum I(s) = 0 \qquad \sum U(s) = 0 \qquad\qquad （11-14）$$

二、电路元件电压、电流关系的运算形式

根据元件电压、电流的时域关系，可以推导出各元件电压、电流关系的运算形式。

1. 电阻 R 的运算形式

图 11-2（a）所示的线性电阻，其时域的电压电流关系为 $u_R(t) = Ri_R(t)$，两边取拉普拉斯变换，并利用其线性性质可得

$$U_R(s) = RI_R(s) \qquad\qquad （11-15）$$

根据上式得电阻 R 的运算电路如图 11-2（b）所示。

2. 电感 L 的运算形式

图 11-3（a）所示的线性电感，其时域的电压电流关系为 $u_L(t) = L\dfrac{\mathrm{d}i_L}{\mathrm{d}t}$，两边取拉普拉斯变换并根据拉氏变换的微分性质，得电感元件 VCR 的运算形式为

$$U_L(s) = sLI_L(s) - Li_L(0_-) \qquad\qquad （11-16）$$

式中，sL 具有电阻的量纲，称为运算感抗，$Li_L(0_-)$ 表示电感中初始电流（初始储能）对电路响应的激励，称为附加电源。它是一个电压源，此附加电压源的正极性端与电感电流的流

出端总是一致的，实际应用时可根据 $i_L(0_-)$ 的方向判断附加电压源的极性。图 11-3（b）是按式（11-16）画出的电感元件复频域形式的电路模型。

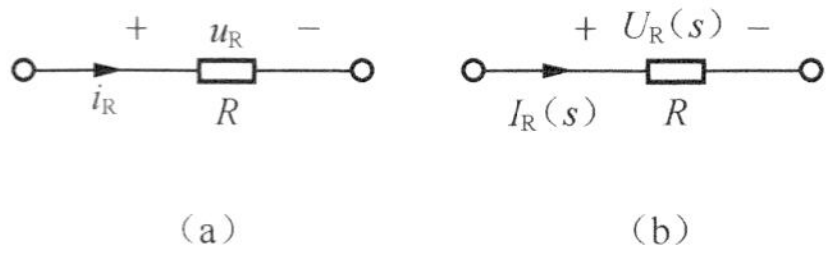

图 11-2　电阻的复频域形式电路模型 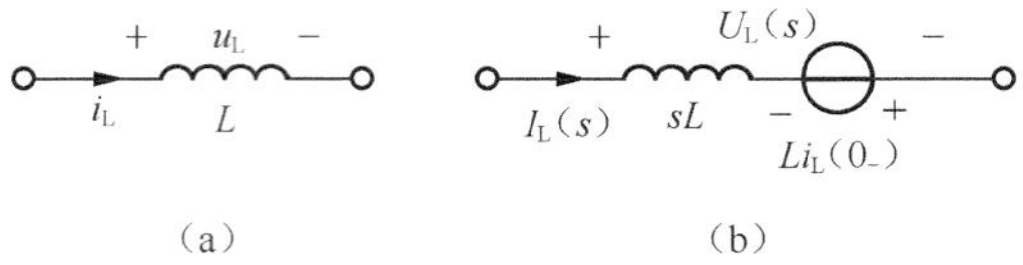　　　　图 11-3　电感的复频域形式电路模型

3. 电容 C 的运算形式

类似地，对图 11-4（a）所示的线性电容，有 $u_C(t) = u_C(0_-) + \dfrac{1}{C}\displaystyle\int_{0_-}^{t} i(\xi)\mathrm{d}\xi$，取拉氏变换并利用其积分性质可得

$$U_C(s) = \frac{1}{sC} I_C(s) + \frac{u_C(0_-)}{s} \tag{11-17}$$

式中，$\dfrac{1}{sC}$ 也具有电阻的量纲，称为运算容抗，$\dfrac{u_C(0_-)}{s}$ 表示电容中初始电压（初始储能）对电路响应的激励，也称为附加电压源，该电压源的方向与电容电压初始值方向相同。图 11-4（b）是按式（11-17）画出的电容元件复频域形式的电路模型。实际应用中，也可根据需要将上述电感、电容的附加电压源等效为附加电流源形式（图略）。

4. 耦合电感的运算形式

对两个耦合电感，运算电路中应加入互感引起的附加电源。对图 11-5（a），有

$$\begin{cases} u_1 = L_1 \dfrac{\mathrm{d}i_1}{\mathrm{d}t} + M \dfrac{\mathrm{d}i_2}{\mathrm{d}t} \\[2mm] u_2 = L_2 \dfrac{\mathrm{d}i_2}{\mathrm{d}t} + M \dfrac{\mathrm{d}i_1}{\mathrm{d}t} \end{cases}$$

取拉氏变换并利用其微分性质可得

$$\begin{cases} U_1(s) = sL_1 I_1(s) - L_1 i_1(0_-) + sM I_2(s) - M i_2(0_-) \\ U_2(s) = sL_2 I_2(s) - L_2 i_2(0_-) + sM I_1(s) - M i_1(0_-) \end{cases} \tag{11-18}$$

式中，sM 为互感运算阻抗，$M i_1(0_-)$ 和 $M i_2(0_-)$ 表示由互感电流的初始值引起的附加电压源，其方向由互感电流的方向和同名端共同决定。$L_1 i_1(0_-)$ 和 $L_2 i_2(0_-)$ 是由自感电流初始值引起的附加电压源，其方向由线圈各自的电流方向决定。复频域电路模型如图 11-5（b）所示。

5. 受控源的运算形式

对其他线性非储能元件，如各种受控源、理想变压器等，由于它们在时域中的特性方程均为线性方程，因此只要把特性方程中的电压、电流用相应的象函数代替即可得到各元件复频域形式的电路方程，从而得到相应的复频域电路模型。受控源均为线性受控源，其对应关系列举如下。

VCVS	$u_2(t) = \mu u_1(t)$	$U_2(s) = \mu U_1(s)$
VCCS	$i_2(t) = g_m u_1(t)$	$I_2(s) = g_m U_1(s)$
CCCS	$i_2(t) = \alpha i_1(t)$	$I_2(s) = \alpha I_1(s)$
CCVS	$u_2(t) = r_m i_1(t)$	$U_2(s) = r_m I_1(s)$

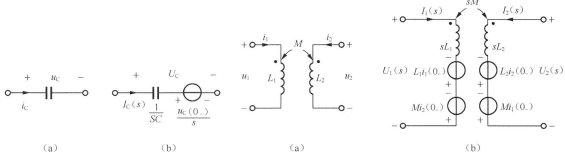

（a）　　　　　　（b）

图 11-4　电容的复频域形式电路模型

（a）　　　　　　　　　（b）

图 11-5　耦合电感的复频域形式电路模型

以受控源 VCVS 为例进行说明。画出复频域模型，如图 11-6 所示。

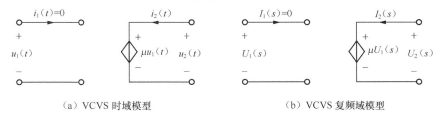

（a）VCVS 时域模型　　　　　　　　（b）VCVS 复频域模型

图 11-6　受控源的运算电路

三、运算电路模型

将电路中所有元件均用其复频域模型表示，而相互联结的关系不变，即电路的结构不变，所得的电路称为原电路的复频域等效电路，一般称为运算电路。因此，运算电路实际是：

（1）电压、电流用象函数形式表示；

（2）元件用运算阻抗或运算导纳表示；

（3）电容电压和电感电流初始值用附加电源表示。

R、L、C 串联电路如图 11-7（a）所示，电压源电压为 $u(t)$，电感电流初始值 $i_L(0_-)$，电容电压初始值 $u_C(0_-)$。作出复频域模型，R、L、C 串联电路的运算电路如图 11-7（b）所示。根据 KVL，则

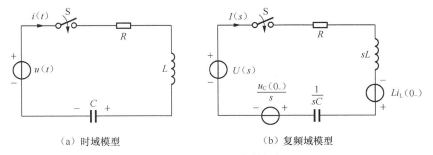

（a）时域模型　　　　　　　　　　（b）复频域模型

图 11-7　R、L、C 串联电路

$$RI(s) + sLI(s) - Li_L(0_-) + \frac{1}{sC}I(s) + \frac{u_C(0_-)}{s} - U(s) = 0$$

$$\left(R + sL + \frac{1}{sC}\right)I(s) = U(s) + Li_L(0_-) - \frac{u_C(0_-)}{s}$$

令 $Z(s) = R + sL + \dfrac{1}{sC}$ 为 R、L、C 串联电路的运算阻抗。

在零初始条件下，$i_L(0_-) = 0$，$u_C(0_-) = 0$，则有

$$Z(s)I(s) = U(s) \qquad （运算形式欧姆定律）$$

在零初始条件下有：$U(s)=Z(s)I(s)$；$I(s)=Y(s)U(s)$，称 R、sL、$\dfrac{1}{sC}$ 为 R、L、C 的复频域阻抗，复频域导纳则分别为 G、sC、$\dfrac{1}{sC}$。

在非零初始条件下，求阻抗时分子除 $U(s)$ 外还包括附加电压源 $Li_L(0_-)$ 和附加电流源 $\dfrac{u_C(0_-)}{s}$，这是电感、电容的初始能量造成的。

【例 11-11】 图 11-8 所示电路在开关 S 打开前处于稳态，试画出 S 打开后的运算电路。

解 由于换路前电容器开路，电感线圈短路，所以 $i_L(0_-)=5A$，$u_C(0_-)=25V$。

运算电路如图 11-8（b）所示。

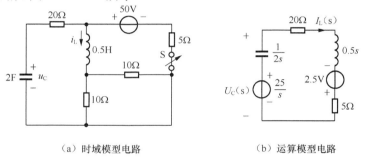

（a）时域模型电路 　　　　（b）运算模型电路

图 11-8　例 11-11 图

思考与练习

11-3-1　能画出电阻、电感和电容的拉普拉斯变换电路吗？三者串联电路的运算阻抗是什么？

11-3-2　欧姆定律的复频域形式是什么？

11-3-3　一电感元件的电感 $L=10mH$，初始值 $i_L(0_-)=5A$。试写出它的 s 复频域伏安关系式，并绘出它的两种运算电路图。

11-3-4　一电容元件的电容 $C=100\mu F$，初始值 $u_C(0_-)=10V$。试写出它的 s 复频域伏安关系式，并绘出它的两种运算电路图。

11.4　应用拉普拉斯变换法分析线性电路

一、运算法和相量法的比较

用相量法分析正弦稳态电路，是一种时域到频域的变换法。相量法把正弦量变换为相量（复数），从而把求解线性电路的正弦稳态问题归结为以相量为变量的线性代数方程，正弦稳态电路归结成为纯电阻电路分析。

运算法把时间函数变换为对应的象函数，从而把求解微分方程归结为求解线性代数方程问题，动态电路的过渡过程归结为纯电阻电路分析。显然运算法与相量法的基本思想类似。

因此，用相量法分析计算正弦稳态电路的那些方法和定理在形式上均可用于运算法。我们也可以作出电路的复频域模型，直接列出以复频率 s 为变量的代数方程。解这个方程便可以得到响应的象函数解，再经反变换就可得响应的时域的解答。

二、运算法的解题步骤

应用拉普拉斯变换法分析线性电路计算步骤如下。

1. 由换路前的电路计算 $u_C(0_-)$，$i_L(0_-)$。

2. 画运算电路模型，注意运算阻抗的表示和附加电源的作用。

（1）电容电压和电感电流初始值用附加电源表示。

（2）各元件的参数：R 参数不变；

$\qquad\qquad\qquad\quad L$ 参数为 sL；

$\qquad\qquad\qquad\quad C$ 参数为 $1/sC$。

（3）原电路中的电源进行拉氏变换。

3. 应用线性电阻电路分析方法求响应的象函数 $U(s)$ 或 $I(s)$。

4. 响应的象函数拉氏反变换求出时域解即原函数 $u(t)$ 或 $i(t)$。

注意：

（1）运算法直接求得全响应；

（2）用 0_- 初始条件，跃变情况自动包含在响应中。

【**例 11-12**】RC 并联电路，激励为电流源 $i_S(t)$。若（1）$i_S(t) = \varepsilon(t)\mathrm{A}$，（2）$i_S(t) = \delta(t)\mathrm{A}$，如图 11-9（a）所示，试求响应 $u(t)$。

解　运算电路如图 11-9（b）所示，则有

（1）当 $i_S(t) = \varepsilon(t)\mathrm{A}$ 时，$I_S(s) = \dfrac{1}{s}$

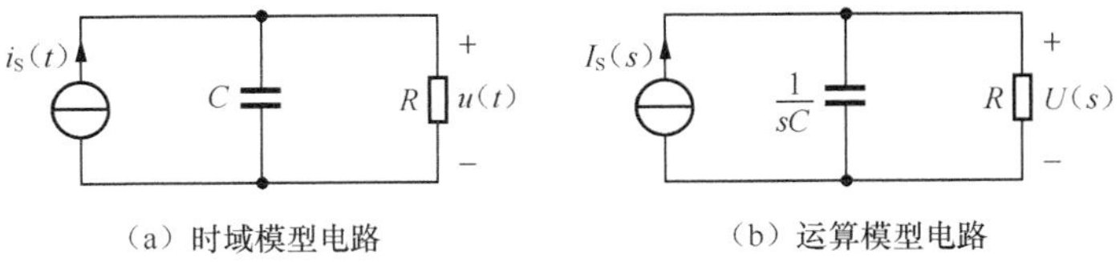

（a）时域模型电路　　　　　（b）运算模型电路

图 11-9　例 11-12 图

$$U(s) = Z(s)I_S(s) = \frac{R \cdot \dfrac{1}{sC}}{R + \dfrac{1}{sC}} \times \frac{1}{s} = \frac{R}{s(1 + RCs)} = \frac{1}{sC\left(s + \dfrac{1}{RC}\right)} = \frac{R}{s} - \frac{R}{s + \dfrac{1}{RC}}$$

$$\therefore u(t) = \mathscr{L}^{-1}[U(s)] = R\left(1 - \mathrm{e}^{-\frac{t}{RC}}\right)\varepsilon(t)\mathrm{V}$$

（2）当 $i_S(t) = \delta(t)\mathrm{A}$ 时，$I_S(s) = 1$

$$U(s) = Z(s)I_S(s) = \frac{R \cdot \dfrac{1}{sC}}{R + \dfrac{1}{sC}} = \frac{R}{1 + sRC} = \frac{1}{C} \cdot \frac{1}{s + \dfrac{1}{RC}}$$

$$\therefore u(t) = \mathscr{L}^{-1}[U(s)] = \frac{1}{C}\mathrm{e}^{-\frac{t}{RC}}\varepsilon(t)\mathrm{V}$$

【**例 11-13**】图 11-10（a）所示电路开关 S 已闭合很久，$t=0$ 时断开开关，求开关断开后电路中的电流 $i(t)$、$u_{L1}(t)$、$u_{L2}(t)$。其中 $R_1=2\Omega$，$R_2=3\Omega$，$L_1=0.3H$，$L_2=0.1H$。

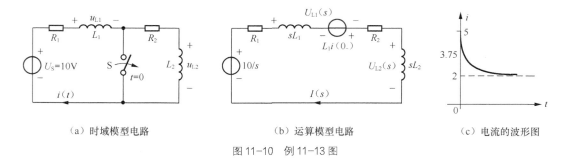

（a）时域模型电路　　　　　　（b）运算模型电路　　　　（c）电流的波形图

图 11-10　例 11-13 图

解　设开关断开时为时间起点 $t=0$，

$$i(0_-)=\frac{U_S}{R_1}=5A \ , \quad U_s(s)=\frac{10}{s}$$

$t>0$ 电路的复频域模型如图 11-10（b）所示。

$$I(s)=\frac{\dfrac{10}{s}+5L_1}{R_1+R_2+s(L_1+L_2)}=\frac{25+3.75s}{s(s+12.5)}=\frac{2}{s}+\frac{1.75}{s+12.5}$$

$$\therefore i(t)=\mathscr{L}^{-1}[I(s)]=(2+1.75e^{-12.5t})A$$

开关 S 打开后，L_1 和 L_2 中的电流在 $t=0_+$ 时都被强制为同一电流，数值为 $i(0_+)=3.75\,A$，两个电感电流都发生了跃变，电流随时间变化的曲线如图 11-10（c）所示。两个电感电压中出现冲激函数。

$$U_{L1}(s)=sL_1I(s)-L_1i(0_-)=0.3sI(s)-0.3\times5$$

$$=0.6+\frac{0.3s\times1.75}{s+12.5}-1.5$$

$$=-\frac{6.56}{s+12.5}-0.375$$

$$u_{L1}(t)=[-6.56e^{-12.5t}-0.375\delta(t)]V$$

$$U_{L2}(s)=sL_2I(s)=0.1sI(s)=0.2+\frac{0.175s}{s+12.5}=-\frac{2.19}{s+12.5}+0.375$$

$$u_{L2}(t)=[-2.19e^{-12.5t}+0.375\delta(t)]V$$

$$u_{L1}(t)+u_{L2}(t)=-8.75e^{-12.5t}V \quad （并无冲激函数出现）$$

可见：总电感电压并无冲激电压，虽然两个电感电流都发生了跃变，因而有冲激电压出现，但两者大小相同而方向相反，所以互相抵消，不会违背 KVL。同时也说明换路前后两线圈总磁链数值保持不变。

从这个实例中可以看出，由于拉氏变换式中下限取为 0_-，故自动地把冲激函数考虑了进去，因而无需先求 $t=0_+$ 时的跃变值。

【**例 11-14**】图 11-11（a）电路原处于稳态，$u_C(0_-)=0\,V$，$U_S=10V$，$R_1=R_2=1\Omega$，$C=1F$，$L=1H$，试用运算法求电流 $i(t)$。

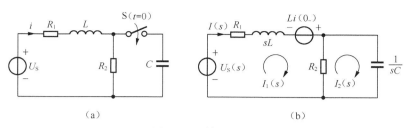

图 11-11　例 11-14 图

解　由于换路前电路已处于稳态，所以电感电流 $i(0_-) = \dfrac{U_s}{R_1 + R_2} = 5A$。该电路的运算电

路如图 11-11（b）所示。

应用回路法，得

$$(R_1 + R_2 + sL)I_1(s) - R_2 I_2(s) = \frac{U_s(s)}{s} + Li(0_-)$$

$$-R_2 I_1(s) + \left(R_2 + \frac{1}{sC}\right)I_2(s) = 0$$

代入数据，有

$$(2 + s)I_1(s) - I_2(s) = \frac{10}{s} + 5$$

$$-I_1(s) + \left(1 + \frac{1}{s}\right)I_2(s) = 0$$

解得

$$I_1(s) = \frac{5}{s} + \frac{5}{s^2 + 2s + 2}$$

求拉氏反变换即可得到电感电流的时域解为

$$i(t) = \mathscr{L}^{-1}[I_1(s)] = (5 + 5e^{-t}\sin t)\varepsilon(t)A$$

【**例 11-15**】图 11-12（a）所示电路中，已知 $R_1 = R_2 = 1\Omega$，$L_1 = L_2 = 0.1H, M = 0.05H$，激励为直流电压 $U_s = 1V$，试求 $t = 0$ 时，开关闭合后的电流 $i_1(t)$ 和 $i_2(t)$。

解　运算电路如图 11-12（b）所示，回路电流方程为

$$\begin{cases} (R_1 + sL_1)I_1(s) - sMI_2(s) = \dfrac{1}{s} \\ -sMI_1(s) + (R_2 + sL_2)I_2(s) = 0 \end{cases}$$

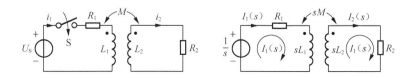

（a）时域模型电路　　　　　（b）运算模型电路

图 11-12　例 11-15 图

$$\therefore \begin{cases} (1+0.1s)I_1(s) - 0.05sI_2(s) = \dfrac{1}{s} \\ -0.05sI_1(s) + (1+0.1s)I_2(s) = 0 \end{cases}$$

解得

$$I_1(s) = \frac{0.1s+1}{s\left(0.75\times10^{-2}s^2 + 0.2s + 1\right)}, \quad I_2(s) = \frac{0.05}{0.75\times10^{-2}s^2 + 0.2s + 1}$$

$$\therefore i_1(t) = \mathcal{L}^{-1}[I_1(s)] = (1 - 0.5\mathrm{e}^{-6.67t} - 0.5\mathrm{e}^{-20t})\mathrm{A}$$

$$i_2(t) = \mathcal{L}^{-1}[I_2(s)] = 0.5(\mathrm{e}^{-6.67t} - \mathrm{e}^{-20t})\mathrm{A}$$

思考与练习

11-4-1 应用拉普拉斯变换法分析线性电路计算步骤是什么？

11-4-2 试比较电路的复频域分析法与相量法的异同。

11-4-3 本章以前所介绍的各种分析方法可应用于复频域分析之中，这是否也包括对功率的分析？

11-4-4 对零状态线性电路进行复频域分析时，能否用叠加定理？若为非零状态，即运算电路中存在附加电源时，能否用叠加定理？

11.5 应用实例

随着个人计算机、调制解调器、传真机和灵敏电子元件的发展，必须对设备加以保护，以防止家电设备被开关过程中产生的电压浪涌损坏。下面将说明怎样利用拉普拉斯变换来确定家用电路中的浪涌现象，以及在正弦稳态电路的工作过程中，当开关关闭负载时，供电线路和中间负载之间是如何产生电压浪涌的。

图 11-13（a）所示电路是家用电路的模型，为简化电路的分析，设电压 $\dot{U}_0 = 220\angle0°\mathrm{V}$，并且在 $t=0$ 开关打开时 $\dot{U}_\mathrm{S}$ 不变。开关打开后，构建 s 域等效电路，如图 11-13（b）所示。

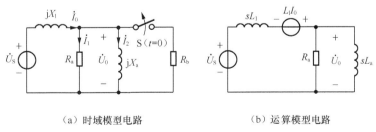

（a）时域模型电路　　　　　　（b）运算模型电路

图 11-13　例 11-16 图

注意：感性负载电压的相位角为零，所以电感负载的初始电流为零。因此，只有供电线路上的电感具有非零初始条件，其 s 域的等效电路为一个附加电压源 L_1I_0。

在打开开关之前，每个负载都具有正弦稳态电压，当开关在 $t=0$ 时刻打开时，因为在 $t=0$ 时电感负载的电流为零，而且电感中的电流不会跃变，因此所有的电流都流过负载电阻。这样，当供电线路中的电流直接流过电阻负载时，其余的负载就会经过一个电压浪涌的过程。例如，开灯或关电吹风时可能会引起电压浪涌，如果电阻性负载无法承受这样大的电压，就应该采取保护措施如采用浪涌抑制器。

本章小结

一、拉普拉斯变换

拉普拉斯变换式 $F(s)$ 定义为

$$F(s) = \int_{0_-}^{+\infty} f(t)\mathrm{e}^{-st}\mathrm{d}t$$

将时域函数 $f(t)$（原函数）变换为复频域函数 $F(s)$（象函数）。通常用 $\mathscr{L}[f(t)]$ 表示取拉氏变换，用 $\mathscr{L}^{-1}[F(s)]$ 表示取拉氏反变换。

拉普拉斯变换的基本性质

序号	性质名称	内　　容
1	线性性质	$\mathscr{L}[af_1(t) + bf_2(t)] = aF_1(s) + bF_2(s)$
2	微分性质	$\mathscr{L}\left[\dfrac{\mathrm{d}f(t)}{\mathrm{d}t}\right] = sF(s) - f(0_-)$
3	积分性质	$\mathscr{L}\left[\displaystyle\int_{0_-}^{t} f(\xi)\mathrm{d}\xi\right] = \dfrac{F(s)}{s}$
4	延迟性质	$\mathscr{L}\left[f(t-t_0)\varepsilon(t-t_0)\right] = \mathrm{e}^{-st_0}F(s)$
5	位移性质	$\mathscr{L}\left[\mathrm{e}^{-\alpha t}f(t)\right] = F(s+\alpha)$

二、拉普拉斯反变换

电路响应的象函数通常表示为两个实系数的 s 的多项式之比，也就是 s 的一个有理分式。

$$F(s) = \frac{N(s)}{D(s)} = \frac{a_0 s^m + a_1 s^{m-1} + \cdots + a_m}{b_0 s^n + b_1 s^{n-1} + \cdots + b_n} \tag{11-19}$$

若 $n > m$ ，则 $F(s)$ 为真分式；若 $n = m$ ，则将 $F(s)$ 化为一个常数与一个余式（真分式）之和；否则若 $n < m$ 则为假分式，用 $N(s)$ 除 $D(s)$ ，以得到一个 s 的多项式与一个余式（真分式）之和。$D(s)=0$ 的根有 3 种情况：（1）实数单根；（2）共轭复根；（3）重根。

三、运算法

运算法把时间函数变换为对应的象函数，从而把求解微分方程归结为求解线性代数方程问题，作出电路的复频域模型，直接列出以复频率 s 为变量的代数方程。解这个方程便可以得到响应的象函数解，再经反变换就可得响应的时域的解答。

四、应用拉普拉斯变换法分析线性电路

线性动态电路的复频域分析步骤如下。

（1）求 0_- 时刻的电容电压和电感电流[即起始状态 $i_L(0_-)$ 和 $u_C(0_-)$]。

（2）画出运算电路。

（3）对运算电路进行分析，求响应的象函数。

（4）将响应的象函数进行部分分式展开求响应的时域形式。

自测题

一、选择题

1. R、L、C 串联电路的复频率阻抗为（　　　）。

（A）$R+sL+sC$　　（B）$R+jsL+1/jsC$　　（C）$R+sL-1/sC$　　（D）$R+sL+1/sC$

2. 象函数 $F(s)=s/s+a$ 作拉普拉斯反变换后的原函数为（　　　）。

（A）$(1+e^{-at})\varepsilon(t)$　　（B）$\delta(t)-ae^{-at}\varepsilon(t)$　　（C）$(1-e^{-at})\varepsilon(t)$　　（D）$e^{-at}\varepsilon(t)$

3. 已知 $\mathscr{L}[\delta(t)]=1$，则 $\mathscr{L}[\delta(t-t_0)]=$（　　　）。

（A）1　　（B）e^{-st_0}　　（C）e^{st_0}　　（D）$e^{-st_0}\varepsilon(t-t_0)$

4. 已知一信号的象函数 $F(s)=\dfrac{s+8}{s^3+6s^2+8s}$，则它的原函数为（　　　）。

（A）$f(t)=1-1.5e^{-2t}+0.5e^{-4t}$　　　　（B）$f(t)=1+1.5e^{-2t}+0.5e^{-4t}$

（C）$f(t)=1-1.5e^{-2t}-0.5e^{-4t}$　　　　（D）$f(t)=1+1.5e^{-2t}-0.5e^{-4t}$

5. 复频率 s 的实数部分应为（　　　）。

（A）正数　　（B）负数　　（C）零　　（D）无法确定

二、判断题

1. 用拉普拉斯变换分析电路时，电路的初始值无论取 0_- 或 0_+ 时的值，所求得的响应总是相同的。　　（　　　）

2. $e^{-a(t-2)}\varepsilon(t)$ 的象函数为 $e^{-2s}/(s+a)$。　　（　　　）

3. 若已知 $F(s)=(3s+3)/[(s+1)(s+2)]$，则可知其原函数中必含有 e^{-t} 项。　　（　　　）

4. 应用拉氏变换分析线性电路的方法称为运算法。　　（　　　）

5. 线性运算电路在形式上和正弦交流电路的相量分析电路相同。　　（　　　）

三、填空题

1. 复频域函数 $s/(s^2+4s+8)$ 的原函数为（　　　）。

2. 拉氏变换是一种（　　　）变换。拉氏变换 $F(s)$ 存在的条件是其（　　　）为有限值。

3. 已知时域函数 $f(t)$ 求解对应频域函数 $F(s)$ 的过程称（　　　）变换，已知频域函数 $F(s)$ 求解与它对应的时域函数 $f(t)$ 的过程称为（　　　）变换。

4. $f(t)$ 又称为（　　　）函数，$F(s)$ 又称为（　　　）函数。在拉氏变换和反变换中，时域函数 $f(t)$ 和频域函数 $F(s)$ 之间具有（　　　）关系，称为拉氏变换中的（　　　）性。

5. 拉氏变换的基本性质有（　　　）性质、（　　　）性质和（　　　）性质等。利用这些性质可以很方便地求得一些较为复杂的（　　　）函数。

习题

11-1　根据定义求 $f(t)=t\varepsilon(t)$ 和 $f(t)=te^{-at}$ 的象函数。

11-2　设 $f_1(t)=A(1-e^{-t/t})\varepsilon(t),f_1(0_-)=0,f_2(t)=a\dfrac{\mathrm{d}f_1(t)}{\mathrm{d}t}+bf_1(t)+c\displaystyle\int_{0_-}^{t}f_1(\xi)\mathrm{d}\xi$。求 $f_2(t)$ 的象函数 $F_2(s)$。

11-3　求 $F(s)=\dfrac{s^3}{s^2+s+1}$ 的拉氏反变换。

11-4 求下列函数的原函数。

（1）$F(s) = \dfrac{4s+5}{s^2+5s+6}$

（2）$F(s) = \dfrac{s}{s^2+2s+5}$

（3）$F(s) = \dfrac{s+4}{s(s+1)^2}$

（4）$F(s) = \dfrac{s^4+4s^2+1}{s^2(s^2+4)}$

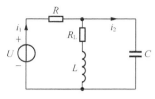

图 11-14 习题 11-6 图

11-5 用长除法求 $F(s) = \dfrac{s^3+7s^2+18s+15}{s^2+5s+6}$ 的原函数 $f(t)$。

11-6 给出如图 11-14 所示电路的运算电路模型，已知 $u_C(0_-)=0$，$i_L(0_-)=0$。试画出 S 打开后的运算电路。

11-7 电路如图 11-15 所示，已知 $u_S = e^{-2t}\varepsilon(t)\text{V}$，求零状态响应 u。

11-8 电路如图 11-16 所示，已知 $i_S = \varepsilon(t)\text{A}$，求零状态响应 u_C。

11-9 图 11-17 在零状态下，外加电流源 $i_S(t) = e^{-3t}\varepsilon(t)\text{A}$，已知 $G=2\text{S}, L=1\text{H}, C=1\text{F}$。试求电压 $u(t)$。

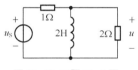

图 11-15 习题 11-7 图

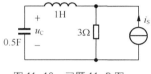

图 11-16 习题 11-8 图

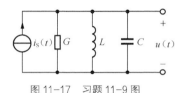

图 11-17 习题 11-9 图

11-10 图 11-18 所示电路在开关闭合前处于稳态，$t=0$ 时将开关闭合，求开关闭合后 $u_C(t)$ 和 $i_L(t)$ 的变化规律。

11-11 图 11-19 所示电路开关断开前处于稳态。求开关断开后电路中 i_1、u_1 及 u_2 的变化规律。

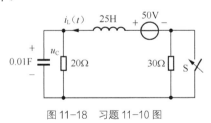

图 11-18 习题 11-10 图

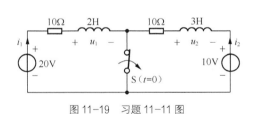

图 11-19 习题 11-11 图

11-12 图 11-20 所示电路已处于稳态，$t=0$ 时将开关 S 闭合，已知 $u_{S1}=2e^{-2t}\text{ V}$，$u_{S2}=5\text{V}$，$L=1\text{H}$，$R_1=R_2=5\Omega$，求 $t\geqslant 0$ 时的 $u_L(t)$。

11-13 电路如图 11-21 所示，$t=0$ 时刻开关 S 闭合，用运算法求 S 闭合后电路中感元件上的电压及电流。已知 $u_C(0_-)=100\text{V}$。

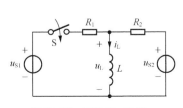

图 11-20 习题 11-12 图

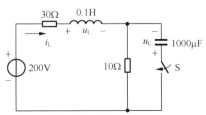

图 11-21 习题 11-13 图

第 **12** 章 网络函数

内容提要： 本章介绍网络函数及其在电路中的应用，涉及网络函数极点、零点的概念，以及极点、零点的分布对时域响应和频率特性的影响，讨论了系统的稳定性的条件。

本章目标： 掌握网络函数的概念；了解网络函数的零、极点分布对时域响应和频率特性的影响；理解极点对系统稳定性的影响、卷积。

12.1 网络函数的定义

我们知道冲激响应即为电路的零输入响应，它与激励无关，体现电路本身的特性，而且任意电路的冲激响应容易通过实验得出。是否可以通过电路的冲激响应与输入信号本身的某种简单的计算，直接得出电路的响应呢？本节的网络函数将说明此问题。

一、网络函数的定义及类型

1. 网络函数的定义

网络函数是描述线性非时变网络（零初始条件）输入-输出关系的复频域函数。在线性非时变的电路中，电路在单一的独立激励下，其零状态响应 $r(t)$ 的象函数 $R(s)$ 与激励 $e(t)$ 的象函数 $E(s)$ 之比定义为该电路的网络函数 $H(s)$，即

$$H(s) = \frac{R(s)}{E(s)} \tag{12-1}$$

2. 网络函数的类型

激励源所在的端口称为驱动点，如果响应也在驱动点上，则网络函数称为驱动点函数，否则称为转移函数。激励一般是独立电压源或独立电流源，而响应可以是电路中任意两点之间的电压或任一支路的电流，故网络函数可能是驱动点阻抗或驱动点导纳，也可能是转移阻抗、转移导纳、电压转移函数或电流转移函数（统称为转移函数）。

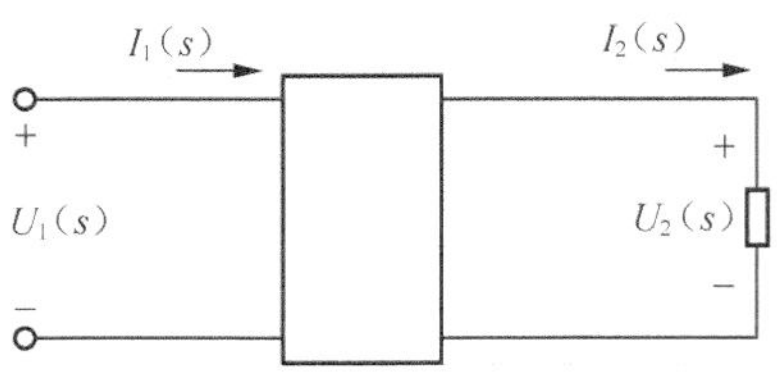

设图 12-1 中，$U_1(s)$ 为激励电压、$I_1(s)$ 为激励电流；$U_2(s)$ 为响应电压、$I_2(s)$ 为响应电流。根据激励 $E(s)$ 可以是独立的电压源或独立的电流源，响应 $R(s)$ 可以是电路中任意两点之间的电压或任意一支路的电流，故网络函数可以有以下几种类型。

图 12-1　一端口网络

（1）驱动点函数：与网络在一对端子处的电压和电流有关，又分为驱动点阻抗函数 $Z(s)$

和驱动点导纳函数 $Y(s)$，定义为

$$Z_1(s) = \frac{U(s)}{I(s)} = \frac{1}{Y(s)} \qquad (12\text{-}2)$$

"驱动点"指的是若激励在某一端口，则响应也从此端口观察。

（2）转移函数：又称传递函数。转移函数的输入和输出在电路的不同端口，它的可能的形式有以下几种。

电压转移函数 $\qquad\qquad H_U(s) = \dfrac{U_2(s)}{U_1(s)} \qquad\qquad (12\text{-}3)$

电流转移函数 $\qquad\qquad H_I(s) = \dfrac{I_2(s)}{I_1(s)} \qquad\qquad (12\text{-}4)$

转移阻抗函数 $\qquad\qquad H_Z(s) = \dfrac{U_2(s)}{I_1(s)} \qquad\qquad (12\text{-}5)$

转移导纳函数 $\qquad\qquad H_Y(s) = \dfrac{I_2(s)}{U_1(s)} \qquad\qquad (12\text{-}6)$

二、网络函数的性质

1. 网络函数是单位冲激响应的象函数

当输入信号 $e(t)$ 为单位冲激 $\delta(t)$ 时，即 $\mathrm{e}(t) = \delta(t)$，$E(s) = \mathscr{L}[\delta(t)] = 1$，则输出

$$R(s) = H(s) \times 1 = H(s)$$

即网络函数就是该响应的象函数。所以，网络函数的原函数 $h(t)$ 为电路的单位冲激响应。

$$h(t) = \mathscr{L}^{-1}[H(s)] = \mathscr{L}^{-1}[R(s)] = r(t) \qquad (12\text{-}7)$$

其中的网络函数可以不必由 $h(t)$ 变换得来，而可以直接由复频域电路模型得到。

$$R(s) = E(s)H(s) = H(s) = \mathscr{L}[h(t)] \qquad (12\text{-}8)$$

可见网络函数就是冲激响应的象函数。因此如果已知电路某一处的单位冲激响应 $h(t)$，就可通过拉氏变换得到该响应的网络函数。因为系统冲激响应的象函数即为系统的网络函数，所以冲激响应可由网络函数求拉普拉斯反变换得到。

2. 网络函数仅与网络的结构和电路参数有关，与激励的函数形式无关

网络函数分母多项式的根即为对应电路变量的固有频率。如果已知某一响应的网络函数 $H(s)$，它在某一激励 $E(s)$ 下的响应 $R(s)$ 就可表示为

$$R(s) = H(s)E(s) \qquad (12\text{-}9)$$

在动态电路分析中可以利用网络函数求解冲激响应及任意激励源作用下的响应。

3. 网络函数一定是 s 的实系数有理函数

对仅含 R、L（M）、C 及受控源等元件的网络，网络函数为 s 的实系数有理函数，其分子、分母多项式的根或为实数或为共轭复数，所列出的方程为 s 的实系数代数方程。

【例 12-1】 图 12-2（a）电路中激励为 $i_S(t) = \delta(t)$，求电感电压 $u_L(t)$。

解 画出图 12-2（a）电路的运算电路如图 12-2（b）所示。由于电感电压也是电流源两端的电压，所以说响应与激励在同一端口，因此网络函数就是驱动点阻抗，即

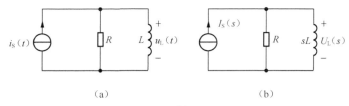

图 12-2　例 12-1 图

$$H(s) = \frac{R(s)}{E(s)} = \frac{U_L(s)}{I_S(s)} = Z(s) = \frac{R \times sL}{R + sL} = R - \frac{\dfrac{R^2}{L}}{s + \dfrac{R}{L}}$$

电感电压 $u_L(t)$ 就是冲激响应 $h(t)$，因此

$$u_L(t) = h(t) = \mathscr{L}^{-1}[H(s)] = R\delta(t) - \frac{R^2}{L}\mathrm{e}^{-\frac{R}{L}t}\varepsilon(t)\mathrm{V}$$

可见：网络函数与激励源无关，可由复频域电路模型直接求出，即完全由电路的原始参数和结构决定。求得 $H(s)$ 后，进行反变换就可求得冲激响应 $h(t)$。

【例 12-2】 图 12-3（a）所示电路中 $R_1 = 1\Omega$，$R_2 = 2\Omega$，$L = 1\mathrm{H}$，$C = 1\mathrm{F}$，$\alpha = 0.25$，已知电感、电容的初始储能均为零，分别求出如下激励时的响应 $i_2(t)$。

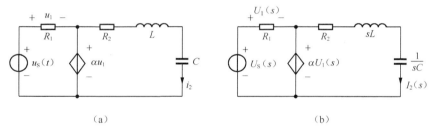

图 12-3　例 12-2 图

（1）$u_S(t) = \delta(t)\mathrm{V}$；（2）$u_S(t) = 2\mathrm{e}^{-3t}\varepsilon(t)\mathrm{V}$。

解　对图 12-3（b）所示运算电路的两个网孔列 KVL 方程为

$$U_1(s) = U_S(s) - \alpha U_1(s)$$

$$\left(R_2 + sL + \frac{1}{sC}\right)I_2(s) = \alpha U_1(s)$$

代入数据并化简得

$$I_2(s) = \frac{s}{5(s+1)^2}U_S(s)$$

转移导纳函数为

$$H(s) = \frac{I_2(s)}{U_S(s)} = \frac{s}{5(s+1)^2} = -\frac{1}{5(s+1)^2} + \frac{1}{5(s+1)}$$

所以当激励为 $u_S(t) = \delta(t)$ 时的冲激响应为

$$i_2(t) = h(t) = \mathscr{L}^{-1}[H(s)] = \left(\frac{1}{5}\mathrm{e}^{-t} - \frac{1}{5}t\mathrm{e}^{-t}\right)\varepsilon(t)\mathrm{A}$$

当激励为 $u_S(t) = 2e^{-3t}\varepsilon(t)$ 时 $U_S(s) = \dfrac{2}{s+3}$ ，响应的象函数为

$$I_2(s) = H(s)U_S(s) = \frac{2s}{5(s+3)(s+1)^2} = -\frac{3}{10(s+3)} + \frac{3}{10(s+1)} - \frac{1}{5(s+1)^2}$$

电感电流为

$$i_2(t) = (-0.3e^{-3t} + 0.3e^{-t} - 0.2te^{-t})\varepsilon(t)\text{A}$$

分析上述结果可知，响应的第一项中的指数项对应于外加激励 $U_S(s)$ 的分母为零的根，因此第一项与外加激励具有相同的函数形式，是响应的强制分量，而第二、第三项中的指数项对应于网络函数 $H(s)$ 的分母为零的根（称之为网络函数的极点），所以第二、第三项是响应的固有分量或瞬态分量。由此可见网络函数的极点即决定了电路冲激响应的特性，也就是任意激励下电路响应的固有分量或瞬态分量。

思考与练习

12-1-1　为什么系统单位冲激响应的象函数即为系统的网络函数？
12-1-2　网络函数的原函数即为该电路的单位冲激响应。对吗？
12-1-3　能否说网络函数的拉普拉斯反变换在数值上就是网络的单位冲激响应？
12-1-4　为什么网络函数仅与网络的结构和电路参数有关，与激励的函数形式无关？

12.2　网络函数的极点和零点

一、零、极点的定义

网络函数 $H(s)$ 的分母和分子都是 s 的多项式，故将之改写为因子相乘的形式，即

$$H(s) = \frac{N(s)}{D(s)} = \frac{a_0 s^m + a_1 s^{m-1} + \cdots + a_m}{b_0 s^n + b_1 s^{n-1} + \cdots + b_n}$$

$$= H_0 \frac{(s-z_1)(s-z_2)\cdots(s-z_m)}{(s-p_1)(s-p_2)\cdots(s-p_n)} = H_0 \frac{\displaystyle\prod_{i=1}^{m}(s-z_i)}{\displaystyle\prod_{j=1}^{n}(s-p_j)} \qquad (12\text{-}10)$$

其中 H_0 为一常数，$z_1, z_2, \cdots, z_m$ 是 $N(s) = 0$ 的根，称为网络函数的零点，$p_1, p_2, \cdots, p_n$ 是 $D(s) = 0$ 的根，称为网络函数的极点，它仅取决于电路参数而与输入形式无关，故称为网络变量的自然频率或固有频率。网络函数的零点和极点可能是实数、虚数或复数。

二、零、极点分布图

以复数 s 的实部 σ 为横轴，虚部 $j\omega$ 为纵轴作出复频率平面，简称为复平面或 s 平面。在复平面上把 $H(s)$ 的零点用"0"表示，极点用"×"表示，就可得到网络函数的零、极点分布图。如：

$$H(s) = \frac{s+3}{(s+2)(s+1-j2)(s+1+j2)}$$

其零点和极点为

$$z_1=-3, \quad p_1=-2,$$
$$p_2=-1+j2, \quad p_3=-1-j2$$

则其极零点分布图如图 12-4 所示。

【例 12-3】 若已知电路的转移函数 $H(s) = \dfrac{s}{s^2 + 2s + 4}$，试求：

（1）网络的零、极点；

（2）绘出零、极点分布图。

解 （1） $H(s) = \dfrac{s}{s^2 + 2s + 4}$

$$p_{1,2} = \frac{-2 \pm \sqrt{4-16}}{2} = -1 \pm j\sqrt{3}$$

电路零点 $z = 0$，极点 $p_1 = -1 + j\sqrt{3}$

$$p_2 = -1 - j\sqrt{3}$$

（2）零、极点图如图 12-5 所示。

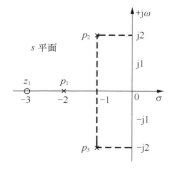

图 12-4 网络函数的零、极点分布图

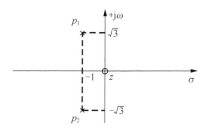

图 12-5 例 12-3 图

思考与练习

12-2-1 什么是零、极点分布图？

12-2-2 已知某网络函数的零点和极点分别为：$z=-1$，$p_1=-2$，$p_2=-3$，且 $H(0)=1$，试求该系统的单位阶跃响应。

12.3 极点、零点与冲激响应

一、极点、零点与冲激响应的关系

$H(s)$ 和 $E(s)$ 一般为有理分式，因此可写为

$$R(s) = H(s)E(s) = \frac{N(s)}{D(s)} \cdot \frac{P(s)}{Q(s)}$$

式中

$H(s) = \dfrac{N(s)}{D(s)}$，$E(s) = \dfrac{P(s)}{Q(s)}$，而 $N(s)$、$D(s)$、$P(s)$、$Q(s)$ 都是 s 的多项式。用部分分式法求响应的原函数时，$D(s)Q(s) = 0$ 的根将包含 $D(s) = 0$ 和 $Q(s) = 0$ 的根。

令分母 $D(s) = 0$，解出根 p_i，$(i = 1, \cdots, n)$。

同时，令分母 $Q(s) = 0$，解出根 p_j，$(j = 1, \cdots, m)$。那么

$$R(s) = \sum_{i=1}^{n} \frac{A_i}{s - p_i} + \sum_{j=1}^{m} \frac{B_j}{s - p_j}$$

则响应的时域形式为：$r(t) = \mathcal{L}^{-1}[R(s)] = \sum_{i=1}^{n} A_i \mathrm{e}^{p_i t} + \sum_{j=1}^{m} B_j \mathrm{e}^{p_j t}$，其中响应 $\sum\limits_{i=1}^{n} A_i \mathrm{e}^{p_i t}$ 中包含 $D(s) = 0$ 的根，属于自由分量或瞬态分量；响应 $\sum\limits_{j=1}^{m} B_j \mathrm{e}^{p_j t}$ 中包含 $Q(s) = 0$ 的根（即网络函数的极点），属于强制分量。因此，自由分量是由网络函数决定的，强制分量是由强制电源决定的。可见，$D(s) = 0$ 的根对决定 $R(s)$ 的变化规律起决定性的作用。由于单位冲激响应 $h(t)$ 的特性就是时域响应中自由分量的特性，所以分析网络函数的极点与冲激响应的关系就可预见时域响应的特点。网络函数的极点的分布直接影响 $h(t)$ 的变化形式，极点仅由网络的结构及元件值确定，仅取决于电路参数而与输入形式无关，故称为网络变量的自然频率或固有频率。

二、网络函数的零极点与系统的稳定性之间的关系

网络函数是描述线性时不变网络（零初始条件）输入—输出关系的复频域函数。极点决定冲激响应的波形，而冲激响应的幅度大小由零、极点共同决定。网络函数的零极点决定了网络的自然暂态特性。

根据 $H(s)$ 的极点分布情况，完全可以预见冲激响应 $h(t)$ 的特性。$h(t)$ 的特性就是时域响应中自由分量的特性，而强制分量的特点仅决定于激励的变化规律，故根据 $H(s)$ 的极点分布情况和激励的变化规律不难预见时域响应的全部特点。

若网络函数为真分式且分母具有单根，则网络的冲激响应为

$$h(t) = \mathcal{L}^{-1}[H(s)] = \mathcal{L}^{-1}\left[\sum_{i=1}^{n} \frac{k_i}{s - p_i}\right] = \sum_{i=1}^{n} k_i \mathrm{e}^{p_i t} \tag{12-11}$$

p_i 仅由网络的结构及元件值确定，因而将 p_i 称为该网络变量的自然频率或固有频率。从式（12-11）可以看出，冲激响应的性质取决于网络函数的极点在复平面上的位置。一般分为如下几种情况。

（1）若 $H(s)$ 的极点 p_i 位于 s 平面的原点，$H(s) = \dfrac{1}{s}$，则 $h(t) = \varepsilon(t)$，冲激响应的模式为阶跃函数。

（2）若 $H(s)$ 的极点 p_i 为虚根，$H_i(s) = \dfrac{\omega}{s^2 + \omega^2}$，则 $h(t) = \sin\omega t$，将是纯正弦项，$h(t)$ 为等幅正弦振荡。

（3）若 $H(s)$ 的极点 p_i 都位于负实轴上，为负实根，$\mathrm{e}^{p_i t}$ 为衰减指数函数，则 $h(t)$ 将随 t 的增大而衰减，称这种电路是稳定的；当有一个极点 p_i 为正实根时，$\mathrm{e}^{p_i t}$ 为增长的指数函

数，则 $h(t)$ 将随 t 的增长而增长，而且 $|p_i|$ 越大，衰减或增长的速度越快，称这种电路是不稳定的。

（4）若 $H(s)$ 的极点 p_i 为共轭复数，由于 $h(t)$ 是以指数曲线为包络线的正弦函数，则其实部的正或负确定其增长或衰减。

对上述各种情况可做进一步概括：当极点位于复频率平面的左半平面时，对应特性随时间的增加而减小，最后衰减为零，这样的暂态过程是稳定的；反之，当极点位于右半平面时，对应特性随着时间增加而发散，这样的暂态过程是不稳定的，这样的网络受到一个冲激作用后，响应会越来越大；当极点位于虚轴上时，属于临界稳定；另外，当极点位于实轴上时，响应是非振荡的，否则均为振荡的暂态过程，图 12-6 画出了网络函数的极点分别为零、负实数、正实数、共轭复数及虚数时，对应的时域响应的波形。

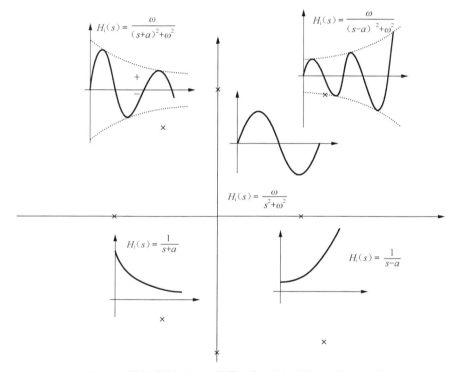

图 12-6　网络函数的极点在复平面上的位置与冲激响应的对应关系

【例 12-4】 已知网络函数有两个极点分别在 $s=0$ 和 $s=-1$ 处，一个单零点在 $s=1$ 处，且有 $\lim\limits_{x\to\infty} h(t)=10$ ，求 $H(s)$ 和 $h(t)$ 。

解　由已知的零、极点可知：$H(s)=\dfrac{k(s-1)}{s(s+1)}$ ，

所以：$h(t)=\mathscr{L}^{-1}[H(s)]=\mathscr{L}^{-1}\left[\dfrac{k(s-1)}{s(s+1)}\right]=-k+2k\mathrm{e}^{-t}$ ，

由于 $\lim\limits_{t\to\infty} h(t)=10$ ，解得：$k=-10$ ，

所以：$H(s)=\dfrac{-10(s-1)}{s(s+1)}$ 。

思考与练习

12-3-1　简答网络函数 $H(s)$ 的极点 p_i 的分布与该网络冲激响应 $h(t)$ 间的关系。

12-3-2　网络函数的零极点与系统的稳定性之间的关系是什么？

12.4　极点、零点与频率响应

当电路中激励源的频率变化时，电路中的感抗、容抗将跟随频率变化，从而导致电路的工作状态也跟随频率变化。无线电信号都占一定的频带，如语音信号占 20Hz～20kHz，图像信号占 0Hz～6MHz。因此，分析研究电路和系统的频率特性就显得格外重要。

如果将网络函数 $H(s)$ 中的变量 s 换成 $j\omega$，分析 $H(j\omega)$ 随 ω 的变化情况就可以预见相应的转移函数或驱动点函数在正弦稳态情况下随 ω 的变化的特性，称之为频率响应。

$$H(j\omega) = H_0 \frac{\prod\limits_{i=1}^{m}(j\omega - z_i)}{\prod\limits_{j=1}^{n}(j\omega - p_j)} \tag{12-12}$$

于是有

$$\left|H(j\omega)\right| = H_0 \frac{\prod\limits_{i=1}^{m}\left|(j\omega - z_i)\right|}{\prod\limits_{j=1}^{n}\left|(j\omega - p_j)\right|} \tag{12-13}$$

$$\arg[H(j\omega)] = \sum_{i=1}^{m}\arg(j\omega - Z_i) - \sum_{j=1}^{n}\arg(j\omega - p_j) \tag{12-14}$$

当已知网络函数的极点和零点时，即可由式（12-13）、式（12-14）分别计算网络函数的幅频特性和相频特性，二者统称为频率响应。也可以在 s 平面上用作图的方法定性地画出频率响应。频率响应在信号的分析与处理中应用较多，本书不做过多介绍。

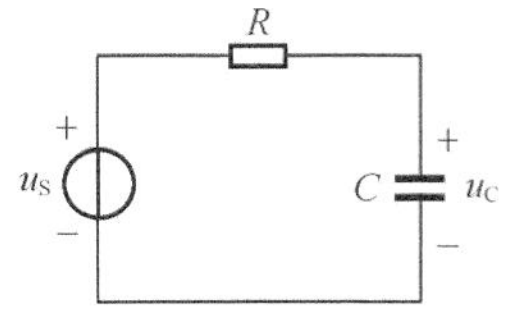

图 12-7　例 12-5 图

【例 12-5】定性分析图 12-7 所示 RC 串联电路以电压 u_C 为输出时电路的频率响应。

解　以输出电压 u_C 为电路变量的网络函数为

$$H(s) = \frac{U_C(s)}{U_S(s)} = \frac{\dfrac{1}{sC}}{R + \dfrac{1}{sC}} = \frac{\dfrac{1}{RC}}{s + \dfrac{1}{RC}}$$

该网络函数 $H(s)$ 极点为 $p_1 = -\dfrac{1}{RC}$。

设 $H_0 = \dfrac{1}{RC}$，$s=j\omega$，有

$$H(j\omega) = \frac{H_0}{j\omega + 1/RC} = \left|H(j\omega)\right| \angle \varphi(j\omega)$$

由此可得

$$H(\mathrm{j}\omega) = \frac{H_0}{\mathrm{j}\omega - p_1} = \frac{H_0}{Me^{\mathrm{j}\theta}}$$

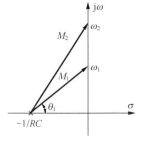

（a）极点分布图

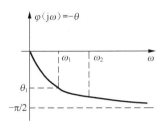

（b）幅频特性图

（c）相频特性图

图 12-8　RC 串联电路的频率响应

由上式可见，随着 ω 的增加，$|H(\mathrm{j}\omega)|$ 将单调地减少，θ 也单调地减小，当 $\omega \to \infty$ 时，$\theta \to -90°$。

$H(s)$ 的极点分布如图 12-8（a）所示。由图 12-8（a）可得图 12-8（b）所示的幅频特性和图 12-8（c）所示的相频特性。

思考与练习

12-4-1　如何画幅频特性曲线和相频特性曲线？

12-4-2　已知某网络函数的零点和极点分别为：$z = 0$，$p = -2$，试定性绘出该网络函数的频率特性曲线。

12.5　卷积

作用于零状态响应的激励可以是多个的，可以是常量、分析式、波形等。当这些激励是复杂的形式时，要用解微分方程的方法来获得所求的响应一般是困难的。为了求得电路在任意输入的响应，本节引入了卷积积分这个重要关系。

一、卷积的定义

设两个时间函数 $f_1(t)$ 和 $f_2(t)$，在 $t<0$ 时为零，则 $f_1(t)$ 和 $f_2(t)$ 的卷积可定义为

$$f_1(t) * f_2(t) = f_2(t) * f_1(t)$$

$$= \int_0^t f_1(\xi) f_2(t-\xi)\mathrm{d}\xi$$

$$= \int_0^t f_1(t-\xi) f_2(\xi)\mathrm{d}\xi$$

可见，卷积中的两个函数可以互相交换而不会改变卷积的值。

二、卷积定理

设 $f_1(t)$ 和 $f_2(t)$ 的象函数分别为 $F_1(s)$ 和 $F_2(s)$，有

$$\mathscr{L}\big[f_1(t) * f_2(t)\big] = F_1(s)F_2(s)$$

三、卷积定理应用

可以应用卷积定理求电路响应。设 $E(s)$ 表示外施激励，$H(s)$ 表示网络函数，则响应 $R(s)$ 为

$$R(s) = E(s)H(s)$$

则该网络的零状态响应为

$$r(t) = \mathscr{L}^{-1}[R(s)] = \mathscr{L}^{-1}[E(s)H(s)] = e(t) * h(t)$$

$$= \int_0^t e(\xi)h(t-\xi)\mathrm{d}\xi = \int_0^t e(t-\xi)h(\xi)\mathrm{d}\xi$$

这里 $e(t)$ 是外施激励的时域形式，$h(t)$ 是网络的冲激响应。

【**例 12-6**】图 12-9 所示电路中，$R = 500\mathrm{k\Omega}$，$C = 1\mathrm{\mu F}$，电流源电流 $i_\mathrm{S} = 2\mathrm{e}^{-t}\mathrm{\mu A}$。设电容上原无电压。求 $u_\mathrm{C}(t)$。

解 电路的冲激响应为

$$h(t) = \frac{1}{C}\mathrm{e}^{-\frac{t}{RC}} = 10^6\mathrm{e}^{-2t}$$

则电容电压为

$$u_\mathrm{C}(t) = \int_{0_-}^t i_\mathrm{S}(t-\xi)h(\xi)\mathrm{d}\xi = \int_{0_-}^t 2\times 10^{-6}\mathrm{e}^{-(t-\xi)}\times 10^6\mathrm{e}^{-2\xi}\mathrm{d}\xi$$

$$= 2\mathrm{e}^{-t}\int_0^t \mathrm{e}^{-\xi}\mathrm{d}\xi = 2(\mathrm{e}^{-t} - \mathrm{e}^{-2t})\varepsilon(t)$$

【**例 12-7**】图 12-10 所示电路中，激励 $e(t) = \mathrm{e}^{-at}\varepsilon(t)$，应用卷积定理求零状态响应 $u_\mathrm{C}(t)$。

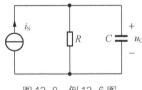

图 12-9 例 12-6 图

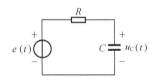

图 12-10 例 12-7 图

解 电源 $e(t) = \mathrm{e}^{-at}\varepsilon(t)$ 的象函数为：$E(s) = \dfrac{1}{s+a}$

网络函数为：$H(s) = \dfrac{U_\mathrm{C}(s)}{E(s)} = \dfrac{1/sC}{R+1/sC} = \dfrac{1/RC}{s+1/RC}$

由卷积定理得：$U_\mathrm{C}(s) = E(s)H(s) = \dfrac{1/RC}{(s+a)(s+1/RC)} = \dfrac{k_1}{s+a} + \dfrac{k_2}{s+1/RC}$

$$k_1 = \frac{1/RC}{s+1/RC}\bigg|_{s=-a} = \frac{1}{1-RCa}$$

$$k_2 = \frac{1/RC}{s+a}\bigg|_{s=-\frac{1}{RC}} = \frac{-1}{1-RCa}$$

所以，$u_\mathrm{C}(t) = \dfrac{1}{1-RCa}(\mathrm{e}^{-at} - \mathrm{e}^{-\frac{t}{RC}})\varepsilon(t)\mathrm{V}$

思考题与练习

12-5-1 如何应用卷积定理求电路响应？

12-5-2 讨论在初始状态不为零时，如何应用卷积求电路在某激励源作用下的全响应？

12.6 应用实例

网络函数是信号处理中一个非常重要的概念。它表示信号通过电路网络时是如何被处理的。网络函数是求解网络响应、确定（或设计）网络稳定性，以及网络综合的一个有力工具。其中交叉网络是滤波器的一个典型应用实例。交叉网络将不同频率范围的信号分离开，以便将其传送到不同的设备中。对音响系统而言，就是传送到低音喇叭与高音喇叭。

图 12-11（a）所示电路是将音频放大器耦合至低频扬声器与高频扬声器的交叉网络。交叉网络主要由一个高通 RC 滤波器与一个低通 RL 滤波器组成，它将高于某预定交叉频率 f_c 的高频信号送至高音喇叭（即高频扬声器），而将低于 f_c 的低频信号送至低音喇叭（即低频扬声器）。这些扬声器的设计适应某种频率响应。音频信号是指 20Hz～20kHz 频率范围的信号。低音喇叭是重现信号低频部分的低频扬声器，其最高频率约 2kHz，而高音喇叭则重现 2kHz～20kHz 的音频信号。两类扬声器相结合即可重现整个音频范围的信号，并给出最优频率响应。

利用电压源取代放大器即可得到图 12-11（b）所示的交叉网络的近似等效电路，图中扬声器的电路模型为电阻器。令 $s=\mathrm{j}\omega$，则高通滤波器的网络函数为

$$H_1(\mathrm{j}\omega) = \frac{\dot{U}_1}{\dot{U}_\mathrm{S}} = \frac{\mathrm{j}\omega CR_1}{1 + \mathrm{j}\omega CR_1}$$

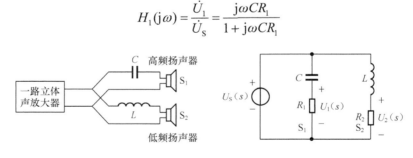

（a）包括两个扬声器的交叉网络　　　　　　（b）等效电路模型

图 12-11　交叉网络

同理，低通滤波器的网络函数为

$$H_2(\mathrm{j}\omega) = \frac{\dot{U}_2}{\dot{U}_\mathrm{S}} = \frac{R_2}{R_2 + \mathrm{j}\omega L}$$

幅频特性为

$$\left| H_1(\mathrm{j}\omega) \right| = \frac{\omega CR_1}{\sqrt{1 + (\omega CR_1)^2}}$$

$$\left| H_2(\mathrm{j}\omega) \right| = \frac{R_2}{\sqrt{R_2^2 + (\omega L)^2}}$$

选择 R_1、R_2、L 与 C 的值，可以使两个滤波器具有相同的转折频率。即交叉频率，如图 12-12 所示。交叉网络的基本原理也用于电视接收机的谐振电路中，因为电视接收机的谐振电路需将 RF 载波中的视频波段与音频波段分离开。低频段的图像信息信号通过交叉网络进入电视接收机的视频放大器，而高频段的声音信息信号通过交叉网络进入电视接收机的声音放大器。

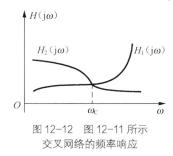

图 12-12 图 12-11 所示
交叉网络的频率响应

本章小结

一、网络函数

电路在单一的独立激励下，其零状态响应 $r(t)$ 的象函数 $R(s)$ 与激励 $e(t)$ 的象函数 $E(s)$ 之比定义为该电路的网络函数 $H(s)$，即

$$H(s) = \frac{R(s)}{E(s)}$$

根据激励性质的不同——电压源或者电流源，响应选取的不同——任意两点的电压或者电流，可以将网络函数分为：

响应 ＼ 激励	电压源	电流源
同一支路电压	——	驱动点阻抗
同一支路电流	驱动点导纳	——
不同支路电压	电压转移比	转移阻抗
不同支路电流	转移导纳	转移电流比

二、网络函数的零、极点

网络函数 $H(s)$ 的分母和分子都是 s 的多项式，故将之改写为因子相乘的形式：

$$H(s) = \frac{N(s)}{D(s)} = \frac{a_0 s^m + a_1 s^{m-1} + \cdots + a_m}{b_0 s^n + b_1 s^{n-1} + \cdots + b_n}$$

$$= H_0 \frac{(s-z_1)(s-z_2)\cdots(s-z_m)}{(s-p_1)(s-p_2)\cdots(s-p_n)} = H_0 \frac{\prod\limits_{i=1}^{m}(s-z_i)}{\prod\limits_{j=1}^{n}(s-p_j)} \qquad (12\text{-}15)$$

其中 H_0 为一常数，$z_1, z_2, \cdots, z_m$ 是 $N(s)=0$ 的根，称为网络函数的零点，$p_1, p_2, \cdots, p_n$ 是 $D(s)=0$ 的根，称为网络函数的极点。以复数 s 的实部 σ 为横轴，虚部 $j\omega$ 为纵轴作出复频率平面，简称为复平面或 s 平面。在复平面上把 $H(s)$ 的零点用"0"表示，极点用"×"表示，就可得到网络函数的零、极点分布图。

三、极点与冲激响应

当极点位于复频率平面的左半平面时，对应特性随时间的增加而减小，最后衰减为零，这样的暂态过程是稳定的；反之，当极点位于右半平面时，对应特性随着时间增加而发散，这样的暂态过程是不稳定的，这样的网络受到一个冲激作用后，响应会越来越大；当极点位于虚轴上时，属于临界稳定；另外，当极点位于实轴上时，响应是非振荡的，否则均为振荡的暂态过程。

四、极点与频率响应

令网络函数 $H(s)$ 中复频率 s 等于 $j\omega$，即为相应的频率响应函数。有

$$H(j\omega) = H(s)\big|_{s=j\omega}$$

五、卷积定理

线性无源电路对外加任意波形激励的零状态响应，等于激励函数与电路的单位冲激响应的卷积积分，即

$$r(t) = h(t) * e(t)$$

现在激励的象函数为 $E(s)$，故

$$\mathscr{L}\big[h(t) * e(t)\big] = H(s)E(s)$$

也就是，激励函数与单位冲激响应的卷积的象函数等于激励函数的象函数乘以单位冲激函数的象函数。这叫做卷积定理。

自测题

一、选择题

1. 以下结论中错误的是（　　　）。

（A）单位阶跃响应的导数在数值上是单位冲激响应

（B）网络函数的单位都是欧姆

（C）在复频域模型中电感电压的象函数 $U_L(s) = sLI(s)$

（D）网络函数的原函数就是单位冲激响应

2. 关于网络函数 $H(s) = \dfrac{R(s)}{E(s)}$ 的叙述合理的是（　　　）。

（A）网络函数不受外加激励 $E(s)$ 的性质影响，由网络的结构和元件的参数决定

（B）网络函数受外加激励 $E(s)$ 的影响，也受响应 $R(s)$ 的影响

（C）网络函数仅受外加激励 $E(s)$ 的影响，不受响应 $R(s)$ 的影响

（D）网络函数不受外加激励 $E(s)$ 的影响，仅受响应 $R(s)$ 的影响

3. 已知某线性网络的网络函数为 $H(s) = \dfrac{2s^2 + 9s + 9}{(s+1)(s+2)}$，则该网络的单位冲激响应 $h(t)$ 为（　　　）。

（A）$2e^{-t} + e^{-2t} + 2\varepsilon(t)$　　　　　　（B）$2e^{-t} + e^{-2t} + 2\delta(t)$

（C）$2e^{-t} + e^{-2t} + 2t$　　　　　　　　（D）无法确定

4. 已知网络函数 $H(s) = 5$，则网络的冲激响应为（　　　）。

（A）5　　　　　（B）$5\delta(t)$　　　　　（C）$5t$　　　　　（D）$5s$

5. 已知某电路的网络函数 $H(s) = \dfrac{U(s)}{I(s)} = \dfrac{s+3}{2s+3}$，激励 $i(t)$ 为单位阶跃电流，则阶跃响

应 $u(t)$ 在 t=0 时之值为（　　　）。

（A）1　　　　　　　（B）$\dfrac{1}{2}$　　　　　　（C）$\dfrac{3}{2}$　　　　　　（D）0

二、判断题

1．网络函数分母部分多项式等于零的根，称为网络函数的极点，它恰好为网络的固有频率。　　　　　　　　　　　　　　　　　　　　　　　　　　（　　）

2．若某电路网络函数 $H(s)$ 的极点全部位于 s 平面右半平面上，则该电路稳定。（　　）

3．通过分析网络函数 $H(s)$ 的极点在 s 平面上的分布，基本能预见其时域响应的特点。
　　　　　　　　　　　　　　　　　　　　　　　　　　　　　　　　（　　）

4．网络函数的拉普拉斯反变换在数值上就是网络的单位冲激响应。　　（　　）

5．网络函数的极点离 s 平面的 jω 轴越远，则其响应中的自由分量衰减得越快。（　　）

习题

12-1　电路如图 12-13 所示，试求网络函数 $H(s)=\dfrac{U_{\mathrm{C}}(s)}{U_{\mathrm{S}}(s)}$。

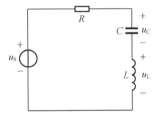

图 12–13　习题 12-1 图

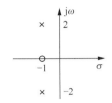

图 12-14　习题 12-2 图

12-2　$H(s)$ 的零极点分布如图 12-14 所示。（1）$H(0)=1$，求 $H(s)$。（2）$H(0)=2$，求 $H(s)$。

12-3　图 12-15 所示电路中，已知 $u_1=\delta(t)$ 时，$i_1(t)=h(t)=\mathrm{e}^{-2t}\cos t$。求 $u_1(t)=E\mathrm{e}^{-2t}$ 时，$i_1(t)=?$

12-4　图 12-16 所示电路，激励 $i_{\mathrm{S}}(t)=\delta(t)$，求冲激响应 $h(t)$，即电容电压 $u_{\mathrm{C}}(t)$。

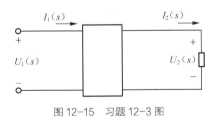

图 12-15　习题 12-3 图

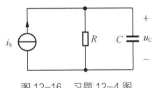

图 12-16　习题 12-4 图

12-5　电路如图 12-17 所示，激励为 $i_{\mathrm{S}}(t)=\varepsilon(t)$，响应为 u_1、u_2。求阶跃响应 $s_1(t)$、$s_2(t)$。

12-6　电路如图 12-18 所示，已知 R=1Ω，L=1.5H，C=1/3F，求 i_{L} 单位冲激响应。

12-7　已知网络函数 $H(s)=\dfrac{2s^2-12s+16}{s^3+4s^2+6s+3}$，绘出其零极点图。

12-8 电路如图 12-19 所示，求 $H(s) = \dfrac{U_C(s)}{U_S(s)}$ 的频率特性，并画 $H(s)$ 零极点分布图。

图 12-17 习题 12-5 图　　　　　　　图 12-18 习题 12-6 图

12-9 电路如图 12-20 所示。求转移电流比 $H(s) = \dfrac{I_1(s)}{I_S(s)}$，并画出当 r_m 分别为 $-30\,\Omega$、$40\,\Omega$、$-2\,\Omega$、$-80\,\Omega$ 时的极点分布图，讨论对应的单位冲激特性是否振荡，是否稳定。

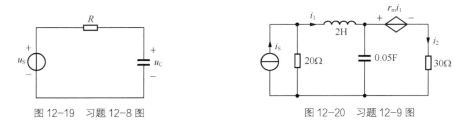

图 12-19 习题 12-8 图　　　　　　　图 12-20 习题 12-9 图

12-10 已知图 12-21 所示电路 $u_S = 0.6\mathrm{e}^{-2t}$，冲激响应 $h(t) = 5\mathrm{e}^{-t}$，求 $u_C(t)$。

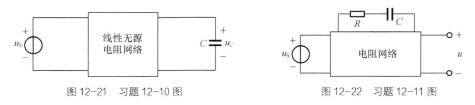

图 12-21 习题 12-10 图　　　　　　　图 12-22 习题 12-11 图

12-11 电路如图 12-22 所示。已知当 $R = 2\,\Omega$，$C = 0.5\mathrm{F}$，$u_S = \mathrm{e}^{-3t}\varepsilon(t)\mathrm{V}$ 时的零状态响应 $u = (-0.1\mathrm{e}^{-0.5t} + 0.6\mathrm{e}^{-3t})\varepsilon(t)\mathrm{V}$。现将 R 换成 $1\,\Omega$ 电阻，将 C 换成 $0.5\mathrm{H}$ 电感，u_S 换成单位冲激电压源 $u_S = \delta(t)\mathrm{V}$，求零状态响应 u。

第 **13** 章 电路方程的矩阵形式

内容提要：本章主要在图的基本概念的基础上介绍了关联矩阵、回路矩阵和割集矩阵，分析了用这些矩阵表示的 KCL、KVL 方程，由此导出电路方程的矩阵形式。其包括回路电流方程、节点电压方程、割集电压方程的矩阵形式，以及状态方程的初步知识，最后介绍了计算机辅助电路分析。

本章目标：正确理解关联矩阵、基本回路矩阵和基本割集矩阵的概念；熟练掌握回路电流方程、节点电压方程和割集电压方程的矩阵形式。

13.1 割集

随着电路规模的日益增大和电路结构的日趋复杂，用计算机进行网络分析和网络设计是科学技术发展的必然趋势。计算机技术和科学计算方法的发展，使得科学计算已成为除理论研究和实验研究外，科学研究的第三手段。在现代电路分析中，电路的计算机辅助分析已是一个普遍采用的科学研究方法。为了适应现代化计算的需要，对系统的分析首先必须将电网络画成拓扑图形，把电路方程写成矩阵形式，然后利用计算机进行数值计算，得到网络分析所需结果，最终实现网络的计算机辅助分析。本章主要介绍矩阵形式电路方程及其系统建立方法。

第 3 章已经介绍了节点、支路、图、连通图、平面图、有向图、网孔、回路等电路图论的基本概念，现在介绍割集、基本割集的概念。

一、割集的定义

割集是连通图 G 的一个支路集合，它必须同时满足以下两点。

（1）若移去这个集合中所有支路，剩下的图分成两个完全分离的部分。

（2）若少移去这个集合中的任何一条支路，则剩下的图仍是连通的。

所以割集的定义可以简单叙述为：把图分割为两个子图的最少支路的集合。用符号 Q 表示。需要注意的是，在移去支路时，与其相连的节点并不移去，所以允许有孤立节点的存在。

图 13-1（a）所示的图 G，支路集合（1,3）和支路集合（2,3,4）都是图 G 的割集。若移去割集（1,3）的全部支路，剩下的图不再是连通图，分成两个完全分离的部分，如图 13-1（b）所示；若移去割集（2,3,4）的全部支路，剩下的图也不再是连通图，也分成两个完全分

离的部分，如图 13-1（c）所示。相反，若少移去割集（1,3）中的支路 3，剩下的图仍是连通图，如图 13-1（d）所示；若少移去割集（2,3,4）中的支路 2，剩下的图也仍是连通图，如图 13-1（e）所示。若移去支路集合（1,2,3,5），图 G 分成 3 个分离部分；若少移去（1,2,3,5）中的 2 支路，图仍然不是连通的，则该支路集合（1,2,3,5）不是割集。

二、割集的确定

用作闭合面（高斯面）的方法来选择割集，比较直观、方便。具体的做法是：对一个连通图 G 作一闭合面，使其将图分割为两个部分，只要少移去一条支路，图仍为连通的，则与闭合面相交支路的集合就是一个割集。若对图 13-1（a）所示图 G 作闭合面，可作出 6 个闭合面，每个闭合面都把图 G 分成内外两个分离部分，由此可得与闭合面相交的六组支路集合，即 6 个割集分别为：$Q_1(1,3)$，$Q_2(1,2,4)$，$Q_3(2,5)$，$Q_4(3,4,5)$，$Q_5(1,4,5)$，$Q_6(2,3,4)$，如图 13-1（f）所示。闭合面上各支路电流的代数和为零，所以可以认为，割集是范围放大的节点。

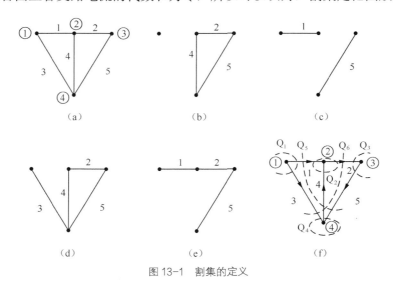

图 13-1　割集的定义

三、基本割集

由一条树支及相应的连支构成的割集称为单树支割集或基本割集。把对应于某一个树的一组基本割集称为基本割集组或单树支割集组。如图 13-2（a）所示，图 13-2（b）、图 13-2（c）、图 13-2（d）、图 13-2（e）的基本割集组分别为：

$$\{(1,2,3)，(1,4,8)，(2,5,7)，(6,7,8)\}$$
$$\{(1,2,3)，(2,3,4,8)，(2,5,6,8)，(6,7,8)\}$$
$$\{(1,4,6,7)，(2,3,4,6,7)，(3,4,5,6)，(6,7,8)\}$$
$$\{(1,2,3)，(1,3,5,7)，(1,4,6,7)，(1,4,8)\}$$

n 个节点，b 条支路的连通图 G，独立割集的数目为（$n-1$）。值得注意的是，割集是有方向的，可任意设为从封闭面由里指向外，或者由外指向里。如果是基本割集，一般选取树支的方向为割集的方向。属于同一割集的所有支路的电流应满足 KCL。当一个割集的所有支路都连接在同一个节点上，则割集的 KCL 方程变为节点上的 KCL 方程。如对图 12.2（e）的各

个支路指定方向，可得图 13.2（f），对应于树 T（2,5,6,8）的基本割集方程为

支路 2：$i_1 + i_2 + i_3 = 0$

支路 5：$-i_1 - i_3 - i_5 - i_7 = 0$

支路 6：$i_1 + i_4 + i_6 + i_7 = 0$

支路 8：$-i_1 - i_4 + i_8 = 0$

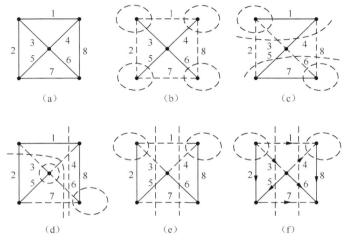

图 13-2　基本割集与基本割集组

思考与练习

13-1-1　割集必须满足的条件是什么？

13-1-2　如何选择基本割集？

13-1-3　割集和节点的关系是什么？

13-1-4　属于同一割集的所有支路的电流是否满足 KCL？

13.2　关联矩阵、割集矩阵和回路矩阵

从网络着眼，比较受关注的是独立节点或独立割集与支路的关联关系，网孔或独立回路与支路的关联关系。可以用关联矩阵 A、割集矩阵 Q 和回路矩阵 B 来描述电路的拓扑性质。本节介绍这 3 个矩阵及用 3 个矩阵表示的基尔霍夫定律。

一、关联矩阵、割集矩阵和回路矩阵的定义

1. 关联矩阵

对于一个具有 n 个节点，b 条支路的有向图，定义一个矩阵 $A_a=[a_{jk}]_{n \times b}$，其中行号 j 为节点序号，列号 k 为支路序号，矩阵的第(j,k)个元素 a_{jk} 描述有向图的第 j 个节点与第 k 条支路的关联关系为

$\begin{cases} a_{jk}=0，表示节点 j 与支路 k 不相关联。 \\ a_{jk}=1，表示节点 j 与支路 k 相关联，且支路 k 的电流流出节点 j。 \\ a_{jk}=-1，表示节点 j 与支路 k 相关联，且支路 k 的电流流入节点 j。 \end{cases}$

例如：图 13-3 所示有向图，它的关联矩阵是

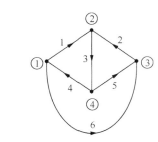

图 13-3　关联矩阵

$$A_a = \begin{array}{c} \text{①} \\ \text{②} \\ \text{③} \\ \text{④} \end{array} \begin{array}{cccccc} 1 & 2 & 3 & 4 & 5 & 6 \\ \begin{bmatrix} 1 & 0 & 0 & -1 & 0 & 1 \\ -1 & -1 & 1 & 0 & 0 & 0 \\ 0 & 1 & 0 & 0 & -1 & -1 \\ 0 & 0 & -1 & 1 & 1 & 0 \end{bmatrix} \end{array}$$

一个 n 个节点 b 条支路的电路，其关联矩阵是$(n×b)$阶矩阵。因为一条支路必然仅与两个节点相关联，支路的方向必是背离其中一个节点指向另外一个节点的，所以关联矩阵 A_a 的每一列元素只有两个非 0 元素，其中一个是 1，另一个是-1。若把 A_a 的各行相加，就得到一行全为 0 的元素，因此 A_a 的各行不是彼此独立的，A_a 的任一行必能从其他$(n-1)$行导出。

常用降阶关联矩阵 A 表示独立节点与支路的关联关系。一个 n 个节点 b 条支路的有向图的关联矩阵是$(n-1)×b$ 阶矩阵。从关联矩阵 A_a 中取对应于独立节点的$(n-1)$行组成的矩阵为降阶关联矩阵 A（以后常用此矩阵，本节之后省略"降阶"二字）。图 13-3 所示有向图，若选节点④为参考节点，降阶关联矩阵为

$$A = \begin{array}{c} \text{①} \\ \text{②} \\ \text{③} \end{array} \begin{array}{cccccc} 1 & 2 & 3 & 4 & 5 & 6 \\ \begin{bmatrix} 1 & 0 & 0 & -1 & 0 & 1 \\ -1 & -1 & 1 & 0 & 0 & 0 \\ 0 & 1 & 0 & 0 & -1 & -1 \end{bmatrix} \end{array}$$

降阶关联矩阵 A 只考虑独立节点与支路的关联关系，因此连在参考节点上的支路只与一个独立节点相关联，矩阵 A 中对应于这样的支路的列只有一个非零元素。

2. 割集矩阵

设一个割集由某些支路构成，则称这些支路与该割集关联。用割集矩阵描述割集与支路的关联性质。

设有向图的节点数为 n，支路数为 b，则独立割集数为$(n-1)$。对每个割集编号，并指定一个割集方向，于是，割集矩阵为一个$(n-1)×b$ 的矩阵，用 Q 表示，它的任一元素 q_{jk} 定义如下。

$$\begin{cases} q_{jk}=0，表示割集 j 与支路 k 不相关联。 \\ q_{jk}=1，表示割集 j 与支路 k 相关联，且方向相同。 \\ q_{jk}=-1，表示割集 j 与支路 k 相关联，且方向相反。 \end{cases}$$

例如：图 13-4（a）中，$\{(1,2,3)，(1,4,5)，(2,6,8)，(5,7,8)\}$是该图的一组独立割集，若均选流出闭合面方向为割集方向，则割集矩阵 Q 为

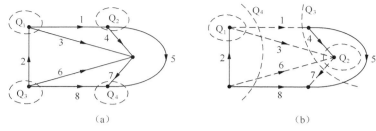

图 13-4 割集矩阵和基本割集矩阵

$$\boldsymbol{Q} = \begin{array}{c} \\ \boldsymbol{Q}_1 \\ \boldsymbol{Q}_2 \\ \boldsymbol{Q}_3 \\ \boldsymbol{Q}_4 \end{array} \begin{array}{cccccccc} 1 & 2 & 3 & 4 & 5 & 6 & 7 & 8 \\ \begin{bmatrix} 1 & -1 & 1 & 0 & 0 & 0 & 0 & 0 \\ -1 & 0 & 0 & 1 & 1 & 0 & 0 & 0 \\ 0 & 1 & 0 & 0 & 0 & 1 & 0 & 1 \\ 0 & 0 & 0 & 0 & -1 & 0 & -1 & -1 \end{bmatrix} \end{array}$$

如果选基本割集组作为一组独立割集，这时割集矩阵称为基本割集矩阵（简称为割集矩阵），一般用 $\boldsymbol{Q}_f$ 表示。例如：图 13-4（b），若选树（2,4,5,8），割集方向与树支方向相同，则对应于该树的割集矩阵 $\boldsymbol{Q}_f$ 为

$$\boldsymbol{Q}_f = \begin{array}{c} \\ \boldsymbol{Q}_1 \\ \boldsymbol{Q}_2 \\ \boldsymbol{Q}_3 \\ \boldsymbol{Q}_4 \end{array} \begin{array}{cccccccc} 1 & 2 & 3 & 4 & 5 & 6 & 7 & 8 \\ \begin{bmatrix} -1 & 1 & -1 & 0 & 0 & 0 & 0 & 0 \\ 0 & 0 & 1 & 1 & 0 & 1 & -1 & 0 \\ -1 & 0 & -1 & 0 & 1 & -1 & 1 & 0 \\ 1 & 0 & 1 & 0 & 0 & 1 & 0 & 1 \end{bmatrix} \end{array}$$

每一个基本割集只包含一条树支，每一树支只会出现在一个基本割集中。因此，基本割集与树支的关系是一一对应的，对应于每个树支的列上仅有一个非 0 元素，而且这个非 0 元素一定是 1。为了明确表示基本割集与树支的关联关系，有时，可以按先树支后连支的顺序填写割集矩阵的各列元素，这样得到的割集矩阵中将出现一个单位方阵。例如：图 13-4（b），若选树(2,4,5,8)，则 $\boldsymbol{Q}_f$ 为

$$\boldsymbol{Q}_f = \begin{array}{c} \\ \boldsymbol{Q}_1 \\ \boldsymbol{Q}_2 \\ \boldsymbol{Q}_3 \\ \boldsymbol{Q}_4 \end{array} \begin{array}{ccccccccc} 2 & 4 & 5 & 8 & 1 & 3 & 6 & 7 \\ \begin{bmatrix} 1 & 0 & 0 & 0 & -1 & -1 & 0 & 0 \\ 0 & 1 & 0 & 0 & 0 & 1 & 1 & -1 \\ 0 & 0 & 1 & 0 & -1 & -1 & -1 & 1 \\ 0 & 0 & 0 & 1 & 1 & 1 & 1 & 0 \end{bmatrix} \end{array}$$

这样得到的割集矩阵中将出现一个单位方阵。

3. 回路矩阵

设一个回路由某些支路组成，则称这些支路与该回路关联。用回路矩阵 $\boldsymbol{B}$ 来描述支路与回路的关联性质。

设有向图的独立回路数为 l，支路数为 b，回路矩阵是一个 $l \times b$ 的矩阵，用 $\boldsymbol{B}$ 表示。$\boldsymbol{B}$ 的行对应一个回路，列对应于支路，它的任一元素 b_{jk} 定义如下。

$$\begin{cases} b_{jk}=0，\text{表示第 } j \text{ 回路与第 } k \text{ 支路不相关联。} \\ b_{jk}=1，\text{表示第 } j \text{ 回路与第 } k \text{ 支路相关联，且方向相同。} \\ b_{jk}=-1，\text{表示第 } j \text{ 回路与第 } k \text{ 支路相关联，且方向相反。} \end{cases}$$

在图 13-5（a）中，所有的内网孔组成该图的一组独立回路，若都取顺时绕行方向为网孔的正方向，则对应于该组独立回路的回路矩阵 $\boldsymbol{B}$ 为

$$\boldsymbol{B}_\text{f}= \begin{array}{c} \\ \boldsymbol{l}_1 \\ \boldsymbol{l}_2 \\ \boldsymbol{l}_3 \\ \boldsymbol{l}_4 \end{array} \begin{array}{c} \begin{matrix} 1 & 2 & 3 & 4 & 5 & 6 & 7 & 8 \end{matrix} \\ \begin{bmatrix} 1 & 0 & -1 & 1 & 0 & 0 & 0 & 0 \\ 0 & 0 & 0 & -1 & 1 & 0 & -1 & 0 \\ 0 & 1 & 1 & 0 & 0 & -1 & 0 & 0 \\ 0 & 0 & 0 & 0 & 0 & 1 & 1 & -1 \end{bmatrix} \end{array}$$

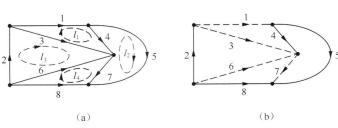

（a）   （b）

图 13-5　回路矩阵和基本回路矩阵

若选基本回路组作为一组独立回路，回路矩阵就称为基本回路矩阵（以后简称为回路矩阵），一般用 $\boldsymbol{B}_\text{f}$ 表示。例如：图 13-5（b）中，对应于树（2,4,5,8）的回路矩阵 $\boldsymbol{B}_\text{f}$ 为

$$\boldsymbol{B}_\text{f}= \begin{array}{c} \\ \boldsymbol{b}_1 \\ \boldsymbol{b}_2 \\ \boldsymbol{b}_6 \\ \boldsymbol{b}_7 \end{array} \begin{array}{c} \begin{matrix} 1 & 2 & 3 & 4 & 5 & 6 & 7 & 8 \end{matrix} \\ \begin{bmatrix} 1 & 1 & 0 & 0 & 1 & 0 & 0 & -1 \\ 0 & 1 & 1 & -1 & 1 & 0 & 0 & -1 \\ 0 & 0 & 0 & -1 & 1 & 1 & 0 & -1 \\ 0 & 0 & 0 & 1 & -1 & 0 & 1 & 0 \end{bmatrix} \end{array}$$

每一个基本回路中只包含一条连支，而每一条连支也只会出现在一个基本回路中，因此基本回路与连支是一一对应的，基本回路矩阵 $\boldsymbol{B}_\text{f}$ 中对应于连支的列只有一个非零元素 1。为了明确表示这种关系，有时可以按先连支后树支的顺序填写回路矩阵，这样得到的回路矩阵中会有一个单位方阵。

例如：图 13-5（b）中，对应于树（2,4,5,8）的基本回路矩阵 $\boldsymbol{B}_\text{f}$ 为

$$\boldsymbol{B}_\text{f}= \begin{array}{c} \\ \boldsymbol{b}_1 \\ \boldsymbol{b}_3 \\ \boldsymbol{b}_6 \\ \boldsymbol{b}_7 \end{array} \begin{array}{c} \begin{matrix} 1 & 3 & 6 & 7 & 2 & 4 & 5 & 8 \end{matrix} \\ \begin{bmatrix} 1 & 0 & 0 & 0 & 1 & 0 & 1 & -1 \\ 0 & 1 & 0 & 0 & 1 & -1 & 1 & -1 \\ 0 & 0 & 1 & 0 & 0 & -1 & 1 & -1 \\ 0 & 0 & 0 & 1 & 0 & 1 & -1 & 0 \end{bmatrix} \end{array}$$

这样得到的回路矩阵中会有一个单位方阵。

二、用矩阵 *A*、*Q*、*B* 表示的基尔霍夫定律的矩阵形式

本节以图 13-6 所示有向图为例，介绍用关联矩阵 *A*、割集矩阵 *Q* 和回路矩阵 *B* 表示的 KCL 方程和 KVL 方程的矩阵形式。

1. 用矩阵 *A* 表示的基尔霍夫定律的矩阵形式

图 13-6 有向图中，若选节点④为参考节点，关联矩阵 *A* 为

$$\boldsymbol{A}= \begin{array}{c} \\ ① \\ ② \\ ③ \end{array} \begin{array}{c} \begin{matrix} 1 & 2 & 3 & 4 & 5 & 6 & 7 \end{matrix} \\ \begin{bmatrix} 1 & 1 & 1 & 0 & 0 & 0 & 0 \\ 0 & 0 & -1 & 1 & 1 & 0 & 0 \\ 0 & 0 & 0 & 0 & -1 & -1 & 1 \end{bmatrix} \end{array}$$

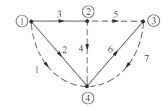

图 13-6 KCL 和 KVL 方程的矩阵形式

对独立节点列出的 KCL 方程为

节点①：$i_1 + i_2 + i_3 = 0$

节点②：$-i_3 + i_4 + i_5 = 0$

节点③：$-i_5 - i_6 + i_7 = 0$

写成矩阵形式为

$$\begin{bmatrix} 1 & 1 & 1 & 0 & 0 & 0 & 0 \\ 0 & 0 & -1 & 1 & 1 & 0 & 0 \\ 0 & 0 & 0 & 0 & -1 & -1 & 1 \end{bmatrix} \begin{bmatrix} i_1 \\ i_2 \\ i_3 \\ i_4 \\ i_5 \\ i_6 \\ i_7 \end{bmatrix} = 0$$

可见，对独立节点列出的 KCL 方程组中，支路电流列向量 $[i_1 \ i_2 \ i_3 \ i_4 \ i_5 \ i_6 \ i_7]^{\mathrm{T}}$ 的系数矩阵就是关联矩阵 $\boldsymbol{A}$。用 $\boldsymbol{i}$ 表示支路电流列向量，上式写成

$$\boldsymbol{Ai} = 0 \qquad\qquad (13\text{-}1)$$

式（13-1）是用关联矩阵 $\boldsymbol{A}$ 表示的 KCL 方程的矩阵形式，可推广到任意 n 个节点 b 条支路的电路。

图 13-6 有向图的支路电压用独立节点电压 u_{n1}、u_{n2} 和 u_{n3} 表示为

$$u_1 = u_{n1}, \quad u_2 = u_{n1}, \quad u_3 = u_{n1} - u_{n2}, \quad u_4 = u_{n2},$$

$$u_5 = u_{n2} - u_{n3}, \quad u_6 = -u_{n3}, \quad u_7 = u_{n3}$$

写成矩阵形式为

$$\begin{bmatrix} u_1 \\ u_2 \\ u_3 \\ u_4 \\ u_5 \\ u_6 \\ u_7 \end{bmatrix} = \begin{bmatrix} 1 & 0 & 0 \\ 1 & 0 & 0 \\ 1 & -1 & 0 \\ 0 & 1 & 0 \\ 0 & 1 & -1 \\ 0 & 0 & -1 \\ 0 & 0 & 1 \end{bmatrix} \begin{bmatrix} u_{n1} \\ u_{n2} \\ u_{n3} \end{bmatrix}$$

上式中，独立节点电压列向量的系数矩阵是关联矩阵 $\boldsymbol{A}$ 的转置矩阵 $\boldsymbol{A}^{\mathrm{T}}$，也就是说支路电压可以用独立节点电压和关联矩阵 $\boldsymbol{A}$ 表示。若支路电压列向量和独立节点电压列向量分别用

u 和 u_n 表示，图 13-6 中有

$$u = \begin{bmatrix} u_1 & u_2 & u_3 & u_4 & u_5 & u_6 & u_7 \end{bmatrix}^T \text{ 和 } u_n = \begin{bmatrix} u_{n1} & u_{n2} & u_{n3} \end{bmatrix}^T$$

则上式写成

$$u = A^T u_n \tag{13-2}$$

式（13-2）是用关联矩阵 A 表示 KVL 方程的矩阵形式，可推广到任意 n 个节点 b 条支路的电路。

2. 用矩阵 Q_f 表示的基尔霍夫定律的矩阵形式

图 13-6 所示有向图，若选树（2,3,6），则割集矩阵 Q_f 为

$$Q_f = \begin{matrix} & & 1 & 2 & 3 & 4 & 5 & 6 & 7 \\ & 2 \\ & 3 \\ & 6 \end{matrix} \begin{bmatrix} 1 & 1 & 0 & 1 & 1 & 0 & 0 \\ 0 & 0 & 1 & -1 & -1 & 0 & 0 \\ 0 & 0 & 0 & 0 & 1 & 1 & -1 \end{bmatrix}$$

对基本割集列出的 KCL 方程为

支路 2：$i_1 + i_2 + i_4 + i_5 = 0$

支路 3：$i_3 - i_4 - i_5 = 0$

支路 6：$i_5 + i_6 - i_7 = 0$

写成矩阵形式为

$$\begin{bmatrix} 1 & 1 & 0 & 1 & 1 & 0 & 0 \\ 0 & 0 & 1 & -1 & -1 & 0 & 0 \\ 0 & 0 & 0 & 0 & 1 & 1 & -1 \end{bmatrix} \begin{bmatrix} i_1 \\ i_2 \\ i_3 \\ i_4 \\ i_5 \\ i_6 \\ i_7 \end{bmatrix} = 0$$

上式中，支路电流列向量 i 的系数矩阵是割集矩阵 Q_f，可写成

$$Q_f i = 0 \tag{13-3}$$

式（13-3）为用割集矩阵 Q_f 表示的 KCL 方程的矩阵形式，可推广到 n 个节点 b 条支路的电路。

在有向图中，支路电压列向量 u 可用树支电压列向量 u_t 表示。图 13-6 有向图的各个支路电压用树支电压 $u_{t1}(u_2)$、$u_{t2}(u_3)$ 和 $u_{t3}(u_6)$ 表示为

$$u_1 = u_{t1}, \quad u_2 = u_{t1}, \quad u_3 = u_{t2}, \quad u_4 = u_{t1} - u_{t2},$$

$$u_5 = u_{t1} - u_{t2} + u_{t3}, \quad u_6 = u_{t3}, \quad u_7 = -u_{t3}$$

可以写成矩阵形式，树支电压列向量 $\begin{bmatrix} u_{t1} & u_{t2} & u_{t3} \end{bmatrix}^T$ 的系数矩阵是割集矩阵的转置矩阵 Q_f^T，可写成

$$u = Q_f^T u_t \tag{13-4}$$

式（13-4）是用割集矩阵 Q_f 表示的 KVL 方程的矩阵形式，可推广到 n 个节点 b 条支路

的电路应用。

$$\begin{bmatrix} u_1 \\ u_2 \\ u_3 \\ u_4 \\ u_5 \\ u_6 \\ u_7 \end{bmatrix} = \begin{bmatrix} 1 & 0 & 0 \\ 1 & 0 & 0 \\ 0 & 1 & 0 \\ 1 & -1 & 0 \\ 1 & -1 & 1 \\ 0 & 0 & 1 \\ 0 & 0 & -1 \end{bmatrix} \begin{bmatrix} u_{t1} \\ u_{t2} \\ u_{t3} \end{bmatrix}$$

3. 用矩阵 $\boldsymbol{B}_f$ 表示的基尔霍夫定律的矩阵形式

图 13-6 中，对应于树（2,3,6）的回路矩阵 $\boldsymbol{B}_f$ 为

$$\boldsymbol{B}_f = \begin{array}{c} \\ 1 \\ 4 \\ 5 \\ 7 \end{array} \begin{array}{ccccccc} 1 & 2 & 3 & 4 & 5 & 6 & 7 \\ \begin{bmatrix} 1 & -1 & 0 & 0 & 0 & 0 & 0 \\ 0 & -1 & 1 & 1 & 0 & 0 & 0 \\ 0 & -1 & 1 & 0 & 1 & -1 & 0 \\ 0 & 0 & 0 & 0 & 0 & 1 & 1 \end{bmatrix} \end{array}$$

对应于连支（1,4,5,7）的基本回路的 KVL 方程为

支路 1： $u_1 - u_2 = 0$

支路 2： $-u_2 + u_3 + u_4 = 0$

支路 3： $-u_2 + u_3 + u_5 - u_6 = 0$

支路 4： $u_6 + u_7 = 0$

写成矩阵形式为

$$\begin{bmatrix} 1 & -1 & 0 & 0 & 0 & 0 & 0 \\ 0 & -1 & 1 & 1 & 0 & 0 & 0 \\ 0 & -1 & 1 & 0 & 1 & -1 & 0 \\ 0 & 0 & 0 & 0 & 0 & 1 & 1 \end{bmatrix} \begin{bmatrix} u_1 \\ u_2 \\ u_3 \\ u_4 \\ u_5 \\ u_6 \\ u_7 \end{bmatrix} = 0$$

上式中，支路电压列向量 $\boldsymbol{u}$ 的系数矩阵就是回路矩阵的转置矩阵 $\boldsymbol{B}_f^T$，可写成

$$\boldsymbol{B}_f \boldsymbol{u} = 0 \tag{13-5}$$

式（13-5）为用回路矩阵 $\boldsymbol{B}_f$ 表示的 KVL 方程的矩阵形式，可推广到 n 个节点 b 条支路的电路。

有向图中支路电流可以用各连支电流表示。连支电流列向量用为 i_l 表示，图 13-6 中，$i_l=[i_{l1}\ i_{l2}\ i_{l3}\ i_{l4}]^T=[i_1\ i_4\ i_5\ i_7]^T$，各个支路电流用连支电流表示为

$$i_1 = i_{l1}, \quad i_2 = -i_{l1} - i_{l2} - i_{l3}, \quad i_3 = i_{l2} + i_{l3},$$

$$i_4 = i_{l2}, \quad i_5 = i_{l3}, \quad i_6 = -i_{l3} + i_{l4}, \quad i_7 = i_{l4}$$

写成矩阵形式为

$$\begin{bmatrix} i_1 \\ i_2 \\ i_3 \\ i_4 \\ i_5 \\ i_6 \\ i_7 \end{bmatrix} = \begin{bmatrix} 1 & 0 & 0 & 0 \\ -1 & -1 & -1 & 0 \\ 0 & 1 & 1 & 0 \\ 0 & 1 & 0 & 0 \\ 0 & 0 & 1 & 0 \\ 0 & 0 & -1 & 1 \\ 0 & 0 & 0 & 1 \end{bmatrix} \begin{bmatrix} i_{l1} \\ i_{l2} \\ i_{l3} \\ i_{l4} \end{bmatrix}$$

上式中，回路电流列向量的系数矩阵是回路矩阵的转置矩阵 $\boldsymbol{B}_{\mathrm{f}}^{\mathrm{T}}$，可写成

$$\boldsymbol{i} = \boldsymbol{B}_{\mathrm{f}}^{\mathrm{T}} \boldsymbol{i}_l \qquad (13\text{-}6)$$

式（13-6）为用回路矩阵表示的 KCL 方程的矩阵形式，可推广到 n 个节点 b 条支路的电路。

【例 13-1】 电路的有向图如图 13-7 所示，（1）以节点⑤为参考写出其关联矩阵 $\boldsymbol{A}$；（2）以实线为树支，虚线为连支，写出其单连支回路矩阵 $\boldsymbol{B}_{\mathrm{f}}$；（3）写出单树支割集矩阵 $\boldsymbol{Q}_{\mathrm{f}}$。

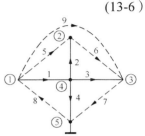

图 13-7 例 13-1 图

解 （1）以节点⑤为参考节点，其余 4 个节点为独立节点的关联矩阵 $\boldsymbol{A}$ 为

$$\boldsymbol{A} = \begin{array}{c} \begin{array}{cccccccccc} 1 & 2 & 3 & 4 & 5 & 6 & 7 & 8 & 9 \end{array} \\ \begin{bmatrix} 1 & 0 & 0 & 0 & 1 & 0 & 0 & -1 & 1 \\ 0 & -1 & 0 & 0 & -1 & 1 & 0 & 0 & 0 \\ 0 & 0 & -1 & 0 & 0 & -1 & 1 & 0 & -1 \\ -1 & 1 & 1 & 1 & 0 & 0 & 0 & 0 & 0 \end{bmatrix} \end{array}$$

（2）以实线（1,2,3,4）为树支，虚线（5,6,7,8,9）为连支，其单连支回路矩阵 $\boldsymbol{B}_{\mathrm{f}}$ 为

$$\boldsymbol{B}_{\mathrm{f}} = \begin{array}{c} \begin{array}{cccccccccc} 5 & 6 & 7 & 8 & 9 & 1 & 2 & 3 & 4 \end{array} \\ \begin{bmatrix} 1 & 0 & 0 & 0 & 0 & -1 & -1 & 0 & 0 \\ 0 & 1 & 0 & 0 & 0 & 0 & 1 & -1 & 0 \\ 0 & 0 & 1 & 0 & 0 & 0 & 0 & 1 & -1 \\ 0 & 0 & 0 & 1 & 0 & 1 & 0 & 0 & 1 \\ 0 & 0 & 0 & 0 & 1 & -1 & 0 & -1 & 0 \end{bmatrix} \end{array}$$

（3）以实线（1,2,3,4）为树支，虚线（5,6,7,8,9）为连支，其单树支割集矩阵 $\boldsymbol{Q}_{\mathrm{f}}$ 为

$$\boldsymbol{Q}_{\mathrm{f}} = \begin{array}{c} \begin{array}{cccccccccc} 1 & 2 & 3 & 4 & 5 & 6 & 7 & 8 & 9 \end{array} \\ \begin{bmatrix} 1 & 0 & 0 & 0 & 1 & 0 & 0 & -1 & 1 \\ 0 & 1 & 0 & 0 & 1 & -1 & 0 & 0 & 0 \\ 0 & 0 & 1 & 0 & 0 & 1 & -1 & 0 & 1 \\ 0 & 0 & 0 & 1 & 0 & 0 & 1 & -1 & 0 \end{bmatrix} \end{array}$$

思考与练习

13-2-1 对于一个含有 n 个节点 b 条支路的电路，关联矩阵反映了什么关联性质？

13-2-2 对于一个含有 n 个节点 b 条支路的电路，回路矩阵反映了什么关联性质？

13-2-3 对于一个含有 n 个节点 b 条支路的电路，割集矩阵反映了什么关联性质？

13-2-4 对于一个含有 n 个节点 b 条支路的电路，用矩阵 $\boldsymbol{A}$、$\boldsymbol{Q}_{\mathrm{f}}$、$\boldsymbol{B}_{\mathrm{f}}$ 表示的基尔霍夫定律的矩阵形式分别是什么？

13.3　回路电流方程的矩阵形式

第 3 章介绍的回路法是以回路电流为未知的电路变量列写一组独立的 KVL 方程，进而求出回路电流的分析方法。回路电流方程也可写成矩阵形式。本节介绍回路电流方程矩阵形式的列写方法。

一、复合支路

有向图中的支路代表的是电路中的某个元件或某些元件组合。画有向图时，一般把复合支路看作一条支路，可以把电压源和电阻或阻抗串联的复合支路看成一条支路，也可以把电流源和电导或导纳并联的复合支路看成一条支路。为了便于列写支路方程的矩阵形式，本节首先介绍标准复合支路，图 13-8 所示的复合支路为标准复合支路，规定：

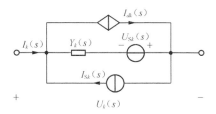

图 13-8　标准复合支路

$U_k(s)$, $I_k(s)$——第 k 支路的支路电压、支路电流，取关联参考方向。

$Z_k(s)$, $Y_k(s)$——第 k 条支路的运算阻抗、运算导纳，只能是单一的电阻、电感或电容，不允许是它们的组合。阻抗上电压、电流的参考方向与支路方向相同。

$U_{Sk}(s)$——第 k 支路中独立电压源的电压，其参考方向和支路方向相反。

$I_{Sk}(s)$——第 k 支路中独立电流源的电流，其参考方向和支路方向相反。

$I_{dk}(s)$——第 k 支路中受控电流源的电流，d 为控制量所在支路。

复合支路只是定义了一条支路最多可以包含的不同元件数及连接方法，但允许缺少某些元件。

二、支路方程的矩阵形式

分 3 种不同情况进行分析。

1. 各支路间无受控源也无互感时，支路阻抗矩阵 $\boldsymbol{Z}$ 是一个 $b \times b$ 阶对角矩阵，图 13-9 所示为复合支路（假设电路为正弦电流电路，变量用相量形式），对于第 k 条支路有

$$\dot{U}_k = Z_k(\dot{I}_k + \dot{I}_{Sk}) - \dot{U}_{Sk} \qquad (13\text{-}7)$$

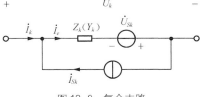

图 13-9　复合支路

对整个电路，支路方程为

$$\dot{U} = \boldsymbol{Z}(\dot{I} + \dot{I}_S) - \dot{U}_S \qquad (13\text{-}8)$$

式中，$\boldsymbol{Z}$ 称为支路阻抗矩阵，它是一个 $b \times b$ 阶对角阵。

2．当电路中电感之间有耦合时，式（13-7）还应涉及互感电压的作用。若设第 1 支路至第 g 支路相互均有耦合，则有

$$\begin{bmatrix} \dot{U}_1 \\ \dot{U}_2 \\ \vdots \\ \dot{U}_g \\ \vdots \\ \dot{U}_b \end{bmatrix} = \begin{bmatrix} Z_1 & \pm \mathrm{j}\omega M_{12} & \cdots & \pm \mathrm{j}\omega M_{1g} & 0 & \cdots & 0 \\ \pm \mathrm{j}\omega M_{21} & Z_2 & \cdots & \pm \mathrm{j}\omega M_{2g} & 0 & \cdots & 0 \\ \vdots & \vdots & & \vdots & \vdots & & \vdots \\ \pm \mathrm{j}\omega M_{g1} & \pm \mathrm{j}\omega M_{g2} & \cdots & \pm Z_g & 0 & \cdots & 0 \\ 0 & 0 & \cdots & 0 & Z_h & \cdots & 0 \\ \vdots & \vdots & & \vdots & \vdots & & \vdots \\ 0 & 0 & \cdots & 0 & 0 & \cdots & Z_b \end{bmatrix} \begin{bmatrix} \dot{I}_1 + \dot{I}_{s1} \\ \dot{I}_2 + \dot{I}_{s2} \\ \vdots \\ \dot{I}_g + \dot{I}_{sg} \\ \vdots \\ \dot{I}_b + \dot{I}_{sb} \end{bmatrix} - \begin{bmatrix} \dot{U}_{s1} \\ \dot{U}_{s2} \\ \vdots \\ \dot{U}_{sg} \\ \vdots \\ \dot{U}_{sb} \end{bmatrix}$$

"±"的选取视两支路的电流方向而定，两支路电流均从同名端流进为"+"，反之为"−"。即式 $\dot{U} = \boldsymbol{Z}(\dot{I} + \dot{I}_s) - \dot{U}_s$ 中支路阻抗矩阵 $\boldsymbol{Z}$ 不再是对角阵，其主对角线元素为各支路阻抗，而非对角线元素将是相应的支路之间的互感阻抗。

3．若电路中含有受控电压源，复合支路如图 13-10 所示，则支路方程的矩阵形式仍为式（13-8），只是其中支路阻抗矩阵 $\boldsymbol{Z}$ 的内容不同，此时 $\boldsymbol{Z}$ 也不是对角阵，其非主对角元素将可能是与受控电压源的控制系数有关的元素，不再具体推导。

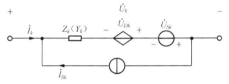

图 13-10　含受控电压源的复合支路

三、回路电流方程的矩阵形式

根据回路电流法的基本思想，我们来推导整个电路的支路方程的矩阵形式。设为正弦电流电路，则基尔霍夫定律矩阵方程的相量形式为

$$\text{KCL:} \qquad \dot{I} = \boldsymbol{B}^T \dot{I}_l \qquad\qquad (13\text{-}9)$$

$$\text{KVL:} \qquad \boldsymbol{B}\dot{U} = 0 \qquad\qquad (13\text{-}10)$$

将式（13-8）代入式（13-10）可得

$$\boldsymbol{B}\dot{U} = \boldsymbol{B}[\boldsymbol{Z}(\dot{I} + \dot{I}_s) - \dot{U}_s] = 0$$

整理，得

$$\boldsymbol{B}\boldsymbol{Z}\dot{I} + \boldsymbol{B}\boldsymbol{Z}\dot{I}_s - \boldsymbol{B}\dot{U}_s = 0$$

再把式（13-9）代入，得

$$\boldsymbol{B}\boldsymbol{Z}\boldsymbol{B}^T \dot{I}_l + \boldsymbol{B}\boldsymbol{Z}\dot{I}_s - \boldsymbol{B}\dot{U}_s = 0 \qquad\qquad (13\text{-}11)$$

整理，得

$$\boldsymbol{B}\boldsymbol{Z}\boldsymbol{B}^T \dot{I}_l = \boldsymbol{B}\dot{U}_s - \boldsymbol{B}\boldsymbol{Z}\dot{I}_s \qquad\qquad (13\text{-}12)$$

即为回路电流方程的矩阵形式。令 $\boldsymbol{Z}_l = \boldsymbol{B}\boldsymbol{Z}\boldsymbol{B}^T$，称为回路阻抗矩阵，它的主对角元素即为自阻抗，非主对角元素即为互阻抗，当无互感和受控源时，$\boldsymbol{Z}_l$ 为对称矩阵；令 $\dot{U}_{lS} = \boldsymbol{B}\dot{U}_s - \boldsymbol{B}\boldsymbol{Z}\dot{I}_s$，称为回路电压源列相量，则式（13-12）可写为

$$\boldsymbol{Z}_l \dot{I}_l = \dot{U}_{lS} \qquad\qquad (13\text{-}13)$$

【例 13-2】 列出图 13-11 所示电路矩阵形式回路电流方程的频域表达式。

解　（1）画出有向图，给支路编号，选树（1,4,6），如图 13-12 所示。

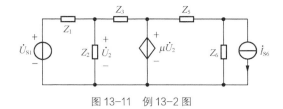

图 13-11　例 13-2 图

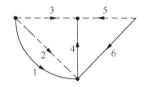

图 13-12　例 13-2 电路的有向图

（2）写出支路独立电压源列向量 $\dot{\boldsymbol{U}}_{\mathrm{S}}$、支路独立电流源列向量 $\dot{\boldsymbol{I}}_{\mathrm{S}}$、回路矩阵 $\boldsymbol{B}_{\mathrm{f}}$ 和支路阻抗矩阵 $\boldsymbol{Z}$。

$$\dot{\boldsymbol{U}}_{\mathrm{S}} = \begin{bmatrix} -\dot{U}_{\mathrm{S1}} & 0 & 0 & 0 & 0 & 0 \end{bmatrix}^{\mathrm{T}}$$

$$\dot{\boldsymbol{I}}_{\mathrm{S}} = \begin{bmatrix} 0 & 0 & 0 & 0 & 0 & -\dot{I}_{\mathrm{S6}} \end{bmatrix}^{\mathrm{T}}$$

$$\boldsymbol{B}_{\mathrm{f}} = \begin{bmatrix} -1 & 1 & 0 & 0 & 0 & 0 \\ -1 & 0 & 1 & -1 & 0 & 0 \\ 0 & 0 & 0 & -1 & 1 & -1 \end{bmatrix}$$

$$\boldsymbol{Z} = \begin{bmatrix} Z_1 & 0 & 0 & 0 & 0 & 0 \\ 0 & Z_2 & 0 & 0 & 0 & 0 \\ 0 & 0 & Z_3 & 0 & 0 & 0 \\ 0 & -\mu Z_2 & 0 & 0 & 0 & 0 \\ 0 & 0 & 0 & 0 & Z_5 & 0 \\ 0 & 0 & 0 & 0 & 0 & Z_6 \end{bmatrix}$$

（3）计算 $\boldsymbol{Z}_l$ 和 $\dot{\boldsymbol{U}}_{l\mathrm{S}}$。

$$\boldsymbol{Z}_l = \boldsymbol{B}_{\mathrm{f}}\boldsymbol{Z}\boldsymbol{B}_{\mathrm{f}}^{\mathrm{T}} = \begin{bmatrix} Z_1 + Z_2 & Z_1 & 0 \\ Z_1 + \mu Z_2 & Z_1 + Z_3 & 0 \\ \mu Z_2 & 0 & Z_5 + Z_6 \end{bmatrix}$$

$$\dot{\boldsymbol{U}}_{l\mathrm{S}} = \boldsymbol{B}\dot{\boldsymbol{U}}_{\mathrm{S}} - \boldsymbol{B}\boldsymbol{Z}\dot{\boldsymbol{I}}_{\mathrm{S}} = \begin{bmatrix} \dot{U}_{\mathrm{S1}} & \dot{U}_{\mathrm{S1}} & -\boldsymbol{Z}_6\dot{I}_{\mathrm{S6}} \end{bmatrix}^{\mathrm{T}}$$

矩阵形式回路电流方程的频域表达式为

$$\begin{bmatrix} Z_1 + Z_2 & Z_1 & 0 \\ Z_1 + \mu Z_2 & Z_1 + Z_3 & 0 \\ \mu Z_2 & 0 & Z_5 + Z_6 \end{bmatrix} \begin{bmatrix} \dot{I}_2 \\ \dot{I}_3 \\ \dot{I}_5 \end{bmatrix} = \begin{bmatrix} \dot{U}_{\mathrm{S1}} \\ \dot{U}_{\mathrm{S1}} \\ -Z_6\dot{I}_{\mathrm{S6}} \end{bmatrix}$$

【例 13-3】列出图 13-13 所示电路矩阵形式回路电流方程的复频域表达式。

解　（1）画出有向图，给支路编号，选树（1,4），如图 13-14 所示。

（2）写出支路独立电压源列向量 $\boldsymbol{U}_{\mathrm{S}}(\boldsymbol{s})$、支路独立电流源列向量 $\boldsymbol{I}_{\mathrm{S}}(\boldsymbol{s})$、回路矩阵 $\boldsymbol{B}_{\mathrm{f}}$ 和支路阻抗矩阵 $\boldsymbol{Z}(\boldsymbol{s})$。

$$\boldsymbol{U}(s) = \begin{bmatrix} 0 & 0 & 0 & -U_{\mathrm{S4}}(s) & U_{\mathrm{S5}}(s) \end{bmatrix}^{\mathrm{T}} \qquad \boldsymbol{I}(s) = 0$$

$$\boldsymbol{B}_{\mathrm{f}} = \begin{bmatrix} -1 & 1 & 0 & 0 & 0 \\ -1 & 0 & 1 & -1 & 0 \\ 0 & 0 & 0 & 1 & 1 \end{bmatrix}$$

$$\boldsymbol{Z}(s) = \begin{bmatrix} R_1 & 0 & 0 & 0 & 0 \\ 0 & \dfrac{1}{sC_2} & 0 & 0 & 0 \\ 0 & 0 & sL_3 & 0 & -sM \\ 0 & 0 & 0 & 0 & 0 \\ 0 & 0 & -sM & 0 & sL_5 \end{bmatrix}$$

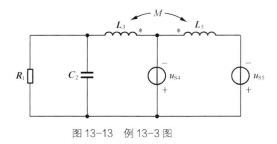

图 13-13　例 13-3 图

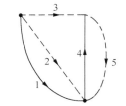

图 13-14　例 13-3 电路的有向图

（3）计算 $\boldsymbol{Z}_l(s)$ 和 $\boldsymbol{U}_{lS}(s)$。

$$\boldsymbol{Z}_l(s) = \boldsymbol{B}_f Z(s) \boldsymbol{B}_f^{\mathrm{T}} = \begin{bmatrix} R_1 + \dfrac{1}{sC_2} & R_1 & 0 \\ R_1 & R_1 + sL_3 & -sM \\ 0 & -sM & sL_5 \end{bmatrix}$$

$$\boldsymbol{U}_{lS}(s) = \boldsymbol{B}_f \boldsymbol{U}(s) = \begin{bmatrix} 0 & U_{S4}(s) & -U_{S4}(s) + U_{S5}(s) \end{bmatrix}^{\mathrm{T}}$$

矩阵形式回路电流方程的复频域表达式为

$$\begin{bmatrix} R_1 + \dfrac{1}{sC_2} & R_1 & 0 \\ R_1 & R_1 + sL_3 & -sM \\ 0 & -sM & sL_5 \end{bmatrix} \begin{bmatrix} I_2(s) \\ I_3(s) \\ I_5(s) \end{bmatrix} = \begin{bmatrix} 0 \\ U_{S4}(s) \\ -U_{S4}(s) + U_{S5}(s) \end{bmatrix}$$

思考与练习

13-3-1　什么是复合支路？
13-3-2　矩阵形式回路电流方程的列写中，若电路中含有无伴电流源，将会有何问题？

13.4　节点电压方程的矩阵形式

第 3 章介绍的节点法是以独立节点电压作为未知的电路变量列写一组独立 KCL 方程的方法。这组用独立节点电压表示的独立的 KCL 方程组称为节点电压方程。本节介绍节点电压方程的矩阵形式。

一、支路方程的矩阵形式

分三种不同情况进行分析。

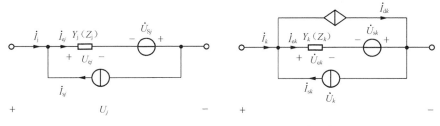

（a）无受控源复合支路　　　　（b）含受控电流源复合支路

图 13-15　复合支路

（1）当电路中无互感耦合且不含受控源时，如图 13-15（a）所示，对于第 k 条支路由 $\dot{U}_k = Z_k(\dot{I}_k + \dot{I}_{sk}) - \dot{U}_{sk}$ ，有

$$\dot{I}_k = Y_k\dot{U}_{ek} - \dot{I}_{sk} = Y_k(\dot{U}_k + \dot{U}_{sk}) - \dot{I}_{sk} \qquad （13\text{-}14）$$

对整个支路有

$$\dot{I} = Y(\dot{U} + \dot{U}_S) - \dot{I}_S \qquad （13\text{-}15）$$

式中 Y 称为支路导纳矩阵，它是一个 $b \times b$ 阶对角阵，对角线上是各元件的导纳，即支路导纳矩阵与支路阻抗矩阵互为逆阵。

（2）当电路中无受控源，但电感之间有耦合时，式（13-14）还应计及互感电压的影响。由上一节知，当电感之间有耦合时，电路的支路阻抗矩阵 Z 不再是对角阵，其主对角元素为各支路阻抗，而非对角线元素将是相应支路之间的互感阻抗。若 $Y = Z^{-1}$ ，则由 $\dot{U} = Z(\dot{I} + \dot{I}_S) - \dot{U}_S$ ，可得

$$\dot{I} = Y(\dot{U} + \dot{U}_S) - \dot{I}_S$$

这个方程形式上完全与式（13-15）相同，Y 仍为支路导纳矩阵，但 Y 不再是对角阵。

（3）当电路中含有受控电流源，如图 13-15（b）所示，设 $\dot{I}_{ck} = g_{kj}\dot{U}_{ej}$ 或 $\dot{I}_{ck} = \beta_{kj}\dot{I}_{ej} = \beta_{kj}Y_j\dot{U}_{ej}$ ，则只需在 Y 阵中，$Y_{kj} = \pm g_{kj}$ 或 $\pm \beta_{kj}Y_j$ ，"$\pm$"的选取由 $\dot{I}_{dk}$ 与 $\dot{U}_{ek}$ 的方向来定，均与复合支路相同或相反时取"$+$"，否则取"$-$"。注意此时 Y 也不再是对角阵。

二、节点电压方程的矩阵形式

将用 A 表示的 KCL 和 KVL 方程，则相量形式表示为

$$\text{KCL：} \quad A\dot{I} = 0 \qquad （13\text{-}16）$$

$$\text{KVL：} \quad A^{\mathrm{T}}\dot{U}_n = \dot{U} \qquad （13\text{-}17）$$

把支路方程式（13-15）代入式（13-16）可得

$$A\dot{I} = A\left[Y(\dot{U} + \dot{U}_S) - \dot{I}_S \right] = 0$$

整理，得

$$AYU + AY\dot{U}_s - A\dot{I}_s = 0$$

再把式（13-17）代入上式，得

$$AYA^T\dot{U}_n + AY\dot{U}_s - A\dot{I}_s = 0 \qquad (13\text{-}18)$$

整理，得

$$AYA^T\dot{U}_n = A\dot{I}_s - AY\dot{U}_s \qquad (13\text{-}19)$$

即为节点电压方程的矩阵形式。

设 $Y_n = AYA^T$，$\dot{J}_n = A\dot{I}_s - AY\dot{U}_s$，其中，$Y_n$ 为节点导纳矩阵，主对角线元素为自导纳，其余元素为互导纳，当无互感和受控源时为对称矩阵；$\dot{J}_n$ 为节点电流源向量，为由独立电源引起的注入节点的电流列向量。则有

$$Y_n\dot{U}_n = \dot{J}_n \qquad (13\text{-}20)$$

【例 13-4】列出图 13-16 所示电路的节点电压方程的矩阵形式。

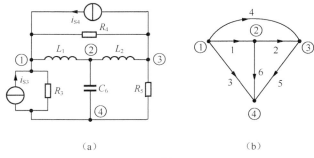

（a） （b）

图 13-16 例 13-4 图

解 （1）画有向图，给节点和支路编号，并选节点④为参考节点。

（2）写出关联矩阵 A、支路导纳矩阵 Y、支路电压源列向量 $\dot{U}_s$ 和支路电流源列向量 $\dot{I}_s$。

$$A = \begin{bmatrix} 1 & 0 & 1 & 1 & 0 & 0 \\ -1 & 1 & 0 & 0 & 0 & 1 \\ 0 & -1 & 0 & -1 & 1 & 0 \end{bmatrix}$$

$$\dot{U}_s = 0$$

$$\dot{I}_s \begin{bmatrix} 0 & 0 & \dot{I}_{s3} & \dot{I}_{s4} & 0 & 0 \end{bmatrix}^T$$

$$Y = \begin{bmatrix} \dfrac{1}{j\omega L_1} & 0 & 0 & 0 & 0 & 0 \\ 0 & \dfrac{1}{j\omega L_2} & 0 & 0 & 0 & 0 \\ 0 & 0 & \dfrac{1}{R_3} & 0 & 0 & 0 \\ 0 & 0 & 0 & \dfrac{1}{R_4} & 0 & 0 \\ 0 & 0 & 0 & 0 & \dfrac{1}{R_5} & 0 \\ 0 & 0 & 0 & 0 & 0 & j\omega C_6 \end{bmatrix}$$

（3）求 AYA^T 并代入 $AYA^T\dot{U}_n = A\dot{I}_s - AY\dot{U}_s$

得到 $AYA^T\dot{U}_n = A\dot{I}_S$

节点电压方程的矩阵形式为

$$\begin{bmatrix} \dfrac{1}{R_3} + \dfrac{1}{R_4} + \dfrac{1}{j\omega L_1} & -\dfrac{1}{j\omega L_1} & -\dfrac{1}{R_4} \\[3mm] -\dfrac{1}{j\omega L_1} & \dfrac{1}{j\omega L_1} + \dfrac{1}{j\omega L_2} + j\omega C_6 & -\dfrac{1}{j\omega L_2} \\[3mm] -\dfrac{1}{R_4} & -\dfrac{1}{j\omega L_2} & \dfrac{1}{R_4} + \dfrac{1}{R_5} + \dfrac{1}{j\omega L_2} \end{bmatrix} \begin{bmatrix} \dot{U}_{n1} \\[2mm] \dot{U}_{n2} \\[2mm] \dot{U}_{n3} \end{bmatrix} = \begin{bmatrix} \dot{I}_{S3} + \dot{I}_{S4} \\[2mm] 0 \\[2mm] -\dot{I}_{S4} \end{bmatrix}$$

节点电压法的一般步骤如下。

（1）画有向图，给支路和节点编号，选出参考节点。

（2）列写支路导纳矩阵 $Y(s)$ 和关联矩阵 A。按标准复合支路的规定列写支路电压源列向量 $U_S(s)$ 和支路电流源列向量 $I_S(s)$。

（3）计算 $AY(s)$、$AY(s)A^T$ 和 $AI_s(s) - AY(s)U_s(s)$，写出矩阵形式节点电压方程的表达式 $Y_n(s)U_n(s) = J_n(s)$ 或 $Y_n\dot{U}_n = \dot{J}_n$。

思考与练习

13-4-1　节点电压方程的矩阵形式的一般步骤是什么？

13-4-2　矩阵形式节点电压方程的列写中，若电路中含有无伴（无串联电阻）电压源，将会有何问题？

13.5　割集电压方程的矩阵形式

分析电路时，若对其有向图选定了一个树，则每一个单树支割集中只有一条树支，其余都是连支。每一个单树支割集的唯一割集电压可用树支电压表示，可以说，所有支路的电压都能用树支电压表示。以树支电压作为未知的电路变量，对基本割集组列写一组独立的 KCL 方程，并进一步求出树支电压，这种分析方法称为割集法。用割集法分析电路的过程中，所列的以树支电压为电路变量的独立 KCL 方程组称为割集电压方程，割集电压方程也能写成矩阵形式。

复频域内，用割集矩阵表示的矩阵形式的 KCL 方程和 KVL 方程为

$$Q\,I(s) = 0 \tag{13-21}$$

$$Q^T U_t(s) = U(s) \tag{13-22}$$

把式（13-15）代入式（13-21）中，有

$$QY(s)[U(s) + U_S(s)] - I_S(s) = 0 \tag{13-23}$$

把式（13-22）代入式（13-23）中，并整理得到矩阵形式割集电压方程的复频域表达式

$$QY(s)Q^T U_t(s) = QI_S(s) - QY(s)U_S(s) \tag{13-24}$$

简写为

$$Y_t(s)U_t(s) = I_t(s) \tag{13-25}$$

式中，$Y_t(s)$ 称为割集导纳矩阵，$I_t(s)$ 为独立源引起的与割集方向相反的电流列向量。

矩阵形式割集电压方程的频域表达式为

$$QYQ^T\dot{U}_t = Q\dot{I}_S - QY\dot{U}_S \tag{13-26}$$

简写为

$$Y_t \dot{U}_t = \dot{I}_t \tag{13-27}$$

列写割集电压方程的矩阵形式可分以下 3 步。

（1）画有向图，给支路编号，选树。

（2）列写支路导纳矩阵和割集矩阵 $\boldsymbol{Q}_f$。按标准复合支路的规定列写支路电压源列向量 $\boldsymbol{U}_S(s)$ 和支路电流源列向量 $\boldsymbol{I}_S(s)$。

（3）计算 $\boldsymbol{Q}_f\boldsymbol{Y}(s)$、$\boldsymbol{Q}_f\boldsymbol{Y}(s)\boldsymbol{Q}_f^T$ 和 $\boldsymbol{Q}_f\boldsymbol{I}_s(s) - \boldsymbol{Q}_f\boldsymbol{Y}(s)\boldsymbol{U}_s(s)$，写出矩阵形式割集电压方程的复频域表达式 $\boldsymbol{Y}_t(s)\boldsymbol{U}_t(s) = \boldsymbol{I}_t(s)$ 或频域表达式 $\boldsymbol{Y}_t\dot{U}_t = \dot{I}_t$。

【例 13-5】 以运算形式写出如图 13-17 所示电路的割集电压方程的矩阵形式。设 L_3、L_4、C_5 的初始条件为零。

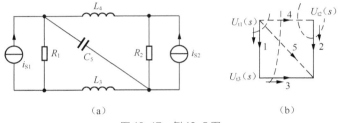

图 13-17　例 13-5 图

解 （1）作出电路的有向图，如图 13-17（b）所示。选 1、2、3 为树支，3 个单树支割集如虚线所示，树支电压 $U_{t1}(s)$、$U_{t2}(s)$、$U_{t3}(s)$ 也即割集电压，它们的方向也是割集的方向。

（2）由图 13-17（b）可写出单树支割集矩阵，即基本割集矩阵 $\boldsymbol{Q}_f$ 为

$$\boldsymbol{Q}_f = \begin{array}{c} \\ 1 \\ 2 \\ 3 \end{array}\begin{array}{cccccc} 1 & 2 & 3 & 4 & 5 \\ \left[\begin{array}{ccccc} 1 & 0 & 0 & 1 & 1 \\ 0 & 1 & 0 & -1 & 0 \\ 0 & 0 & 1 & 1 & 1 \end{array}\right] \end{array}$$

（3）由于电源中不含受控源，所以支路导纳矩阵为一对角阵。

$$\boldsymbol{Y}(s) = \mathrm{diag}\left[\frac{1}{R_1}, \frac{1}{R_2}, \frac{1}{sL_3}, \frac{1}{sL_4}, sC_5\right]$$

电路中没有独立电压源，$\boldsymbol{U}_S(s) = 0$。

独立电流源 $\boldsymbol{I}_S(s) = \begin{bmatrix} I_{S1}(s) & I_{S2}(s) & 0 & 0 & 0 \end{bmatrix}^T$

（4）将上式关系代入割集电压方程 $\boldsymbol{Q}_f\boldsymbol{Y}\boldsymbol{Q}_f^T\boldsymbol{U}_t(s) = \boldsymbol{Q}_f\boldsymbol{I}_s(s) - \boldsymbol{Q}_f\boldsymbol{Y}\boldsymbol{U}_S(s)$，得

$$\begin{bmatrix} \dfrac{1}{R_1} + \dfrac{1}{sL_4} + sC_5 & -\dfrac{1}{sL_4} & \dfrac{1}{sL_4} + sC_5 \\[2ex] -\dfrac{1}{sL_4} & \dfrac{1}{R_2} + \dfrac{1}{sL_4} & -\dfrac{1}{sL_4} \\[2ex] \dfrac{1}{sL_4} + sC_5 & -\dfrac{1}{sL_4} & \dfrac{1}{sL_3} + \dfrac{1}{sL_4} + sC_5 \end{bmatrix} \begin{bmatrix} U_{t1}(s) \\[2ex] U_{t2}(s) \\[2ex] U_{t3}(s) \end{bmatrix} = \begin{bmatrix} I_{S1}(s) \\[2ex] I_{S2}(s) \\[2ex] 0 \end{bmatrix}$$

思考与练习

13-5-1　列写割集电压方程的矩阵形式的步骤是什么？
13-5-2　节点电压方程和割集电压方程有何区别和联系？

13.6　状态方程

一、状态和状态变量

状态是指电路在任何时刻所必需的最少信息，它们和自该时刻以后的输入（激励）足以确定该电路的性状。

选定系统中一组最少数量的变量 $X = [x_1，x_2，\ldots，x_n]^T$，如果当 $t = t_0$ 时这组变量 $X(t_0)$ 和 $t \geqslant t_0$ 后的输入为已知，就可以确定 t_0 及 t_0 以后任何时刻系统的响应。称这一组最少数目的变量为状态变量。

状态变量是描述电路的一组最少数目的独立变量，如果某一时刻这组变量已知，且自此时刻以后电路的输入亦已知，则可以确定此时刻以后任何时刻电路的响应。状态变量是电路的一组独立的动态变量，它们在任何时刻的值组成了该时刻的状态，如独立的电容电压（或电荷），电感电流（或磁通链）就是电路的状态变量。

二、状态方程

称描述输入信号和状态变量之间的关系的一阶微分方程为状态方程，其解是待求的状态变量。借助于状态变量，建立一组联系状态变量和激励函数的一阶微分方程组。只要知道状态变量在某一时刻 t_0 的值 $X(t_0)$，再知道输入激励，就可以确定 $t > t_0$ 后电路的全部性状（响应）。在每个状态方程中只含有一个状态变量的一阶导数。

状态方程的标准形式如下：

$$\dot{x} = Ax + Bv \tag{13-28}$$

式（13-28）又称为向量微分方程。其中，x 称为状态向量，它的分量 x_1、x_2 是状态变量，v 称为输入向量。在一般情况下，设电路具有 n 个状态变量，m 个独立源，A 和 B 是常数矩阵。A 为 $n \times n$ 方阵，B 为 $n \times m$ 矩阵。

三、状态方程的列写

列写电路状态方程有直观法和系统法两种方法。前者适用于简单电路，后者适用于复杂电路。

1. 直观法
对于简单的网络，用直观法比较容易，列写状态方程的步骤如下。
（1）状态变量的选择：选择独立的电容电压和电感电流作为状态变量。
（2）对只接有一个电容的结点列写 KCL 方程，对只包含一个电感的回路列 KVL 方程。
（3）列写其他必要的方程，消去方程中的非状态变量。
（4）把状态方程整理成标准形式。

【**例 13-6**】电路图如图 13-18 所示，选 u_C，i_L 为状态变量，列写状态方程。

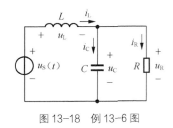

图 13-18　例 13-6 图

解　设 u_C，i_L 为状态变量。列微分方程

$$i_C = C\frac{du_C}{dt} = i_L - \frac{u_C}{R}$$

$$u_L = L\frac{di_L}{dt} = u_S(t) - u_C$$

改写为矩阵形式

$$\begin{bmatrix} \dfrac{du_C}{dt} \\[2mm] \dfrac{di_L}{dt} \end{bmatrix} = \begin{bmatrix} -\dfrac{1}{RC} & \dfrac{1}{C} \\[2mm] -\dfrac{1}{L} & 0 \end{bmatrix} \begin{bmatrix} u_C \\[2mm] i_L \end{bmatrix} + \begin{bmatrix} 0 \\[2mm] \dfrac{1}{L} \end{bmatrix} u_S(t)$$

由此可见，状态方程的特点是：

（1）联立的一阶微分方程组；

（2）左端为状态变量的一阶导数；

（3）右端含状态变量和输入量。

由于用直观法编写的方程不系统，不利于计算机计算，对复杂网络的非状态变量的消除很麻烦，因此，通常采用系统法。

2. 系统法

对于比较复杂的电路，仅靠观察法列写状态方程有时是很困难的，有必要寻求一种系统的编写方法。

简单地说，系统编写法就是寻求一个适当的树，使其包含全部电容而不包含电感。对含电容的单树支割集用 KCL 可列写一组含有 du_C/dt 的方程，对于含电感的单连支回路运用 KVL 可列写出一组含有 di_L/dt 的方程。这些方程中含有一个导数项，若再加上其他约束方程，便可求得标准状态方程。

状态方程系统列写法的步骤如下。

（1）选特有树：将所有的电容支路与电压源支路取为树支；将所有的电感支路与电流源支路取为连支。

（2）对单树支割集列 KCL 方程。

（3）对单连支回路列 KVL 方程。

（4）列其他必要的方程，消去非状态变量。

（5）整理并写成矩阵形式。

【**例 13-7**】试写出图 13-19（a）所示电路的状态方程，并整理成标准形式：$\dot{x} = Ax + Bv$。

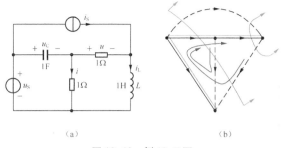

图 13-19　例 13-7 图

解　采用系统法：画出有向图，选择特有树，即仅由电压源、电容和电阻支路构成的树，如图 13-19（b）所示。

对图 13-19（b）所示的两个树支，按基本割集列写 KCL 方程

$$1\frac{\mathrm{d}u_\mathrm{C}}{\mathrm{d}t} + i_\mathrm{S} - i_L - i = 0$$

$$\frac{u}{1} + i_\mathrm{S} - i_\mathrm{L} = 0$$

对图 13-19（b）所示的两个连支，按基本回路列写 KVL 方程

$$1\frac{\mathrm{d}i_\mathrm{L}}{\mathrm{d}t} - u_\mathrm{S} + u_\mathrm{C} + u = 0$$

$$1 \times i - u_\mathrm{S} + u_\mathrm{C} = 0$$

将 i_C 与 u_L 的关系式写在一起，其余的关系式用以消去非状态变量，即可得状态方程：

整理得

$$\begin{cases} \dfrac{\mathrm{d}u_C}{\mathrm{d}t} = -u_C + i_\mathrm{L} + u_\mathrm{S} - i_\mathrm{S} \\ \dfrac{\mathrm{d}i_\mathrm{L}}{\mathrm{d}t} = -u_C - i_\mathrm{L} + u_\mathrm{S} + i_\mathrm{S} \end{cases}$$

矩阵形式状态方程为

$$\begin{bmatrix} \dfrac{\mathrm{d}u_C}{\mathrm{d}t} \\ \dfrac{\mathrm{d}i_\mathrm{L}}{\mathrm{d}t} \end{bmatrix} = \begin{bmatrix} -1 & 1 \\ -1 & -1 \end{bmatrix} \begin{bmatrix} u_\mathrm{C} \\ i_\mathrm{L} \end{bmatrix} + \begin{bmatrix} 1 & -1 \\ 1 & 1 \end{bmatrix} \begin{bmatrix} u_\mathrm{S} \\ i_\mathrm{S} \end{bmatrix}$$

注意：对于上述 KCL 和 KVL 方程中出现的非状态变量，只有将它们表示为状态变量后，才能得到状态方程的标准形式。

思考与练习

13-6-1　状态方程系统列写法的步骤是什么？

13-6-2　如何选取特有树？

13.7　应用实例

随着计算机和大规模集成电路的发展，现在人们已经广泛地使用计算机来辅助电路的分析和

设计。计算机是一种智能的计算工具，不仅能在很短的时间完成大量的数学运算，还能够自动建立电路方程，处理计算结果，并将结果用图形和动画形式表现出来，同时，还可进行稳态、瞬态、小信号及时域和频域等电路分析。此外，在电路的优化设计、输入、输出、打印绘图等方面均具有强大的功能。因此，学生在学习电路理论课程时，有必要了解使用计算机分析电路的基本方法和使用计算机程序来分析各种电路，以提高用计算机程序来分析和设计电路的能力。

分析电路时，必须知道组成电路的各元件的类型、参数、连接关系和支路参考方向等信息。当我们用计算机分析电路时，需要将这些信息转换为一组数据，并按照一定方式存放在一个矩阵或表格中，供计算机建立电路方程时使用。例如图 13-20（a）所示电路可以用图 13-20（b）的一组数据来表示。

矩阵中的每一行表示一条支路的有关信息，对于受控源，还要说明控制支路的编号。元件类型用一个或两个大写英文字母表示，例如电压源、电流源、电阻和电导分别用 V、I、R、G 表示，电压控制电压源（VCVS）用 VV 表示。支路电压电流的关联参考方向规定为从开始节点指向终止节点。各种元件参数均以主单位表示，即电压用伏[特]（V）、电流用安[培]（A）、电阻用欧[姆]（Ω）、电导用西[门子]（S）。

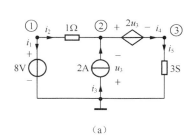

元件类型	支路编号	开始结点	终止结点	控制支路	元件参数
V	1	1	0		8.0
R	2	1	2		1.0
I	3	0	2		2.0
VV	4	2	3	3	2.0
G	5	3	0		3.0

（a）　　　　　　　　　　（b）

图 13-20　电路的矩阵表示

用计算机程序分析电路时，应根据电路图写出这些电路数据，在程序运行时，从键盘将这些数据输入计算机，或者将这些数据先存入到某个数据文件（例如 D.DAT）中，让计算机从这个文件中自动读入这些数据。

根据 KCL/KVL 和 VCR，以 b 个支路电压和 b 个支路电流作为未知量建立的一组电路方程，称为 $2b$ 方程，它适用于任何集总参数电路。由 $2b$ 方程导出的支路电流方程，网孔电流方程以及节点电压方程，减少了未知量和计算的工作量，便于手算求解。而在用计算机分析电路时，从便于建立电路方程和程序的通用性等因素的考虑，常常采用表格方程和改进的节点方程。

DCAP 程序用 FORTRAN 语言编写，采用表格方程和用高斯消去法求解，可以分析由直流电压源、直流电流源、电阻、电感、电容、开路、短路、受控源、理想变压器和理想运算放大器等电路元件以及单口网络和双口网络构成的线性非时变电路。电路的有关数据可以从键盘输入或者从数据文件中读入，供 DCAP 程序使用的电路数据文件的格式如下。

第一行：注释行，可以输入有关电路编号，类型，用途等数据。

第二行：输入一个表示电路支路数目的一个正整数。

第三行以后输入 b 条支路的数据，每一行按元件类型、支路编号、开始节点、终止节点、控制支路、元件参数 1 和元件参数 2 的次序输入一条支路的有关数据。元件类型用一个或两个大写英文字母表示。元件参数用实数表示，均采用主单位，电压用伏[特]、电流用安[培]、电阻用欧[姆]、电导用西[门子]。其他几个数据用整数表示，每个数据之间用一个以上的空格相隔。

当计算机读入电路数据后，选择屏幕上显示的菜单可以实现下面的分析计算功能。

仍以图 13-20（a）所示电路为例，说明 DCAP 程序得到的各种计算结果。

【例 13-8】用 DCAP 程序对图 13-21 所示电路进行分析。

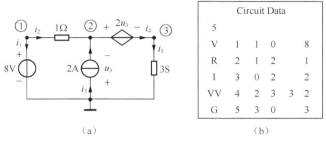

图 13-21 电路图及电路数据

运行 DCAP 程序，读入图 13-21（b）所示电路数据，选择菜单中的功能代码 2，可得到各节点电压，各支路电压、电流和吸收功率，如下所示

-----电压，电流和功率-----

节点	电压
$V_1=$	8.000
$V_2=$	1.000
$V_3=$	3.000

编号	类型	数值	支路电压	支路电流	支路吸收功率
1	V	8.000	$U_1 = 8.000$	$I_1 = -7.000$	$P_1 = -56.00$
2	R	1.000	$U_2 = 7.000$	$I_2 = 7.000$	$P_2 = 49.00$
3	I	2.000	$U_3 = -1.000$	$I_3 = 2.000$	$P_3 = -2.000$
4	VV	2.000	$U_4 = -2.000$	$I_4 = 9.000$	$P_4 = -18.00$
5	G	3.000	$U_5 = 3.000$	$I_5 = 9.000$	$P_5 = 27.00$

各支路吸收功率之和 P = .0000

在使用计算机程序来分析电路时，首先要将电路的结构和元件参数正确地告诉计算机，随后，计算机自动建立方程和求解，并将计算结果打印或显示出来。应该注意到，基于数值计算的方法可能会出现溢出或某些数值问题。

本章小结

一、电路方程的矩阵形式

电路方程的矩阵形式是电路系统化分析的基础，是计算机辅助分析和设计所需的基础知识。本章以电路的拓扑结构为基础介绍了描述电路拓扑性质的 3 个矩阵：关联矩阵、割集矩阵和回路矩阵，以及用矩阵表述的基尔霍夫定律，在此基础上系统地分析了回路电流方程、节点电压方程、割集电压方程 3 种电路方程的矩阵形式。详细介绍了矩阵形式中复合支路的定义，并具体介绍了 3 种矩阵方程的列写方法及注意问题。回路电流法和节点电压法对于复合支路的要求是不同的，因此两种方法不是对所有的电路都适用。割集电压法的要求与节点电压法相同，方程形式类似，实际上割集电压法可以看作是节点电压法的推广，而节点法是割集法的特例。

二、状态方程

本章的最后简单介绍了状态方程的初步知识，包括状态变量的概念和状态方程的列写方法，为今后复杂网络的状态分析奠定基础。

自测题

一、选择题

1. 若网络中没有只由电容、电压源构成的回路及只由电感、电流源构成的割集，则在列写状态方程时，可选择一个树，其树支仅由（   ）组成，而连支仅由（   ）组成。

  （A）电容、电压源、电阻   （B）电容、电流源、电阻

  （C）电感、电压源、电阻   （D）电感、电流源、电阻

2. 割集法以（   ）为求解的独立变量，回路法以（   ）为求解的独立变量。

  （A）连支电压   （B）连支电流   （C）树支电压   （D）树支电流

3. 对于一个具有 n 个节点，b 条支路的电路，有（   ）个单树支割集。

  （A）$(n-1)$ （B）$(n+1)$ （C）n （D）$2n$

4. 连通图 G 的一个割集是 G 的一个支路集合，则（   ）。

  （A）一个割集包含了 G 的全部支路

  （B）一个割集包含了 G 的部分支路

  （C）一个割集是将 G 分为两个分离部分的最少支路集合

  （D）一个割集将 G 分为 3 个部分

5. 割集矩阵 $\boldsymbol{Q}$ 的任一元素 q_{jk} 的定义是（   ）。（j 对应于割集，k 对应于支路）

  （A）$q_{jk}=1$，j 与 k 关联且方向一致   （B）$q_{jk}=1$，j 与 k 不关联且方向一致

  （C）$q_{jk}=-1$，j 与 k 关联且方向一致   （D）$q_{jk}=-1$，j 与 k 不关联且方向一致

二、判断题

1. 割集总是对应选定的树而言的，没有选定树之前，割集也不能确定。   （   ）

2. 回路电流方程系数行列式对角线两侧互电阻总是对称的，即 $R_{kj} = R_{jk}$。   （   ）

3. 在列写基本回路矩阵和基本割集矩阵时，基本回路方向与树支方向一致，基本割集方向与连支方向一致。   （   ）

4. 连通图 G 的一个割集，是图 G 的一个支路的集合，把这些支路全部移去，图 G 将分离为 3 个部分。   （   ）

5. 连通图 G 的一个割集是 G 的一个连通子图，它包含 G 的全部节点但不包含回路。（   ）

习题

13-1 图 13-22（a）以节点 4 为参考节点，图 13-22（b）以节点 5 为参考节点，写出图 13-23 所示有向图的关联矩阵 $\boldsymbol{A}$。

13-2 对于图 13-23 所示有向图，若选支路 1、2、3 为树支，写出基本回路矩阵 $\boldsymbol{B}_\mathrm{f}$ 和基本割集矩阵 $\boldsymbol{Q}_\mathrm{f}$。

13-3 电路图如图 13-24 所示，列出电路的矩阵形式回路电流方程。

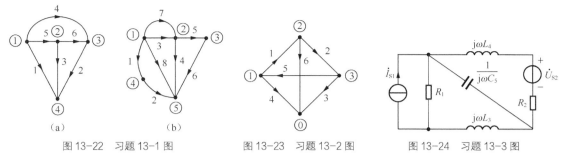

图 13-22 习题 13-1 图　图 13-23 习题 13-2 图　图 13-24 习题 13-3 图

13-4 用矩阵形式列出图 13-25 所示电路的回路电流方程：（1）L_2 和 L_3 之间不含互感；（2）L_2 和 L_3 之间含有互感。

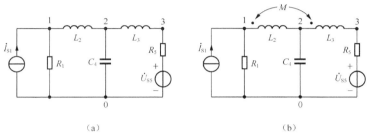

图 13-25　习题 13-4(或 13-5)图

13-5 列写如图 13-25 所示电路的节点电压方程。

13-6 电路图如图 13-26（a）所示，图 13-26（b）是它的有向图。设 L_3、L_4、C_5 的初始条件为零，试用运算形式列写出该电路的节点电压方程。

13-7 电路如图 13-27 所示，L_1 和 L_2 之间有互感，试列写节点电压方程。

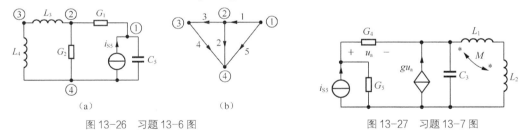

图 13-26　习题 13-6 图　　　图 13-27　习题 13-7 图

13-8 电路如图 13-28 所示，试用运算形式写出该电路割集电压方程的矩阵形式。（设电感电容的初始条件为零。）

13-9 电路图如图 13-29 所示，选 u_C，i_1，i_2 为状态变量，列写状态方程。

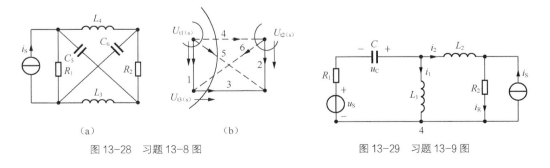

图 13-28　习题 13-8 图　　　图 13-29　习题 13-9 图

内容提要： 本章介绍线性二端口的概念和分析方法。内容主要有：二端口网络的端口参数和端口方程，二端口网络的特性阻抗，无源及含受控源二端口的等效电路，二端口网络的连接，回转器和负阻抗变换器。

本章目标： 掌握二端口网络的 4 个基本方程和有关参数及互换；熟练掌握二端口网络的实际应用。

14.1 二端口网络的概念

到目前为止，如果要建立电路的模型则必须知道电路元件的种类、元件的值和电路的连接方式。但是如果电路处在"黑箱"之中，所有的元件、元件值和互连方式都不知道，那么如何建立电路模型呢？通过本章学习，我们会发现，只要用"黑箱"电路做两个实验就可以仅用 4 个值创建电路的模型——电路的双端口参数模型，然后用此模型来确定该电路连接电源和负载后的特性。

电子技术工程实际应用中，很多电路都是通过端口和外部电路相联的。例如耦合电路、滤波电路、放大电路及变压器等，这些电路都属于二端口网络。尤其在中、大规模集成电路迅速发展的今天，各类功能不同的集成块研制出来的越来越多，这些集成电路往往制造好以后就被封装起来，对外引出多个端钮与外电路连接。对于此类电路一般不考虑电路内部的情况，只对各个端口的功能及其特性予以研究。因此，对端口网络的分析显得日益重要。

在网络的分析中，有时并不需要求解出每一个支路的电压和电流，而只需要得到网络某一特定支路对网络外加信号激励的响应电压和电流，而不管网络其他部分的工作状态如何。求解这样的网络在电工、电子电信的工程实际中常会遇到。例如，对变压器只需分析输入输出端之间的电压和电流，而无需对变压器内部参数进行计算；同样，对于晶体管电路而言，我们只需分析输入输出信号之间的关系；对于通信线路，我们也只关心发送端与接收端之间的特性关系，而不去讨论网络内部的工作性状。此外，随着科学技术的发展，许多由复杂电路组成的器件在制作后都是封闭起来的，只留一定数目的端钮与外电路连接，对于这类电路我们就只能从它们的端钮处进行测量与分析，根据测量和计算分析得到的电压与电流来描述网络的特性，所以本章我们着重研究网络外部端钮电路变量的特性。

任何一个复杂网络，如果它只通过两个端钮（又称端子）与外部电路相连接，它就是一个二端网络。根据基尔霍夫电流定律，从一个端钮流入的电流必然等于从另一个端钮流出的电流，我们把这样一对端钮叫作一个端口，因此二端网络又叫作一端口网络。电阻、电感、电容等电路元件是最简单的一端口网络。

设一个网络有 4 个端钮与外部电路相连，如图 14-1 所示。把这 4 个端钮分成两对，如果在任何瞬时从任一对端钮的一个端子流入的电流总是等于从这一对端钮的另一个端子流出的电流时，就把这样的网络叫作二端口网络，上述条件称为二端口网络的端口条件。1-1′一对端子为输入端子，2-2′一对端子为输出端子，以便与其他设备相连接。如果 4 个端钮可以对外任意连接，流入流出端钮的电流都不满足上述限制时，则称该网络为四端网络，显然二端口网络是四端网络的特例。类似的还有 $2n$ 端网络和 n 端口网络。

二端口网络的电路符号如图 14-1 所示，按照惯例，我们规定端口 1-1′ 与 2-2′ 上的电压与电流一律取关于网络关联的参考方向，且端钮 1、2 为正极性端。

本章只讨论二端口网络，且规定其内部不含独立电源，所有元件（电阻、电感、电容、受控源、变压器等）都是线性的，储能元件为零初始状态。当网络不含受控源时，成为无源线性二端口网络。

对线性无源二端口网络的分析，是通过对二端口网络端口处电压和电流的测试，找出一组参数来表征该二端口网络的性能，在分析过程中并不涉及网络内部电路的工作状况，即不考虑二端口网络的内部结构如何，由此给实际问题的分析和研究带来了极大的方便。同时，还可以利用这些参数来比较不同的二端口网络在传递电能和信号方面的性能，从而正确评价它们的质量，这就是研究二端口网络的意义。

思考与练习

14-1-1 什么是二端口网络？它与四端网络有何区别？
14-1-2 什么是无源线性二端口网络？
14-1-3 研究二端口网络的意义是什么？
14-1-4 端口与端钮有何不同？什么是端口条件？

14.2 二端口网络的方程和参数

大家知道，描述一个一端口网络的电特性的参数是端口电压和端口电流。对于图 14-2 所示的一端口网络来说，通过计算或实测已知端口电压、端口电流之后，我们就可以求得其端口网络的阻抗或导纳，表示为

图 14-2 一端口网络

$$Z = \frac{\dot{U}}{\dot{I}} \text{ 或 } Y = \frac{\dot{I}}{\dot{U}} \tag{14-1}$$

反之，若已知一端口网络的阻抗或导纳，则不论该一端口网络与什么样的电路相连，其

端口电压和端口电流都必定满足约束方程

$$\dot{U} = Z\dot{I} \text{（以电流 } i \text{ 为已知量）} \tag{14-2a}$$

或

$$\dot{I} = Y\dot{U} \text{（以电压 } \dot{U} \text{ 为已知量）} \tag{14-2b}$$

而表征二端口网络的电特性参数为两个端口的电压和电流，这 4 个物理量也应满足一定的约束方程。类似地，我们以二端口的 4 个网络变量中的任意两个作为已知量，则另外两个网络变量所满足的约束方程应有 6 个。对于这 6 种情况，我们采用 6 种不同的二端口网络参数来建立电路方程加以描述。下面我们假设按正弦稳态情况考虑，应用相量法对其中的 4 种主要参数加以分析。

一、导纳方程和 Y 参数

1. Y 参数方程

假设两个端口的电压 $\dot{U}_1$、$\dot{U}_2$ 已知，由替代定理，可设 $\dot{U}_1$、$\dot{U}_2$ 分别为端口所加的电压源。由于我们所讨论的二端口网络是线性无源的，根据叠加原理，$\dot{I}_1$、$\dot{I}_2$ 应分别等于两个独立电压源单独作用时产生的电流之和，即

$$\begin{cases} \dot{I}_1 = Y_{11}\dot{U}_1 + Y_{12}\dot{U}_2 \\ \dot{I}_2 = Y_{21}\dot{U}_1 + Y_{22}\dot{U}_2 \end{cases} \tag{14-3}$$

式（14-3）还可以写成如下的矩阵形式。

$$\begin{bmatrix} \dot{I}_1 \\ \dot{I}_2 \end{bmatrix} = \begin{bmatrix} Y_{11} & Y_{12} \\ Y_{21} & Y_{22} \end{bmatrix} \begin{bmatrix} \dot{U}_1 \\ \dot{U}_2 \end{bmatrix} = Y \begin{bmatrix} \dot{U}_1 \\ \dot{U}_2 \end{bmatrix} \tag{14-4}$$

其中

$$Y \xlongequal{\text{def}} \begin{bmatrix} Y_{11} & Y_{12} \\ Y_{21} & Y_{22} \end{bmatrix}$$

叫作二端口的 Y 参数矩阵，Y_{11}、Y_{12}、Y_{21}、Y_{22} 称为二端口的 Y 参数，显然 Y 参数具有导纳的量纲。与一端口网络的导纳相似，Y 参数仅与网络的结构、元件的参数、激励的频率有关，而与端口电压（激励）无关，因此可以用 Y 参数来描述二端口网络的特性。

2. Y 参数的实验测定（短路实验）

图 14-3 所示为一二端口网络，该网络的 Y 参数可由计算或实测求得，规定如下。

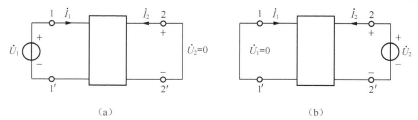

（a）　　　　　　　　　　　　（b）

图 14-3　Y 参数的计算或测定

$$Y_{11} = \frac{\dot{I}_1}{\dot{U}_1}\bigg|_{\dot{U}_2=0} \text{端口 } 2-2' \text{ 短路时端口 } 1-1' \text{ 处的驱动点导纳。}$$

$$Y_{21} = \frac{\dot{I}_2}{\dot{U}_1}\bigg|_{\dot{U}_2=0} \quad \text{端口 } 2-2' \text{ 短路时端口 } 2-2' \text{ 与端口 } 1-1' \text{ 之间的转移导纳。}$$

$$Y_{12} = \frac{\dot{I}_1}{\dot{U}_2}\bigg|_{\dot{U}_1=0} \quad \text{端口 } 1-1' \text{ 短路时端口 } 1-1' \text{ 与端口 } 2-2' \text{ 之间的转移导纳。}$$

$$Y_{22} = \frac{\dot{I}_2}{\dot{U}_2}\bigg|_{\dot{U}_1=0} \quad \text{端口 } 1-1' \text{ 短路时端口 } 2-2' \text{ 处的驱动点导纳。}$$

可见，Y 参数是在其中一个端口短路的情况下计算或实测得到的，所以 Y 参数又称为短路导纳参数。以上各式同时说明了 Y 参数的物理意义。当求得 Y 参数后，就可利用式(14-3)写出二端口网络参数之间的约束方程。必须强调指出，无论是计算还是实测，都必须在图 14-1 所示的端口标准参考方向下进行，否则，须做相应的修正。

3. Y 参数的特点

（1）互易二端口：$Y_{12}=Y_{21}$，二端口网络具有互易性，称该二端口网络为互易二端口网络。一般既无独立源也无受控源的线性二端口网络都是互易网络。一个无源线性二端口，只要 3 个独立的参数足以表征其性能。

（2）对称二端口：$Y_{11}=Y_{22}$，二端口网络的两个端口 $1-1'$ 与 $2-2'$ 互换位置后，其外部特性不会有任何变化。若二端口网络的电路连接方式和元件性质及参数的大小均具有对称性，则称为结构对称二端口。对称二端口中，因 $Y_{11}=Y_{22}$，$Y_{12}=Y_{21}$，故其 Y 参数中只有两个是独立的。

【例 14-1】求图 14-4（a）所示二端口网络的 Y 参数。

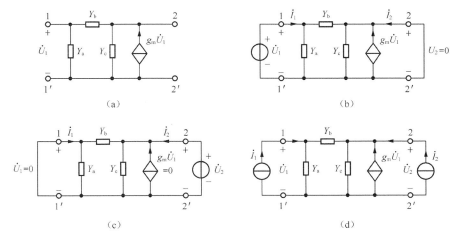

图 14-4 例 14-1 图

解 方法一：用两个端口分别短路的方法计算 Y 参数。

把端口 $2-2'$ 短路，在 $1-1'$ 端口加电压 $\dot{U}_1$，如图 14-4（b）所示，有

$$\dot{I}_1 = \dot{U}_1(Y_a + Y_b)，\quad \dot{I}_2 = -\dot{U}_1 Y_b - g_m \dot{U}_1$$

于是可得

$$Y_{11} = \frac{\dot{I}_1}{\dot{U}_1}\bigg|_{\dot{U}_2=0} = Y_a + Y_b，\quad Y_{21} = \frac{\dot{I}_2}{\dot{U}_1}\bigg|_{\dot{U}_2=0} = -Y_b - g_m$$

同理，把端口 $1-1'$ 短路，在 $2-2'$ 端口加电压 $\dot{U}_2$，如图 14-4（c）所示，有

$$\dot{I}_1 = -Y_b \dot{U}_2$$

$$\dot{I}_2 = (Y_b + Y_c)\dot{U}_2 \quad (\text{此时受控源电流等于零})$$

所以有

$$Y_{12} = \frac{\dot{I}_1}{\dot{U}_2}\bigg|_{\dot{U}_1=0} = -Y_b, \qquad\qquad Y_{22} = \frac{\dot{I}_2}{\dot{U}_2}\bigg|_{\dot{U}_1=0} = Y_b + Y_c$$

由于含有受控源，所以 $Y_{12} \neq Y_{21}$。

方法二：用节点法列方程计算 Y 参数。

如图 14-4（d）所示，在端口 $1-1'$ 和端口 $2-2'$ 分别加电流源 $\dot{I}_1$、$\dot{I}_2$，以 $1'$ 点为参考节点，1，2 节点的节点电压即为端口电压，节点电压方程为

$$\begin{cases} (Y_a + Y_b)\dot{U}_1 - Y_b\dot{U}_2 = \dot{I}_1 \\ -Y_b\dot{U}_1 + (Y_b + Y_c)\dot{U}_2 = \dot{I}_2 + g_m\dot{U}_1 \end{cases}$$

整理得

$$\begin{cases} (Y_a + Y_b)\dot{U}_1 - Y_b\dot{U}_2 = \dot{I}_1 \\ -(Y_b + g_m)\dot{U}_1 + (Y_b + Y_c)\dot{U}_2 = \dot{I}_2 \end{cases}$$

于是有

$$Y_{11} = Y_a + Y_b, \quad Y_{12} = -Y_b, \quad Y_{21} = -Y_b - g_m, \quad Y_{22} = Y_b + Y_c$$

二、阻抗方程和 Z 参数

1. Z 参数方程

设两个端口的电流 $\dot{I}_1$、$\dot{I}_2$ 已知，由替代定理，设 $\dot{I}_1$、$\dot{I}_2$ 分别为端口所加的电流源，根据叠加原理，$\dot{U}_1$、$\dot{U}_2$ 应分别等于两个独立电流源单独作用时产生的电压之和，即

$$\left.\begin{array}{l} \dot{U}_1 = Z_{11}\dot{I}_1 + Z_{12}\dot{I}_2 \\ \dot{U}_2 = Z_{21}\dot{I}_1 + Z_{22}\dot{I}_2 \end{array}\right\} \tag{14-5}$$

写成矩阵形式

$$\begin{bmatrix} \dot{U}_1 \\ \dot{U}_2 \end{bmatrix} = \begin{bmatrix} Z_{11} & Z_{12} \\ Z_{21} & Z_{22} \end{bmatrix} \begin{bmatrix} \dot{I}_1 \\ \dot{I}_2 \end{bmatrix} = Z \begin{bmatrix} \dot{I}_1 \\ \dot{I}_2 \end{bmatrix} \tag{14-6}$$

其中

$$\boldsymbol{Z} \stackrel{\text{def}}{=\!=\!=} \begin{bmatrix} Z_{11} & Z_{12} \\ Z_{21} & Z_{22} \end{bmatrix}$$

叫作二端口的 Z 参数矩阵，Z_{11}、Z_{12}、Z_{21}、Z_{22} 称为二端口的 Z 参数，Z 参数具有阻抗的量纲。与 Y 参数一样，Z 参数也用来描述二端口网络的特性。

2. Z 参数的实验测定（开路实验）

Z 参数可由图 14-5 所示的方法计算或实测求得，有

$$Z_{11} = \frac{\dot{U}_1}{\dot{I}_1}\bigg|_{\dot{I}_2=0} \quad 端口 2-2' 开路时端口 1-1' 处的驱动点阻抗。$$

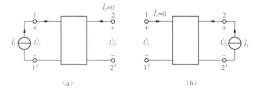

图 14-5 Z 参数的计算或测定

$Z_{21} = \dfrac{\dot{U}_2}{\dot{I}_1}\bigg|_{I_2=0}$ 端口 2 – 2′ 开路时端口 2 – 2′ 与端口 1 – 1′ 之间的转移阻抗。

$Z_{12} = \dfrac{\dot{U}_1}{\dot{I}_2}\bigg|_{I_1=0}$ 端口 1 – 1′ 开路时端口 1 – 1′ 与端口 2 – 2′ 之间的转移阻抗。

$Z_{22} = \dfrac{\dot{U}_2}{\dot{I}_2}\bigg|_{I_1=0}$ 端口 1 – 1′ 开路时端口 2 – 2′ 处的驱动点阻抗。

Z 参数是在一个端口开路的情况下计算或实测得到的，所以又称为开路阻抗参数。对互易二端口网络有 $Z_{12}=Z_{21}$，对于对称二端口，则有 $Z_{11}=Z_{22}$。

大家知道，一端口网络的阻抗 Z 与导纳 Y 互为倒数。对比式（14-4）与式（14-6）可以看出 Z 参数矩阵与 Y 参数矩阵互为逆矩阵，即

$$\boldsymbol{Z} = \boldsymbol{Y}^{-1} \quad \text{或} \quad \boldsymbol{Y} = \boldsymbol{Z}^{-1}$$

即

$$\begin{bmatrix} Z_{11} & Z_{12} \\ Z_{21} & Z_{22} \end{bmatrix} = \frac{1}{\Delta_Y}\begin{bmatrix} Y_{22} & -Y_{12} \\ -Y_{21} & Y_{11} \end{bmatrix} \quad (\Delta_Y \neq 0)$$

式中 $\Delta_Y = Y_{11}Y_{22} - Y_{12}Y_{21}$。当已知 Y 参数时即可由上式求出 Z 参数。

【例 14-2】一个二端口，其 Z 参数矩阵为

$$\boldsymbol{Z} = \begin{bmatrix} 12 & 4 \\ 4 & 6 \end{bmatrix}\Omega$$

若该网络的终端电阻是 2Ω，求 $\dfrac{U_2}{U_1}$。

解　由题给条件可得出

$$\begin{cases} \dot{U}_2 = 12\dot{I}_1 + 4\dot{I}_2 \\ \dot{U}_2 = 4\dot{I}_1 + 6\dot{I}_2 \\ \dot{U}_1 = -2\dot{I}_2 \end{cases}$$

由以上各式得

$$\dot{U}_1 = 10\dot{U}_2$$

即

$$\frac{\dot{U}_2}{\dot{U}_1} = \frac{1}{10}$$

三、传输方程和 T 参数

1. T 参数方程

在许多工程实际问题中，设计者往往希望找到一个端口的电压、电流与另一个端口的电压、电

流之间的直接关系，如放大器、滤波器、变压器的输出与输入之间的关系，传输线的始端与终端之间的关系等。这种情况下仍然使用 Y 参数和 Z 参数就不太方便了，而采用传输参数则更为便利。

设已知端口 $2-2'$ 的电压 $\dot{U}_2$ 和电流 $\dot{I}_2$，由叠加定理同样可写出端口 $1-1'$ 的电压 $\dot{U}_1$ 和电流 $\dot{I}_1$ 分别为（注意 $\dot{I}_2$ 前面的负号）

$$\begin{cases} \dot{U}_1 = A\dot{U}_2 + B(-\dot{I}_2) \\ \dot{I}_1 = C\dot{U}_2 + D(-\dot{I}_2) \end{cases} \tag{14-7}$$

写成矩阵形式为

$$\begin{bmatrix} \dot{U}_1 \\ \dot{I}_1 \end{bmatrix} = \begin{bmatrix} A & B \\ C & D \end{bmatrix} \begin{bmatrix} \dot{U}_2 \\ -\dot{I}_2 \end{bmatrix} = T \begin{bmatrix} \dot{U}_2 \\ -\dot{I}_2 \end{bmatrix} \tag{14-8}$$

其中

$$T \xlongequal{\text{def}} \begin{bmatrix} A & B \\ C & D \end{bmatrix}$$

叫作二端口的 T 参数矩阵，A、B、C、D 称为二端口的 T 参数。

2. T 参数的物理意义及计算和测定

T 参数(又称传输参数)可由图 14-6 所示的方法计算或实测求得。

$A = \dfrac{\dot{U}_1}{\dot{U}_2}\bigg|_{\dot{I}_2=0}$ 端口 $2-2'$ 开路时端口 $1-1'$ 与端口 $2-2'$ 的转移电压比。

$B = \dfrac{\dot{U}_1}{-\dot{I}_2}\bigg|_{\dot{U}_2=0}$ 端口 $2-2'$ 短路时的转移阻抗。

$C = \dfrac{\dot{I}_1}{\dot{U}_2}\bigg|_{\dot{I}_2=0}$ 端口 $2-2'$ 开路时的转移导纳。

$D = \dfrac{\dot{I}_1}{-\dot{I}_2}\bigg|_{\dot{U}_2=0}$ 端口 $2-2'$ 短路时端口 $1-1'$ 与端口 $2-2'$ 的转移电流比。

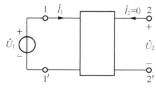

（a）参数 A 的计算或测量

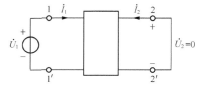

（b）参数 B 的计算或测量

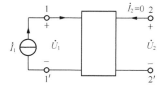

（c）参数 C 的计算或测量

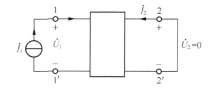

（d）参数 D 的计算或测量

图 14-6　T 参数的计算或测量

3. 互易性和对称性

我们把 Y 参数方程式（14-3）重新整理并与 T 参数方程式（14-7）相对照，有

$$\begin{cases} \dot{I}_1 = Y_{11}\dot{U}_1 + Y_{12}\dot{U}_2 \\ \dot{I}_2 = Y_{21}\dot{U}_1 + Y_{22}\dot{U}_2 \end{cases} \Rightarrow \begin{cases} \dot{I}_1 = Y_{11}\dot{U}_1 + Y_{12}\dot{U}_2 \\ \dot{U}_1 = -\dfrac{Y_{22}}{Y_{21}}\dot{U}_2 + \dfrac{1}{Y_{21}}\dot{I}_2 \end{cases} \quad (\text{当 } Y_{21} \neq 0 \text{ 时})$$

$$\Rightarrow \begin{cases} \dot{I}_1 = Y_{11}\left(-\dfrac{Y_{22}}{Y_{21}}\dot{U}_2 + \dfrac{1}{Y_{21}}\dot{I}_2\right) + Y_{12}\dot{U}_2 \\ \dot{U}_1 = -\dfrac{Y_{22}}{Y_{21}}\dot{U}_2 + \dfrac{1}{Y_{21}}\dot{I}_2 \end{cases}$$

$$\Rightarrow \begin{cases} \dot{U}_1 = -\dfrac{Y_{22}}{Y_{21}}\dot{U}_2 + \dfrac{1}{Y_{21}}\dot{I}_2 \\ \dot{I}_1 = \left(Y_{12} - \dfrac{Y_{11}Y_{22}}{Y_{21}}\right)\dot{U}_2 + \dfrac{Y_{11}}{Y_{21}}\dot{I}_2 \end{cases} \Rightarrow \begin{cases} \dot{U}_1 = A\dot{U}_2 + B(-\dot{I}_2) \\ \dot{I}_1 = C\dot{U}_2 + D(-\dot{I}_2) \end{cases}$$

这里

$$A = -\frac{Y_{22}}{Y_{21}} \qquad B = -\frac{1}{Y_{21}}$$

$$C = Y_{12} - \frac{Y_{11}Y_{22}}{Y_{21}} \quad D = -\frac{Y_{11}}{Y_{21}}$$

因此可由 Y 参数按照上式求出相应的 T 参数。

对于互易二端口网络（$Y_{12}=Y_{21}$），A、B、C、D 4 个参数中也只有 3 个是独立的，因为

$$AD - BC = \left(-\frac{Y_{22}}{Y_{21}}\right)\left(-\frac{Y_{11}}{Y_{21}}\right) - \left(-\frac{1}{Y_{21}}\right)\left(Y_{12} - \frac{Y_{11}Y_{22}}{Y_{21}}\right) = \frac{Y_{12}}{Y_{21}} = 1$$

对于对称二端口网络（$Y_{11}=Y_{22}$），还将有 $A=D$。

【例 14-3】求图 14-7 所示电路的传输参数。

解 对图示电路应用 KCL、KVL，得

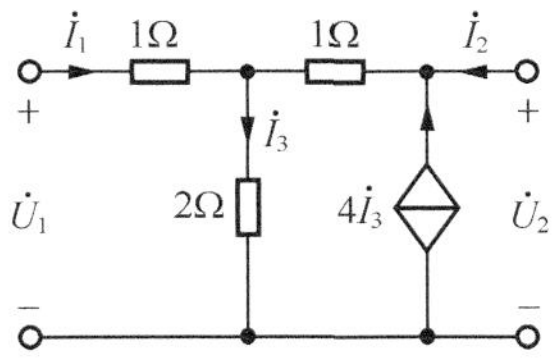

图 14-7 例 14-3 图

$$\dot{U}_1 = 1\dot{I}_1 + 2\dot{I}_3$$
$$\dot{U}_2 = 4\dot{I}_3 + 1\dot{I}_2 + 2\dot{I}_3$$
$$\dot{I}_1 + \dot{I}_2 + 4\dot{I}_3 = \dot{I}_3$$

消去 $\dot{I}_3$，整理得

$$\begin{cases} \dot{U}_1 = -\dfrac{1}{6}\dot{U}_2 - \dfrac{5}{6}\dot{I}_2 \\ \dot{I}_1 = -\dfrac{1}{2}\dot{U}_2 - \dfrac{1}{2}\dot{I}_2 \end{cases}$$

由上述 T 参数方程得

$$T = \begin{bmatrix} -\dfrac{1}{6} & \dfrac{5}{6} \\ -\dfrac{1}{2} & \dfrac{1}{2} \end{bmatrix}$$

四、混合方程和 H 参数

1. H 参数方程

我们常采用 H 参数描述晶体管电路，其方程为

$$\begin{cases} \dot{U}_1 = H_{11}\dot{I}_1 + H_{12}\dot{U}_2 \\ \dot{I}_2 = H_{21}\dot{I}_1 + H_{22}\dot{U}_2 \end{cases} \tag{14-9}$$

写成矩阵形式为

$$\begin{bmatrix} \dot{U}_1 \\ \dot{I}_2 \end{bmatrix} = \begin{bmatrix} H_{11} & H_{12} \\ H_{21} & H_{22} \end{bmatrix} \begin{bmatrix} \dot{I}_1 \\ \dot{U}_2 \end{bmatrix} = \boldsymbol{H} \begin{bmatrix} \dot{I}_1 \\ \dot{U}_2 \end{bmatrix} \tag{14-10}$$

其中

$$\boldsymbol{H} \stackrel{\text{def}}{=\!=\!=} \begin{bmatrix} H_{11} & H_{12} \\ H_{21} & H_{22} \end{bmatrix}$$

叫作二端口的 H 参数矩阵，H_{11}、H_{12}、H_{21}、H_{22} 称为二端口的 H 参数。

2. H 参数的物理意义计算与测定

H 参数可由图 14-8 所示的方法计算或实测求得，即

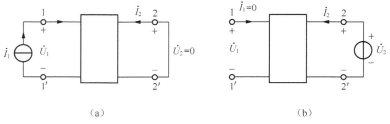

（a）   （b）

图 14-8　H 参数的计算或测量

$$H_{11} = \left.\frac{\dot{U}_1}{\dot{I}_1}\right|_{\dot{U}_2=0} \qquad \text{端口 } 2-2' \text{ 短路时端口 } 1-1' \text{ 处的驱动点阻抗。}$$

$$H_{21} = \left.\frac{\dot{I}_2}{\dot{I}_1}\right|_{\dot{U}_2=0} \qquad \text{端口 } 2-2' \text{ 短路时端口 } 2-2' \text{ 与端口 } 1-1' \text{ 之间的电流转移函数。}$$

$$H_{12} = \left.\frac{\dot{U}_1}{\dot{U}_2}\right|_{\dot{I}_1=0} \qquad \text{端口 } 1-1' \text{ 开路时端口 } 1-1' \text{ 与端口 } 2-2' \text{ 之间的电压转移函数。}$$

$$H_{22} = \left.\frac{\dot{I}_2}{\dot{U}_2}\right|_{\dot{I}_1=0} \qquad \text{端口 } 1-1' \text{ 开路时端口 } 2-2' \text{ 处的驱动点导纳。}$$

　　H 参数的量纲不止一种，它包括具有阻抗、导纳的量纲和无量纲的参数，所以称为混合参数。可以证明，对于互易二端口有 $H_{12}=-H_{21}$，对于对称二端口，则有 $H_{11}H_{22}-H_{12}$

$H_{21}=1$。

在电子电路中，在小信号条件下共发射极连接的晶体三极管［见图 14-9（a）］常用 H 参数来描述其端口特性，如图 14-9（b）所示。此时 H_{11} 为三极管的输入电阻，H_{22} 为它的输出电导，H_{12} 为电压反馈系数，H_{21} 为其电流放大系数（习惯上用 β 表示）。对一般三极管，H_{12} 很小（10^{-4} 左右），H_{22} 也很小（10^{-5} 左右），所以在其等效电路中常令 $H_{12}\approx H_{21}\approx 0$，使其简化。因此，考虑 $H_{12}\approx H_{21}\approx 0$ 后，实际分析中一种常用的共发射极小信号交流等效电路如图 14-9（c）所示。

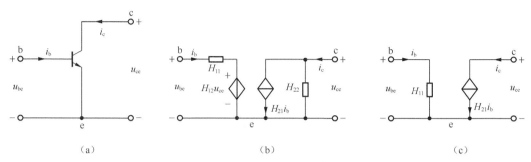

（a）　　　　　　　　　　（b）　　　　　　　　　　（c）

图 14-9　双极型晶体管的等效电路

【例 14-4】 求图 14-10 所示三极管小信号等效电路的 H 参数矩阵。

解　直接列方程求解，KVL 方程为

$$\dot{U}_1 = R_1\dot{I}_1$$

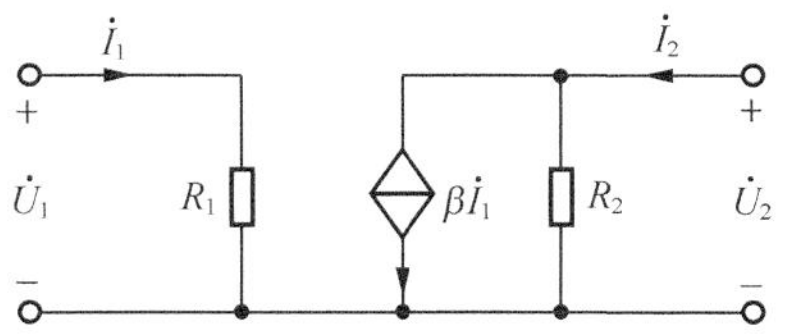

图 14-10　例 14-4 图

KCL 方程为

$$\dot{I}_2 = \beta\dot{I}_1 + \frac{1}{R_2}\dot{U}_2$$

$$\therefore \begin{cases} \dot{U}_1 = R_1\dot{I}_1 \\ \dot{I}_2 = \beta\dot{I}_1 + \dfrac{1}{R_2}\dot{U}_2 \end{cases}$$

$$\therefore \boldsymbol{H} = \begin{bmatrix} H_{11} & H_{12} \\ H_{21} & H_{22} \end{bmatrix} = \begin{bmatrix} R_1 & 0 \\ \beta & \dfrac{1}{R_2} \end{bmatrix}$$

在本例所求得的 H 参数矩阵中，$H_{12} \neq H_{21}$，这是因为二端口内含受控源且为单方受控使其不再是线性互易二端口的缘故。

根据上述参数的推导过程可以看出各参数之间均可相互转换，表 14-1 列出了这些参数间

的关系式，实际应用中可以查表。当然，在理论分析与工程实际当中，并非每个二端口网络都同时存在这 4 种参数，如理想变压器的 Y 参数和 Z 参数就不存在。

表 14-1 　　　　　　　　　　　线性无源二端口 4 种参数之间的相互关系

	Z 参数	Y 参数	H 参数	T 参数
Z 参数	$\begin{matrix} Z_{11} & Z_{12} \\ Z_{21} & Z_{22} \end{matrix}$	$\begin{matrix} \dfrac{Y_{22}}{\Delta_Y} & -\dfrac{Y_{12}}{\Delta_Y} \\ \dfrac{Y_{21}}{\Delta_Y} & \dfrac{Y_{11}}{\Delta_Y} \end{matrix}$	$\begin{matrix} \dfrac{\Delta_H}{H_{12}} & \dfrac{H_{12}}{H_{22}} \\ -\dfrac{H_{21}}{H_{22}} & \dfrac{1}{H_{22}} \end{matrix}$	$\begin{matrix} \dfrac{A}{C} & \dfrac{\Delta_T}{C} \\ \dfrac{1}{C} & \dfrac{D}{C} \end{matrix}$
Y 参数	$\begin{matrix} \dfrac{Z_{22}}{\Delta_Z} & -\dfrac{Z_{12}}{\Delta_Z} \\ -\dfrac{Z_{21}}{\Delta_Z} & \dfrac{Z_{11}}{\Delta_Z} \end{matrix}$	$\begin{matrix} Y_{11} & Y_{12} \\ Y_{21} & Y_{22} \end{matrix}$	$\begin{matrix} \dfrac{1}{H_{11}} & -\dfrac{H_{12}}{H_{11}} \\ \dfrac{H_{21}}{H_{11}} & \dfrac{\Delta_H}{H_{11}} \end{matrix}$	$\begin{matrix} \dfrac{D}{B} & -\dfrac{\Delta_T}{B} \\ -\dfrac{1}{B} & \dfrac{A}{B} \end{matrix}$
H 参数	$\begin{matrix} \dfrac{\Delta_Z}{Z_{22}} & \dfrac{Z_{12}}{Z_{22}} \\ -\dfrac{Z_{21}}{Z_{22}} & \dfrac{1}{Z_{22}} \end{matrix}$	$\begin{matrix} \dfrac{1}{Y_{11}} & -\dfrac{Y_{12}}{Y_{11}} \\ \dfrac{Y_{21}}{Y_{11}} & \dfrac{\Delta_Y}{Y_{11}} \end{matrix}$	$\begin{matrix} H_{11} & H_{12} \\ H_{21} & H_{22} \end{matrix}$	$\begin{matrix} \dfrac{B}{D} & \dfrac{\Delta_T}{D} \\ \dfrac{1}{D} & \dfrac{C}{D} \end{matrix}$
T 参数	$\begin{matrix} \dfrac{Z_{11}}{Z_{21}} & \dfrac{\Delta_Z}{Z_{21}} \\ \dfrac{1}{Z_{21}} & \dfrac{Z_{22}}{Z_{21}} \end{matrix}$	$\begin{matrix} -\dfrac{Y_{22}}{Y_{21}} & -\dfrac{1}{Y_{21}} \\ -\dfrac{\Delta_Y}{Y_{21}} & -\dfrac{Y_{11}}{Y_{21}} \end{matrix}$	$\begin{matrix} -\dfrac{\Delta_H}{H_{21}} & -\dfrac{H_{11}}{H_{21}} \\ -\dfrac{H_{22}}{H_{21}} & \dfrac{1}{H_{21}} \end{matrix}$	$\begin{matrix} A & B \\ C & D \end{matrix}$

表中

$$\Delta_Z = \begin{vmatrix} Z_{11} & Z_{12} \\ Z_{21} & Z_{22} \end{vmatrix}, \quad \Delta_Y = \begin{vmatrix} Y_{11} & Y_{12} \\ Y_{21} & Y_{22} \end{vmatrix}$$

$$\Delta_H = \begin{vmatrix} H_{11} & H_{12} \\ H_{21} & H_{22} \end{vmatrix}, \quad \Delta_T = \begin{vmatrix} A & B \\ C & D \end{vmatrix}$$

思考与练习

14-2-1　试说明 Z 参数和 Y 参数的意义。

14-2-2　试根据 Z 参数方程推导出 H 参数与 Z 参数之间的关系。

14-2-3　试根据 T 参数方程，推导出已知输入端口电压、电流，求解输出端口电压、电流的方程。

14-2-4　利用 Z 参数、Y 参数及 H 参数分析网络电路时，各适合于何种场合？

14.3　二端口的等效电路

互易二端口网络的各种参数中都只有 3 个是独立的，因此其最简等效电路只需要由 3 个电路元件组成。由 3 个电路元件组成的二端口网络只有 T 形和 Π 形两种，如图 14-11 所示。

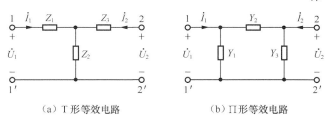

（a）T形等效电路　　　　　　　（b）Π形等效电路

图 14-11　二端口网络的等效电路

二端口的 Z 参数已知，用 T 形电路（参数为阻抗）来等效。

$$\because \begin{cases} \dot{U}_1 = Z_1\dot{I}_1 + Z_2(\dot{I}_2 + \dot{I}_1) = (Z_1 + Z_2)\dot{I}_1 + \dot{I}_2 Z_2 = Z_{11}\dot{I}_1 + Z_{12}\dot{I}_2 \\ \dot{U}_2 = Z_2(\dot{I}_1 + \dot{I}_2) + Z_3\dot{I}_2 = Z_2\dot{I}_1 + (Z_2 + Z_3)\dot{I}_2 = Z_{21}\dot{I}_1 + Z_{22}\dot{I}_2 \end{cases}$$

$$\therefore \begin{cases} Z_{11} = Z_1 + Z_2 \\ Z_{12} = Z_{21} = Z_2 \\ Z_{22} = Z_2 + Z_3 \end{cases} \qquad \begin{cases} Z_1 = Z_{11} - Z_{21} \\ Z_2 = Z_{12} = Z_{21} \\ Z_3 = Z_{22} - Z_{12} \end{cases}$$

二端口的 Y 参数已知，用 Π 形电路（参数为导纳）来等效。

$$\because \begin{cases} \dot{I}_1 = Y_1\dot{U}_1 + Y_2(\dot{U}_1 - \dot{U}_2) = (Y_1 + Y_2)\dot{U}_1 - Y_2\dot{U}_2 = Y_{11}\dot{U}_1 + Y_{12}\dot{U}_2 \\ \dot{I}_2 = Y_2(\dot{U}_2 - \dot{U}_1) + Y_3\dot{U}_2 = -Y_2\dot{U}_1 + (Y_2 + Y_3)\dot{U}_2 = Y_{21}\dot{U}_1 + Y_{22}\dot{U}_2 \end{cases}$$

$$\therefore \begin{cases} Y_{11} = Y_1 + Y_2 \\ Y_{12} = Y_{21} = -Y_2 \\ Y_{22} = Y_2 + Y_3 \end{cases} \qquad \begin{cases} Y_1 = Y_{11} + Y_{21} \\ Y_2 = -Y_{21} \\ Y_3 = Y_{22} + Y_{21} \end{cases}$$

含有受控源的线性二端口，其外部性能要用 4 个独立参数来确定，在等效 T 形或 Π 形电路中适当另加一个受控源就可以计及这种情况。

$$\begin{cases} \dot{U}_1 = Z_{11}\dot{I}_1 + Z_{12}\dot{I}_2 \\ \dot{U}_2 = Z_{12}\dot{I}_1 + Z_{22}\dot{I}_2 + (Z_{21} - Z_{12})\dot{I}_1 \end{cases} \qquad \begin{cases} \dot{I}_1 = Y_{11}\dot{U}_1 + Y_{12}\dot{U}_2 \\ \dot{I}_2 = Y_{12}\dot{U}_1 + Y_{22}\dot{U}_2 + (Y_{21} - Y_{12})\dot{U}_1 \end{cases}$$

其对应的 T 形等效电路如图 14-12（a）所示。同理可得含受控源的二端口网络的等效 Π 形电路，如图 14-12（b）所示。

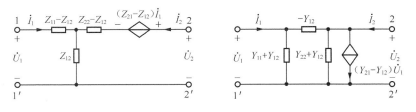

（a）T形等效电路　　　　　　　（b）Π形等效电路

图 14-12　含受控源的二端口网络的等效电路

【例 14-5】已知某二端口的 Z 参数矩阵为

（1）$Z = \begin{bmatrix} 10 & 4 \\ 4 & 6 \end{bmatrix} \Omega$；（2）$Z = \begin{bmatrix} 25 & 20 \\ 5 & 30 \end{bmatrix} \Omega$

试问该二端口是否含有受控源，并求它的等效电路。

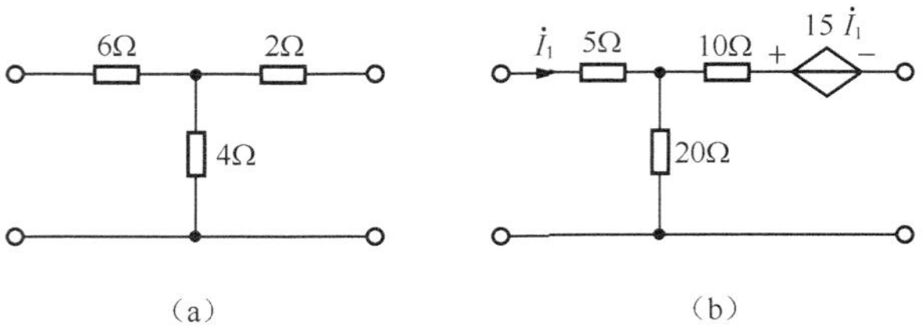

（a）　　　　　　　　（b）

图 14-13　例 14-5 图

解　（1）因 $Z_{12} = Z_{21} = 4\Omega$，故该二端口不含受控源，其等效 T 形电路如图 14-13（a）所示。

（2）因 $Z_{12} \neq Z_{21}$，故该二端口含有受控源，图 14-13（b）为其等效电路。

【例 14-6】 已知二端口的参数矩阵为：$Y = \begin{bmatrix} 6 & -2 \\ 0 & 4 \end{bmatrix} S$，试问二端口是否有受控源，并求它的等效 Π 形电路。

解　由于 $Y_{12} \neq Y_{21}$，所以其 Π 形等效电路中含有受控源，其 Π 形等效电路如图 14-14 所示。由于：

$$\dot{I}_1 = (Y_1 + Y_2)\dot{U}_1 - Y_2\dot{U}_2$$
$$\dot{I}_2 = (g - Y_2)\dot{U}_1 + (Y_3 + Y_2)\dot{U}_2$$

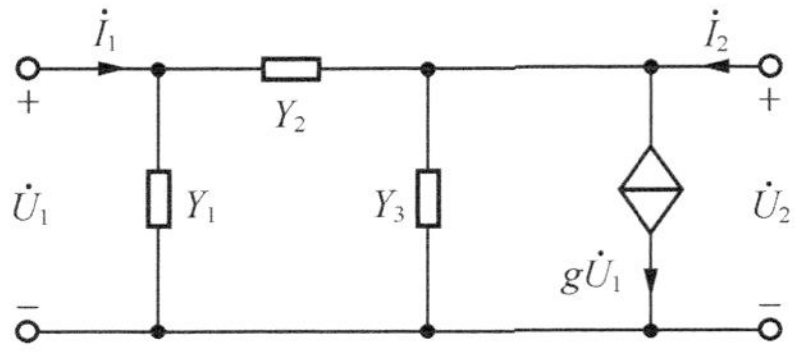

图 14-14　例 14-6 图

而　$Y_1 + Y_2 = 6$，$-Y_2 = -2$，$g - Y_2 = 0$，$Y_3 + Y_2 = 4$

解得：$Y_1 = 4S$，$Y_2 = 2S$，$g = 2S$，$Y_3 = 2S$

思考与练习

14-3-1　如果二端口网络内含受控源，则其 Z 参数和 Y 参数等效电路形式如何？

14-3-2　试用二端口网络的参数方程来证明电阻 Y-△ 的连接与转换中的各电阻的表达式。

14-3-3　已知二端口网络的 Y 参数为 $Y = \begin{bmatrix} 8 & 7 \\ 7 & 3 \end{bmatrix} S$，试问该二端口能否等效为一个无受控源的电路？试画出该二端口的等效电路。

14-3-4　在学习了一端口、二端口网络等效的原理后，试总结等效概念在电路分析中的应用。

14.4　二端口的转移函数

二端口常为完成某种功能起着耦合两部分电路的作用，这种功能往往是通过转移函数描述或指定的。因此，二端口的转移函数是一个很重要的概念。

二端口的转移函数（传递函数）就是用拉氏变换形式表示的输出电压或电流与输入电压或电流之比。当二端口网络与激励源和负载相连时，根据二端口所满足的参数方程及端口外网络的参数方程，即可确定二端口的 4 个端口变量及网络中的各种转移函数。用运算法分析时则对应各种形式的网络函数。应用不同的二端口参数得到的转移函数或网络函数的形式也将不同。

一、有载二端口网络

二端口网络的输入端口与一个非理想激励源相连接，输出端口与一个负载相连接，这样的二端口网络称为有载二端口网络。它起着对信号进行传递、加工、处理的作用。在工程上，对这种电路的分析要求一般有如下几项。

1. 输入阻抗

二端口所接激励源网络的戴维宁等效电路参数设为 $U_S(s)$ 和 Z_S，负载阻抗为 Z_L，如图 14-15 所示。输入端口的电压 $U_1(s)$ 与电流 $I_1(s)$ 之比称为二端口网络的输入阻抗 Z_{in}。

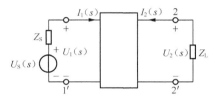

图 14-15　具有端接的二端口

$$Z_{in} = \frac{U_1(s)}{I_1(s)} = \frac{AU_2(s) + B[-I_2(s)]}{CU_2(s) + D[-I_2(s)]} = \frac{A\left[\dfrac{U_2(s)}{-I_2(s)}\right] + B}{C\left[\dfrac{U_2(s)}{-I_2(s)}\right] + D} = \frac{AZ_L + B}{CZ_L + D}$$

2. 输出阻抗

把信号源由输入端口移至输出端口，但在输入端口保留其内阻抗 Z_S，此时输出端口的电压 $U_2(s)$ 与电流 $I_2(s)$ 之比，称为输出阻抗 Z_{out}。

$$Z_{out} = \frac{U_2(s)}{I_2(s)} = \frac{DZ_S + B}{CZ_S + A}$$

3. 转移函数(传递函数)

当二端口网络的输入端口接激励信号后，在输出端口得到一个响应信号，输出端口的响应信号与输入端口的激励信号之比，称为二端口网络的传递函数。当激励和响应都为电压信号时，则传递函数称为电压传递函数，用 K_u 表示；当激励和响应都为电流信号时，则传递函数称为电流传递函数，用 K_i 表示。

输入端口满足的约束方程为

$$U_1(s) = AU_2(s) + B[-I_2(s)]$$
$$I_1(s) = CU_2(s) + D[-I_2(s)]$$

输出端口满足的约束方程为

$$U_2(s) = -Z_L I_2(s)$$

$$K_u = \frac{U_2(s)}{U_1(s)} = \frac{U_2(s)}{AU_2(s) + B[-I_2(s)]} = \frac{Z_L}{AZ_L + B}$$

$$K_i = \frac{I_2(s)}{I_1(s)} = \frac{I_2(s)}{CU_2(s) + D[-I_2(s)]} = \frac{-1}{CZ_L + D}$$

二端口常为完成某些功能起着耦合其两端电路的作用，如滤波器、比例器、电压跟随器等。这些功能一般可通过转移函数描述，反之，也可根据转移函数确定二端口内部元件的连接方式及元件值，即所谓的电路设计或电路综合。

二、二端口网络的特性阻抗

为了研究线性二端口网络的匹配问题，这里介绍特性阻抗的概念。在图 14-15 所示电路中，设端口输入阻抗和输出阻抗分别为 Z_{in} 和 Z_{out}，则在负载或电源内阻抗分别为 0 和 ∞ 时（即端口分别为短路和开路时），定义特性阻抗为

$$Z_{C1} = \sqrt{Z_{in0}Z_{in\infty}}$$
$$Z_{C2} = \sqrt{Z_{out0}Z_{out\infty}}$$

其中：

$$Z_{in0} = Z_{in}\big|_{Z_L=0}, \ Z_{in\infty} = Z_{in}\big|_{Z_L=\infty}$$
$$Z_{out0} = Z_{out}\big|_{Z_S=0}, \ Z_{out\infty} = Z_{out}\big|_{Z_S=\infty}$$

设网络的 T 参数已知，则有

$$Z_{in} = \frac{AZ_L + B}{CZ_L + D}$$

$$Z_{out} = \frac{DZ_S + B}{CZ_S + A}$$

$$Z_{in0} = \frac{B}{D}, \ \ Z_{in\infty} = \frac{A}{C}, \ \ Z_{out0} = \frac{B}{A}, \ \ Z_{out\infty} = \frac{D}{C}$$

故有

$$Z_{C1} = \sqrt{Z_{in0}Z_{in\infty}} = \sqrt{\frac{AB}{CD}}$$

$$Z_{C2} = \sqrt{Z_{out0}Z_{out\infty}} = \sqrt{\frac{DB}{CA}}$$

若满足 $Z_L = Z_{C2}$，则称输出端口匹配，且有

$$Z_{in} = \frac{AZ_L + B}{CZ_L + D} = \frac{AZ_{C2} + B}{CZ_{C2} + D} = \frac{A\sqrt{\dfrac{DB}{CA}} + B}{C\sqrt{\dfrac{DB}{CA}} + D} = \sqrt{\frac{AB}{CD}} = Z_{C1}$$

同理，若满足 $Z_S = Z_{C1}$，则称输出端口匹配，且有

$$Z_{out} = \frac{DZ_S + B}{CZ_S + A} = \frac{DZ_{C1} + B}{CZ_{C1} + A} = Z_{C2}$$

若同时满足 $Z_L = Z_{C2}$ 和 $Z_S = Z_{C1}$，则称二端口网络全匹配。

应该指出，这里定义的双口网络匹配与正弦稳态电路的共轭匹配并非完全一致。如果负载和电源内阻抗都是纯电阻，且双口网络是纯电抗网络时，共轭匹配与这里讲的匹配概念是

一致的，都能使负载获得最大功率。但通常情况下，负载与内阻抗是复阻抗，那么这里定义的匹配并不是最大功率匹配，因为一般双口网络都有损耗的。这里定义的匹配，希望信号经网络传输时无反射波，波形失真小，同时降低传输损耗，负载上能获得大的功率。

在设计无线电传输系统时，常会遇到负载阻抗与信号源电路所需的负载不相等的情形，如果将它们直接连在一起，则由于在连接端口间不匹配，使整个系统得不到最大功率输出，而且会引起其他各种问题。为此就需要设计一个二端口电路，接在负载与信号源之间，把实际负载阻抗转换成信号源电路所需要的负载阻抗，从而获得阻抗匹配。这种阻抗变换电路常称为阻抗匹配电路。为了不消耗信号的功率，阻抗匹配电路通常由电抗元件构成。

【例 14-7】如有一角频率为 $\omega = 5 \times 10^7 \text{rad/s}$，等效内阻为 60Ω 的信号源，供给一电阻为 600Ω 的负载，为使信号源与负载完全匹配，并使负载获得最大功率，需要一电抗电路（图 14-16 所示的 LC 结构）接于信号源与负载之间，试设计这个阻抗匹配电路。

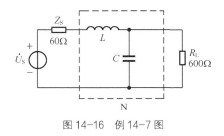

图 14-16　例 14-7 图

解　为使 LC 电路两个端口完全匹配，则必须有

$$Z_\text{S} = Z_\text{C1} = \sqrt{Z_\text{in0} Z_\text{in\infty}} = \sqrt{\text{j}\omega L \left(\text{j}\omega L + \frac{1}{\text{j}\omega C} \right)} = 60\Omega$$

$$Z_\text{L} = Z_\text{C2} = \sqrt{Z_\text{out0} Z_\text{out\infty}} = \sqrt{\frac{1}{\text{j}\omega C} \times \frac{\text{j}\omega L \times \frac{1}{\text{j}\omega C}}{\text{j}\omega L + \frac{1}{\text{j}\omega C}}} = 600\Omega$$

解得 $L = 3.6\mu\text{H}$，$C = 100\text{pF}$。

由于阻抗匹配电路由电抗元件构成，本身不消耗功率，因而这个电路不仅使得电路处于完全匹配状态，而且也使得负载电阻从信号源获得最大功率。

二端口网络的特性阻抗只与网络的结构、元件参数等有关，与负载电阻和信号源的内阻无关，为网络本身所固有的，故称其为对称二端口的特性阻抗。

由于在对称二端口的一个端口接上 Z_C 时，从另一个端口看进去的输入阻抗恰好等于该阻抗，故 Z_C 又称为重复阻抗。在有端接的二端口网络中，当 $Z_\text{L} = Z_\text{C}$ 时，则称此时的负载为匹配负载，网络工作在匹配状态。

思考与练习

14-4-1　若已知具有端接的二端口网络的 Z（或 Y、H）参数，则如何求输入阻抗、输出阻抗、传输函数？

14-4-2　二端口网络的特性阻抗的物理意义是什么？

14-4-3 二端口网络的特性阻抗和二端口网络的输入阻抗有什么不同？

14-4-4 何谓二端口网络的匹配工作状态？

14.5 二端口的连接

在网络分析中,常把一个复杂的网络分解成若干个较简单的二端口网络的组合逐一分析。在进行网络综合时，也常将复杂的网络分解为若干部分，分别设计后再连接起来，这就是二端口网络的连接。这一节我们讨论有关二端口的连接及其特性。

二端口可按多种不同方式连接，本节主要介绍级联、串联和并联 3 种方式。

一、二端口网络的级联

图 14-17 所示为两个二端口网络 P_1、P_2 的级联，级联后构成一个复合二端口网络 P。

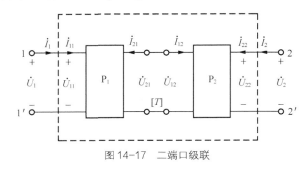

图 14-17 二端口级联

设二端口网络 P_1、P_2 的 T 参数分别为

$$T_1 = \begin{bmatrix} A' & B' \\ C' & D' \end{bmatrix}, \quad T_2 = \begin{bmatrix} A'' & B'' \\ C'' & D'' \end{bmatrix}$$

则应有

$$\begin{bmatrix} \dot{U}_{11} \\ \dot{I}_{11} \end{bmatrix} = T_1 \begin{bmatrix} \dot{U}_{21} \\ -\dot{I}_{21} \end{bmatrix}, \quad \begin{bmatrix} \dot{U}_{12} \\ \dot{I}_{12} \end{bmatrix} = T_2 \begin{bmatrix} \dot{U}_{22} \\ -\dot{I}_{22} \end{bmatrix}$$

由图 14-17，可知

$$\dot{U}_1 = \dot{U}_{11} \quad \dot{U}_{21} = \dot{U}_{12} \quad \dot{U}_{22} = \dot{U}_2$$

$$\dot{I}_1 = \dot{I}_{11} \quad -\dot{I}_{21} = \dot{I}_{12} \quad \dot{I}_{22} = \dot{I}_2$$

所以有

$$\begin{bmatrix} \dot{U}_1 \\ \dot{I}_1 \end{bmatrix} = \begin{bmatrix} \dot{U}_{11} \\ \dot{I}_{11} \end{bmatrix} = T_1 \begin{bmatrix} \dot{U}_{21} \\ -\dot{I}_{21} \end{bmatrix} = T_1 \begin{bmatrix} \dot{U}_{12} \\ \dot{I}_{12} \end{bmatrix} = T_1 T_2 \begin{bmatrix} \dot{U}_{22} \\ -\dot{I}_{22} \end{bmatrix} = T \begin{bmatrix} \dot{U}_2 \\ -\dot{I}_2 \end{bmatrix}$$

其中，T 为复合二端口网络的 T 参数矩阵，它与二端口网络 P_1、P_2 的 T 参数矩阵的关系为

$$T = T_1 T_2$$

即：几个二端口网络级联后等效 T 参数矩阵等于各个二端口网络 T 参数矩阵之积。

二、二端口网络的并联

图 14-18 所示为两个二端口网络 P_1、P_2 并联，并联后构成一个二端口网络，用 P 表示。假设每个二端口网络的端口条件（即端口上流入一个端子的电流等于流出另一个端子的电流）不因并联连接而破坏。对每一个复合端口应用 KCL，有

$$\dot I_1 = \dot I_1' + \dot I_1'' , \quad \dot I_2 = \dot I_2' + \dot I_2''$$

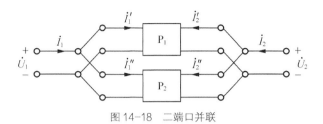

图 14-18　二端口并联

设二端口网络 P_1、P_2 的 Y 参数分别为

$$\boldsymbol Y' = \begin{bmatrix} Y_{11}' & Y_{12}' \\ Y_{21}' & Y_{22}' \end{bmatrix}, \quad \boldsymbol Y'' = \begin{bmatrix} Y_{11}'' & Y_{12}'' \\ Y_{21}'' & Y_{22}'' \end{bmatrix}$$

按图 14-18 所示，并注意并联端口电压相等，应有

$$\begin{bmatrix} \dot I_1' \\ \dot I_2' \end{bmatrix} = \boldsymbol Y' \begin{bmatrix} \dot U_1 \\ \dot U_2 \end{bmatrix} \qquad\qquad \begin{bmatrix} \dot I_1'' \\ \dot I_2'' \end{bmatrix} = \boldsymbol Y'' \begin{bmatrix} \dot U_1 \\ \dot U_2 \end{bmatrix}$$

所以有

$$\begin{bmatrix} \dot I_1 \\ \dot I_2 \end{bmatrix} = \begin{bmatrix} \dot I_1' \\ \dot I_2' \end{bmatrix} + \begin{bmatrix} \dot I_1'' \\ \dot I_2'' \end{bmatrix} = \boldsymbol Y' \begin{bmatrix} \dot U_1 \\ \dot U_2 \end{bmatrix} + \boldsymbol Y'' \begin{bmatrix} \dot U_1 \\ \dot U_2 \end{bmatrix} = (\boldsymbol Y' + \boldsymbol Y'') \begin{bmatrix} \dot U_1 \\ \dot U_2 \end{bmatrix} = \boldsymbol Y \begin{bmatrix} \dot U_1 \\ \dot U_2 \end{bmatrix}$$

其中，$\boldsymbol Y$ 是复合二端口网络 P 的 Y 参数矩阵，它与部分二端口网络 P_1、P_2 的 Y 参数矩阵的关系为

$$\boldsymbol Y = \boldsymbol Y' + \boldsymbol Y''$$

即：几个二端口网络并联后等效 Y 参数矩阵等于各个二端口网络 Y 参数矩阵之和。

三、二端口网络的串联

如图 14-19 所示，为两个二端口网络 P_1、P_2 的串联，串联后构成一个复合二端口网络，用 P 表示。假设每个二端口网络的连接不因串联连接而被破坏。对每个复合端口应用 KVL，有

$$\dot U_1 = \dot U_1' + \dot U_1'' , \quad \dot U_2 = \dot U_2' + \dot U_2''$$

设二端口网络 P_1、P_2 的 Z 参数矩阵分别为

$$\boldsymbol Z' = \begin{bmatrix} Z_{11}' & Z_{12}' \\ Z_{21}' & Z_{22}' \end{bmatrix}, \quad \boldsymbol Z'' = \begin{bmatrix} Z_{11}'' & Z_{12}'' \\ Z_{21}'' & Z_{22}'' \end{bmatrix}$$

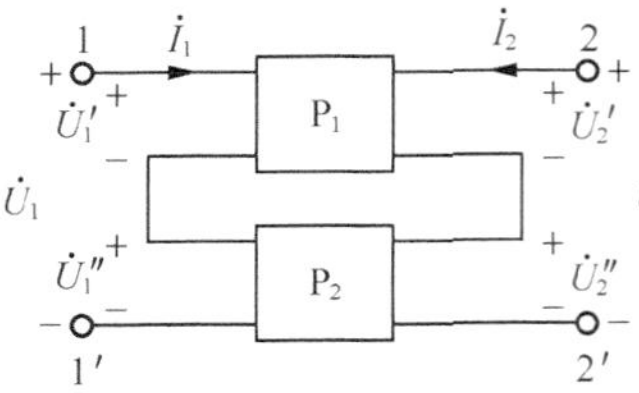

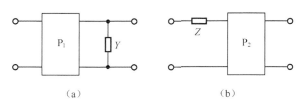

图 14-19　二端口串联

按图 14-19 所示，并注意串联端口电流相等，应有

$$\begin{bmatrix} \dot{U}'_1 \\ U'_2 \end{bmatrix} = \boldsymbol{Z}' \begin{bmatrix} \dot{I}_1 \\ \dot{I}_2 \end{bmatrix} \qquad \begin{bmatrix} \dot{U}''_1 \\ \dot{U}''_2 \end{bmatrix} = \boldsymbol{Z}'' \begin{bmatrix} \dot{I}_1 \\ \dot{I}_2 \end{bmatrix}$$

所以有

$$\begin{bmatrix} \dot{U}_1 \\ \dot{U}_2 \end{bmatrix} = \begin{bmatrix} \dot{U}'_1 \\ \dot{U}'_2 \end{bmatrix} + \begin{bmatrix} \dot{U}''_1 \\ \dot{U}''_2 \end{bmatrix} = \boldsymbol{Z}' \begin{bmatrix} \dot{I}_1 \\ \dot{I}_2 \end{bmatrix} + \boldsymbol{Z}'' \begin{bmatrix} \dot{I}_1 \\ \dot{I}_2 \end{bmatrix} = (\boldsymbol{Z}' + \boldsymbol{Z}'') \begin{bmatrix} \dot{I}_1 \\ \dot{I}_2 \end{bmatrix} = Z \begin{bmatrix} \dot{I}_1 \\ \dot{I}_2 \end{bmatrix}$$

其中，$\boldsymbol{Z}$ 是复合二端口网络 P 的 $\boldsymbol{Z}$ 参数矩阵，它与部分二端口网络 P_1、P_2 的 $\boldsymbol{Z}$ 参数矩阵的关系为

$$\boldsymbol{Z} = \boldsymbol{Z}' + \boldsymbol{Z}''$$

即：几个二端口网络串联后等效 $\boldsymbol{Z}$ 参数矩阵等于各个二端口网络 $\boldsymbol{Z}$ 参数矩阵之和。

【例 14-8】求图 14-20 所示二端口的 $\boldsymbol{T}$ 参数矩阵，设二端口 P_1 的 $\boldsymbol{T}$ 参数矩阵为

$$\boldsymbol{T}_1 = \begin{bmatrix} A & B \\ C & D \end{bmatrix}$$

（a）　　　　　　　　　（b）

图 14-20　例 14-8 图

解　图 14-20（a）可按两个二端口的级联确定复合二端口的 $\boldsymbol{T}$ 参数。图 14-20（a）中由复导纳 Y 所组成的二端口的 $\boldsymbol{T}$ 参数方程为

$$\begin{cases} \dot{U}_1 = \dot{U}_2 \\ \dot{I}_1 = Y\dot{U}_2 - \dot{I}_2 \end{cases}$$

T 参数矩阵为

$$\boldsymbol{T}_Y = \begin{bmatrix} 1 & 0 \\ Y & 1 \end{bmatrix}$$

则

$$\boldsymbol{T}_a = \boldsymbol{T}_1 \boldsymbol{T}_Y = \begin{bmatrix} A & B \\ C & D \end{bmatrix} \begin{bmatrix} 1 & 0 \\ Y & 1 \end{bmatrix} = \begin{bmatrix} A+BY & B \\ C+DY & D \end{bmatrix}$$

图 14-20（b）可按两个二端口的级联确定复合二端口的 $\boldsymbol{T}$ 参数，由复阻抗 $\boldsymbol{Z}$ 所组成的二端口的 $\boldsymbol{T}$ 参数方程为

$$\begin{cases} \dot{U}_1 = \dot{U}_2 - Z\dot{I}_2 \\ \dot{I}_1 = -\dot{I}_2 \end{cases}$$

$\pmb{T}$ 参数矩阵为

$$\pmb{T}_Z = \begin{bmatrix} 1 & Z \\ 0 & 1 \end{bmatrix}$$

则

$$\pmb{T}_b = \pmb{T}_Z\pmb{T}_1 = \begin{bmatrix} 1 & Z \\ 0 & 1 \end{bmatrix}\begin{bmatrix} A & B \\ C & D \end{bmatrix} = \begin{bmatrix} A+CZ & B+DZ \\ C & D \end{bmatrix}$$

思考与练习

14-5-1 为了保证各子网络连接后满足端口条件，应如何进行有效性检验？

14-5-2 若改变二端口级联的次序，复合二端口参数是否会改变？为什么？

14-5-3 二端口网络的级联和串联有何区别？

14-5-4 两个二端口并联时，其端口条件是否肯定被破坏？

14.6 应用实例

一、回转器

回转器是一种线性非互易的多端元件，可以用晶体管电路或运算放大器来实现。其电路模型图如图 14-21 所示。

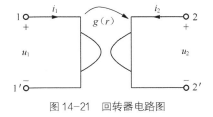

图 14-21 回转器电路图

理想的回转器可视为一个二端口，端口的电压、电流关系可用下列方程描述。

$$\begin{cases} i_1 = gu_2 \\ i_2 = -gu_1 \end{cases} \tag{14-11}$$

或写为

$$\begin{cases} i_1 = gu_2 \\ i_2 = -gu_1 \end{cases} \tag{14-12}$$

其中，r 为回转器的回转电阻，g 为回转器的回转电导，g、r 简称为回转常数。用矩阵表示时，可分别写为

$$\begin{bmatrix} u_1 \\ u_2 \end{bmatrix} = \begin{bmatrix} 0 & -r \\ r & 0 \end{bmatrix}\begin{bmatrix} i_1 \\ i_2 \end{bmatrix} = \pmb{Z}\begin{bmatrix} i_1 \\ i_2 \end{bmatrix}$$

$$\begin{bmatrix} i_1 \\ i_2 \end{bmatrix} = \begin{bmatrix} 0 & g \\ -g & 0 \end{bmatrix} \begin{bmatrix} u_1 \\ u_2 \end{bmatrix} = \boldsymbol{Y} \begin{bmatrix} u_1 \\ u_2 \end{bmatrix}$$

理想回转器的 Z 参数、Y 参数矩阵分别为

$$\boldsymbol{Z} = \begin{bmatrix} 0 & -r \\ r & 0 \end{bmatrix}, \quad \boldsymbol{Y} = \begin{bmatrix} 0 & g \\ -g & 0 \end{bmatrix}$$

由 Z 参数矩阵可知 $Z_{12} \neq Z_{21}$，所以回转器不具有互易性。

由端口方程，可做出回转器的电路模型如图 14-22 所示，任一瞬时输入回转器的功率为

$$p = u_1 i_1 + u_2 i_2 = u_1(gu_2) + u_2(-gu_1) = 0$$

可见，理想回转器两个端口的瞬时功率值恒为零，即它既不消耗功率也不发出功率，是一个无源线性元件。

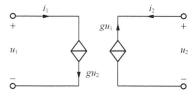

图 14-22 回转器的电路模型

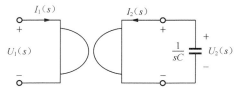

图 14-23 回转器把一个电容"回转"成一个电感

由回转器的参数方程可以看出，回转器能把一个端口的电流（或电压）"回转"成另一个端口的电压（或电流）。回转器具有把一个电容回转为一个电感的本领，在微电子器件中，可以用易于集成的电容来实现难于集成的电感，如图 14-23 所示。

$$\because U_2(s) = -\frac{1}{sC} I_2(s), \ U_2(s) = rI_1(s), U_1(s) = -rI_2(s) = rsCU_2(s)$$

$$\therefore Z_{in}(s) = \frac{U_1(s)}{I_1(s)} = sr^2C = s\frac{C}{g^2}$$

可见从输入端看，相当于一个电感元件，$L = r^2C = C/g^2$，设 $C = 1\mu F$，$r = 50k\Omega$，则 $L = 2500H$，小电容回转成大电感。

二、负阻抗变换器

负阻抗变换器也是一个二端口元件，它能将一个阻抗（或元件参数）按一定比例进行变换并改变其符号，简记为 NIC，电路符号如图 14-24 所示。它分为电流反向（INIC）型和电压反向（VNIC）型。

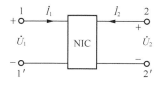

图 14-24 负阻抗变换器符号

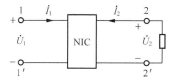

图 14-25 负阻抗变换器阻抗变换

电流反向型的端口方程为

$$\begin{bmatrix} \dot{U}_1 \\ \dot{I}_1 \end{bmatrix} = \begin{bmatrix} 1 & 0 \\ 0 & -k \end{bmatrix} \begin{bmatrix} \dot{U}_2 \\ -\dot{I}_2 \end{bmatrix}$$

经负阻抗变换器以后，电压 $\dot{U}_1$ 不变，但电流 $\dot{I}_1$ 变了方向。

电压反向型的端口方程为

$$\begin{bmatrix} \dot{U}_1 \\ \dot{I}_1 \end{bmatrix} = \begin{bmatrix} -k & 0 \\ 0 & 1 \end{bmatrix} \begin{bmatrix} \dot{U}_2 \\ -\dot{I}_2 \end{bmatrix}$$

经负阻抗变换器以后，电流 I_1 不变，但电压 $\dot{U}_1$ 变了方向。

$k(k>0)$ 称为负阻抗变换器的变比，为正实数。负阻抗变换器也具有阻抗变换的性质，它是将正阻抗变为负阻抗。在 NIC 的端口 2-2′接上阻抗 Z_L，如图 14-25 所示，计算端口 1-1′的等效阻抗 Z_{in}。

对于电流反向型有

$$Z_{in} = \frac{\dot{U}_1}{\dot{I}_1} = \frac{\dot{U}_2}{k\dot{I}_2} = -\frac{1}{k}Z_L$$

对于电流反向型有

$$Z_{in} = \frac{\dot{U}_1}{\dot{I}_1} = \frac{-k\dot{U}_2}{-\dot{I}_2} = -kZ_L$$

由此可见，端口 1-1′的等效阻抗 Z_{in} 为端口 2-2′所接阻抗 Z_L 乘以正实数 $1/k$ 或 k 后的负值，若 2-2′端口接上 R、L 或 C，则在端口 1-1′将出现负的 R、L 或 C。因此，在电路设计中，用负阻抗变换器可以实现负的 R、L 或 C。NIC 有把一个正的负载阻抗转换为负阻抗的本领。

回转器、负阻抗变换器、理想变压器均是二端口理想元件，现将三种元件进行对比，见表 14-2。

表 14-2　　　　　回转器、负阻抗变换器、理想变压器 3 种元件的比较

名称	回转器	负阻抗变换器	理想变压器
电路符号			
VCR 形式 1	$\begin{bmatrix} u_1 \\ u_2 \end{bmatrix} = \begin{bmatrix} 0 & -r \\ r & 0 \end{bmatrix} \begin{bmatrix} i_1 \\ i_2 \end{bmatrix}$	$\begin{bmatrix} u_1 \\ i_1 \end{bmatrix} = \begin{bmatrix} 1 & 0 \\ 0 & -k \end{bmatrix} \begin{bmatrix} u_2 \\ -i_2 \end{bmatrix}$	$\begin{bmatrix} u_1 \\ i_1 \end{bmatrix} = \begin{bmatrix} n & 0 \\ 0 & \frac{1}{n} \end{bmatrix} \begin{bmatrix} u_2 \\ -i_2 \end{bmatrix}$
VCR 形式 2	$\begin{bmatrix} i_1 \\ i_2 \end{bmatrix} = \begin{bmatrix} 0 & -g \\ -g & 0 \end{bmatrix} \begin{bmatrix} u_1 \\ u_2 \end{bmatrix}$	$\begin{bmatrix} u_1 \\ i_1 \end{bmatrix} = \begin{bmatrix} -k & 0 \\ 0 & 1 \end{bmatrix} \begin{bmatrix} u_2 \\ -i_2 \end{bmatrix}$	
参数	$Z = \begin{bmatrix} 0 & -r \\ r & 0 \end{bmatrix}$ 或 $Y = \begin{bmatrix} 0 & g \\ -g & 0 \end{bmatrix}$	$T = \begin{bmatrix} 1 & 0 \\ 0 & -k \end{bmatrix}$ 或 $T = \begin{bmatrix} -k & 0 \\ 0 & 1 \end{bmatrix}$	$T = \begin{bmatrix} n & 0 \\ 0 & \frac{1}{n} \end{bmatrix}$
功率特性	$u_1 i_1 + u_2 i_2 = 0$；不耗能	$u_1 i_1 + u_2 i_2 \neq 0$	$u_1 i_1 + u_2 i_2 = 0$

续表

名称	回转器	负阻抗变换器	理想变压器
阻抗变换电路			
阻抗变换公式	$Z_{in} = sL_e = sCr^2$	$Z_1 = -\dfrac{1}{k}Z_2$ ① $Z_1 = -kZ_2$ ②	$Z_1 = n^2 Z_2$
阻抗变换说明	电容 → 电感 电感 → 电容	电阻 → 负电阻 正电感 → 负电感 正电容 → 负电容	阻抗性质不变
注		①为电流反向型 ②为电压反向型	

本章小结

一、二端口网络的参数矩阵

二端口网络的电压、电流间的关系可以用二端口网络的参数矩阵来描述，这些参数只取决于构成端口的元件及它们之间的连接方式。本章前两节重点介绍了 Y、Z、T 参数矩阵及它们之间的相互关系。

二、二端口网络的等效电路

对于任何一个无源线性二端口网络的外部特性可用 3 个参数确定，所以可用 3 个阻抗（导纳）等效一个二端口，二端口的等效电路有两种形式：T 形和 Π 形，其阻抗或导纳值可由二端口参数确定。

三、二端口网络的转移函数

二端口的转移函数描述了二端口的传输特性，注意掌握其类型及计算方法。

四、二端口的连接

复杂二端口可看作是简单二端口的连接，这将使电路的分析简化，本章介绍二端口的三种连接方式：级联、串联、并联以及其参数关系。

五、回转器和负阻抗变换器

最后介绍了两种二端口器件——回转器和负阻抗变换器的原理、特性及其应用。

自测题

一、选择题

1. 二端口网络中，以下关系中正确的是（　　　）。

（A）$H_{11}=1/Y_{11}$　　　　（B）$Y_{11}=1/Z_{11}$　　　　（C）$A=H_{12}$　　　　（D）$Z_{12}=-B$

2. 在已知二端口网络的输出电压和输入电流，求解二端口网络的输入电压和输出电流时，用（　　）建立信号之间的关系。

（A）Z 参数　　　　（B）Y 参数　　　　（C）T 参数　　　　（D）H 参数

3. 对于对称二端口网络，下列关系中（　　　）是错误的。

（A）$Y_{11}=Y_{22}$　　　　（B）$Z_{11}=Z_{22}$　　　　（C）$A=D$　　　　（D）$H_{11}=H_{22}$

4．如果二端口网络互易，则 Z 参数中，只有（　　）参数是独立的。

（A）1 个　　　　　　　（B）2 个　　　　　　　（C）3 个　　　　　　　（D）4 个

5．如果二端口网络对称，则 Y 参数中，只有（　　）参数是独立的。

（A）1 个　　　　　　　（B）2 个　　　　　　　（C）3 个　　　　　　　（D）0 个

二、判断题

1．无论二端口网络是否对称，Z 参数中只有 2 个参数是独立的。　　　　　（　　）

2．双口网络是四端网络，但四端网络不一定是双口网络。　　　　　　　（　　）

3．回转器具有把一个电容回转为一个电感的本领，这在微电子器件中为用易于集成的电容实现难于集成的电感提供了可能 。　　　　　　　　　　　　　　　（　　）

4．若某二端口既互易又对称，则该二端口的 H 参数必有 $H_{12}=H_{21}$，$H_{11}=H_{22}$。（　　）

5．不含受控源的线性二端口网络都是互易的。　　　　　　　　　　　（　　）

习题

14-1　试求图 14-26 所示二端口的 Y 参数、Z 参数、T 参数矩阵。

14-2　求图 14-27 所示二端口的 Y 参数。

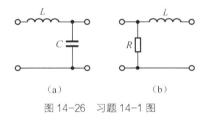

（a）　　　　　　　　（b）

图 14-26　习题 14-1 图

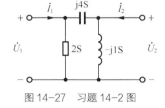

图 14-27　习题 14-2 图

14-3　试求图 14-28 所示二端口的 Y 参数矩阵。

14-4　试求图 14-29 所示二端口的 Z 参数矩阵。

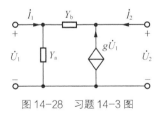

图 14-28　习题 14-3 图

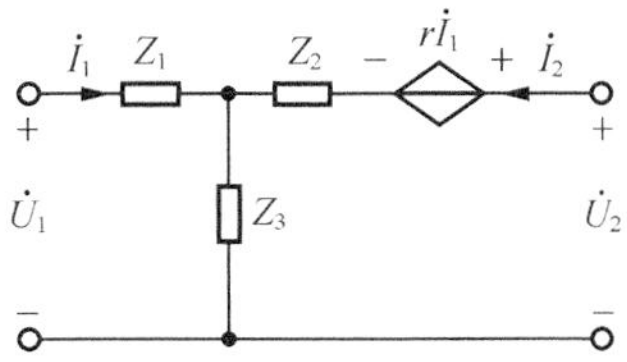

图 14-29　习题 14-4 图

14-5　求图 14-30 所示电路的 Y 参数。

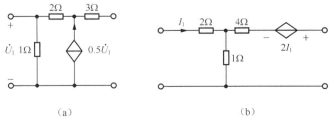

（a）　　　　　　　　　　　　　　（b）

图 14-30　习题 14-5 图

14-6　求图 14-31 所示二端口网络的传输参数。

14-7 试求图 14-32 所示二端口网络的 *H* 参数。

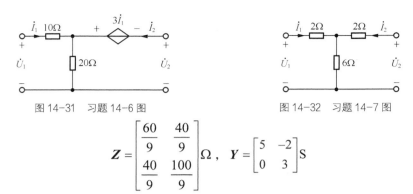

图 14-31 习题 14-6 图　　　　　图 14-32 习题 14-7 图

$$Z = \begin{bmatrix} \dfrac{60}{9} & \dfrac{40}{9} \\ \dfrac{40}{9} & \dfrac{100}{9} \end{bmatrix}\Omega, \quad Y = \begin{bmatrix} 5 & -2 \\ 0 & 3 \end{bmatrix}S$$

14-8 已知二端口参数矩阵为

试问二端口是否含有受控源，并求它们的等效 Π 形电路。

14-9 图 14-33 所示的二端口网络的 *Z* 参数方程如下，试计算100Ω 电阻消耗的功率。

$$Z = \begin{bmatrix} 50 & 10 \\ 30 & 20 \end{bmatrix}\Omega$$

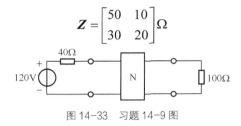

图 14-33 习题 14-9 图

14-10 求图 14-34 所示二端口网络的 *Y* 参数。

14-11 求图 14-35 所示二端口网络的 *T* 参数。

图 14-34 习题 14-10 图　　　　　图 14-35 习题 14-11 图

第 **15** 章 非线性电路简介

内容提要： 非线性电路是指含有非线性元件的电路。本章介绍非线性电阻元件及特性，简单非线性电阻电路的图解分析法、小信号分析法、分段线性化法及其他非线性元件。

本章目标： 重点掌握非线性电阻电路的计算方法——图解法和小信号分析法。

15.1 非线性元件

以前各章讨论的内容均为线性电路，其中的电阻、电感和电容等元件的参数都是常数。我们每天还会碰到非线性电路：电视和收音机信号的接收和解码；微处理器中每秒百万次的运算；电话中语音到电信号的转换等。在实际生活中，线性是相对的，非线性是绝对的。实际电路元件的参数总是或多或少地随着电压或电流而变化，所以严格来说，一切实际电路都是非线性电路。在工程计算中，将那些非线性程度比较微弱的电路元件作为线性元件来处理，不会带来本质上的差异，从而简化了电路的分析。但是，许多非线性元件的非线性特征不容忽略，如果忽略其非线性特性就将导致计算结果与实际量值相差太大而无意义，就将无法解释电路中发生的物理现象。研究非线性电路，具有十分重要的工程物理意义。

对于具有非线性特性的电路器件，应采用非线性元件模型来描述。下面先介绍非线性电阻、电感和电容元件。

一、非线性电阻

线性电阻受欧姆定律的约束，其伏安特性是在 u-i 平面上通过坐标原点的一条直线，其电阻 R 是一个常数。实际上绝对的线性电阻是没有的，如果基本上能遵循 $u = Ri$，就可以认为是线性的。

非线性电阻的电压、电流关系不满足欧姆定律，电阻不是一个常数，而是随着电压或电流变动，一般通过实验方法测得。非线性电阻的电路符号如图 15-1（a）所示。

1. 非线性电阻的分类

非线性电阻种类较多，就其电压、电流关系而言，有随时间变化的非线性时变电阻，也有不随时间变化的非线性定常电阻。本章只介绍非线性定常电阻元件，通常也称为非线性电阻。常见的非线性电阻一般又分为电流控制型电阻、电压控制型电阻和单调型电阻等。

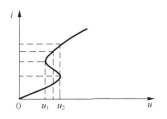

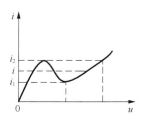

（a）非线性电阻符号　　　（b）电流控制型电阻伏安特性　　　（c）电压控制型电阻伏安特性

图 15-1　非线性电阻

（1）电流控制型电阻。

电流控制型电阻的端电压 u 是电流 i 的单值函数，简称流控型。其伏安特性曲线呈 S 形如图 15-1（b）所示，可用下列函数关系表示

$$u = f(i) \tag{15-1}$$

从特性曲线可以看到：对于每一个电流值，有且只有一个电压值与之对应；而对某一个电压值，与之对应的电流可能是多值的。如在 $u_1 < u < u_2$ 区间，i 为 u 的多值函数。某些充气二极管、辉光二极管就具有这种伏安特性。

（2）电压控制型电阻。

电压控制型电阻元件的电流是电压的单值函数，简称压控型。伏安特性曲线呈 N 形如图 15-1（c）所示，可用下列函数关系表示

$$i = g(u) \tag{15-2}$$

从特性曲线可以看到：对于每一个电压值，有且只有一个电流值与之对应；而对某一个电流值，与之对应的电压可能是多值的。如在 $i_1 < i < i_2$ 区间，u 为 i 的多值函数。隧道二极管就具有这种伏安特性。

（3）单调型电阻。

单调型电阻的伏安特性是单调增长或单调下降的，它同时既是电压控制又是电流控制的。图 15-2（a）所示的元件图形符号是电子技术中常用的 PN 结二极管，它是一个典型的单调型电阻，它的伏安特性曲线如图 15-2（b）所示。

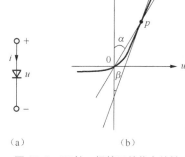

2. 静态电阻和动态电阻

非线性电阻元件的电阻有两种表示方式。一种称为静态电阻（或称为直流电阻），它等于静态工作点（简称为工作点，即对应特性曲线上的一个确定位置）的电压 u 与电流 i 之比，即

$$R = \frac{u}{i} \tag{15-3}$$

图 15-2　PN 结二极管及其伏安特性

如图 15-2（b）所示，它等于工作点与原点相连的直线的斜率，并与图中的 $\mathrm{tg}\,\alpha$ 成正比。

当信号在工作点足够小的邻域内变化时，可用工作点处的切线近似代替非线性曲线，切线的斜率定义为非线性电阻的动态电阻（或称为交流电阻）。可见，非线性电阻在某一工作状态下的动态电阻 R_d 等于该点的电压对电流的导数，即

$$R_{\mathrm{d}} = \frac{\mathrm{d}u}{\mathrm{d}i} \qquad (15\text{-}4)$$

在图 15-2（b）中 P 点处的动态电阻 R_{d} 正比于伏安特性曲线上过 P 点的切线的斜率，即 $\mathrm{tg}\beta$。

这里要说明的是，对于图 15-1（a）、（b）中所示伏安特性曲线的下倾段，其动态电阻为负值，因此具有"负阻抗"的特性。

非线性电阻在非线性电路理论中占有十分重要的地位。在实际电路中，常利用非线性电阻实现整流、倍频、混频、削波等信号处理功能。

3. **非线性电阻的串联和并联**

如果电路中的非线性电阻元件不止一个，只要它们之间存在着串、并联的关系，就端口特性而言，也可以将它们等效成一个非线性电阻，其伏安特性曲线可由曲线相加方法得到。

（1）非线性电阻的串联。

图 15-3（a）所示的两个电流控制型非线性电阻相串联，可用解析法分析，有

$$i = i_1 = i_2 \qquad (15\text{-}5)$$

由 KCL 和 KVL 得

$$u = u_1 + u_2 = f_1(i_1) + f_2(i_2) = f(i) \qquad (15\text{-}6)$$

等效电阻如图 15-3（b）所示，仍为电流控制型非线性电阻。也可以用曲线相加法得等效的伏安特性曲线，如图 15-3（c）所示。

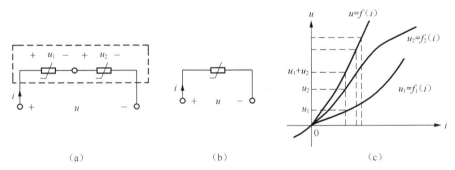

（a） （b） （c）

图 15-3　两个串联的非线性电阻

由上可见，n 个非线性电阻串联单口网络，就端口特性而言，等效于一个非线性电阻，其 VCR 特性曲线，可以用同一电流坐标下电压坐标相加的方法求得。

（2）非线性电阻的并联。

图 15-4（a）所示的两个非线性电阻相并联，由解析法，得

$$u = u_1 = u_2 \qquad (15\text{-}7)$$

则

$$i = i_1 + i_2 = f_1(u_1) + f_2(u_2) = f(u) \qquad (15\text{-}8)$$

等效电阻如图 15-4（c）所示，也可以用曲线相加法求得等效的伏安特性曲线，如图 15-4（b）所示。

由上可见，n 个非线性电阻并联单口网络，就端口特性而言，等效于一个非线性电阻，其 VCR 特性曲线，可以用同一电压坐标下电流坐标相加的方法求得。

【**例 15-1**】设一非线性电阻，其电流、电压关系为 $u = f(i) = 8i^4 - 8i^2 + 1$。

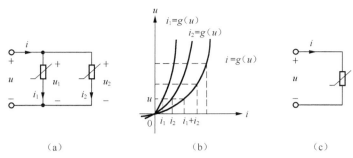

图 15-4　两个并联的非线性电阻

（1）试分别求出 $i=1A$ 时的静态电阻 R 和动态电阻 R_d；

（2）求 $i=\cos\omega t$ 时的电压 u；

（3）设 $u=f(i_1+i_2)$，试问 u_{12} 是否等于（u_1+u_2）？

解　（1）$i=1A$ 时的静态电阻 R 和动态电阻 R_d 为

$$R=\frac{8-8+1}{1}=1\Omega$$

$$R_d=\frac{\mathrm{d}u}{\mathrm{d}i}\Big|_{i=1}=8\times4\times i^3-8\times2\times i=32-16=16\Omega$$

（2）当 $i=\cos\omega t$ 时

$$u=8i^4-8i^2+1=8\cos^4\omega t-8\cos^2\omega t+1$$

$$=\cos4\omega t$$

上式中，电压的频率是电流频率的 4 倍，由此可见，利用非线性电阻可以产生与输入频率不同的输出，这种特性的功用称为倍频作用。非线性电阻可用来作倍频器。

（3）当 $u=f(i_1+i_2)$ 时

$$u=8(i_1+i_2)^4-8(i_1+i_2)^2+1$$

$$=8(i_1^4+6i_1^2i_2^2+4i_1^3i_2+4i_1i_2^3+i_2^4)-8(i_1^2+2i_1i_2+i_2^2)+1$$

$$=8i_1^4-8i_1^2+1+8i_2^4-8i_2^2+1+8(6i_1^2i_2^2+4i_1^3i_2+4i_1i_2^3)-82i_1i_2-1$$

由上式显然可知

$$u_{12}\neq u_1+u_2$$

即叠加定理不适用于非线性电路。

注意：线性电阻和非线性电阻的区别有以下几点。

① 齐次性和叠加性不适用于非线性电路。

② 非线性电阻能产生与输入信号不同的频率（变频作用）。

③ 非线性电阻激励的工作范围充分小时，可用工作点处的线性电阻来近似。

二、非线性电容

电容元件的特性是用库伏特性描述的。凡是库伏特性在 $q-u$ 平面上不是过坐标原点的一条直线的电容元件就是非线性电容。

非线性电容的电荷与电压不成正比，其 $q-u$ 特性曲线不是一条过坐标原点的直线，而是一条曲线。如果电荷是电压的单值函数 $q=f(u)$，则称此电容为电压控制电容；如果电压是

电荷的单值函数 $u = g(q)$，则称该电容为电荷控制电容；如果电压是电荷的单值函数，电荷也是电压的单值函数，则称此电容为单调电容。非线性电容元件的电路符号如图 15-5（a）所示。非线性电容不能用单一的电容值来表征，而应该用 $q - u$ 平面上的曲线来表征，如图 15-5（b）所示。

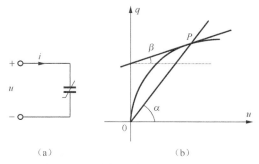

（a）　　　　　　（b）

图 15-5　非线性电容及 q-u 库伏曲线

与非线性电阻类似，有时也引入静态电容 C 和动态电容 C_d，它们的定义分别为

$$C = \frac{q}{u} \qquad （15-9）$$

和

$$C_d = \frac{dq}{du} \qquad （15-10）$$

显然，在图 15-5（b）中 P 点的静态电容正比于 $tg\alpha$，P 点的动态电容正比于 $tg\beta$。

三、非线性电感

电感元件的特性是用韦安特性描述的。凡是韦安特性在 $\psi - i$ 平面上不是过坐标原点的一条直线的电感元件就是非线性电感。其符号如图 15-6（a）所示。非线性电感的磁链与电流不成正比，其韦安特性应该用 $\psi - i$ 平面上的一条曲线来表征，如图 15-6（b）所示。如果磁链是电流的单值函数 $\psi = f(i)$，但电流不一定是磁链的单值函数，则称此电感为电流控制电感；如果电流是磁链的单值函数 $i = f(\psi)$，但磁链不一定是电流的单值函数，则称此电感为磁链控制电感；如果韦安曲线是单调曲线，则称此电感为单调电感，单调电感既是电流控制型，又是磁链控制型的。

实际的电感器多数为一个线圈和由铁磁材料制成的芯子组成，它是一个非线性电感。由于铁磁材料的磁特性，导致其韦安特性是回线形状，称为磁滞回线，如图 15-7 所示。

同样，为了计算方便，也引入静态电感 L 和动态电感 L_d，它们分别定义为

$$L = \frac{\psi}{i} \qquad （15-11）$$

$$L_d = \frac{d\psi}{di} \qquad （15-12）$$

显然，图 15-6（b）中 P 点的静态电感正比于 $tg\alpha$，动态电感正比于 $tg\beta$。

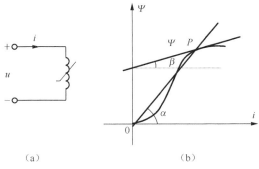

（a）　　　　　　（b）

图 15-6　非线性电感及 u-i 韦安曲线

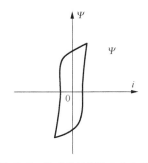

图 15-7　铁磁性材料的韦安曲线

含有非线性电容和非线性电感的电路分析计算，请读者参阅有关非线性电路的书籍，在此不做介绍。

思考与练习

15-1-1 简述线性电阻和非线性电阻的异同。

15-1-2 非线性电容、电感与线性电容、电感的区别与联系？

15-1-3 何为压控元件？何为流控元件？在什么情况下元件既是压控的又是流控的？

15-1-4 非线性电阻中的静态电阻与动态电阻有什么不同？静态电阻有可能等于动态电阻吗？

15.2 非线性电阻电路的分析

分析非线性电路要比线性电路复杂得多，求得的解也不一定是唯一的。以下主要讨论简单非线性电阻电路的分析，为学习电子电路及进一步学习非线性电路理论提供基础。分析非线性电阻电路的基本依据仍然是两类约束，即基尔霍夫定律和元件的伏安关系。但必须指出，叠加定理、互易定理等方法并不适用于非线性电路，必须采用其他方法。常用的方法有解析法、图解法、小信号分析法与分段线性化方法。

一、解析法

直接列写 KCL、KVL 和 VCR 方程求解，也可先对电路的线性部分进行适当等效后再求解。

【例 15-2】图 15-8 中的非线性电阻的伏安特性为 $i=u^2-u+1.5$，其中电压的单位为 V，电流的单位为 A，求 u 和 i。

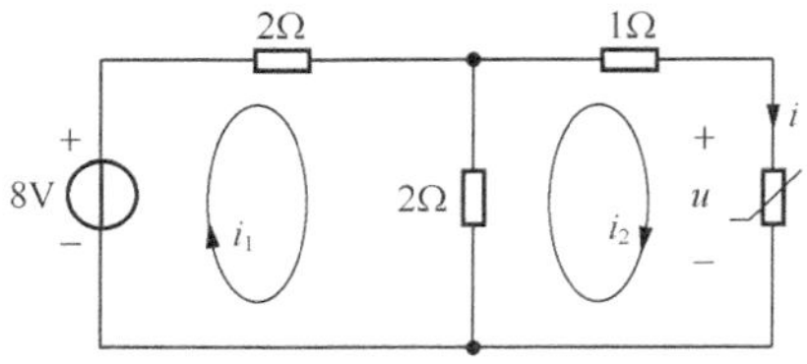

解 按图 15-8 中所示选择回路，则

$$\begin{cases} (2+2)i_1 - 2i_2 = 8 \\ -2i_1 + (2+1)i_2 = -u \\ i = i_2 = u^2 - u + 1.5 \end{cases}$$

解得

$$\begin{cases} u' = 1\text{V} \\ i' = 1.5\text{A} \end{cases} \text{或} \begin{cases} u'' = -0.5\text{V} \\ i'' = 2.25\text{A} \end{cases}$$

图 15-8 例 15-2 图

非线性电阻电压和电流有两个解，这说明由于非线性电阻的参数通常不等于常数，导致了非线性电路的解不是唯一的。如果电路中既有电压控制的电阻，又有电流控制的电阻，建立方程的过程就比较复杂。可根据元件的特性选择支路电流法、回路电流法、节点电压法等来建立电路的方程。

二、图解法（曲线相交法）

非线性电阻的电压、电流关系往往难以用解析式表示，即使能用解析式表示也难以求解。一般非线性电阻的电压、电流关系常以曲线形式给出，若已知 $i=g(u)$ 的特性曲线，则可用图解法较方便求非线性电阻上的电压和电流。

一个有源线性二端网络 N 两端接一非线性电阻组成的电路如图 15-9（a）所示，在 N 外仅有一个非线性电阻，它可以看作是一个线性含源电阻单口网络和一个非线性电阻的连接。N 中的电路总可以利用戴维宁定理将其用一个独立电压源与一线性电阻串联的组合支路替代，如图 15-9（b）所示，根据 KVL 其外特性方程为

$$\begin{cases} u = U_{oc} - R_{eq}i \\ i = g(u) \end{cases} \quad (15\text{-}13)$$

利用图形求解非线性电路方程的方法称为图解法，多用于定性分析。在同一坐标系中作出线性部分与非线性部分的特性曲线，直线为一端口的伏安特性，曲线为非线性电阻的伏安特性，交点 Q 称为电路的静态工作点，它就是电路的解，如图 15-10 所示。该线性含源一端口 N 的外特性曲线是一条直线，直线交于 u 轴为开路电压 U_{oc}，直线交于 i 轴值是含源一端口的短路电流 $\dfrac{U_{oc}}{R_{eq}}$。在电子电路中直

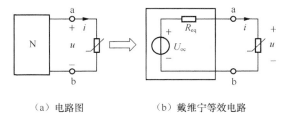

（a）电路图　　　（b）戴维宁等效电路

图 15-9　图解法

流电源往往表示偏置电压，直线常称为负载线。又因非线性电阻接于含源一端口处，所以 u 和 i 的关系也满足非线性电阻的特性 $i=g(u)$，也就是说一端口的特性曲线与非线性电阻的特性曲线的交点 $Q(U_0, I_0)$ 是要求的解。这种求解的方法称为曲线相交法。

在电子技术中常用曲线相交法确定晶体管的静态工作点，把非线性电阻看成负载电阻，一端口的外特性曲线习惯称作负载线。例如一个晶体管电路，如图 15-11 所示。

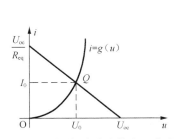

图 15-10　图解法确定静态工作点

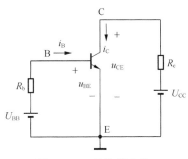

图 15-11　晶体管电路

其中晶体管元件为三端双口元件，双口网络的特性必须用两个 VCR 关系来表征，即输入特性与输出特性，如图 15-12 所示。

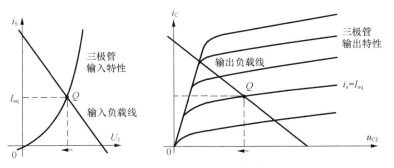

图 15-12　晶体管工作点的确定

三、小信号分析法

小信号分析法是电子工程中分析非线性电路的一个重要方法。在某些电子电路中信号的变化幅度很小，在这种情况下，可以围绕任何工作点建立局部线性模型，根据这种线性模型运用线性电路的分析方法进行研究。例如：半导体放大电路中，直流电源是其工作电源，时变电源是要放大的信号，它的有效值相对于直流电源小得多（10^{-3}），一般称之为小信号。小信号包括时变电源、小干扰信号、小扰动变化等情况。分析此类电路，就可采用小信号分析法。

通常在电子电路中遇到的非线性电路，不仅有作为偏置电压的直流电压源 U_S 作用，同时还有随时间变动的交变电压源 $u_S(t)$ 作用。电路如图 15-13（a）所示，假设在任何时刻有 $U_S \gg |u_S(t)|$，则把 $u_S(t)$ 称为小信号，故称 $u_S(t)$ 为小信号电压。电阻 R_S 为线性电阻，非线性电阻为电压控制电阻，其电压、电流关系 $i = g(u)$，图 15-13（b）为其特性曲线。根据 KVL 列写电路方程为

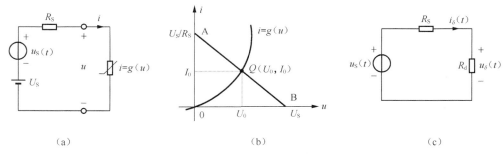

（a）　　　　　　　　　　　（b）　　　　　　　　　　　（c）

图 15-13　非线性电路的小信号分析

$$U_S + u_S(t) = R_S i(t) + u(t) \tag{15-14}$$

又有

$$U_S + u_S(t) = R_S g(u) + u(t) \tag{15-15}$$

如果没有小信号 $u_S(t)$ 存在，该非线性电路的解，可由一端口的特性曲线（负载线）AB 与非线性电阻特性曲线相交的交点来确定，即 $Q(U_0, I_0)$，该交点成为静态工作点。当有小信号加入后，电路中电流和电压都随时间变化，但是由于 $U_S \gg |u_S(t)|$，使电路的解 $u(t)$ 和 $i(t)$ 必然在工作点 $Q(U_0, I_0)$ 附近变动。因此，电路的解就可以写为

$$u(t) = U_0 + u_\delta(t)$$
$$i(t) = I_0 + i_\delta(t) \tag{15-16}$$

式（15-16）中 $u_\delta(t)$ 和 $i_\delta(t)$ 是由小信号 $u_S(t)$ 引起的偏差。在任何时刻 t，$u_\delta(t)$ 和 $i_\delta(t)$ 相对 U_0 和 I_0 都是很小的。

由于 $i = g(u)$，而 $u = U_0 + u_\delta(t)$，所以式（15-16）可写为

$$I_0 + i_\delta(t) = g[U_0 + u_\delta(t)] \tag{15-17}$$

因 $u_\delta(t)$ 很小，可将式（15-17）右边项在工作点 Q 附近用泰勒级数展开表示为

$$I_0 + i_\delta(t) = g(U_0) + g'(U_0)u_\delta(t) + \frac{1}{2}g''(U_0)u_\delta^2(t) + \cdots \tag{15-18}$$

考虑到 $u_\delta(t)$ 很小，可只取一阶近似，而略去高阶项，式（15-18）为

$$I_0 + i_\delta(t) \approx g(U_0) + g'(U_0)u_\delta(t) \qquad (15\text{-}19)$$

由于 $I_0 = g(U_0)$，则式（15-19）可写为

$$i_\delta(t) = g'(U_0)u_\delta(t) \qquad (15\text{-}20)$$

而

$$g'(U_0) = \frac{\mathrm{d}g}{\mathrm{d}u}\bigg|_{U_0} = G_\mathrm{d} = \frac{1}{R_\mathrm{d}} \qquad (15\text{-}21)$$

式（15-21）中的 G_d 为非线性电阻在 Q 点处的动态电导，即动态电阻 R_d 的倒数，二者取决于非线性电阻在 Q 点处的斜率，是一个常数。小信号电压和电流关系可写为

$$i_\delta(t) = G_\mathrm{d}u_\delta(t) \qquad (15\text{-}22)$$

或

$$u_\delta(t) = R_\mathrm{d}i_\delta(t) \qquad (15\text{-}23)$$

由式（15-14）和式（15-16）可得

$$U_\mathrm{S} + u_\mathrm{S}(t) = R_\mathrm{S}\big[I_0 + i_\delta(t)\big] + U_0 + u_\delta(t) \qquad (15\text{-}24)$$

由于

$$U_\mathrm{S} = R_\mathrm{S}I_0 + U_0$$

所以式（15-24）可写为

$$u_\mathrm{S}(t) = R_\mathrm{S}i_\delta(t) + R_\mathrm{d}i_\delta(t) \qquad (15\text{-}25)$$

式（15-25）为一线性代数方程，由方程式（15-25）可以画出一个相应的电路，如图 15-13（c）所示，该电路为非线性电路在工作点处的小信号等效电路。此等效电路为一线性电路，于是求得

$$i_\delta(t) = \frac{u_\mathrm{S}(t)}{R_\mathrm{S} + R_\mathrm{d}}$$

$$u_\delta(t) = R_\mathrm{d}i_\delta(t) = \frac{R_\mathrm{d}u_\mathrm{S}(t)}{R_\mathrm{S} + R_\mathrm{d}} \qquad (15\text{-}26)$$

小信号分析法是将非线性电路分别对直流偏置和交流小信号进行线性化处理，然后按线性电路分析计算，它是工程上分析非线性电路的一个重要方法。它的一般步骤是如下。

（1）尽量把电路中线性部分化简，令直流电源作用，求出非线性电路的静态工作点 Q（U_0，I_0）。

（2）确定静态工作点处的动态电阻 R_d 或动态电导 G_d。

（3）用动态参数表示非线性元件，画出小信号等效电路，并计算小信号响应 $u_\delta(t)$ 和 $i_\delta(t)$。

（4）求非线性电路的全响应 $u = U_0 + u_\delta(t)$ 和 $i = I_0 + i_\delta(t)$。

【**例 15-3**】图 15-14（a）所示非线性电阻电路，非线性电阻的电压、电流关系为 $i = \frac{1}{2}u^2(u > 0)$，式中电流 i 的单位为 A，电压 u 的单位为 V。电阻 $R_\mathrm{S} = 1\,\Omega$，直流电压源 $U_\mathrm{S} = 3\mathrm{V}$，直流电流源 $I_\mathrm{S} = 1\mathrm{A}$，小信号电压源 $u_\mathrm{S}(t) = 3 \times 10^{-3}\cos t\,\mathrm{V}$，试求 u 和 i。

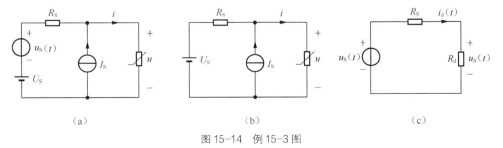

(a)　　　　　　　　　(b)　　　　　　　　　(c)

图 15-14　例 15-3 图

解 （1）求静态工作点 $Q(U_0, I_0)$，此时小信号源 $u_S(t)=0$ 时，电路如图 15-14（b）所示，故可列出方程组为

$$\begin{cases} u = 4 - i \\ i = \dfrac{1}{2}u^2 \end{cases}$$

联立求解得 $u=2V$，$u=-4V$（舍去），进而求得 $i=2A$，故得静态工作点 $Q(U_0, I_0)=Q(2, 2)$。

（2）静态工作点处的动态电导为

$$G_{\mathrm{d}} = \left.\frac{\mathrm{d}i}{\mathrm{d}u}\right|_{U_0=2} = \left.\frac{\mathrm{d}}{\mathrm{d}u}\left(\frac{1}{2}u^2\right)\right|_{U_0=2} = 2\mathrm{S}$$

动态电阻为 $R_{\mathrm{d}}=1/2\,\Omega$。

（3）小信号等效电路如图 15-14（c）所示，从而求出小信号响应为

$$i_\delta(t) = \frac{u_{\mathrm{S}}(t)}{R_{\mathrm{S}}+R_{\mathrm{d}}} = \frac{3\times 10^{-3}\cos t}{1+\dfrac{1}{2}} = 2\times 10^{-3}\cos t\,\mathrm{A}$$

$$u_\delta(t) = R_{\mathrm{d}}i_\delta(t) = 0.5\times 2\times 10^{-3}\cos t = 10^{-3}\cos t\,\mathrm{V}$$

（4）求其全响应为

$$i = I_0 + i_\delta(t) = (2 + 2\times 10^{-3}\cos t)\mathrm{A}$$

$$u = U_0 + u_\delta(t) = (2 + 10^{-3}\cos t)\mathrm{V}$$

四、分段线性化法

小信号分析法适用于信号变化幅度很小的场合,它所涉及的仅是非线性元件特性曲线的一个局部。但是当输入信号在大范围内变动时,就必须涉及特性曲线的全部。使用全局模型分析电路,电路的电压和电流在大范围内变化,就得采用分段线性化法,它是对大信号进行分析的方法。

分段线性化法也称折线法,它是将非线性元件的特性曲线用若干直线段来近似地表示,这些直线段都可写为线性代数方程,这样就可以逐段地对电路作定量计算。相当于用若干个线性电路模型代替非线性电路模型,从而将非线性电路问题近似化为线性电路问题来求解。

1. p-n 结二极管和理想二极管的分段线性表示

（1）非线性电阻的特性曲线,用分段线性化来描述。例如图 15-15（a）所示 p-n 结二极管的特性曲线,该曲线可以粗略地用两段直线来描述,如图中粗线 A0B。这样,当这个二极管施加正向电压时,它相当于一个线性电阻,其电压、电流关系用直线 0B 表示;当电压反向时,二极管截止,电流为零,它相当于电阻值为∞的电阻,其电压、电流关系用直线 A0 表示。

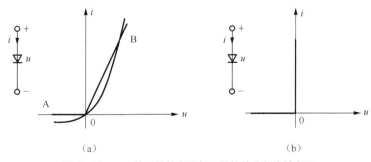

（a）   （b）

图 15-15　p-n 结二极管和理想二极管的分段线性表示

（2）理想二极管的电压、电流关系可由负 u 轴和正 i 轴这样的两条直线线段组成。理想二极管的符号及其特性曲线如图 15-15（b）所示。理想二极管的特性是：若电压 $u > 0$（正向偏置）时，则理想二极管工作在电阻为 0 的线性区域；若 $u < 0$（反向偏置）时，则其工作在电阻为∞的线性区域。分析理想二极管电路的关键，在于确定理想二极管是正向偏置（导通），还是反向偏置（截止）。如果属于前一种情况，理想二极管以短路线替代，若属于后一种情况，则理想二极管以开路替代，替代后都可以得到一个线性电路，容易求得结果。电路中仅含一个理想二极管时，利用戴维宁定理分析计算十分方便，不需使用图解方法。

2. 非线性电阻的分段线性化分析

对任意给出的伏安特性曲线也可按照曲线的具体形状分段线性化，给出线性等效电路，图 15-16（a）所示为非线性电阻的特性曲线。曲线可以近似地分为两段，分别用两条直线近似代替，每一个区段内可用一线性电路来等效。

当 $i < I_a$，$u < U_a$ 时，即图 15-16（b）所示的 0A 段，此区段内可用线性电路 [见图 15-16（c）] 来等效，等效电路中的 $R_a = \tan\alpha$。

当 $i > I_a$，$u > U_a$ 时，即图 15-16（b）所示的 AB 段，此区段内可用线性电路 [见图 15-16（d）] 来等效，等效电路中的 $R_b = \tan\beta$。

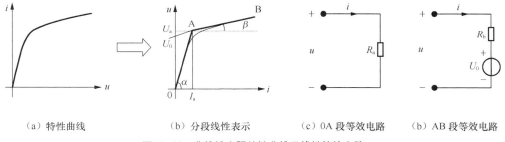

（a）特性曲线　　　　（b）分段线性表示　　　　（c）0A 段等效电路　　　　（b）AB 段等效电路

图 15-16　非线性电阻特性曲线及线性等效电路

这个方法的特点是将非线性的求解过程分成几个线性区段，就每个线性区段来说，可以应用线性电路的计算方法。

【例 15-4】求图 15-17 所示电路中理想二极管通过的电流。

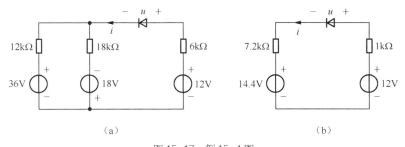

（a）　　　　　　　　　　　　　　　（b）

图 15-17　例 15-4 图

解　在分析理想二极管电路时，首先确定理想二极管是否导通。当这个理想二极管接在复杂的电路中时，可以先把含理想二极管的支路断开，利用戴维宁定理求得电路其余部分的戴维宁等效电路后，再把含理想二极管的支路接上，然后在这个简单的电路中确定理想二极管工作区域，并判断它是否导通。

在图 15-17（a）所示的电路中除去理想二极管支路以外，由电路的其余部分，可求得其戴维宁等效电路的开路电压 U_{oc} 和等效电阻 R_{eq} 为

$$U_{oc} = \frac{36+18}{12+18} \times 18 - 18 = 32.4 - 18 = 14.4V$$

$$R_{eq} = \frac{18 \times 12}{18+12} = 7.2k\Omega$$

该等效电路如图 15-17（b）所示，由此可得，二极管两端的电压 $u = -2.4V$，理想二极管的阴极电位高于阳极电位，它处于截止状态，因此二极管不能导通，电流 $i = 0$。

思考与练习

15-2-1　为什么把信号源的伏安特性曲线称为负载线？如何做负载线？

15-2-2　小信号分析法的基本思路和实质是什么？

15-2-3　在非线性电路分析中为什么要确定静态工作点？

15-2-4　有人说分析二极管电路时采用折线模型比采用理想二极管模型好。你认为如何？

15.3　非线性电路中的混沌现象

混沌现象是非线性系统所特有的一种复杂现象，它是一种由确定性系统产生的对于初始条件极为敏感的具有内禀随机性、局部不稳定而整体稳定的非周期运动。它的外在表现和纯粹的随机运动很相似，即都不可预测。但和随机运动不同的是，混沌运动在动力学上是确定的，它的不可预测性是来源于运动的不稳定性，或者说混沌系统对无限小的初值变动和微小扰动也具于敏感性，无论多小的扰动在长时间以后，也会使系统彻底偏离原来的演化方向。混沌运动模糊了确定性运动和随机运动的界限，为分析各种自然现象提供了一种全新的思路。

1963 年，美国气象学家洛伦茨在《确定论非周期流》一文中，给出了描述大气湍流的洛伦茨方程，并提出了著名的"蝴蝶效应"，从而揭开了对非线性科学深入研究的序幕。非线性科学被誉为继相对论和量子力学之后，20 世纪物理学的"第三次重大革命"。由非线性科学所引起的对确定论和随机论、有序和无序、偶然性与必然性等范畴和概念的重新认识，形成了一种新的自然观，将深刻地影响人类的思维方法，并涉及现代科学的逻辑体系的根本性问题。

混沌来自非线性，由于在自然界和人类社会中绝大多数是非线性系统，所以混沌是一种普遍现象。对于什么是混沌，目前科学上还没有确切的定义，但随着研究的深入，混沌的一系列特点和本质的被揭示，对混沌完整的、具有实质性意义的确切定义将会产生。目前人们把混沌看成是一种无周期的有序。无论是复杂系统，如气象系统、太阳系，还是简单系统，如钟摆、滴水龙头等，皆因存在着内在随机性而出现类似无轨，但实际是非周期有序运动，即混沌现象。现在混沌研究涉及的领域包括数学、物理学、生物学、化学、天文学、经济学及工程技术的众多学科，并对这些学科的发展产生了深远影响。目前混沌的研究重点已转向多维动力学系统中的混沌、量子及时空混沌、混沌的同步及控制等方面。

迄今为止，最丰富的混沌现象是非线性振荡电路中观察到的，这是因为电路可以由精密元件控制，因此可以通过精确地改变实验条件得到丰富的实验结果。串联谐振电路是华裔科学家蔡少棠设计的能产生混沌的最简单的电路，它是熟悉和理解非线性现象的经典电路。

实验电路如图 15-18（a）所示，图中含有 2 个线性电容，1 个线性电感，1 个线性电阻和 1 个非线性电阻元件，非线性电阻的伏安特性 $i_R=g(u_R)$，是一个分段线性电阻，如图 15-18（b）所示。加在此非线性元件上电压与通过它的电流极性是相反的。由于加在此元件上的电压增加时，通过它的电流却减小，因而将此元件称为非线性负阻元件。

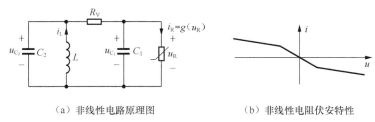

（a）非线性电路原理图　　　　　　　　　（b）非线性电阻伏安特性

图 15-18　产生混沌的电路

设电容电压 u_{C_1}，u_{C_2} 和电感电流 i_L 为状态变量，可以得出状态方程如下。

$$C_1 \frac{\mathrm{d}u_{C_1}}{\mathrm{d}t} = \frac{1}{R_V}(u_{C_2} - u_{C_1}) - g(u_R)$$

$$C_2 \frac{\mathrm{d}u_{C_2}}{\mathrm{d}t} = \frac{1}{R_V}(u_{C_1} - u_{C_2}) + i_L$$

$$L \frac{\mathrm{d}i_L}{\mathrm{d}t} = -u_{C_2}$$

电阻 R_V 的作用是调节 C_1 和 C_2 的相位差，把 C_1 和 C_2 两端的电压分别输入到示波器的 x，y 轴，则显示的图形是椭圆，三元非线性方程组没有解析解。若用计算机编程进行数值计算，当取适当电路参数时，可在显示屏上观察到模拟实验的混沌现象，如图 15-19 所示。

20 多年来，混沌一直是举世瞩目的前沿课题和研究热点，它揭示了自然界及人类社会中普遍存在的复杂性、有序与无序的统一、稳定性与随机性的统一，大大拓宽了人们的视野，加深了人类对客观

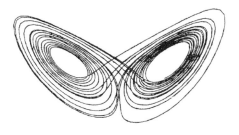

图 15-19　模拟实验的混沌现象

世界的认识。而在人类的实际生活中，混沌的机理也被广泛地应用在秘密通信、利用混沌进行中期预报的研究、生态学中的种群变化、医学诊断疾病、改善和提高激光器的性能、天体运行的长期行为不可预测、非线性系统的控制、利用分形研究物质结构及性能等方面。目前，关于混沌现象的研究和广泛应用已经形成了一门新科学，其发展前景是相当乐观的。

思考与练习

15-3-1　什么叫混沌，混沌与随机运动有什么区别？

15-3-2　产生混沌的根源是什么？是否所有的非线性系统都会存在混沌现象？

15-3-3　非线性电阻的伏安特性如何测量？

15-3-4　混沌表现在相图上有什么特点？

15.4 应用实例

二极管是一种典型的非线性电阻元件。二极管的应用范围很广，主要都是利用它的单方向导电性能。其典型的应用有稳压、整流、限幅等。一些特殊的二极管可实现特定的功能，如稳压二极管利用反向区实现稳压功能；变容二极管利用其寄生电容随端电压变化的特性实现频率调制；光电二极管利用其电流与光照强度成正比的特性实现光电池或光照明；隧道二极管和充气二极管利用其负动态电阻产生自激振荡实现信号发生器等。下面仅以稳压二极管的稳压电路为例进行说明。

有滤波的整流电路虽然能提供平滑的直流电压，但是由于交流电源电压的波动和负载电流的变化，会引起输出直流电压的不稳定，直流电压的不稳定会使电子设备、控制装置、测量仪表等的工作不稳定，产生误差，甚至不能正常工作。为此，需要在整流滤波电路之后再加上稳压电路，利用稳压二极管就可以组成稳压电路。

稳压二极管是一种用特殊工艺制作出来的面接触型晶体二极管，简称稳压管。图形符号和伏安特性如图 15-20 所示。稳压二极管是工作在二极管反向击穿区域的特殊二极管，有着和普通二极管相类似的伏安特性，正向为二极管，其正向特性可近似为指数曲线，反向工作在击穿状态，管压降 U_Z 几乎不随电流 I_Z 而变化，只是稳压二极管的反向特性比较陡，但当其外加反向电压数值达到一定程度时则击穿，击穿区的曲线很陡峭，几乎平行于纵轴。从反向特性曲线中可以看出，当反向电压小于其击穿电压时，反向电流很小。当反向电压增高到击穿电压时，反向电流急剧增大，稳压管反向击穿。此后电流虽然在很大的范围内变化，但稳压管两端的电压变化范围很小。利用这一特性，稳压二极管在电路中能起稳压作用，如图 15-21 所示。与一般二极管不同的是，它的反向击穿是可逆的，当去掉反向电压后，稳压二极管仍是正常的。但是，如果反向电流超过允许范围，稳压二极管将会发生热击穿而损坏。稳压二极管工作在反向击穿区，为确保其不发生击穿，必须接入限流电阻 R_S，而只要稳压二极管的反向电流在一定范围内，稳压管两端电压只会发生微小的变化，其反向电压始终保持在稳压值 $U_L=U_Z$，U_Z 的值一般为 3.3～200V。稳压管的稳压作用在于电流增量很大，只引起很小的电压变化，故能起稳压作用。

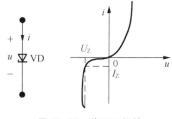

图 15-20　稳压二极管

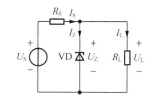

图 15-21　稳压二极管稳压作用

本章小结

一、非线性元件
非线性元件中电压和电流之间的关系是非线性的，有时还不能用解析的函数式来表示，而要靠特性曲线来表征其特性。这一特点是分析非线性电路的困难所在，它导致了非线性电路与线性电路的一个根本区别，就是不能使用叠加定理与齐性定理。

二、含有单个非线性电阻的电路的分析

含有单个非线性电阻的电路，可以将原电路看成是两个单口网络组成的网络：一个为电路的线性部分，另一个为电路的非线性部分（只含有一个非线性电阻）如果非线性元件的伏安关系可以写成确定的函数式，则可以通过解方程的方法求解电路的工作点，而大部分非线性元件的伏安特性不能用确定的函数式描述，我们就采用"图解法"来求解。

三、小信号分析法

具体的计算步骤如下。

（1）绘出直流电路，求出直流偏置电压作用时电路的直流工作点（U_Q，I_Q）（或待求量）；

（2）根据非线性元件的伏安特性求出对于工作点处的电导；

（3）绘出电路的小信号模型电路，计算出相应的待求量；

（4）将直流分量与小信号分量叠加起来。

四、分段线性分析法

将非线性电路中的非线性元件特性适当分解成为数个线性区段，从而可以将非线性电路求解过程化为几个线性电路来进行分析。

自测题

一、选择题

1. 若非线性电阻元件的伏安特性用 SI 主单位的数值方程表示为 $u=4i^2$，则电流为 2A 时的静态电阻为（   ）Ω，动态电阻为（   ）Ω。输入角频率为 ω 的正弦电流时，电压中将包含角频率为（   ）倍 ω 的正弦电压。

（A）0　　　　　（B）2　　　　　（C）8　　　　　（D）16

2. 设图 15-22 所示电路中二极管 D 正向压降不计，则电路中电流 $I=$（   ）。

（A）5A　　　　（B）0.5A　　　　（C）0A　　　　（D）0.05A

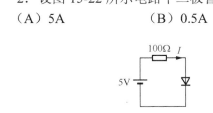

图 15-22

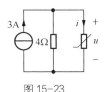

图 15-23

3. 设图 15-23 所示电路中非线性电阻的伏安特性为 $u=i^2$（$i>0$），则非线性电阻的动态电阻为（   ）Ω。

（A）5　　　　　（B）6　　　　　（C）4　　　　　（D）8

4. 非线性电容的库伏特性为 $q=(3u^2+2)\times10^{-6}$，则 $u=1V$ 时其静态电容为（   ）μF，动态电容为（   ）μF。

（A）5　　　　　（B）6　　　　　（C）0.6　　　　（D）0.05

5. 非线性电感的韦安特性为 $\psi=i^3$，当有 2A 电流通过电感时，其静态电感为（   ）H，动态电感为（   ）H。

（A）4 　　　　　（B）6 　　　　　（C）8 　　　　　（D）12H

二、判断题

1．非线性电路中也能使用叠加定理与齐性定理求解电路。　　　　　　（　　）

2．非线性电阻具有倍频作用。　　　　　　　　　　　　　　　　　（　　）

3．用小信号法解电路时，非线性电阻元件应该用动态电阻来建立电路模型。（　　）

4．不论线性或非线性电阻元件串联，总功率都等于各元件功率之和，总电压等于分电压之和。　　　　　　　　　　　　　　　　　　　　　　　　　　　（　　）

5．非线性电阻两端电压为正弦波时，其中电流不一定是正弦波。　　　（　　）

习题

15-1　设某非线性电阻的伏安特性为 $u=30i+5i^3$，其中电压的单位为 V，电流的单位为 A，求：

（1）$i_1=1$A、$i_2=2$A 时所对应的电压 u_1 和 u_2；

（2）$i=2\sin(100t)$A 时所对应的电压 u；

（3）设 $u_{12}=f(i_1+i_2)$，问 u_{12} 是否等于 (u_1+u_2)？

15-2　一非线性电阻 $u=f(i)=100i+i^3$。（1）分别求 $i_1=2$A，$i_2=2\sin314t$A，$i_3=10$A 时对应的电压 u_1，u_2，u_3；（2）设 $u_{12}=f(i_1+i_2)$，问是否有 $u_{12}=u_1+u_2$？（3）若忽略高次项，当 $i=10$mA 时，由此产生多大误差？

15-3　图 15-24 所示电路中的两个非线性电阻的伏安特性均为 $U=2I-4$，求通过这两个非线性电阻的电流 I_1 和 I_2。

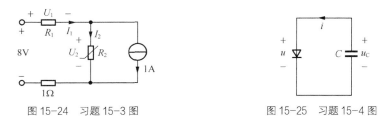

图 15-24　习题 15-3 图　　　　　　　图 15-25　习题 15-4 图

15-4　图 15-25 所示电路中的电容是线性的，若晶体二极管的伏安特性为 $i=Au+Bu^2$（A、B 均为正常数)。其中电压的单位为 V，电流的单位为 A，列写该电路的方程。

15-5　电路如图 15-26（a）所示，其非线性电阻特性如图 15-29（b）所示。试求电压 U 的值。

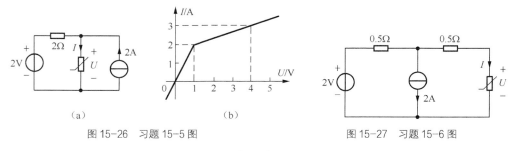

（a）　　　　　　　　　　　　（b）

图 15-26　习题 15-5 图　　　　　　　图 15-27　习题 15-6 图

15-6　电路如图 15-27 所示，已知 $I=U^2$（单位：V，A），$U\geq0$。求电流 I。

15-7　列写图 15-28 所示电路的回路电流方程，非线性电阻为流控电阻 $u_3 = 20i_3^{1/3}$。

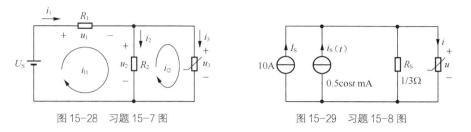

图 15-28　习题 15-7 图　　　　　图 15-29　习题 15-8 图

15-8　非线性电路如图 15-29 所示，其中：$i=g(u)=u^2(u>0)$，试求在静态工作点处由小信号所产生的电压 $u(t)$ 和电流 $i(t)$。

15-9　图 15-30 所示电路中，非线性电阻的伏安特性为 $i=u^2$，试求电路的静态工作点及该点的动态电阻 R_d。

图 15-30　习题 15-9 图　　　　　图 15-31　习题 15-10 图

15-10　图 15-31 所示的非线性电阻电路中，非线性电阻的伏安特性为 $u=2i+i^3$，现已知当 $u_S(t)=0$ 时，回路中的电流为 1A。如果 $u_S(t)=\cos(\omega t)$V，使用小信号分析法求回路中的电流 i。

15-11　求图 15-32 所示电路非线性电阻上的电压和电流，已知其伏安关系为：$i=g(u)=u^2$ $(u>0)$。

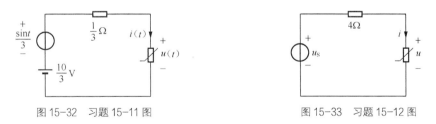

图 15-32　习题 15-11 图　　　　　图 15-33　习题 15-12 图

15-12　图 15-33 所示的非线性电路，已知小信号电压为 $u_S = (6+9\times10^{-3}\sin\omega t)$V，非线性电阻的伏安关系为 $u=2i^2$（$i>0$），试用小信号分析法求解电压 u。

附录 **A** 磁路与铁心线圈电路

内容提要：附录主要介绍了磁场和磁路的概念、磁场的基本物理量、磁路的基本定律、恒定磁通磁路的计算、交变磁通磁路的分析及铁心线圈。

本章目标：了解磁场的基本物理量；理解电流、电压和电功率；理解和掌握电路基本元件的特性；掌握电位和电功率的计算；会应用基尔霍夫定律分析电路。

A.1 磁场的基本物理量

根据电磁场理论，磁场是由电流产生的，它与电流在空间的分布和周围空间磁介质的性质密切相关。描述磁场的基本物理量是磁感应强度 B 和磁场强度 H。

1．**磁感应强度 B**

（1）根据安培力定义 B

安培经过大量的实验确定了磁场对一个恒定电流元作用力的大小及方向，如图 A-1 所示。

$\mathrm{d}\boldsymbol{F} = I\mathrm{d}\boldsymbol{l} \times \boldsymbol{B}$，其中：$\boldsymbol{F}$ 为安培力，$\boldsymbol{B}$ 为磁感应强度或磁通密度。

由上式可得：$\mathrm{d}F = I\mathrm{d}lB\sin\alpha$。

定义磁感应强度或磁通密度为：$B = \dfrac{\mathrm{d}F_{\max}}{I\mathrm{d}l}$，单位为 T(Wb/m^2)，1T=10^{4}GS。

（2）根据洛仑兹力定义 B

电流是电荷以某一速度运动形成的，所以磁场对电流的作用可以看作是对运动电荷的作用，如图 A-2 所示。

$$\mathrm{d}\boldsymbol{F} = I\mathrm{d}\boldsymbol{l} \times \boldsymbol{B} = \frac{\mathrm{d}q}{\mathrm{d}t}(v\mathrm{d}t) \times \boldsymbol{B}$$

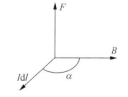

图 A-1 磁场对电流元的作用

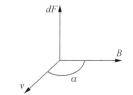

图 A-2 磁场对运动电荷的作用

洛仑兹力：$\boldsymbol{F} = q\boldsymbol{v} \times \boldsymbol{B}$

由上式可得： $\mathrm{d}F = qvB\sin\alpha$

定义磁感应强度或磁通密度为： $B = \dfrac{\mathrm{d}F_{\max}}{qv}$ 。

2. 磁通连续性原理

定义穿过磁场中给定曲面 S 的磁感应强度 $\boldsymbol{B}$ 的通量为磁通，即

$$\Phi = \int_s \boldsymbol{B} \cdot \mathrm{d}\boldsymbol{S}，单位为 \mathrm{Wb}（韦伯）$$

若 S 面为闭合曲面，则 $\Phi = \oint \boldsymbol{B} \cdot \mathrm{d}\boldsymbol{S} = 0$，称为磁通连续性原理。

需要注意磁通 Φ 是标量。磁通连续性原理表明磁力线是无头无尾的闭合曲线，这一性质是建立在自然界不存在磁荷的基础上。

3. 磁场强度 H

几乎所有的气体、液体和固体，不论其内部结构如何，放入磁场中都会对磁场产生影响，表明所有的物质都有磁性，但大部分媒质的磁性较弱，只有铁磁物体才有较强的磁性。

抗磁体：引入磁场中感受轻微推斥力的物质。所有的有机化合物和大部分无机化合物是抗磁体。

顺磁体：引入磁场中感受轻微吸引力拉向强磁场的物质。铝和铜等金属是顺磁体。

铁磁体：引入磁场中感受到强吸引力的物质（所受磁力是顺磁物质的 5000 倍）。铁和磁铁矿等是铁磁体。

考虑媒质的磁化，引入磁场强度 $\boldsymbol{H}$。

定义：磁场强度 $\boldsymbol{H} = \dfrac{\boldsymbol{B}}{\mu_0} - \boldsymbol{M}$，单位为 A/m。其中 $\boldsymbol{M}$ 称磁化强度。

由上式可得： $\boldsymbol{B} = \mu_0(\boldsymbol{H} + \boldsymbol{M})$

对于线性均匀各向同性的磁介质有： $\boldsymbol{M} = \chi_{\mathrm{m}}\boldsymbol{H}$，代入上式得

$$\boldsymbol{B} = \mu_0(1 + \chi_{\mathrm{m}})\boldsymbol{H} = \mu_0\mu_{\mathrm{r}}\boldsymbol{H} = \mu\boldsymbol{H}$$

其中 χ_{m} 称磁化率。

注意：

（1）式中 μ_0 为真空中的磁导率，它与真空电容率和真空中光速满足关系

$$c = \dfrac{1}{\sqrt{\mu_0\varepsilon_0}}，\quad \mu_0 = 4\pi \times 10^{-7} \ \mathrm{H/m}$$

（2）顺磁体和抗磁体的磁导率可近似为 μ_0；

（3）铁磁体的磁导率是 μ_0 的 $10^3 \sim 10^4$ 倍，且不是常量。

4. 安培环路定律

在磁场中，对 H 的任意闭合线积分等于穿过闭合路径所界定面的传导电流的代数和。

$$\oint_l \boldsymbol{H} \cdot \mathrm{d}\boldsymbol{l} = \sum Ni = F_{\mathrm{m}} \ \mathrm{At}(安匝)，其中 F_{\mathrm{m}} 称磁通势$$

注意：定律中电流 i 的正负取决于电流的方向与积分回路的绕行方向是否符合右螺旋关系，符合时为正，否则为负。

如图 A-3 所示，有 $\oint_l \boldsymbol{H} \cdot \mathrm{d}\boldsymbol{l} = (I_1 - I_2)$

图 A-3　安培环路定律应用

5. 磁路的基本概念

由于铁磁材料的高磁导率，铁心有使磁感应通量集中到自己内部的作用。工程上把由磁性材料组成的（可包括气隙），能使磁力线集中通过的整体，称为磁路。

磁路特点：

（1）铁心中的磁场比周围空气中的磁场强得多；

（2）在限定的区域内利用较小的电流获得较强的磁场；

（3）主磁通远远大于漏磁通。

几种常见的磁路如图 A-4 所示。

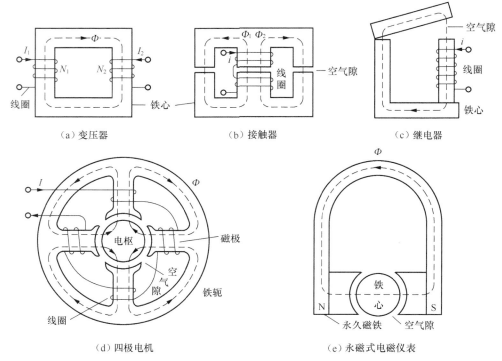

（a）变压器　　　　　　　（b）接触器　　　　　　　（c）继电器

（d）四极电机　　　　　　　　　　（e）永磁式电磁仪表

图 A-4　几种常见的磁路

A.2　磁性材料的磁性能

1. 铁磁质的磁特性

用 B-H 曲线来描述铁磁质的磁特性如图 A-5 所示。

磁滞回线：铁磁质反复磁化时的 B-H 曲线，通常通过实验的方法获得。

剩磁 B_r：去掉磁化场后，铁磁质还保留的剩余磁感应强度。

矫顽力 H_C：使铁磁质完全退磁所需的反向磁场。

基本磁化曲线：许多不饱和磁滞回线的正顶点的连线，如图 A-6 所示。

注意：

① 磁化曲线与温度有关，磁导率 μ 一般随温度的升高而下降，高于某一温度时（居里点）可能完全失去磁性材料的磁性；

② 磁导率 μ 随 H 变化，B 与 H 为非线性关系，如图 A-7 所示。

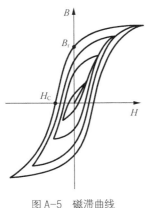

图 A-5　磁滞曲线

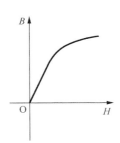

图 A-6　基本磁化曲线

2. 铁磁质的分类

铁磁质按磁滞回线的宽窄分为软磁材料和硬磁材料。

软磁材料：磁滞回线较窄，如图 A-8（a）所示，μ 大，H_C、B_r 小，断电后能立即消磁，如硅钢、矽钢等。磁损小，用于电机、变压器、整流器、继电器等电磁设备的铁心。

硬磁材料：磁滞回线较宽，如图 A-8（b）所示，μ 小，H_C、B_r 大，充磁后剩磁大，如铁氧体、钕铁硼。用于永磁电机、电表、电扇，电脑存储器等器件中的永磁体。

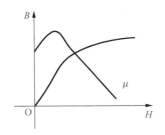

图 A-7　μ 与 H、B 与 H 的非线性关系

 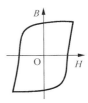

（a）软磁材料磁滞回线　　（b）硬磁材料磁滞回线

图 A-8　铁磁质的分类

A.3　磁路及其基本定律

磁路定律是磁场的磁通连续性原理和安培环路定律的具体应用，把其写成与电路定理相似的形式，从而可以借用有关电路的一些概念和分析问题的方法。

分析的假设条件：漏磁很小，只考虑主磁通；铁心中的磁通平行磁路中心线且均匀分布。因此，应用磁路定理计算实际只是一种估算。

1. 磁路的基尔霍夫第一定律（磁通连续性原理）

穿过磁路中不同截面结合处的磁通的代数和等于零。该定律形式上类似于电路中的 KCL。

$$\oint_S \boldsymbol{B} \cdot \mathrm{d}\boldsymbol{S} = \varPhi_1 + \varPhi_2 + \cdots + \varPhi_k + \cdots = 0$$

或：
$$\oint_S \boldsymbol{B} \cdot \mathrm{d}\boldsymbol{S} = B_1 S_1 + B_2 S_2 + \cdots + B_k S_k + \cdots = 0$$

$$\sum_{i=1}^{n} \Phi_i = 0 \text{ 或 } \sum_{i=1}^{n} B_i S_i = 0$$

对图 A-9 所示，磁路有：$-\Phi_1 + \Phi_2 + \Phi_3 = 0$（注意磁通的参考方向）。

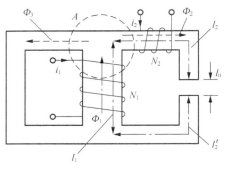

图 A-9　分支磁路示意图

2. 磁路的基尔霍夫第二定律（安培环路定律）

磁路中由磁路段的中心线组成的环路上各磁路段的 H_1 的代数和等于中心线（环路）交链的磁势的代数和。此定律形式上类似于电路中的 KVL。

$$\oint_l H \cdot \mathrm{d}l = H_1 l_1 + H_2 l_2 + \cdots + H_k l_k + \cdots = \sum Ni$$

$$\sum_{k=1}^{n} H_k l_k = \sum_{k=1}^{m} N_k I_k = \sum F_m$$

对图 A-9 所示磁路有

$$H_1 L_1 + H_2(L_2 + L_2') + H_0 L_0 = N_1 i_1 - N_2 i_2$$

注意：当磁通参考方向与电流方向呈右螺旋关系时，i 取正，否则取负。

3. 磁压、磁阻概念

磁压（磁位差）：磁场强度 H 沿路径的线积分定义为该路径上的磁压，用 U_m 表示。对于磁路的基尔霍夫第二定律有：

$$\sum_{k=1}^{n} U_{mk} = \sum_{k=1}^{n} H_k l_k = \sum_{k=1}^{n} \frac{B_k l_k}{\mu_k} = \sum_{k=1}^{n} \frac{\Phi_k l_k}{\mu_k S_k} = \sum_{k=1}^{m} F_{mk}$$

上式中，令 $R_k = \dfrac{H_k l_k}{\Phi_k} = \dfrac{l_k}{\mu_k S_k}$

R_k 定义为第 k 段磁路的磁阻，即某段磁路的磁阻等于该段磁路的长度除以该段磁路的磁导率和截面的乘积。

某段磁路的磁压、磁阻和磁通关系为 $U_m = \Phi R_m$。

注意：磁阻类似于电路中的非线性电阻。上式表示的磁阻是静态磁阻，由于 μ 不是常数，直接计算磁阻不是很方便。

4. 磁路与电路对比

磁路与电路对应的物理量及表达式对比如表 A-1 所示。

表 A-1　磁路与电路对应的物理量及表达式对比表

	电　势	电　流	电导率	电　阻	电　压
电路	ε	I	γ	$R = \dfrac{l}{\gamma S}$	$U = Ri$
	磁　势	磁通量	磁导率	磁　阻	磁　压
磁路	$F_m = Ni$	Φ	μ	$R_m = \dfrac{l}{\mu S}$	$U_m = \Phi R_m$

磁路公式可以写成与电路公式相似的形式

磁路定理：$\displaystyle \sum F_{mk} = \sum_{k=1}^{n} H_k l_k = \sum_{k=1}^{n} \varPhi_k R_{mk}$

$$\sum_{k=1}^{n} U_m = \sum_{k=1}^{n} \varPhi_k R_k = \sum_{k=1}^{n} F_{mk}$$

A.4 恒定磁通磁路的计算

在磁路中用来产生磁通的电流称为励磁电流。励磁电流为直流的磁路称直流磁路，励磁电流为交流的磁路称交流磁路。因此，磁路分析包括直流磁路分析和交流磁路分析。

线圈中的励磁电流为直流时，磁路中的磁通不随时间变化，这样的磁路就叫恒定磁通磁路。

由于磁路的特性是非线性的，所以磁路的特性不能用电路中的集总参数元件来表示，各部分的特性与其形状、尺寸、材料有关。

（1）铁心的磁特性取其平均磁化曲线。

（2）磁路长度一般取其平均长度（中线长度）。

（3）为了减小因磁通变化在铁心中感应的涡流，铁心常用薄钢片叠成。

有效面积=k×视在面积（k为填充系数或叠装系数，一般为 0.9）

（4）在空气隙中，磁通会向外扩张，引起边缘效应（气隙 δ 很小）。

$$S_0 = (a+\delta)(b+\delta) \approx ab + (a+b)\delta (截面为矩形)$$

$$S_0 = \pi(r+\frac{\delta}{2})^2 \approx \pi r^2 + \pi r\delta (截面为圆形)$$

磁路计算的问题：磁路计算目的是在已知磁路结构、尺寸及材料的情况下，找出磁通与磁动势之间的关系。一般分为两类问题。

（1）正面问题：已知磁通（或磁感应强度 B），求所需磁通势。计算程序为

$$\varPhi \rightarrow B \rightarrow H \rightarrow Hl \rightarrow IN = \sum(Hl)$$

（2）反面问题：已知给定的磁通势，计算磁路中的磁通。对不均匀磁路，通常采用试探法和图解法。

1. 无分支磁路的计算

磁路的材料、尺寸已定，且只有一个回路，则各处的磁通相同。

（1）已知磁通求磁通势

已知磁通求磁通势的解题步骤如下。

① 将磁路按材料和截面不同划分为若干段落。

② 按磁路的几何尺寸计算各段的截面积 S 和磁路的平均长度 l。考虑气隙的边缘效应。

③ 求各磁路段的磁感应强度 B（$B=\varPhi/S$）。

④ 按照磁路各段的磁感应强度 B，求各对应的磁场强度 H。

⑤ 计算各段磁路的磁位差 U_m（$U_m = Hl$）。

⑥ 按磁路的基尔霍夫第二定律求出所需的磁通势 F。

$$F = NI = \sum Hl$$

以上过程用表达式表示如下。

$$\frac{\Phi}{S_1} = B_1 \rightarrow H_1 \rightarrow H_1 l_1 = U_{m1}$$

$$\frac{\Phi}{S_2} = B_2 \rightarrow H_2 \rightarrow H_2 l_2 = U_{m2}$$

$$\vdots$$

$$\frac{\Phi}{S_n} = B_n \rightarrow H_n \rightarrow H_n l_n = U_{mn}$$

$$\sum U_m = F_m \rightarrow I$$

（2）已知磁通势求磁通

已知磁通势求磁通的解题步骤如下。

① 试探法：先忽略铁磁物质的磁阻，计算空气隙的磁通，以此为第一次试探值，按正面问题计算磁通势。然后与给定磁通势比较，据比较结果修正第一次试探值，再计算磁通势，再比较，直至算得的磁通势与给定磁通势相近（5%以内）。

② 图解法：磁路看作铁心段与气隙段的串联磁路，其图解法与非线性电阻电路的图解法相似。

$$F_m = U_m + U_{m0} \Rightarrow U_m = F_m - U_{m0}$$

a. 画出铁心段的磁压、磁通曲线。

由 $B \sim H \rightarrow \Phi(BS) \sim U_m(Hl)$ 得到磁路各铁心段的 $U_m(\Phi)$ 曲线，

保持 Φ 不变，U_m 相加，得整个铁心段的 $U_m(\Phi)$。

b. 画出空气隙的磁压、磁通曲线。

$$U_{m0} = H_0 \delta = \frac{B_0}{\mu_0} \delta = \frac{\delta}{S_0 \mu_0} \Phi = R_m \Phi （直线）$$

$\therefore F_m - U_{m0}$ 也为直线。

c. 交点为所求磁通。

【例 A-1】 图 A-10 所示无分支磁路，铁心部分为 D_{21} 硅钢片制成。$k_c = 0.94$，$l_1 = 6\,\text{cm}$，$l_2 = 3\,\text{cm}$，空气隙 $\delta = 2\text{mm}$，铁心截面为正方形 $a = b = 1\,\text{cm}$，欲使磁路磁通 $\Phi = 9 \times 10^{-5}\text{Wb}$，求所需磁动势 F。

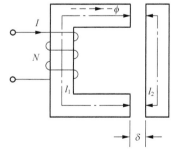

图 A-10　例 A-1 图

解

按磁路的截面和材质将磁路分为两段：铁心部分和空气隙，分别求各磁路段的平均长度和截面积。

空气隙的长度 $l_0 = 2\delta = 4 \times 10^{-3}\text{m}$

空气隙的截面积 $S_0 = (a+\delta) \times (b+\delta) = 1.44 \times 10^{-4}\text{m}^2$

铁心的长度 $l = l_1 + l_2 = 9 \times 10^{-2}\text{m}$

铁心的截面积 $S = k_c ab = 0.94 \times 10^{-4}\text{m}^2$

求各段磁路的磁感应强度。

$$B_0 = \frac{\Phi}{S_0} = \frac{9 \times 10^{-5}}{1.44 \times 10^{-4}} = 0.625\text{T}$$

$$B = \frac{\Phi}{S} = \frac{9 \times 10^{-5}}{0.94 \times 10^{-4}} = 0.9574\text{T}$$

求各段磁路的磁场强度。

$$H_0 = \frac{B_0}{\mu_0} = \frac{0.625}{4\pi \times 10^{-7}} = 4.974 \times 10^5 \, \text{A} / \text{m}$$

查 D_{21} 磁化曲线： $H = 480 \text{A} / \text{m}$

据磁路的基尔霍夫第二定律计算磁通势。

$$\begin{aligned} F_m = \sum U_m &= H_0 l_0 + H l \\ &= 4.974 \times 10^5 \times 4 \times 10^{-3} + 480 \times 9 \times 10^{-2} = 2032.8 \text{A} \end{aligned}$$

【例 A-2】 图 A-10 无分支磁路中，若气隙长度为 $\delta = 0.2 \text{mm}$ ，已知线圈的匝数 $N = 1000$ ，线圈的电流 $I = 0.35 \text{A}$ ，求磁路中的磁通。

解

（1）试探法求解。

① 第一次试探：

$$S_0 = (a+\delta)(b+\delta) = 1.04 \times 10^{-4} \, \text{m}^2$$

$$R_{m0} = \frac{l_0}{\mu_0 S_0} = 3.06 \times 10^6 \, 1 / \text{H}$$

$$\Phi_1 = \frac{F_m}{R_{m0}} = \frac{NI}{R_{m0}} = \frac{1000 \times 0.35}{3.06 \times 10^6} = 1.144 \times 10^{-4} \, \text{Wb}$$

按正面问题验算磁通势为

空气隙磁压降 $U_{m01} = 350 \text{A}$ ，

铁心磁感应强度 $B = \dfrac{\Phi_1}{S} = 1.217 \text{T}$ 。

查附表 A-3 D_{21} 电工钢片的磁化曲线数据表得： $H = 900 \text{A} / \text{m}$,

$$U_{m1} = Hl = 900 \times 9 \times 10^{-2} = 81 \text{A}$$

$$F_{m1} = U_{m0} + U_{m1} = 350 + 81 = 431 \text{A}$$

$F_{m1} > F_m$ ， Φ_1 偏大，与给定值误差 $\dfrac{F_{m1} - F_m}{F_m} = 23.14\%$ 。

② 第二次试探：

减小气隙磁压降，取为比 U_{m01} 小 22% 即 $\dfrac{U_{m01} - U_{m02}}{U_{m02}} = 0.22\%$ 。

即取： $U_{mo2} = \dfrac{U_{mo1}}{(1+0.22)} = 286.89 \text{A}$

$$\Phi_2 = \frac{U_{m02}}{R_{m0}} = \frac{286.89}{3.06 \times 10^6} = 0.9375 \times 10^{-4} \, \text{Wb}$$

按正面问题验算磁通势：

空气隙磁压降 $U_{m02} = 286.89 \text{A}$ ，

铁心磁感应强度 $B = \dfrac{\Phi_2}{S} = 0.9974 \text{T}$

查附表 A-3 D_{21} 电工钢片的磁化曲线数据表得： $H = 540 \text{A} / \text{m}$,

$$U_{m2} = Hl = 540 \times 9 \times 10^{-2} = 48.6 \text{A},$$

$$F_{m2} = U_{m02} + U_{m2} = 286.89 + 48.6 = 335.49\text{A},$$

$F_{m1} < F_m$，Φ_2 偏小，与给定值误差为 $\dfrac{F_{m1} - F_m}{F_m} = -4.14\%$。

③ 第三次试探：

取：$U_{mo3} = \dfrac{U_{mo2}}{(1 - 4.14\%)} = 300.4\text{A}$

$$\Phi_3 = \frac{U_{m03}}{R_{m0}} = \frac{300.4}{3.06 \times 10^6} = 0.9817 \times 10^{-4}\text{Wb}$$

验算结果：$F_{m3} = 353.5\text{A}$，与给定值误差为 1%。

认为计算结果为：$\Phi = 0.9817 \times 10^{-4}\text{Wb}$

将上述计算过程中修正值取为，$\Phi_{k+1} = \dfrac{U_{m0k}}{F_{mk}}\Phi_0$，可编程迭代计算。

（2）图解法求解

① 画出铁心段的磁压、磁通曲线：

由图 A-11（a）D_{21} 磁化曲线，根据 $B \sim H \rightarrow \Phi(BS) \sim U_m(Hl)$ 关系，可得到铁心段的 $U_m(\Phi)$ 曲线，如图 A-11（b）中的 $U_m(\Phi)$ 曲线。

② 画出空气隙的磁压、磁通曲线：

由 $U_{m0} = H_0\delta = \dfrac{B_0}{\mu_0}\delta = \dfrac{\delta}{S_0\mu_0}\Phi = R_m\Phi$ （直线）

及 $F_m = U_m + U_{m0}$

得 $U_m = F_m - U_{m0}$ 为直线，画出其特性如图 A-11（b）中的直线，则两曲线的交点即为所求。

即所求磁通：$\Phi \approx 1 \times 10^{-4}\text{Wb}$。

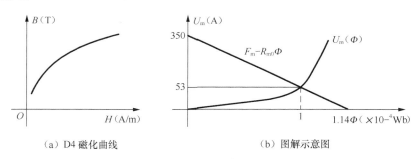

（a）D4 磁化曲线 　　　　（b）图解示意图

图 A-11　图解法示意图

2. 有分支磁路的计算

（1）对称有分支磁路：磁路中存在着对称轴，轴的两侧几何形状完全相同，相应部分的材料也相同，则磁通的分布也是对称的，因此可取其一半计算。

① 正面问题的计算。

【例 A-3】 图 A-12 所示对称铸钢磁路，铁心截面为正方形，$a = b = 1\text{cm}$，中间柱截面积为侧柱两倍，如在其中产生 $1.8 \times 10^{-4}\text{Wb}$ 的磁通，需要多大的磁动势。

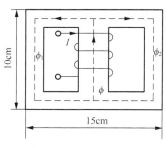

图 A-12　例 A-3 图

解 取一半磁路，截面积相同， $S = a \times b = 10^{-4} \text{m}^2$

磁路的平均长度 $l = (7.5-1) \times 2 + (10-1) \times 2 = 31 \text{cm} = 0.31 \text{m}$

铁心中的磁感应强度： $B = \dfrac{\Phi/2}{S} = \dfrac{0.9 \times 10^{-4}}{10^{-4}} = 0.9 \text{T}$

查附表 A-1 铸钢的磁化曲线数据表得： $H = 800 \text{A/m}$

所需磁动势： $F_m = Hl = 800 \times 0.31 = 248 \text{A}$

② 反面问题的计算。

【例 A-4】 图 A-12 中，若已知磁通势为 310A，求中间柱的磁通。

解 取对称磁路的一半

$$Hl = F_m \Rightarrow H = \frac{F_m}{l} = \frac{310}{0.31} = 1000 \text{A/m}$$

查附表 A-1 铸钢的磁化曲线数据表得： $B = 1.05 \text{T}$

中间柱的磁通为： $\Phi = 2B \times S = 2.1 \times 10^{-4} \text{Wb}$

边柱的磁通为： $\Phi_1 = \Phi_2 = \dfrac{1}{2}\Phi = 1.05 \times 10^{-4} \text{Wb}$

（2）不对称有分支磁路的计算。

① 正面问题的计算。

【例 A-5】 图 A-13 所示磁路的结构及尺寸已知，如要在气隙中产生一定的磁通，线圈匝数已知，求其通入的电流。

解 据磁路中通过同一磁通的分支为一支路的定义知：

A bac 为一支路，同一截面，同一材质为一磁路段；

B bc 为一支路，为一磁路段；

C bedc 为一支路，分为铁心段和空气隙两磁路段。

整个磁路包含两个回路：abca，bedcb。

a. 已知 Φ_0 可求支路 bedc 磁压降。

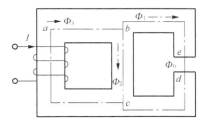

图 A-13 例 A-5 图

气隙磁压降： $\Phi_0 \rightarrow B_0 = \dfrac{\Phi_0}{S_0} \rightarrow H_0 \rightarrow H_0 l = U_{m0}$

铁心 be 和 cd 的磁压降： $\Phi_1 = \Phi_0 \rightarrow B_1 = \dfrac{\Phi_1}{S_1} \rightarrow H_1 \rightarrow H_1(be+cd) = U_{m1}$

b. 回路 bedcb 中，根据磁路的基尔霍夫第二定律。

$$U_{m2} - U_{m0} - U_{m1} = 0 \rightarrow U_{m2} = U_{m0} + U_{m1}$$

$$H_2 bc = U_{m0} + U_{m1} \rightarrow H_2 = \frac{U_{m0} + U_{m1}}{bc} \rightarrow B_2 \rightarrow \Phi_2 = B_2 S_2$$

c. 对节点，应用磁路的基尔霍夫第一定律。

$$\Phi_3 = \Phi_2 + \Phi_0 \rightarrow B_3 = \frac{\Phi_3}{S_3} \rightarrow H_3 \rightarrow H_3(ab+ac) = U_{m3}$$

d. 回路 abca 中，根据磁路的基尔霍夫第二定律。

$$F_m = U_{m3} + U_{m2} \rightarrow I = \frac{U_{m3} + U_{m2}}{N}$$

② 反面问题的计算（已知磁通势求各支路磁通）。

A 试探法：同前。

B 图解法。

a. 作出 Φ_1 所在支路磁通、磁压关系曲线（空气隙与铁心段串联）。

b. 作出 Φ_2 所在支路磁通、磁压关系曲线。

c. 由 $\Phi_3 = \Phi_2 + \Phi_1$ 作出 Φ_1、Φ_2 所在支路磁通、磁压关系曲线 $\Phi_3(U_{mbc})$，即横坐标不变纵坐标相加。

d. 由 $U_{mcab}(\Phi_3) + U_{mbc}(\Phi_3) = F_m$，得 $U_{mbc}(\Phi_3) = F_m - U_{mcab}(\Phi_3)$

$U_{mbc}(\Phi_3)$ 就是 $\Phi_3(U_{mbc})$ 曲线，作出 $F_m - U_{mcab}(\Phi_3)$ 曲线。

e. 曲线 $U_{mbc}(\Phi_3)$ 与曲线 $F_m - U_{mcab}(\Phi_3)$ 的交点 P 的横坐标为所求的 Φ_3，其纵坐标与其他曲线的交点 Q、R 的纵坐标为 Φ_2，Φ_1。

【例 A-6】 已知磁路 $L = 20\text{cm}$，截面积 $S = 1\text{cm}^2$，$\mu_r = 100$，$l_0 = 0.2\text{mm}$，$N = 1000$，若在磁路中产生 $\Phi = 0.4\pi \times 10^{-4}\text{Wb}$，问电流 $I =$？并求气隙的磁压 U_{m0}。

解 这是一无分支均匀磁路

磁阻： $R_{m1} = \dfrac{l}{\mu S} = \dfrac{5}{\pi} \times 10^{6}\ 1/\text{H}$，$R_{m0} = \dfrac{l_0}{\mu_0 S} = \dfrac{5}{\pi} \times 10^{6}\ 1/\text{H}$

磁势： $F_m = (R_{m0} + R_{m1})\Phi = 400\text{A}$

电流： $I = F_m / N = 0.4\text{A}$

磁压： $U_{m0} = R_{m0}\Phi = 200\text{A}$

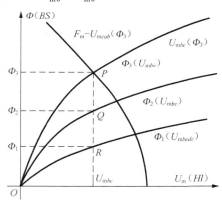

图 A-14 磁路图解法示意图

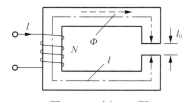

图 A-15 例 A-6 图

【例 A-7】 有一对称磁路如图 A-16 所示，中间柱截面积为 $S = 1\text{cm}^2$ 两侧柱截面积 $S_1 = S_2 = S/2$，$l = 4\text{cm}$，$l_1 = l_2 = 16\text{cm}$，$\mu_r = 1000$，$N = 100$，$I = 0.5/\pi\text{A}$ 试求侧柱的磁通。

解法一

这是一有分支的磁路。

中间柱： $R_m = \dfrac{l}{\mu S} = \dfrac{4 \times 10^{-2}}{10^3 \times 4\pi \times 10^{-7} \times 10^{-4}} = \dfrac{1}{\pi} \times 10^{6}$

侧柱： $R_{m1} = R_{m2} = \dfrac{l_1}{\mu_1 A_1} = \dfrac{8}{\pi} \times 10^{6}$

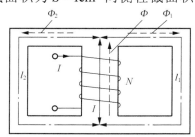

图 A-16 例 A-7 图

对称性：$\Phi_1 = \Phi_2 = \dfrac{1}{2}\Phi$

$$F_m = R_{m1}\Phi_1 + R_m\Phi = R_{m1}\Phi_1 + 2R_m\Phi_1$$

侧柱磁通：$\Phi_1 = \dfrac{F_m}{R_{1m}+2R_m} = \dfrac{NI}{R_{1m}+2R_m} = 0.5\times10^{-4}\ \text{Wb}$

解法二

磁路是对称的，取其一半，则

磁阻 $R'_m = \dfrac{l}{S\mu/2} = 2R_m$，$R_{m1}$ 不变

磁势：$F_m = (R'_m + R_{m1})\Phi_1 = NI$

侧柱磁通：$\Phi_1 = NI/(R_{m1}+2R_m) = 0.5\times10^{-4}\ \text{Wb}$

【例 A-8】 一圆环形磁路及基本磁化曲线如图 A-17 所示，平均磁路长度 $l=100\text{cm}$，截面积 $S=5\text{cm}^2$，若要求产生 $2\times10^{-4}\text{Wb}$ 的磁通，试求磁势为多少？

解 这是均匀无分支磁路，$B = \dfrac{\Phi}{S} = \dfrac{2\times10^{-4}}{5\times10^{-4}} = 0.4\ \text{T}$

查磁化曲线 $H=300\text{A/m}$

磁势 $F_m = Hl = 300\text{A}$

【例 A-9】 一圆环形磁路及基本磁化曲线如图 A-17 所示，已知线圈匝数 $N=1000$，电流 $I=1\text{A}$，试求磁通 Φ 为多少？

解 $F_m = Hl = NI = 1000\ \text{A}$，$H = NI/l = 1000\text{A}/\text{m}$

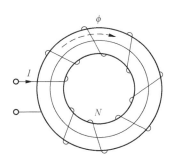 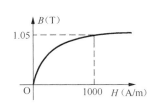

（a）圆环形磁路　　　　（b）圆环形磁路基本磁化曲线

图 A-17　例 A-8 图

查磁化曲线，$B=1.05\text{T}$

$$\Phi = BS = 1.05\times5\times10^{-4} = 5.25\times10^{-4}\ \text{Wb}$$

【例 A-10】 图 A-15 中，空气隙的长度 $l_0=1\text{mm}$，磁路横截面面积 $S=16\text{cm}^2$，中心线长度 $l=50\text{cm}$，线圈的匝数 $N=1250$，励磁电流 $I=800\text{mA}$，磁路的材料为铸钢。求磁路中的磁通。

解 磁路由两段构成，其平均长度和面积分别为

空气隙段：$S_0 \approx 16\times10^{-4}\text{m}^2$，$l_0 = 0.1\text{cm} = 10^{-3}\text{m}$

铸钢段：$S_1 = 16\times10^{-4}\text{m}^2$，$l_1 \approx 50\text{cm} = 0.5\text{m}$

$$F_{\mathrm{m}} = NI = 1250 \times 800 \times 10^{-3}\,\mathrm{At} = 1000\,\mathrm{At}$$

由于空气隙的磁阻较大，故可暂设整个磁路磁通势全部用于空气隙中，算出磁通的第 1 次试探值。

$$\Phi^1 = B_{\mathrm{a}}^1 S_{\mathrm{a}} = \frac{NI\mu_0 S_{\mathrm{a}}}{l_{\mathrm{a}}} = \frac{1000 \times 16 \times 10^{-4} \times 4\pi \times 10^{-7}}{10^{-3}}\,\mathrm{Wb}$$

$$= 20.11 \times 10^{-4}\,\mathrm{Wb}$$

$$B_1^1 = B_0^1 = \frac{\phi^1}{S_1} = 1.26\,\mathrm{T}$$

查附表 A-1 铸钢的基本磁化曲线数据表得：$H^1 = 1460\,\mathrm{A/m}$

$$H_0^1 = \frac{B_0^1}{\mu_0} = 10.08 \times 10^5\,\mathrm{A/m}$$

$$F_{\mathrm{m}}^1 = H_1^1 l_1 + H_0^1 l_0 = 1713\,\mathrm{At}$$

$$F_{\mathrm{m}}^1 \neq F_{\mathrm{m}}(= NI)$$

进行第 2，3，…次试探，直至误差小于给定值为止。各次试探值与前 1 次试探值之间可按下式联系起来：

$$\Phi^{n+1} = \Phi^n \frac{F_{\mathrm{m}}}{F_{\mathrm{m}}^n}$$

4 次试探结果如下。

n	$\Phi^n \times 10^{-4}\,/\,\mathrm{Wb}$	$B_1 = B_0\,\mathrm{T}$	$F_{\mathrm{m}}\,/\,\mathrm{At}$	误差%
1	20.11	1.26	1713	71.3
2	11.74	0.733	906	−9.4
3	12.94	0.809	987	−1.3
4	13.11	0.819	1002	0.2

A.5　交变磁通磁路的分析

交变磁通磁路的计算比较复杂，需要计及磁饱和、磁滞和涡流等影响。

1. 磁滞损耗

在反复磁化的循环过程中铁心内单位体积损耗的能量为磁滞损耗。工程上采用下列经验公式计算磁滞损耗。

$$P_{\mathrm{h}} = \sigma_{\mathrm{h}} f B_{\mathrm{m}}^n V$$

其中，f 为工作频率；B_{m} 为磁感应强度最大值；V 为铁心体积；n 为与 B_{m} 有关的系数。当 $B_{\mathrm{m}} < 1\,\mathrm{T}$ 时 n 宜取 1.6，当 $B_{\mathrm{m}} > 1\,\mathrm{T}$ 时，n 宜取 2；

σ_{h} 是与铁心材料有关的系数。

可以证明磁滞损耗等于磁滞回线所包围的面积。

证明　设在 $\mathrm{d}t$ 时间内磁化状态由 P 到 P'，如图 A-18 所示。

线圈感应电势： $\varepsilon = -\dfrac{\mathrm{d}\psi}{\mathrm{d}t}$

电源做功： $\mathrm{d}A = -I\varepsilon\mathrm{d}t = I\mathrm{d}\psi = INS\mathrm{d}B$

$$\because \quad H = nI = NI/l$$
$$\mathrm{d}A = SlH\mathrm{d}B = VH\mathrm{d}B$$

单位体积损耗 $\mathrm{d}P = H\mathrm{d}B$

因此，为了减少磁滞损耗，应尽量选用磁滞回线狭窄的铁磁材料制作铁心。

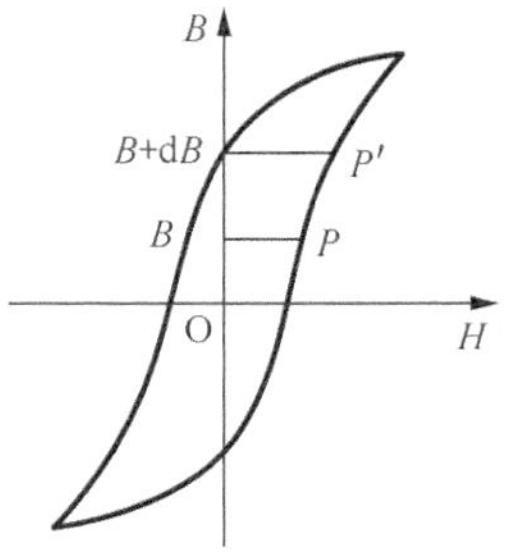

2. 涡流损耗

涡流：当导体置于交变的磁场中，与磁场正交的曲面上将产生闭合的感应电流，即涡流。涡流的特点有以下几点。

（1）热效应：涡流是自由电子的定向运动，与传导电流有相同的热效应，即产生涡流损耗。

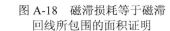

图 A-18　磁滞损耗等于磁滞回线所包围的面积证明

（2）去磁效应：涡流产生的磁场力图抵消原磁场的变化。

（3）滞后效应：涡流的影响使空间磁场的变化落后于外施电流的变化。

（4）涡流的去磁效应使薄板中心处磁场最小，也称磁的集肤效应。

（5）电流密度的方向在板的左右两侧反向形成涡流，板的表面涡流密度大，中心为零。

涡流存在一方面改变磁通的分布产生磁效应，一方面产生热效应形成功率，即涡流损耗 P_{e}，涡流损耗与电源频率的平方及磁通的幅值平方成正比。

$P_{\mathrm{e}} = \sigma_{\mathrm{e}} f^2 B_{\mathrm{m}}^2 V$，$\sigma_{\mathrm{e}}$ 是决定于铁心材料的电导率与叠片厚度的系数。

研究涡流问题具有实际意义（高频淬火、涡流的热效应、磁悬浮、电磁振动、电磁屏蔽等）。

减小涡流损耗采用的两种措施：一是增大铁心材料的电阻率；二采用互相绝缘的薄钢片沿着顺磁场方向叠成铁心。

磁滞损耗和涡流损耗统称为铁损，用 P_{Fe} 表示。

$$P_{\mathrm{Fe}} = P_{\mathrm{e}} + P_{\mathrm{h}} = \sigma_{\mathrm{e}} f^2 B_{\mathrm{m}}^2 V + \sigma_{\mathrm{h}} f B_{\mathrm{m}}^n V$$

3. 磁场与电流的关系

以电流、磁路的基本约束关系，以及反映磁与电联系的电磁感应定律为出发点，对带铁心线圈的电路进行分析。

（1）磁饱和对电路及磁通波形的影响

如图 A-19（a）所示，带铁心线圈的电路，其磁路一无分支均匀磁路，先忽略漏磁及线圈中的电阻损耗，也忽略磁滞与涡流。则有：

$B \sim H$ 为平均磁化曲线 $\rightarrow \varPhi(BS) \sim i\left(H\dfrac{l}{N}\right)$

① 设线圈外加电压为正弦波。

$$u = U_{\mathrm{m}}\cos\omega t = U_{\mathrm{m}}\sin\left(\omega t + \dfrac{\pi}{2}\right)$$

$$u = -e = N\dfrac{\mathrm{d}\varPhi}{\mathrm{d}t} = U_{\mathrm{m}}\cos\omega t$$

$$\varPhi(t) = \dfrac{1}{N}\int u(t)\mathrm{d}t = \dfrac{U_{\mathrm{m}}}{N\omega}\sin\omega t + C$$

不计磁路中直流分量：$\Phi(t) = \dfrac{U_m}{N\omega}\sin\omega t = \Phi_m\sin\omega t$。

由磁通曲线，通过 $\Phi \sim i$ 关系绘出 $i(t)$ 的波形为对称尖顶波，如图 A-19（b）所示。

结论：线圈外施电压为正弦时，磁通也为正弦，相位滞后线圈电压 $90°$，磁通的大小取决于线圈电压、频率和匝数，由于磁路的饱和，线圈电流发生严重的畸变与磁通同时最大，同时过零（同相）。

② 设线圈电流为正弦波。

由电流波形，通过 $\Phi \sim i$ 关系绘出磁通曲线 $\Phi(t)$ 为对称平顶波，如图 A-19（c）所示。

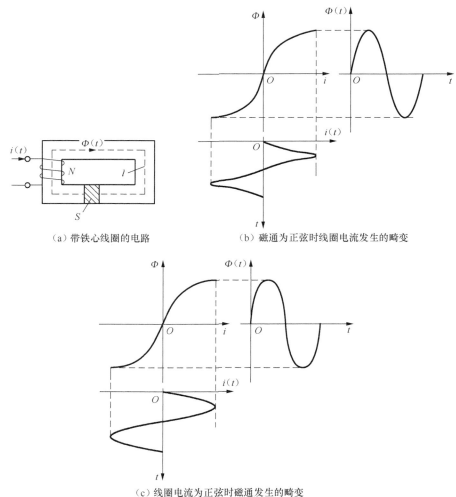

（a）带铁心线圈的电路 （b）磁通为正弦时线圈电流发生的畸变

（c）线圈电流为正弦时磁通发生的畸变

图 A-19　铁心线圈中电流和磁通的波形

由 $u = N\dfrac{\mathrm{d}\Phi}{\mathrm{d}t}$ 得到 $u(t)$ 的波形为对称尖顶波。

结论：线圈中通过电流为正弦时，由于磁路的饱和，磁通为平顶波，且同时最大，同时过零（同相）。电压波形发生严重的畸变，磁通为零时最大，磁通最大时为零。

（2）磁滞对电路及磁通波形的影响

考虑磁路的磁滞现象时，$B \sim H$ 之间的关系用磁化曲线来描述，仍忽略漏磁及线圈中的电阻损耗，忽略涡流。

① 设线圈外加电压为正弦波。

如前分析，磁通仍为正弦波，而通过磁滞回线绘出的电流 $i(t)$ 发生更大的畸变，既不对称于纵轴也不对称于原点。磁通曲线滞后电流一个角度（磁滞角）。

② 设线圈电流为正弦波：绘制的磁通波形为圆钝形，电压波形为尖削形，畸变显著。

A.6　铁心线圈

铁心线圈中通以交变电流时，其中便有交变磁通，下面分析铁心线圈的电压和电流关系。

我们已经讨论了交变磁通磁路中的激磁电流与磁通不可能都是时间的正弦函数，这使我们无法利用计算正弦电流电路的相量法来计算交变磁通磁路。在工程上常常需寻求一种简便的近似算法，即用等值正弦波来替代非正弦波，而使含有很多非正弦量的计算问题仍然可以使用正弦电流电路的相量法来进行计算。我们把用以替代非正弦量的正弦量称为非正弦量的等值正弦波。

由于正弦量的三要素是幅值（有效值），频率和初相位，因此，等值正弦波必须满足以下三个条件。

（1）等值正弦波与它所代替的非正弦波应具有相同的有效值。

（2）等值正弦波与它所代替的非正弦波应具有相同的频率。

（3）等值正弦波与它所代替的非正弦波应具有相同的初相位，等值正弦波的平均功率应等于原电路中的功率损耗。

显然，即使满足了这三个条件，仍不可能使等值正弦波在一切方面都与它所代替的非正弦波相等值，因此等值正弦波的所谓"等值"只是"近似"的意思而已。但我们据此可以用正弦稳态的相量法很方便地对磁路进行近似计算。

图 A-20（a）中，在忽略铜损和漏磁的情况下：

线圈两端所加正弦电压为：$u(t) = \sqrt{2}U\cos\omega t$

铁芯中产生磁通为：$\Phi(t) = \sqrt{2}\Phi\cos(\omega t - 90°)$

线圈中产生激磁电流为：$i(t) = i_a(t) + i_r(t)$

其中 $i_r(t)$ 我们称之为磁化电流，它是不考虑磁滞和祸流影响时，产生磁通 $\Phi(t)$ 所需的电流，它是最大值对称的尖顶波，它与磁通同频同相且同时达到最大值，因此用等值正弦波代替后可得：

$$i_r(t) = \sqrt{2}I_r\cos(\omega t - 90°)$$

可得，等值正弦波 $i_r(t)$ 滞后外施电压 $u(t)$ 90°，所以 $i_r(t)$ 不产生平均功率（有功功率）损耗，因此称 $i_r(t)$ 是线圈激磁电流中的无功分量。

另外，$i_a(t)$ 是 $i_h(t)$ 和 $i_e(t)$ 的叠加，它近似正弦波，且与外加电压 $u(t)$ 同频同相，因此 $i_a(t)$ 可表示为：$i_a(t) = \sqrt{2}I_a\cos\omega t$

$i_a(t)$ 与 $u(t)$ 形成的平均功率（有功功率）就是铁心的铁损 P_{Fe}，所以 $i_a(t)$ 称为线圈激磁电流的有功分量。

引入等值正弦波后，$\dot{I} = \dot{I}_a + \dot{I}_r$，以上各量的相量图如图 A-20（b）所示，电路模型如图 A-20（c）所示。

其中：$G_0 = I_a / U$，$|B_0| = I_r / U$

设 $\Phi = \Phi_m \sin(\omega t)$，则

$$u = N \frac{\mathrm{d}\Phi}{\mathrm{d}t} = N\omega\Phi_{\mathrm{m}}\cos(\omega t) = 2\pi f N\Phi_{\mathrm{m}}\cos(\omega t)$$

$$U = \frac{N\omega\Phi_{\mathrm{m}}}{\sqrt{2}} = 4.44 fN\Phi_{\mathrm{m}} = 4.44 fNB_{\mathrm{m}}S$$

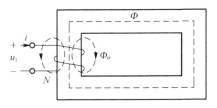
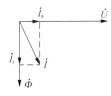
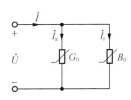

（a）带铁心线圈的电路　　　　（b）铁心线圈的相量图　　（c）铁心线圈的电路模型

图 A-20　　铁心线圈及其相量图和电路模型

铁心的有功功率：$P_{\mathrm{Fe}} = I_{\mathrm{a}}U$

铁心的无功功率：$Q = I_{\mathrm{r}}U$

等效电路参数：$G_0 = \dfrac{P_{\mathrm{Fe}}}{U^2} = \dfrac{P_{\mathrm{Fe}}}{(4.44 fNB_{\mathrm{m}}S)^2}$

$$|B_0| = \frac{Q}{(4.44 fNB_{\mathrm{m}}S)^2}$$

注意：一般来说，G_0 和 B_0 随 B_{m} 或 U 而变，因此在等效电路中用非线性元件表示。

考虑线圈电阻和漏磁通时：

$$u_1(t) = Ri(t) - e_\sigma(t) - e(t)$$

$$= Ri(t) + L_\sigma \frac{di(t)}{dt} + u(t)$$

上式相量形式为

$$\dot{U}_1 = R\dot{I} + \mathrm{j}\omega L_\sigma \dot{I} + \dot{U} = (R + \mathrm{j}X_\sigma)\dot{I} + \dot{U}$$

画出相量图及电路模型如图 A-21 所示。

注意：认为漏磁通链与电流之间有线性关系，漏电感为线性电感。

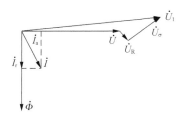
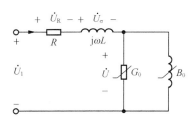

（a）考虑线圈电阻和漏磁通时的相量图　　　　（b）考虑线圈电阻和漏磁通时的电路模型

图 A-21　　考虑线圈电阻和漏磁通时的相量图及电路模型

关于磁化电流 $i_{\mathrm{r}}(t)$ 有效值 I_{r} 的什算，其方法与恒定磁通磁路的已知磁通求磁动势相同，只是交流磁路计算中磁通用最大值，步骤如下：

（1）由 $U = 4.44 fNB_{\mathrm{m}}S$，得：$B_{\mathrm{m}} = \dfrac{U}{4.44 fNS}$；

（2）由计算得到的 B_m，查附表中该材料的基本磁化曲线数据表得到 H_m；

（3）由 $H_m l = N I_{rm}$，得 $I_{rm} = \dfrac{H_m l}{N}$，其中为磁化电流的最大值；

（4）$I_r = \dfrac{I_{rm}}{K_a}$，其中 K_a 为波形因数；

K_a 大小决定于 $i_r(t)$ 波形畸变的程度，即磁饱和程度，常引入波顶修正系数 ξ 加以修正：

$$K_a = \sqrt{2}\,\xi$$

其中，ξ 与磁感应强度的最大值 B_m 有关，常用的几种电工钢片的通用校正系数随 B_m 变化的曲线如图 A-22 所示。那么，磁化电流的有效值表达式为

$$I_r = \frac{I_{rm}}{K_a} = \frac{I_{rm}}{\sqrt{2}\,\xi} = \frac{H_m l}{\sqrt{2}\,\xi N}$$

注意上式只适用于材料相同，截面积相等的无分支磁路。

图 A-21（b）中并联部分的总导纳为：$Y_0 = G_0 - jB_0$

其阻抗：$Z_0 = \dfrac{1}{Y_0} = \dfrac{1}{G_0 - B_0} = \dfrac{G_0}{G_0{}^2 + B_0{}^2} + j\dfrac{B_0}{G_0{}^2 + B_0{}^2} = R_0 + jX_0$

其中，$R_0 = \dfrac{G_0}{G_0{}^2 + B_0{}^2}$，$X_0 = \dfrac{B_0}{G_0{}^2 + B_0{}^2}$。

因此可得铁心线圈的串联等效电路，如图 A-23 所示。

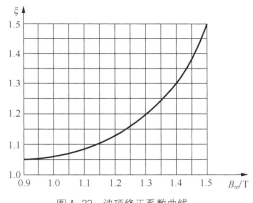

图 A-22　波顶修正系数曲线

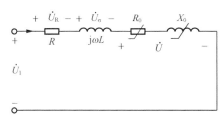

图 A-23　铁心线圈的串联等效电路

【**例 A-11**】　图 A-20（a）中，已知铁心线圈导线电阻 $R = 1\,\Omega$，漏磁感抗 $X_\sigma = 2\,\Omega$，线圈接在 $U_1 = 100\text{VW}$ 的工频电源上，测得线圈电流为 5A，消耗功率为 70W。（1）求串联等效电路的参数；（2）求 U 及磁化电流 I_r。

解　（1）串联等效电路如图 A-23 所示。

因为 $R + R_0 = \dfrac{P}{I^2} = \dfrac{70}{5^2} = 2.8\,\Omega$

所以 $R_0 = 2.8 - R = 2.8 - 1 = 1.8\,\Omega$

由 $P = UI\cos\varphi$ 可得线圈电压、电流的相位差为

$$\varphi = \cos^{-1}\left(\frac{P}{UI}\right) = \cos^{-1}\left(\frac{70}{100 \times 5}\right) = 82°$$

总电抗 $X_\sigma + X_0 = (R + R_0)\text{tg}\varphi = 2.8 \times \text{tg}82° = 19.9\,\Omega$

所以 $X_0 = 19.9 - X_\sigma = 19.9 - 2 = 17.9\Omega$

（2） $U = |Z_0|I = I\sqrt{R_0{}^2 + X_0{}^2} = 5\sqrt{1.8^2 + 17.9^2} = 90 \text{ V}$

铁损 $P_{\text{Fe}} = R_0 I^2 = 1.8 \times 5^2 = 45 \text{ W}$

则铁损电流 $I_a = \dfrac{P_{\text{Fe}}}{U} = \dfrac{45}{90} = 0.5 \text{ A}$

所求磁化电流 $I_r = \sqrt{I^2 - I_a{}^2} = \sqrt{5^2 - 0.5^2} = 4.97\text{A}$

附表

表 A-1 铸钢的基本磁化曲线数据表（H/A·m^{-1}）

B/T	0	0.01	0.02	0.03	0.04	0.05	0.06	0.07	0.08	0.09
0	0	8	16	24	32	40	48	56	64	72
0.1	80	88	96	104	112	120	128	136	144	152
0.2	160	168	176	184	192	200	208	216	224	232
0.3	240	248	256	264	272	282	288	296	304	312
0.4	320	328	336	344	352	360	368	376	384	392
0.5	400	408	417	426	434	443	452	461	470	479
0.6	488	497	506	516	525	535	544	554	564	574
0.7	584	593	603	613	623	632	642	652	662	672
0.8	682	693	703	724	734	745	755	766	776	787
0.9	798	810	823	823	848	860	873	885	898	911
1.0	924	938	953	969	986	1004	1022	039	1056	1073
1.1	1090	1104	1127	1147	1167	1187	1207	1227	1248	1269
1.2	1290	1315	1340	1370	1400	1430	1460	1490	1520	1555
1.3	1590	1630	1670	1720	1760	1810	1860	1920	1970	2030
1.4	2090	2160	2230	2300	2370	2440	2530	2620	2710	2800
1.5	2890	2990	3100	3210	3320	3430	3560	3700	3830	3960
1.6	4100	4220	4400	4550	4700	4870	5000	5150	5300	5500

表 A-2 铸铁的基本磁化曲线数据表（H/A·m^{-1}）

B/T	0	0.01	0.02	0.03	0.04	0.05	0.06	0.07	0.08	0.09
0	0	100	200	280	360	420	460	500	540	570
0.1	600	630	660	690	720	750	780	810	840	870
0.2	900	930	960	990	1020	1050	1080	1110	1140	1180
0.3	1220	1260	1300	1340	1380	1430	1470	1510	1560	1600
0.4	1640	1690	1750	1800	1860	1910	1970	2020	2080	2140
0.5	2200	2260	2350	2400	2470	2550	2620	2700	2780	2860
0.6	2940	3030	3130	3220	3320	3420	3520	3620	3720	3820
0.7	3920	4050	4180	4320	4460	4600	4750	4910	5070	5230
0.8	5400	5570	5750	5930	6160	6300	6500	6710	6930	7140
0.9	7360	7500	7780	8000	8300	8600	8900	9200	9500	9800
1.0	10100	10500	10800	11200	11600	12000	12400	12800	13200	13600
1.1	14000	14400	14900	15400	15900	16500	17000	17500	18100	18600
1.2	19200	19800	20400	21100	21800	22500	23200	24000	24700	25500
1.3	26200	27000	27800	28600	29400	30300	31200	32100	33000	33900
1.4	34800	35900	37000	38200	39200	40900	42300	43600	45000	46400
1.5	47800	49400	51000	54500	56200	58000	60000			

表 A-3 　　　　　　　 D_{21}[①]电工钢片的磁化曲线数据表（H/A·m^{-1}）

B/T	0	0.01	0.02	0.03	0.04	0.05	0.06	0.07	0.08	0.09
0.4	140	143	146	149	152	155	158	161	164	167
0.5	171	175	179	183	187	191	195	199	203	207
0.6	212	217	222	227	232	237	242	248	254	260
0.7	267	274	281	288	295	302	309	316	324	332
0.8	340	348	356	364	372	380	389	398	407	416
0.9	425	423	445	455	465	475	488	500	512	523
1.0	536	549	562	575	588	602	616	630	645	660
1.1	675	691	708	726	745	765	786	808	831	855
1.2	880	906	933	961	990	1020	1050	1090	1129	1160
1.3	1200	1250	1300	1350	1400	1450	1500	1560	1620	1680
1.4	1740	1820	1890	1980	2060	2160	2260	2380	2500	2640
1.5	2800	2970	3150	3370	3600	3850	4130	4400	4700	5000
1.6	5290	5590	5900	6210	6530	6920	7280	7660	8040	8420
1.7	8800	9200	9560	10000	10500	11000	11500	12000	12600	13200
1.8	13800	14500	15200	15900	16600	17300	18100	18900	19700	20500

① D 表示电工钢片;第一位数字表示钢片含硅的等级，例如 D2 表示钢片含硅量为（1.81～2.80）%；第二位数字表示钢片的电磁性能等级。

表 A-4 　　　　　　　 D_{23}电工钢片的磁化曲线数据表（H/A·m^{-1}）

B/T	0	0.01	0.02	0.03	0.04	0.05	0.06	0.07	0.08	0.09
0.4	138	140	142	144	146	148	150	152	154	156
0.5	158	160	162	164	166	169	171	174	176	178
0.6	181	184	185	189	191	194	197	200	203	206
0.7	210	213	216	220	224	228	232	236	240	245
0.8	250	255	260	265	270	276	281	287	293	299
0.9	36	313	319	326	333	341	349	357	365	374
1.0	383	392	401	411	422	433	44	456	467	480
1.1	493	507	521	536	552	568	584	600	616	633
1.3	890	920	950	980	1010	1050	1090	1130	1170	1210
1.4	1260	1310	1360	1420	1480	1550	1630	1710	1810	1910
1.5	2010	2120	2240	2370	2500	2670	2850	3040	3260	3510
1.6	3780	4070	4370	4680	5040	5340	5680	6040	6400	6780
1.7	7200	7640	8080	8540	9020	9500	10000	10500	11000	11600
1.8	12200	12800	13400	14000	14600	15200	15800	16500	17200	18000

表 A-5 　　　　　　　 D41 电工钢片的磁化曲线数据表（H/A·m^{-1}）

B/T	0	0.01	0.02	0.03	0.04	0.05	0.06	0.07	0.08	0.09
1.0	161	165	169	172	176	180	184	189	194	199
1.1	203	209	215	223	231	240	249	257	266	275
1.2	285	295	307	317	328	338	351	363	377	393
1.4	636	665	695	725	760	790	828	865	903	946
1.5	996									

表 A-6 　　　　　　　　　　　几种电工钢片的铁损数据表

（一）几种电工钢片单位质量铁损数据表

B/T	铁损/W·kg⁻¹				铁损/W·kg⁻¹			
	D_{41}	D_{41}	D_{42}	D_{42}	D_{43}	D_{43}	D_{44}	D_{44}
1.00	1.35	1.6	1.2	1.4	1.05	1.25	0.9	1.15
1.05	1.5	1.78	1.32	1.54	1.15	1.38	0.98	1.24
1.10	1.64	1.95	1.45	1.68	1.28	1.5	1.1	1.38
1.15	1.8	2.1	1.58	1.84	1.4	1.65	1.22	1.5
1.20	2.0	2.3	1.75	2.0	1.54	1.79	1.35	1.65
1.25	2.18	2.5	1.9	2.16	1.68	1.94	1.45	1.8
1.30	2.36	2.7	2.08	2.38	1.8	2.1	1.6	1.96
1.35	2.58	2.9	2.22	2.58	1.98	2.28	1.72	2.1
1.40	2.78	3.1	2.4	2.75	2.15	2.45	1.9	2.3
1.45	2.98	3.34	2.6	2.98	2.32	2.67	2.02	2.5
1.50	3.2	3.6	2.8	3.2	2.5	2.9	2.2	2.7

（二）D21 硅钢片（厚 0.5mm）单位体积铁损数据表（查得数据乘以 10^{-3}W/cm³）

B/T	0.00	0.01	0.02	0.03	0.04	0.05	0.06	0.07	0.08	0.09
0.8	13.6	14.0	14.2	14.4	14.7	15.0	15.2	15.5	15.8	16.0
0.9	16.3	16.6	16.9	17.2	17.5	17.8	18.1	18.5	18.8	19.1
1.0	19.5	19.9	20.2	20.6	21.0	21.4	21.8	22.3	22.7	23.2
1.1	23.7	24.2	24.7	25.2	25.7	26.3	26.8	27.3	27.9	28.5
1.2	29.0	29.6	30.1	30.7	31.3	31.9	32.5	33.1	33.7	34.3
1.3	34.9	35.5	36.0	36.7	37.3	37.9	38.5	39.1	39.7	40.3
1.4	40.9	41.5	42.1	42.7	43.3	44.0	44.6	45.2	45.8	46.4
1.5	47.1	47.7	48.3	48.9	49.6	50.2	50.8	51.4	51.9	52.6
1.6	53.1	53.7	54.3	54.9	55.5	56.1	56.7	57.3	57.9	58.5

（三）D23，D24 硅钢片（厚 0.5mm）单位体积铁损数据表（查得数据乘以 10^{-3}W/cm³）

B/T	0.00	0.01	0.02	0.03	0.04	0.05	0.06	0.07	0.08	0.09
0.8	11.5	11.7	12.0	12.2	12.4	12.6	12.8	13.1	13.3	13.5
0.9	13.8	14.0	14.3	14.3	14.8	15.1	15.3	15.6	15.9	16.2
1.0	16.5	16.8	17.1	17.4	17.8	18.1	18.4	18.8	19.2	19.6
1.1	20.0	20.4	20.8	21.2	21.7	22.1	22.6	23.0	23.5	24.0
1.2	24.5	25.0	25.4	26.0	26.4	27.0	27.5	28.0	28.5	29.0
1.3	29.5	330.0	30.5	31.0	31.6	32.1	32.6	33.1	336	34.2
1.4	34.7	35.2	35.7	36.2	36.7	37.2	37.8	38.3	38.8	34.2
1.5	39.8	40.4	40.9	41.4	41.9	42.4	42.9	43.5	44.0	44.5
1.6	45.0	45.6	46.1	46.6	47.1	47.7	48.2	48.7	49.2	49.7

表 A-7 常用电工钢片的磁性能

硅钢品种		代号	厚度（mm）	铁损/W·kg⁻¹，不大于			不同磁场强度下的磁感应强度值不小于				叠装系数%	密度/g·cm³
				$P_{10/50}$	$P_{15/50}$	$P_{17/50}$	B_{10}/T	B_{25}/T	B_{50}/T	B_{100}/T		
热轧硅钢片		D21	0.50	2.50	6.1			1.48	1.59	1.73	92	7.70
		D21	0.35	2.0	5.0			1.48	1.59	1.73	90	7.70
		D22	0.50	2.2	5.3			1.51	1.61	1.74	92	7.70
		D23	0.50	2.1	5.1			1.54	1.64	1.76	92	7.70
		D24	0.50	2.1	5.1			1.57	1.67	1.78	92	7.70
		D31	0.50	2.0	4.4			4.46	1.67	1.71	91	7.65
		D32	0.50	1.80	4.0			1.50	1.61	1.74	91	7.65
		D31	0.35	1.6	3.6			1.45	1.67	1.71	90	7.65
		D32	0.35	1.4	3.2			1.50	1.61	1.74	90	7.65
		D41	0.50	1.6	3.6			1.45	1.56	1.68	91	7.65
		D42	0.50	1.35	3.15			1.45	1.56	1.68	91	7.55
		D43	0.50	1.20	2.90			1.44	1.55	1.67	91	7.55
		D44	0.50	1.10	2.65			1.44	1.55	1.67	91	7.55
		D41	0.35	1.35	3.20			1.45	1.56	1.68	90	7.55
		D42	0.35	1.15	2.80			1.45	1.56	1.68	90	7.55
		D43	0.35	1.05	2.50			1.43	1.54	1.66	90	7.55
		D44	0.35	0.90	2.20			1.43	1.54	1.66	90	7.55
冷轧硅钢片	无取向	W21	0.50	2.3	5.3			1.54	1.64		96	7.75
		W22	0.50	2.0	4.7			1.52	1.62		96	7.75
		W32	0.50	1.6	3.6			1.50	1.60		95	7.65
		W33	0.50	1.4	3.3			1.50	1.60		95	7.65
		W32	0.35	1.25	3.1			1.48	1.58		94	7.65
		W33	0.35	1.05	2.7			1.48	1.53		94	7.65
	单取向	Q3	0.35	0.7	1.6	2.3	1.67	1.80	1.86		95	7.65
		Q4	0.35	0.6	1.4	2.0	1.72	1.85	1.90		95	7.65
		Q5	0.35	0.55	1.2	1.7	1.76	1.88	1.92		95	7.65
		Q6	0.35	0.44	1.1	1.51	1.77	1.92	1.96		95	7.65

注：

（1）$P_{10/50}$、$P_{15/50}$、$P_{17/50}$ 表示频率为 50Hz，磁感应强度分别为 1.0T、1.5T 和 1.7T 时的铁损，以后在不同频率和不同磁感应强度下铁损的表示法皆以此类推。

（2）D21～D41 用于中小型交流电机及各种直流电机，D31～D32 用于损耗小的中小型电机，D41～D44 用于大型电机及变压器。W21～W33 中，厚 0.5mm 应用各种电机，厚 0.35mm 应用于变压器。Q3～Q5 主要用于变压器、互感器、电抗器等。

附录 B 仿真软件 Multisim12 在电路分析中的应用

内容提要：主要介绍 Multisim12 仿真软件和使用方法并举例其在电路分析基础中的应用。
教学目标：熟练使用仿真软件 Multisim12 进行电路分析。

B.1 仿真软件 Multisim12 简介

电子仿真软件 Multisim 最初由加拿大的 IIT 公司推出，从 Multisim2001 开始到到目前的 Multisim12 版本，已改由美国国家仪器（NI）公司所推出。Multisim12 是一个原理电路设计、电路功能测试的虚拟仿真软件，功能包括以下几个方面。

（1）全功能电路仿真系统：有元器件的编辑、选取、放置；电路图的编辑、绘制；电路工作状况的测试；电路特性的分析；电路图报表输出、打印；档案的转出/转入。

（2）完整的系统设计工具：结合 SPICE、VHDL、Verilog 共同仿真；电路图的建立；完整的零件库；SPICE 仿真；高阶 RF 设计功能；虚拟仪器测试及分析功能；计划及团队设计功能；VHDL 及 Verilog 设计与仿真；FPGA / CPLD 组件合成；PCB 文件转换功能。因此非常适合电子类课程的教学和实验。

在教学应用上，Multisim12 教学版专为电路和电子技术相关内容的教学而开发，可实现学生在理论、仿真、实验室实验之间的无缝移动。学生可在 Multisim12 内进行设计、原型开发、电子电路测试等实践操作。借助于 Multisim12，教师、学生可快速设计与课堂和课后作业主题相匹配的基础电路，快速比较和分析仿真电路与真实电路的差别，找出问题存在的原因。Multisim12 在模拟电路、数字电路、电力电子技术、生物仪器、学生设计、机电一体化和控制设计中都有应用。在电路设计应用上，Multisim12 专业版包含 SPICE 仿真和原型设计工具，用于设计具有高可靠性的电路。Multisim12 还优化了可用性，确保各领域专家和研究人员通过精确选择部件，及时改善设计；通过仿真直观分析和视觉化设计；借助 NI Ultiboard 原型设计环境实现快速布局和布线；简化 NI 硬件附件的设计；使用 NI LabVIEW 集成原型验证方法等功能快速设计 PCB。

无论应用于哪个领域，Multisim12 提供的强大环境都具有以下优势：将电路理论和方程图形化、可视化并进行直观的互动；通过 SPICE 仿真深入理解特定课程的概念；与 NI 硬件教学平台无缝集成，轻松过渡到实验室；帮助学生在同一环境下更快完成设计项目。

Multisim 12 易学易用，便于电子信息、通信工程、自动化、电气控制类专业学生自学、便于开展综合性的设计和实验，有利于培养综合分析能力、开发和创新的能力。

B.2 仿真软件 Multisim12 的操作界面

1. 基本工作界面介绍

启动 Multisim12 以后，可以看到图 B-1 所示的操作窗口，主要有标题栏、菜单栏、工具栏、器件栏、设计工具箱、仪器栏、仿真栏、实验工作平台、仿真开关和状态栏。用户界面就相当于一个虚拟实验平台，下面对各栏加以介绍。

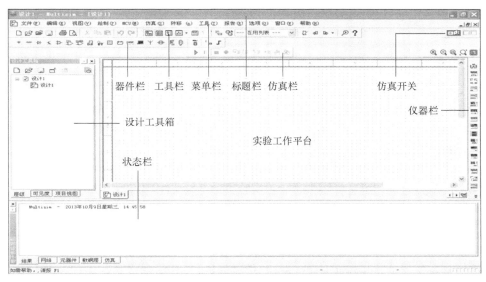

图 B-1 Multisim12 的用户界面

标题栏：显示当前正在查看的工程文件名称。

菜单栏：通过菜单栏选项可以完成 Multisim12 的各种操作，其中有 12 个主菜单。

工具栏：包含有关电路窗口基本操作按钮，通过这些快捷按钮可以完成常用的操作。

器件栏：其中有元器件库。模拟电路常用库有电源库、基本元件库等。

设计工具箱：利用此栏可以把有关电路设计的原理图等分类管理，便于使用者观察分层电路的层次结构。

仪器栏：包含有 22 种虚拟仪器。其中模拟电路测试常用仪表有数字万用表、示波器、瓦特表等。

仿真栏：用于仿真过程控制。

实验工作平台：用于电路图的编辑、仿真分析和波形显示。

仿真开关：用于仿真过程的控制，即电源的通与断。

状态栏：用于显示程序的错误、警告和当前的操作及鼠标所指条目的有关信息等。

导线的生成和元件连接。移动光标到元件的引脚上，当光标变成十字时可按住鼠标左键拖出导线与其他元件连接。在移动十字光标到所要连接的元件引脚时，再次按左键，就会将两个元件的引脚连接起来。

  2. 常用器件库和仪表

（1）器件库

Multisim12 的器件库提供数千种电路元器件供实验选用，同时也可以新建或扩充已有的元器件库，而且建库所需的元器件参数可以从生产厂商的产品使用手册中查到，因此也很方便的在工程设计中使用。器件工具栏如图 B-2 所示。Multisim12 器件工具栏中有电源/信号源库（Source）、基本器件库（Basic）、二极管库（Diode）、晶体管库（Transistor）、模拟源库（Analog）、TTL 器件库（TTL）、CMOS 器件库（CMOS）、数字器件库（Miscellaneous Digital）、混合器件库（Mixed）、指示器件库（Indicator）、电源组件库（Source Component）、其他器件库（Miscellaneous）、键盘显示器库（Advanced Peripherals）、射频器件库（RF）、机电类器件库（Electromechanical）、NI 组件库（NI Component）、连接器件库（Connector）、微控制器件库（MCU）、链接其他文件模块（Hierarchical Block From File）和总线（Bus）。

图 B-2　器件工具栏

电源/信号源库包含有接地端、直流电压源（电池）、正弦交流电压源、方波（时钟）电压源、压控方波电压源等多种电源与信号源。基本器件库包含有电阻、电容等多种元件。基本器件库中的虚拟元器件的参数是可以任意设置的，非虚拟元器件的参数虽然是固定的，但是是可以选择的。

（2）虚拟仿真仪表

Multisim12 的虚拟测试仪器仪表种类齐全，有一般实验用的通用仪器，如万用表、函数信号发生器、双踪示波器、直流电源；而且还有一般实验室少有或没有的仪器，如波特图仪、字信号发生器、逻辑分析仪、逻辑转换器、失真仪、频谱分析仪和网络分析仪等。仪器仪表以图标方式存在。

数字多用表（Multimeter）是一种可以用来测量交直流电压、交直流电流、电阻及电路中两点之间分贝损耗，自动调整量程的数字显示的多用表。

函数信号发生器（Function Generator）是可提供正弦波、三角波、方波三种不同波形的信号的电压信号源。

瓦特表（Wattmeter）用来测量电路的功率，交流或者直流均可测量。

示波器（Oscilloscope）用来显示电信号波形的形状、大小、频率等参数的仪器。

波特图仪（Bode Plotter）可以用来测量和显示电路的幅频特性与相频特性，类似于扫频仪。

字信号发生器（Word Generator）是能产生 16 路（位）同步逻辑信号的一个多路逻辑信号源，用于对数字逻辑电路进行测试。

逻辑分析仪（Logic Analyzer）用于对数字逻辑信号的高速采集和时序分析，可以同步记录和显示 16 路数字信号。

失真分析仪（Distortion Analyzer）是一种用来测量电路信号失真的仪器，multisim 提供的失真分析仪频率范围为 20Hz～20kHz。频谱分析仪（Spectrum Analyzer）用来分析信号的频域特性，multisim 提供的频谱分析仪频率范围上限为 4GHz。

网络分析仪（Network Analyzer）是一种用来分析双端口网络的仪器，它可以测量衰减器、放大器、混频器、功率分配器等电子电路及元件的特性。Multisim 提供的网络分析仪可以测量电路的 S 参数并计算出 H、Y、Z 参数。

IV（电流/电压）分析仪用来分析二极管、PNP 和 NPN 晶体管、PMOS 和 CMOS FET 的

IV 特性。注意：IV 分析仪只能够测量未连接到电路中的元器件。

Multisim12 提供测量探针和电流探针。在电路仿真时，将测量探针和电流探针连接到电路中的测量点，测量探针即可测量出该点的电压和频率值。电流探针即可测量出该点的电流值。电压表和电流表都放在指示元器件库中，在使用中数量没有限制。

在实验工作平台中，双击仪表的图标即可出现仪表的显示屏和控制面板。其中电路分析基础常用的有可以用来测量交直流电压、交直流电流、电阻及电路中两点之间分贝损耗，自动调整量程的数字显示的数字万用表，用来测量交流或者直流电路的功率的瓦特表以及用来显示电信号波形的形状、大小、频率等参数的仪器双踪示波器。

B.3 仿真软件 Multisim12 的仿真方法

Multisim12 具有较为详细的电路分析功能，可以完成电路的瞬态分析和稳态分析、时域和频域分析、器件的线性和非线性分析、电路的噪声分析和失真分析、离散傅里叶分析、电路零极点分析、交直流灵敏度分析等电路分析方法，以帮助设计人员分析电路的性能。

Multisim12 还可以设计、测试和演示各种电子电路，包括电工学、模拟电路、数字电路、射频电路及微控制器和接口电路等。可以对被仿真的电路中的元器件设置各种故障，如开路、短路和不同程度的漏电等，从而观察不同故障情况下的电路工作状况。在进行仿真的同时，软件还可以存储测试点的所有数据，列出被仿真电路的所有元器件清单，以及存储测试仪器的工作状态、显示波形和具体数据等。

Multisim12 仿真主要包括以下步骤。

1. 启动操作

启动 Multisim12 以后，打开 Multisim12 设计环境。选择：文件→新建→原理图，即弹出一个新的电路图编辑窗口——图 B-3 所示的主设计窗口。工程栏同时出现一个新的名称。

2. 添加元件

打开元件库工具栏，单击需要的元件图标按钮（如图 B-4 所示），然后在主设计电路窗口中适当的位置，再次单击鼠标左键，所需要的元件即可出现在该位置上。双击此元件，会出现该元件的对话框，可以设置元件的标签、编号、数值和模型参数。

图 B-3　主设计窗口

图 B-4　添加元件

3. 元件的移动

选中元件，直接用鼠标拖曳要移动的元件。

4. 元件的复制、删除与旋转

选中元件，用相应的菜单、工具栏或单击鼠标右键弹出快捷菜单，进行需要的操作。

5. 放置电源和接地元件

选择"放置信号源按钮"弹出图 B-5 所示的对话框，单击元件栏的放置信号源选项，出现图 B-6 所示的对话框。

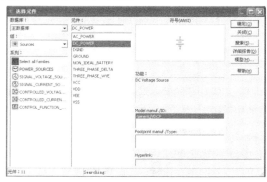

图 B-5　添加电源　　　　　　　　　　图 B-6　更改电源

（1）"数据库"选项，选择"主数据库"。

（2）"组"选项里选择"sources"。

（3）"系列"选项里选择"POWER_SOURCES"。

（4）"元件"选项里，选择"DC_POWER"。

（5）右边的"符号"、"功能"等对话框里，会根据所选项目，列出相应的说明。

选择好电源符号后，单击"确定"按钮，移动鼠标到电路编辑窗口，选择放置位置后，单击鼠标左键即可将电源符号放置于电路编辑窗口中，完成后，还会弹出元件选择对话框，可以继续放置，单击"关闭"按钮可以取消放置。放置的电源符号显示的是 12V。我们的需要可能不是 12V，那怎么来修改呢？双击该电源符号，出现图 B-6 所示的属性对话框，在该对话框里，可以更改该元件的属性。在这里，将电压改为 3V。当然也可以更改元件的序号引脚等属性。同理，可选择接地元件。

6. 导线的操作

（1）连接。鼠标指向某元件的端点，出现小圆点后按下鼠标左键拖曳到另一个元件的端点，出现小圆点后松开左键。

（2）删除。选定该导线，单击鼠标右键，在弹出的快捷菜单中单击"delete"。

7. 加入测量仪器

从右边的仪器栏中将仪器（如万用表）分别拖到画面中的相应位置，并将电路的待测量端分别连接到仪器相应的端口上。

8. 仿真

电路连接完毕，检查无误后，就可以进行仿真了。按窗口右上方的电源开关即可开始电路仿真。

9. 仿真结果的保存

静态和动态仿真结果都可以以文件方式保存到磁盘中。

（1）静态仿真结果保存。

在静态仿真结果对话框中，用鼠标左键单击保存图标，在随后弹出的对话框中选择待保存的文件路径即可。

（2）动态仿真结果保存。

在示波器对话框中，用鼠标左键单击保存按钮，在随后弹出的对话框中选择待保存的文件路径即可。

B.4 Multisim12 电路分析基础仿真实例

以下是对电路分析基础中相关内容的仿真，以便同学们学习和对照。

1. 直流叠加定理仿真

Multisim12 可以验证叠加定理。10V 电压源和 1A 电流源共同作用的电路如图 B-7 所示，10V 电压源和 1A 电流源单独作用的电路分别如图 B-8 和 B-9 所示。从仿真结果可以看出，V_1 和 I_1 共同作用时 R_3 两端的电压为 36.666V；V_1 和 I_1 单独工作时 R_3 两端的电压分别为 3.333V 和 33.333V，结果表明：这两个数值之和等于前者，符合叠加定理。

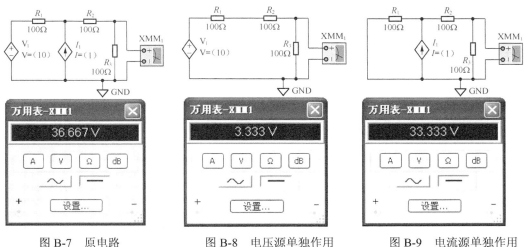

图 B-7 原电路   图 B-8 电压源单独作用   图 B-9 电流源单独作用

2. 戴维宁定理仿真

戴维宁定理是指一个具有直流源的线性电路，不管它如何复杂，都可以用一个电压源 U_{HT} 与电阻 R_{TH} 串联的简单电路来代替，就它们的性能而言，两者是相同的。电路如图 B-10 所示，可以看出在 XMM1 和 XMM2 两块万用表面板上显示的电流和电压值为：$I_{RL}= I_{R4}$ =16.667mA，$U_{RL}= U_{R4}$=3.333V。图 B-11 所示电路中断开负载 R_4，用万用表电压挡测量原来 R_4 两端，即 3-0 端间的开路电压，该电压记为 U_{HT}，从万用表的面板上显示出来的电压为 U_{HT}=6V。

在图 B-11 所测量的基础之上，将直流电源 V_1 用导线替换掉，用万用表的电阻挡测量开路点 3-0 两端的电阻，电路如图 B-12 所示，将其记为 R_{TH}，测量结果为 R_{TH}=160Ω。

在 R_4 和 R_{TH} 之间串联一块电流表(用万用表代)，在 R_4 两端并接一块电压表(用万用表代)，电路如图 B-13 所示，这时可以读出 XMM1 和 XMM2 上读数分别为：I_{RL1}=16.667mA，U_{RL1}=3.333V。

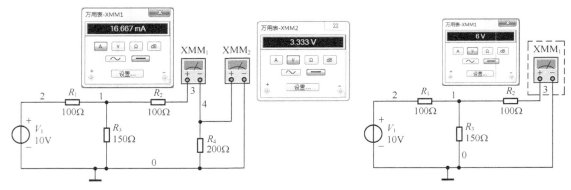

图 B-10　原电路　　　　　　　　　　　　图 B-11　断开负载 R_4

结果分析：从图 B-10 和图 B-13 的测试结果可以看出两组数据相同，从而验证戴维宁定理是正确的。

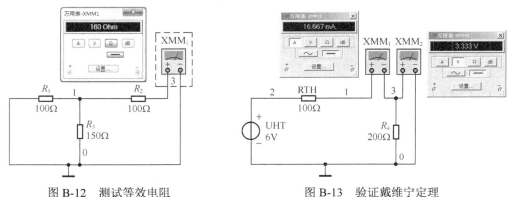

图 B-12　测试等效电阻　　　　　　　　图 B-13　验证戴维宁定理

3. 三相交流电路仿真

电路如图 B-14 所示，利用万用表 XMM1、XMM2、XMM3 的电流挡测三相交流电路的线（相）电流，利用万用表 XMM4、万用表 XMM5 的电压挡分别测量线电压和相电压，万用表 XMM6 测量中线电流，可验证相关数值关系与理论计算是一致的。

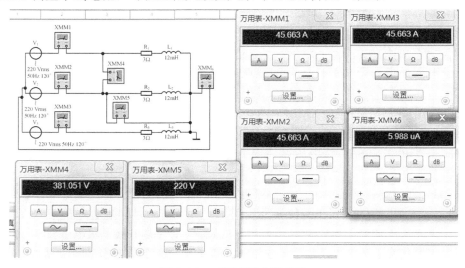

图 B-14　三相交流电路仿真

部分习题答案

第 1 章

自测题

一、1. A 2. A 3. C 4. C 5. C

二、1. √ 2. × 3. √ 4. × 5. √ 6. × 7. × 8. × 9. √ 10. ×

三、1. 参考方向 2. 1V，−5V 3. 电动势，电源，电源负极低，电源正极高，电源端电压 4. 欧姆，基尔霍夫，KCL，支路电流，KVL，元件上电压 5. 控制量

习题

1-2 （a）2W，吸收；（b）−2W，发出；（c）−2W，发出；（d）2W，吸收

1-3 $P_1=-2W$（发出），$P_2=-6W$（发出），$P_3=16W$（吸收），$P_4=-4W$（发出），$P_5=-7W$（发出），$P_6=3W$（吸收）

1-4 （a）$u=10^3i$；（b）$u=-10i$；（c）$u=10^4i$；（d）$u=-5V$；（e）$u=-10V$；（f）$i=2A$

1-5 $u=7V$，$P_R=8W$（吸收），$P_u=6W$（吸收），$P_i=-14W$（发出）

1-6 $P_R=2W$（吸收），$P_u=8W$（吸收），$P_i=-10W$（发出）

1-7 0.9901mA，505V

1-8 $i_3=-5A$

1-9 $I_2=1.5A$

1-10 $P=-40W$（发出）

1-11 $I=1A$

1-12 $I_3=-5A$，$U_{ab}=5V$

1-13 0V，−3V

1-14 17V

1-15 $i_1=3A$，$i_2=-1A$，$i_3=-2A$

第 2 章

自测题

一、1. B 2. C 3. A 4. B 5. A

二、1. √ 2. √ 3. × 4. × 5. ×

三、1. 电压，电流 2. 大，大 3. 3Ω 4. 20A，1Ω 5. 无源，电源，控制量

习题

2-1 （1）7.2V；（2）6V；（3）6.75V

2-2 10mA

2-3 50Ω

2-4 7S

2-5 $R_{ab}=1.5Ω$

2-6   6V

2-7 R_{ab}=3.75Ω

2-8 I=2A

2-9

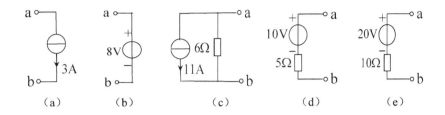

(a)   (b)   (c)   (d)   (e)

2-10   （1）1A；   （2）20V；   （3）4W

2-11 R_{ab}=5Ω

2-12 R_{in}=17Ω

2-13   （1）$I = -3\text{A}, U = -\dfrac{10}{3}\text{V}$ ；（2）$R = \dfrac{6}{7}\Omega$

2-14 I=2.769mA

2-15 R_{in}=7Ω

2-16 R_{in}=8Ω

第3章

自测题

一、1. B   2. C   3. C   4. C   5. B

二、1. ×   2. √   3. √   4. ×   5. ×

三、1. 2个，4个   2. 4个   3. 2个   4. 回路   5. 受控源

习题

3-1   5，8

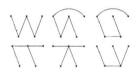

3-2   4，4

3-3   {1，4，6}， {2，4，6}， {3，4，6}，{4，5}，{7，8}，{6，7，9}

3-4   3，4

3-5   独立节点 KCL：$i_1 + i_2 - i_4 = 0$ ， $-i_2 + i_3 + i_5 = 0$ ， $-i_1 - i_3 + i_6 = 0$

独立回路 KVL：$R_1 i_1 + r i_2 - R_2 i_2 - R_3 i_3 = 0$ ， $R_2 i_2 + R_5 i_5 + R_4 i_4 = u_{S4}$ ，

$$R_3 i_3 + R_6 i_6 - R_5 i_5 = -R_6 i_{S6}$$

3-6   独立节点 KCL：$i_1 + i_3 + i_6 = 0$ ， $-i_3 + i_4 + i_5 = 0$ ， $i_2 - i_5 - i_6 = 0$

独立回路 KVL：$R_3 i_3 + R_4 i_4 = u_{S1}$ ， $-R_4 i_4 + R_5 i_5 = -u_{S2}$ ，

$$-R_3 i_3 + R_6 i_6 - R_5 i_5 = 0$$

3-7　$i = 2\text{A}$

3-8　$i_1 = 1.5\text{A}$，$i_2 = 4\text{A}$，$i_3 = -3\text{A}$

3-9　$u_{ab} = 7.5\text{V}$，$P_{15\text{V}} = -7.5\text{W}$，$P_{4.5\text{V}} = 9\text{W}$，$P_{9\text{V}} = -13.5\text{W}$

3-10　$i_1 = 3\text{A}$，$i_2 = -1\text{A}$，$i_3 = 2\text{A}$，$i_4 = 1\text{A}$，$i_5 = -3\text{A}$，$i_6 = 4\text{A}$

3-11　$i_1 = \dfrac{1}{4} u_\text{S}$，$i_2 = \dfrac{1}{8} u_\text{S}$

3-12　$u_{ab} = 24\text{V}$

3-13　（1）$I_1 = -2.5\text{A}$，$I_2 = 5\text{A}$；（2）$P_{10\text{V}} = -75\text{W}$，$P_{0.5A} = 0\text{W}$

3-14　$i_a = 0.5\text{A}$，$u_b = 2\text{V}$

3-15　$u = -7.2\text{V}$

3-16　$i_1 = \dfrac{16}{9}\text{A}$，$u = \dfrac{34}{9}\text{V}$

3-17　$i = 3\text{A}$，$u = 10\text{V}$

3-18　$i_1 = 12\text{A}$

3-19　$u = 6\text{V}$，$i = 3\text{A}$

3-20　$U = 2\text{V}$

3-21　$I_0 = 1.081\text{A}$，$I_1 = 1.405\text{A}$，$U_0 = 7.782\text{V}$

3-22　$U_2 = 1\text{V}$，$U = 1\text{V}$

3-23　$I_2 = 0.2\text{A}$，$I_3 = -0.2\text{A}$，$P_{2\text{V}} = 0.4\text{W}$，$P_{3\text{V}} = -0.6\text{W}$，$P_{0.4A} = -1.12\text{W}$

3-24　$u_{12} = 11\text{V}$

第 4 章

自测题

一、1．C　2．C　3．B，C　4．B，D　5．（1）B，A　（2）B，A　（3）C，C

二、1．√　2．×　3．√　4．×　5．×

三、1．36W　2．线性，短路，开路，受控源，功率　3．短路，独立源　4．24Ω　5．8V

习题

4-1　$I = 1\text{A}$

4-2　$I = 0.5\text{A}$

4-3　$i_1 = 0.5\text{A}$，$i_2 = 2.5\text{A}$，$i_3 = 2\text{A}$，$u_2 = 7\text{V}$

4-4　$i_1 = -0.6\text{A}$，$i_2 = 3.4\text{A}$

4-5　$U = 26\text{V}$

4-6　$u_{ab} = 17\text{V}$，$i_1 = 3\text{A}$

4-7　$i = 1\text{A}$，$u = 8\text{V}$

4-8　$u_2 = 2\text{V}$

4-9　$U_1 = 0.5\text{V}$

4-10　见 4-10 答案图

4-11　$U_{oc} = 7\text{V}$，$R_{eq} = 8\Omega$

4-12   见 4-12 答案图

4-10 答案图   4-12 答案图

4-13 I=2A，R_4=1Ω

4-14 p_L=20W

4-15 I=2.78A

4-16 R_L=20Ω，p_{Lmax}=45W

4-17 R_L=15Ω，p_{Lmax}=15W

4-18 R_L=4Ω，p_{Lmax}=100W

4-19 R_eq=−6Ω，U_oc=−22V

4-20 i=0.5A

4-21   4V

4-22 i_1=4A

4-23 I=1.5A，U=6V

第 5 章

自测题

一、1．A   2．B   3．A   4．C   5．D

二、1．×   2．√   3．√   4．√   5．×   6．√   7．√   8．√   9．×   10．√

三、1．开路，短路，短路，开路   2．$3\mathrm{e}^{-3t}\varepsilon(t)$ 3．慢，长   4．初始值，稳态值，时间常数   5．$3\tau-5\tau$

习题

5-1 $i_1(0_+)$=0，$i_2(0_+)$=1.5A，$i_C(0_+)$=−1.5A

5-2 $i_1(0_+)$=2A，$i_2(0_+)$=−1A，$u_\mathrm{L}(0_+)$=−6V

5-3 $i_2(0_+)$=4A，$i_C(0_+)$=0A

5-4 $u_\mathrm{C}(t)=10\mathrm{e}^{-t}\mathrm{V}$，$i_\mathrm{C}(t)=5\mathrm{e}^{-t}\mathrm{A}$ $(t\geqslant 0)$

5-5 $i_\mathrm{L}(t)=8\mathrm{e}^{-2000t}\mathrm{A}$ $(t\geqslant 0)$

5-6 $i_\mathrm{L}(t)=2\mathrm{e}^{-60000t}\mathrm{mA}$ $(t\geqslant 0)$

5-7 $i_\mathrm{L}(t)=2\mathrm{e}^{-10t}\mathrm{A}$ $(t\geqslant 0)$

5-8 $i_\mathrm{L}(t)=2\mathrm{e}^{-4t}\mathrm{A}(t\geqslant 0)$，$u_\mathrm{R}(t)=-4\mathrm{e}^{-4t}\mathrm{V}(t\geqslant 0)$，$u_\mathrm{L}(t)=-8\mathrm{e}^{-4t}\mathrm{V}(t\geqslant 0)$

5-9 $i_\mathrm{L}(t)=10(1-\mathrm{e}^{-100t})\mathrm{A}(t\geqslant 0)$，$u_\mathrm{L}(t)=2000\mathrm{e}^{-100t}\mathrm{V}(t\geqslant 0)$

5-10   （1）$u_\mathrm{C}=100(1-\mathrm{e}^{-200t})\mathrm{V}$，$i=0.2\mathrm{e}^{-200t}\mathrm{A}$ $(t\geqslant 0)$

　　　　（2）t=8.048ms

5-11 $i(t)=(-2-2\mathrm{e}^{-t})\mathrm{A}(t\geqslant 0)$，$u(t)=(6+6\mathrm{e}^{-t})\mathrm{V}(t\geqslant 0)$

5-12　$i_1(t)=(2+\dfrac{2}{9}\mathrm{e}^{-10t})\mathrm{A}(t\geq0)$，　$i_\mathrm{L}(t)=(1+\dfrac{1}{3}\mathrm{e}^{-10t})\mathrm{A}(t\geq0)$，

$$u_\mathrm{L}(t)=-\dfrac{8}{3}\mathrm{e}^{-10t}\mathrm{V}(t\geq0)$$

5-13　$i_\mathrm{L}(t)=3\mathrm{e}^{-2t}\mathrm{A}$，　$u_\mathrm{L}(t)=-6\mathrm{e}^{-2t}\mathrm{V}(t\geq0)$，　$i_1(t)=2\mathrm{e}^{-2t}\mathrm{A}(t\geq0)$，　$i_2(t)=-\mathrm{e}^{-2t}\mathrm{A}(t\geq0)$

5-14　$u_\mathrm{C}(t)=(12-8\mathrm{e}^{-50t})\mathrm{V}(t\geq0)$

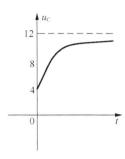

5-15　（1）$u_{\mathrm{Ci}}(t)=-6\mathrm{e}^{-2t}\mathrm{V}(t\geq0)$，　$u_{\mathrm{C0}}(t)=6(1-\mathrm{e}^{-2t})\mathrm{V}(t\geq0)$，　$u_\mathrm{C}(t)=(6-12\mathrm{e}^{-2t})\mathrm{V}\ (t\geq0)$；

　　　（2）$u_\mathrm{C}(t)=(6-18\mathrm{e}^{-2t})\mathrm{V}(t\geq0)$；　（3）$u_\mathrm{C}(t)=(12-18\mathrm{e}^{-2t})\mathrm{V}\ (t\geq0)$

5-16　$i(t)=(\dfrac{9}{2}+\dfrac{5}{6}\mathrm{e}^{-\frac{t}{0.15}})\mathrm{mA}\quad(t\geq0)$

5-17　（1）$i_\mathrm{C}(t)=0.5\mathrm{e}^{-200t}\mathrm{A}(0\leq t\leq\tau)$，　$u_\mathrm{R}(t)=50\mathrm{e}^{-200t}\mathrm{V}(0\leq t\leq\tau)$；

　　　（2）$i_\mathrm{C}(t)=-0.516\mathrm{e}^{-200(t-0.005)}\mathrm{A}(t\geq\tau)$，　$u_\mathrm{R}(t)=-51.6\mathrm{e}^{-200(t-0.005)}\mathrm{V}(t\geq\tau)$

5-18　$i_\mathrm{L}=\dfrac{1}{2}(1-\mathrm{e}^{-2t})\varepsilon(t)\mathrm{A}$

5-19　$i_\mathrm{L}=2(1-\mathrm{e}^{-2t})\varepsilon(t)-2[1-\mathrm{e}^{-2(t-2)}]\varepsilon(t-2)\mathrm{A}$

5-20　$u_\mathrm{C}(t)=12(1-\mathrm{e}^{-0.5t})\varepsilon(t)-12[1-\mathrm{e}^{-0.5(t-2)}]\varepsilon(t-2)\mathrm{V}$

5-21　$i(t)=(\dfrac{1}{3}+\dfrac{1}{6}\mathrm{e}^{-0.75t})\varepsilon(t)\mathrm{A}$

5-22　$i_\mathrm{L}(t)=4\mathrm{e}^{-2400t}\varepsilon(t)\mathrm{A}$，　$u_\mathrm{L}(t)=[0.4\delta(t)-960\mathrm{e}^{-2400t}\varepsilon(t)]\mathrm{V}$

第6章

自测题

一、1．B　2．A　3．B　4．B　5．B

二、1．×　2．×　3．×　4．×　5．√

三、1．振幅，角频率，初相位　2．初相位　3．有效，有效　4．50Ω，容　5．10A，7.07A，314，50，0.02，−30°

习题

6-1　（1）$\omega=314\mathrm{rad/s}$　$f=50\mathrm{Hz}$，$T=0.025$，$U_\mathrm{m}=311\mathrm{V}$，$\psi_u=60°$；

（2）$t=0$ 时，$u\approx155.5\mathrm{V}$，$t=0.001\mathrm{s}$ 时，$u\approx304.2\mathrm{V}$；

（3）$U=220\mathrm{V}$

6-2　有效值相量：$\dot{U}=220\angle-60°\mathrm{V}$，$\dot{I}=100\angle30°\mathrm{A}$；

　　最大值相量：$\dot{U}_\mathrm{m}=311.1\angle-60°\mathrm{V}$，$\dot{I}_\mathrm{m}=141.4\angle30°\mathrm{A}$

6-3　$i = 50\sqrt{2}\cos(314t + 15°)\text{A}$，$u = 50\cos(314t - 65°)\text{V}$

6-4　（1）最大值：$I_{\text{m}} = 2\sqrt{2}\text{A}$，$\omega = 314\text{rad/s}$；

（2）正弦量函数式：$i = 2\sqrt{2}\cos(314t + \pi/6)\text{A}$

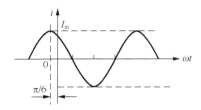

6-5　$u(t) = 9.67\sqrt{2}\cos(314t + 41.9°)\text{V}$

6-6　(1)×　(2)×　(3)×　(4)×

6-7　I=318mA，I=3.18mA

6-8　(1)×　(2)√　(3)×　(4)√

6-9　(1)×　(2)√　(3)×　(4)×

6-10　(1)×　(2)√　(3)×　(4)×

6-11　(a)14.14A；(b)5A

第7章

自测题

一、1．C　2．A　3．D　4．A　5．C

二、1．√　2．×　3．×　4．√　5．√　6．√　7．×　8．√　9．√　10．×

三、1．$\dfrac{1}{\sqrt{LC}}$　2．通频带　3．10，1000　4．不变，减小　5．有功功率，W(瓦)，无功功率，var(乏)，视在功率，VA(伏安)

习题

7-1　$Z_{\text{eq}} = \dfrac{1 + j\omega R_2(C_1 + C_2)}{(1 + g_{\text{m}}R_2 + j\omega R_2 C_2)j\omega C_1}$

7-2　U_{S}=25V

7-3　R=20Ω，X=15Ω，G=0.032S，B=−0.024S

7-4　R=30Ω，L=0.127H

7-5　I_1=87.7A，I=58.5A，$\cos\varphi$=0.9

7-6　C=375μF

7-7　$20\sqrt{2}$V

7-8　529Ω，L=1.69H，0.5，C=2.58μF

7-9　P=75W，Q=8.3var，S=75.5VA，$\cos\varphi$=0.994

7-10　L=0.07H，C=145μF，$u_{\text{L}}(t) = 330\sqrt{2}\cos(314t - 159°)\text{V}$

7-11　Z_1=(−10−j17.3)Ω，Z_2=20Ω，Z_3=(10+j17.3)Ω

7-12　I_1=10A

7-13　R=86.6Ω，L=0.159H，C=31.85μF

7-14 I=14.14A，R=14.14Ω，X_C=14.14Ω，X_L=7.07Ω

7-20 P_1=22.3W，Q_1=−12.9var，P_2=−22.3W，Q_2=−12.9var

7-21 C=0.5F

7-22 $(3.5 \mp j15)$Ω

7-23 U_{ab}=5V，P=50W，Q=0，$\cos\varphi$=1

7-24 R_2=110Ω，Z_3=(18.4+j71)Ω

7-25 1.13∠81.9°A

7-26 β=−41

7-27 R_2=19.6Ω，L_2=0.133H

7-29 R=50Ω，L=60mH，C=6.67μF，Q=60

7-30 f=2.52×10^{6}Hz，ρ=316.23Ω，Q=63.25，U_C=0.63V

第 8 章

自测题

一、1．D　2．C　3．B　4．C　5．B

二、1．√　2．√　3．√　4．×　5．×　6．×　7．×　8．×　9．×　10．√

三、1．$1/\sqrt{3}$，1，0　2．5280W，3960var，6600VA，17.6Ω，42mH　3．44$\underline{/35°}$Ω　4．8.66，25.98　5．220V，380V

习题

8-1 2.2∠−30°A，2.2∠−150°A，2.2∠90°A

8-2 2.89A，5A，2.89A

8-3 4454W，0.555

8-4 82.5∠0°A，82.5∠−120°A，82.5∠120°A，54450W

8-5 (1)6.64A，1587W；(2)19.92A，11.5A，4761W；(3)$P_\triangle$=3P_Y

8-7 (1)2.787kW，−0.387kW；(2)1.72kW，0.68kW

8-8 (1)1893W，803W；(2)1888var，0.8192

8-9 2588.5W，4938.1W

8-10 (1)R=15Ω，X=16.1Ω；(2)10A，10A，17.3A，3kW；(3)0A，15A，15A，2.25kW

第 9 章

自测题

一、1．B　2．D　3．C　4．B　5．A　6．D　7．B　8．C　9．B　10．D

二、1．√　2．×　3．√　4．×　5．×　6．√　7．√　8．×　9．×　10．×

三、1．无损耗　2．阻抗　3．n^2R_L　4．0　5．容性；电阻

习题

9-1 自感电压 $u_{12}=L_1\dfrac{\mathrm{d}i_1}{\mathrm{d}t}$，互感电压 $u_{21}=M\dfrac{\mathrm{d}i_1}{\mathrm{d}t}$

9-2 S 打开时 $\dot{I}=\dot{I}_1=1.52\angle-76°\mathrm{A}$，$\dot{I}_2=0\mathrm{A}$；

S 闭合时 $\dot{I}=7.79\angle51.5°\mathrm{A}$，$\dot{I}_1=3.47\angle150.3°\mathrm{A}$，

$\dot{I}_2=11.09\angle-44.85°\mathrm{A}$

9-3 $\overline{S}_1=(5.55+\mathrm{j}28.52)\mathrm{VA}$，$\overline{S}_2=(9.2+\mathrm{j}37.72)\mathrm{VA}$

9-4 $Z_X=(0.2+\mathrm{j}9.8)\Omega$，$10\mathrm{W}$

9-5 $60\angle0°\mathrm{V}$，$\mathrm{j}9$

9-6 $\dot{I}=\dot{I}_1=1.104\angle-83.66°\mathrm{A}$，$\dot{I}_2=0$

9-7 $R_\mathrm{L}=40\Omega$时吸收功率最大，最大功率 $P_{\max}=2.5\mathrm{W}$

9-8 $1\mathrm{H}$，$-\mathrm{j}0.5$

9-9 $\dot{I}_1=(6+\mathrm{j}8)\mathrm{A}$，$\dot{I}_2=(12+\mathrm{j}16)\mathrm{A}$

9-10 $3\mathrm{W}$

第 10 章

自测题

一、1. A 2. C 3. D 4. C 5. D 6. B 7. B 8. B 9. B 10. A

二、1. × 2. × 3. √ 4. √ 5. ×

三、1. $X_{Lk}=kX_{L1}$ 2. 抑制，分流 3. 电磁式(或电动系)，全波整流磁电式仪表，磁电式 4. 直流，余弦，正弦 5. 奇次，直流，偶次

习题

10-2 (1)$U=122.9\mathrm{V}$，$I=46.4\mathrm{A}$；(2)$P=860.1\mathrm{W}$，$\lambda=0.151$

10-3 $104\mathrm{V}$，$[12.83\cos(1000t-3.71°)+1.396\cos(2000t+25.7°)]\mathrm{A}$，$916\mathrm{W}$

10-4 $77.14\mathrm{V},63.63\mathrm{V}$

10-5 (1)$10\Omega,31.86\mathrm{mH},318.3\mu\mathrm{F}$；(2)$-99.45°$；(3)$515.4\mathrm{W}$

10-6 (1)$U=80.01\mathrm{V}$，$I=58.74\mathrm{mA}$；(2)$P=3.42\mathrm{kW}$；(3)$Z_1=1.25\angle-45°\mathrm{k}\Omega$，$Z_2=2.5\mathrm{k}\Omega$，$Z_3=2.5\angle45°\mathrm{k}\Omega$

10-7 (1)$i_2(t)=2.5+5\sqrt{2}\cos(10^4t+30°)\mathrm{mA}$，$I_2=5.59\mathrm{mA}$；(2)$P=0.075\mathrm{W}$

10-8 $L_1=1\mathrm{H}$，$L_2=66.67\mathrm{mH}$

10-9 $L=\dfrac{1}{9\omega_1^2},C=\dfrac{1}{49\omega_1^2}$ 或 $C=\dfrac{1}{9\omega_1^2},L=\dfrac{1}{49\omega_1^2}$

10-10 $U_{ab}=451.22\mathrm{V}$，$i=6.96\sqrt{2}\cos(\omega t-18.4°)+1.18\sqrt{2}\cos(3\omega t-15°)\mathrm{A}$，$P=1452.92\mathrm{W}$

10-11 $P=500\mathrm{W}$，$I=12.25\mathrm{A}$

第 11 章

自测题

一、1. D 2. B 3. B 4. A 5. A

二、1. × 2. × 3. × 4. √ 5. ×

三、1. $\sqrt{2}e^{-2t}\cos(2t+\dfrac{\pi}{4})$　　2. 积分，积分　　3. 拉普拉斯变换，拉普拉斯反变换　　4. 原，

象，一一对应，唯一　　5. 线性，微分，积分，象

习题

11-1　　$\dfrac{1}{s^2}$，　$\dfrac{1}{(s+a)^2}$

11-2　　$F_2(s)=\dfrac{A/\tau}{s+1/\tau}(a+\dfrac{b}{s}+\dfrac{c}{s^2})$

11-3　　$f(t)=\delta'(t)-\delta(t)+\dfrac{2}{\sqrt{3}}e^{-\frac{1}{2}t}\sin\dfrac{\sqrt{3}}{2}t$

11-4　　(1) $f(t)=-3e^{-2t}\varepsilon(t)+7e^{-3t}\varepsilon(t)$；　(2) $f(t)=1.12e^{-t}\cos(2t+26.6°)$；

(3) $f(t)=4-4e^{-t}-3te^{-t}$；　(4) $f(t)=\delta(t)+\dfrac{1}{8}\cos(2t+\dfrac{\pi}{2})+\dfrac{1}{4}t$

11-5　　$f(t)=\delta'(t)+2\delta(t)-e^{-2t}+3e^{-3t}$

11-7　　$u(t)=[0.8e^{-2t}-(2/15)e^{-t/3}]V$

11-8　　$u_C(t)=[3\varepsilon(t)-6e^{-t}+3e^{-2t}]V$

11-9　　$u(t)=[(0.75-0.5t)e^{-t}-0.75e^{-3t}]\varepsilon(t)V$

11-10　　$u_C(t)=(40-32e^{-t}+8e^{-4t})V(t\geqslant 0)$，　$i_L(t)=(2-1.28e^{-t}+0.08e^{-4t})A(t\geqslant 0)$

11-11　　$i_1(t)=(0.5-0.3e^{-4t})A$，　$u_1(t)=-3.6\delta(t)+2.4e^{-4t}\varepsilon(t)V$

　　　　$u_2(t)=3.6\delta(t)+3.6e^{-4t}\varepsilon(t)V$　$(t>0)$

11-12　　$u_L(t)=(-4e^{-2t}+5e^{-2.5t})V(t\geqslant 0)$

11-13　　$i_L(t)=(5+1500te^{-200t})\varepsilon(t)A$　$(t>0)$

　　　　$u_L(t)=150e^{-200t}-30000te^{-200t}V$　$(t>0)$

第 12 章

自测题

一、1. B　2. A　3. B　4. B　5. B
二、1. √　2. ×　3. √　4. √　5. √

习题

12-1　　$H(s)=\dfrac{1}{LCs^2+RCs+1}$

12-2　　(1) $H(s)=\dfrac{5(s+1)}{(s+1-j2)(s+1+j2)}$；

(2) $H(s)=\dfrac{10(s+1)}{(s+1-j2)(s+1+j2)}$

12-3　　$Ee^{-2t}\sin t\,A$

12-4　　$\dfrac{1}{C}e^{\frac{t}{RC}}\varepsilon(t)V$

12-5　　$s_1(t)=(\dfrac{2}{3}+2e^{-2t}-\dfrac{8}{3}e^{-3t})V$，　$s_2(t)=(4e^{-2t}-4e^{-3t})V$

12-6　$(\dfrac{4}{3}e^{-t} - \dfrac{2}{3}e^{-2t})\varepsilon(t)$ A

12-9　$H(s) = \dfrac{10(3s+2)}{3s^2 + 32s + 50 + r_{\mathrm{m}}}$，$r_{\mathrm{m}} = -80\Omega$ 时振荡，其余不振荡；各种情况均稳定

12-11　$3(e^{-t} - e^{-2t})$V

12-12　$4e^{-6t}\varepsilon(t)$V

第 13 章

自测题

一、1. A，D　2. C，B　3. A　4. C　5. A

二、1. √　2. ×　3. ×　4. ×　5. ×

习题

13-1

(a)$\boldsymbol{A} = \begin{bmatrix} 1 & 0 & 0 & 1 & 1 & 0 \\ 0 & 0 & 1 & 0 & -1 & 1 \\ 0 & 1 & 0 & -1 & 0 & -1 \end{bmatrix}$

（b）$\boldsymbol{A} = \begin{bmatrix} 1 & 0 & 1 & 0 & 0 & 0 & 1 & 1 \\ 0 & 0 & -1 & 1 & 1 & 0 & -1 & 0 \\ 0 & 0 & 0 & 0 & -1 & 1 & 0 & 0 \\ -1 & 1 & 0 & 0 & 0 & 0 & 0 & 0 \end{bmatrix}$

13-2

$\boldsymbol{B}_f = \begin{array}{c} \\ 1 \\ 2 \\ 3 \end{array} \begin{array}{cccccc} 4 & 5 & 5 & 1 & 2 & 3 \\ \begin{bmatrix} 1 & 0 & 0 & -1 & -1 & -1 \\ 0 & 1 & 0 & 1 & 1 & 0 \\ 0 & 0 & 1 & 0 & -1 & -1 \end{bmatrix} \end{array}$

$\boldsymbol{Q}_f = \begin{array}{c} \\ 1 \\ 2 \\ 3 \end{array} \begin{array}{cccccc} 1 & 2 & 3 & 4 & 5 & 6 \\ \begin{bmatrix} 1 & 0 & 0 & 1 & -1 & 0 \\ 0 & 1 & 0 & 1 & -1 & 1 \\ 0 & 0 & 1 & 1 & 0 & 1 \end{bmatrix} \end{array}$

13-3　$\begin{bmatrix} R_1 + j\omega L_3 + \dfrac{1}{j\omega C_5} & -\dfrac{1}{j\omega C_5} \\ -\dfrac{1}{j\omega C_5} & R_2 + j\omega L_4 + \dfrac{1}{j\omega C_5} \end{bmatrix} \begin{bmatrix} \dot{I}_{11} \\ \dot{I}_{12} \end{bmatrix} = \begin{bmatrix} -R_1 \dot{I}_{S1} \\ \dot{U}_{S2} \end{bmatrix}$

13-4　（1）$\begin{bmatrix} R_1 + j\omega L_2 + \dfrac{1}{j\omega C_4} & -\dfrac{1}{j\omega C_4} \\ -\dfrac{1}{j\omega C_4} & R_5 + j\omega L_3 + \dfrac{1}{j\omega C_4} \end{bmatrix} \begin{bmatrix} \dot{I}_{11} \\ \dot{I}_{12} \end{bmatrix} = \begin{bmatrix} R_1 \dot{I}_{S1} \\ -\dot{U}_{S5} \end{bmatrix}$；

（2）
$$\begin{bmatrix} R_1 + j\omega L_2 + \dfrac{1}{j\omega C_4} & -\dfrac{1}{j\omega C_4} + j\omega M \\[3mm] -\dfrac{1}{j\omega C_4} + j\omega M & R_5 + j\omega L_3 + \dfrac{1}{j\omega C_4} \end{bmatrix} \begin{bmatrix} \dot{I}_{l1} \\[3mm] \dot{I}_{l2} \end{bmatrix} = \begin{bmatrix} R_1\dot{I}_{S1} \\[3mm] -\dot{U}_{S5} \end{bmatrix}$$

13-5 （1）
$$\begin{bmatrix} \dfrac{1}{R_1} + \dfrac{1}{j\omega L_2} & -\dfrac{1}{j\omega L_2} & 0 \\[3mm] -\dfrac{1}{j\omega L_2} & j\omega C_4 + \dfrac{1}{j\omega L_2} + \dfrac{1}{j\omega L_3} & -\dfrac{1}{j\omega L_3} \\[3mm] 0 & -\dfrac{1}{j\omega L_3} & \dfrac{1}{R_5} + \dfrac{1}{j\omega L_3} \end{bmatrix} \begin{bmatrix} \dot{U}_{n1} \\[3mm] \dot{U}_{n2} \\[3mm] \dot{U}_{n3} \end{bmatrix} = \begin{bmatrix} \dot{I}_{S1} \\[3mm] 0 \\[3mm] \dfrac{\dot{U}_{S5}}{R_5} \end{bmatrix};$$

（2）
$$\begin{bmatrix} \dfrac{1}{R_1} + \dfrac{L_3}{\Delta} & -\dfrac{L_3 - M}{\Delta} & -\dfrac{M}{\Delta} \\[3mm] -\dfrac{L_3 - M}{\Delta} & j\omega C_4 + \dfrac{L_2 + L_3 - 2M}{\Delta} & -\dfrac{L_2 - M}{\Delta} \\[3mm] -\dfrac{M}{\Delta} & -\dfrac{L_2 - M}{\Delta} & \dfrac{L_2}{\Delta} + \dfrac{1}{R_5} \end{bmatrix} \begin{bmatrix} \dot{U}_{n1} \\[3mm] \dot{U}_{n2} \\[3mm] \dot{U}_{n3} \end{bmatrix} = \begin{bmatrix} \dot{I}_{S1} \\[3mm] 0 \\[3mm] \dfrac{\dot{U}_{S5}}{R_5} \end{bmatrix}$$

13-6
$$\begin{bmatrix} G_1 + sG_5 & -G_1 & 0 \\[3mm] -G_1 & G_1 + G_2 + \dfrac{1}{sL_3} & -\dfrac{1}{sL_3} \\[3mm] 0 & -\dfrac{1}{sL_3} & \dfrac{1}{sL_3} + \dfrac{1}{sL_4} \end{bmatrix} \begin{bmatrix} U_{n1}(s) \\[3mm] U_{n2}(s) \\[3mm] U_{n3}(s) \end{bmatrix} = \begin{bmatrix} I_{S5}(s) \\[3mm] 0 \\[3mm] 0 \end{bmatrix}$$

13-7
$$\begin{bmatrix} G_4 + G_5 & -G_4 & 0 \\[3mm] -g - G_4 & g + G_4 + j\omega C_3 + \dfrac{L_2}{\Delta} & -\dfrac{L_2 + M}{\Delta} \\[3mm] 0 & -\dfrac{L_2 + M}{\Delta} & \dfrac{L_1 + L_2 + 2M}{\Delta} \end{bmatrix} \begin{bmatrix} \dot{U}_{n1} \\[3mm] \dot{U}_{n2} \\[3mm] \dot{U}_{n3} \end{bmatrix} = \begin{bmatrix} \dot{I}_{S5} \\[3mm] 0 \\[3mm] 0 \end{bmatrix}$$

13-8
$$\begin{bmatrix} \dfrac{1}{R_1} + \dfrac{1}{sL_4} + sC_5 & -\dfrac{1}{sL_4} & \dfrac{1}{sL_4} + sC_5 \\[3mm] -\dfrac{1}{sL_4} & \dfrac{1}{R_2} + \dfrac{1}{sL_4} + sC_6 & -\dfrac{1}{sL_4} - sC_6 \\[3mm] \dfrac{1}{sL_4} + sC_5 & -\dfrac{1}{sL_4} - sC_6 & \dfrac{1}{sL_3} + \dfrac{1}{sL_4} + sC_5 + sC_6 \end{bmatrix} \begin{bmatrix} U_{t1}(s) \\[3mm] U_{t2}(s) \\[3mm] U_{t3}(s) \end{bmatrix} = \begin{bmatrix} I_S(s) \\[3mm] 0 \\[3mm] 0 \end{bmatrix}$$

13-9
$$\begin{bmatrix} \dfrac{du_C}{dt} \\[3mm] \dfrac{di_1}{dt} \\[3mm] \dfrac{di_2}{dt} \end{bmatrix} = \begin{bmatrix} 0 & -\dfrac{1}{C} & -\dfrac{1}{C} \\[3mm] \dfrac{1}{L_1} & -\dfrac{R_1}{L_1} & -\dfrac{R_1}{L_1} \\[3mm] \dfrac{1}{L_2} & -\dfrac{R_1}{L_2} & -\dfrac{R_1 + R_2}{L_2} \end{bmatrix} \begin{bmatrix} u_C \\[3mm] i_1 \\[3mm] i_2 \end{bmatrix} + \begin{bmatrix} 0 & 0 \\[3mm] \dfrac{1}{L_1} & 0 \\[3mm] \dfrac{1}{L_2} & -\dfrac{R_2}{L_2} \end{bmatrix} \begin{bmatrix} u_S \\[3mm] i_S \end{bmatrix}$$

第 14 章

自测题

一、1. A 2. D 3. D 4. C 5. B

二、1. × 2. √ 3. √ 4. × 5. √

习题

14-1 （a） $Y = \begin{bmatrix} \dfrac{1}{\mathrm{j}\omega L} & -\dfrac{1}{\mathrm{j}\omega L} \\ -\dfrac{1}{\mathrm{j}\omega L} & \mathrm{j}\omega C + \dfrac{1}{\mathrm{j}\omega L} \end{bmatrix}$, $Z = \begin{bmatrix} \mathrm{j}\omega L + \dfrac{1}{\mathrm{j}\omega C} & \dfrac{1}{\mathrm{j}\omega C} \\ \dfrac{1}{\mathrm{j}\omega C} & \dfrac{1}{\mathrm{j}\omega C} \end{bmatrix}$

$T = \begin{bmatrix} 1 - \omega^2 LC & \mathrm{j}\omega L \\ \mathrm{j}\omega C & 1 \end{bmatrix}$;

（b） $Y = \begin{bmatrix} \dfrac{1}{R} + \dfrac{1}{\mathrm{j}\omega L} & -\dfrac{1}{\mathrm{j}\omega L} \\ -\dfrac{1}{\mathrm{j}\omega L} & \dfrac{1}{\mathrm{j}\omega L} \end{bmatrix}$, $Z = \begin{bmatrix} R & R \\ R & \mathrm{j}\omega L + R \end{bmatrix}$

$T = \begin{bmatrix} 1 & \mathrm{j}\omega L \\ \dfrac{1}{R} & \dfrac{\mathrm{j}\omega L}{R} + 1 \end{bmatrix}$

14-2 $Y = \begin{bmatrix} 2 + \mathrm{j}4 & -\mathrm{j}4 \\ -\mathrm{j}4 & \mathrm{j}3 \end{bmatrix}$S

14-3 $Y = \begin{bmatrix} Y_a + Y_b & -Y_b \\ -g - Y_b & Y_b \end{bmatrix}$S

14-4 $Z = \begin{bmatrix} Z_1 + Z_3 & Z_3 \\ r + Z_3 & Z_2 + Z_3 \end{bmatrix}$S

14-5 $Y = \begin{bmatrix} 0.9 & -0.2 \\ -0.4 & 0.2 \end{bmatrix}$S, $Y = \begin{bmatrix} \dfrac{5}{12} & -\dfrac{1}{12} \\ -\dfrac{1}{4} & \dfrac{1}{4} \end{bmatrix}$S

14-6 $T = \begin{bmatrix} 1.765 & 15.294 \\ 0.0588 & 1.176 \end{bmatrix}$

14-7 $H = \begin{bmatrix} 3.5 & 0.75 \\ -0.75 & 0.125 \end{bmatrix}$

14-8 （1）不含；（2）含(等效电路图省略)

14-9 $P = 11.755$W

14-10 $Y = \begin{bmatrix} 1 & -\dfrac{1}{2} \\ -\dfrac{1}{2} & 1 \end{bmatrix}$S

14-11 $\quad \boldsymbol{T} = \begin{bmatrix} 17 & 181 \\ 3 & 32 \end{bmatrix}$

第 15 章

自测题

一、1. C，D，B　2. D　3. B　4. A，B　5. A，D

二、1. ×　2. √　3. √　4. √　5. √

习题

15-1　（1）u_1=35V，u_2=100V；（2）u=[90sin(100t) −10sin(300t)]V；（3）$u_{12} \neq u_1 + u_2$

15-2　（1）u_1=208V，u_2=206sin(314t) −2sin(942t)V，u_3=2000V；

（2）$u_{12} \neq u_1 + u_2$，即叠加定理不适用于非线性电路；

（3）产生 10^{-6} 误差

15-3　I_1=3.6A，I_2=2.6A

15-5　U=1.6V

15-6　I=0.382A

15-7　$R_1 i_{11} + R_2(i_{11}-i_{12}) = U_S$

　　　$R_2(i_{11}-i_{12}) - 20 i_{12}^{1/3} = 0$

15-8　$u(t) = (2 + \dfrac{1}{14} \times 10^{-3} \cos t)$V，$i(t) = (4 + \dfrac{2}{7} \times 10^{-3} \cos t)$A

15-9　静态工作点为 Q（1V，1A），R_d=0.5Ω

15-10　$i = [1 + \dfrac{1}{7} \cos(\omega t)]$A

15-11　$u(t) = 2 + \dfrac{\sin t}{7}$，$i(t) = 4 + \dfrac{4 \sin t}{7}$

15-12　$u = [2 + 4.5 \times 10^{-3} \sin(\omega t)]$V

参 考 文 献

［1］ 邱关源. 电路［M］.（第 4 版）. 北京：高等教育出版社，2005.
［2］ 陈洪亮. 电路分析基础［M］. 北京：清华大学出版社，2004.
［3］ 傅恩锡. 电路分析简明教程（第 2 版）［M］. 北京：高等教育出版社，2009.
［4］ 吴锡龙. 电路［M］. 北京：高等教育出版社，2005.
［5］ 石生. 电路分析基础［M］. 北京：高等教育出版社，2003.
［6］ 蒋志坚. 电路分析基础教程［M］. 北京：机械工业出版社，2010.
［7］ 燕庆明. 电路分析基础（第 3 版）［M］. 北京：高等教育出版社，2012.
［8］ 李瀚荪. 简明电路分析基础［M］. 北京：高等教育出版社，2004.
［9］ 陈希有. 电路试题精选与答题技巧［M］. 哈尔滨：哈尔滨工业大学出版社，1999.
［10］ 王淑敏. 电路基础（第 2 版）［M］. 西安：西北工业大学出版社，2000.
［11］ 周围. 电路分析基础［M］. 北京：人民邮电出版社，2007.
［12］ 高林. 电路分析基础［M］. 北京：人民邮电出版社，2010.
［13］ 刘健. 电路分析［M］. 北京：电子工业出版社，2008.
［14］ 高吉祥. 电路分析基础［M］. 北京：电子工业出版社，2012.
［15］ 曾令琴. 电路分析基础［M］. 北京：人民邮电出版社，2004.
［16］ 刘景夏. 电路分析教程［M］. 北京：清华大学出版社，2012.
［17］ 张永瑞. 电路分析基础［M］. 西安：西安电子科技大学出版社，2013.
［18］ 周茜. 电路分析基础［M］. 北京：电子工业出版社，2010.
［19］ 翁黎朗. 电路分析基础［M］. 北京：机械工业出版社，2009.
［20］ Thomas.Floyd. Principles of Electric Circuits Conventional Currert Version Seventh Edition .2005.